高橋宣成 著

Python プログラミング 完全入門

ノンプログラマーのための 実務効率化テキスト

技術評論社

はじめに

これまで、プログラミングは、それを本職とするプロフェッショナルが身につければよいとされていましたが、その常識も崩れつつあります。ノンプログラマー、つまりプログラミングを本職としない職業に就く人たちにも、プログラミングを学ぶことが求められてきています。

そのような変化の背景には2つの理由があります。

1つは、生産性向上にITが有効であるという認識が浸透していきている点です。企業はルーチンワークをプログラムに置き換えることで、コストの削減や人材不足の解消を実現しはじめています。ルーチンワークをする人材よりも、プログラムを作る人材のほうが求められるようになってきています。

もう1つは、プログラミングを学ぶことが容易になってきているということです。書籍や講習はもちろん、Webや動画などでも手軽に学ぶ機会が増えています。また、言語自体も学びやすく、実務に活用しやすく進化を遂げているという点も後押しをしています。

ノンプログラマーが実務で活用でき、かつ、学びやすいプログラミング言語には、いくつかの選択肢がありますが、今注目を集めている言語のひとつがPythonです。

「Python」が自分の仕事やキャリアに何かいいことをもたらしてくれるのではないか？

おそらく、あなたもそのように思ったから本書を手にとっているのではないでしょうか。本書は、そのような期待感を持つ方が、Pythonの門を叩くときに最初に活用する本です。

プログラミング自体がはじめてのノンプログラマーでも、Pythonの学習を開始し、その基本を理解することができます。作例を用いて練習することで、実務への活用を体験し、ルーチンワークのいくつかを時短して新たな時間を生み出すことを目指します。このようにして、プログラミング言語Pythonのスキルを身につけていくことができます。

1章と2章では、Pythonを学ぶ前の事前知識の習得と準備を行います。簡単に学べる言語とはいえ、学習は長い道のりになります。心構えや準備は、その長い期間の学習活動を継続し、その効果を高めるという視点で重要です。

3章から6章までは、プログラミング言語Pythonの最初の一歩の基本から、関数やクラスといった部品化のテクニックまでを解説します。実務でPythonを活用する際の土台をしっかりと身につけるパートです。

7章から18章までは、ファイルやフォルダ、インターフェース、Excelファイル、QRコード、画像、PDF、スクレイピング、データ、グラフといった対象を操作する、実用的で具体的なツールを作りながら、そのために必要なモジュールとその組み立て方について学びます。

本書を通して学習をすることで、皆さんの仕事のいくつかの面倒な業務をPythonに任せられるようになるはずです。また、別の実現したいことを見かけたのであれば、ご自身で調べながら実現する地力がついていることでしょう。そして、そこから先、データ分析、AI・機械学習、Web開発、IoTなど、無限といってもいいPythonの世界が広がっています。そこまでは多くの学習の積み重ねが必要ですが、皆さんご自身の働き方やキャリアにとって、Pythonが強力な武器になっていることでしょう。そのための最初の足がかりとして、本書がお役に立てれば幸いです。

2021年6月 著者

Contents

目次

第2部 文法編

Chapter 03 Pythonプログラムの基本を知ろう 61

Chapter 04 フロー制御について学ぼう 79

Chapter 05 データの集合について学ぼう 101

Chapter 16 Jupyter Notebookでノートブックを作ろう 461

■ご注意

ご購入／ご利用の前に必ずお読みください。

●本書に記載された内容は、情報の提供のみを目的としています。したがって、本書を用いた運用は、必ずお客様自身の責任と判断によって行ってください。これらの情報の運用の結果について、技術評論社および著者はいかなる責任も負いません。
●本書記載の情報は、2021年6月現在のものを記載していますので、ご利用時には、変更されている場合もあります。ソフトウェアに関する記述は、特に断りのないかぎり、2021年6月現在での最新バージョンをもとにしています。ソフトウェアはバージョンアップされる場合があり、本書での説明とは機能内容や画面図などが異なってしまうこともあり得ます。本書ご購入の前に、必ずバージョン番号をご確認ください。
●本書の解説およびサンプルコードの動作確認には、Anaconda 3 (Python 3.8)、OSは「Windows10」「macOS v10.15」を使用しています。上記以外の環境をお使いの場合、操作方法、画面図、プログラムの動作等が本書内の表記と異なる場合があります。あらかじめご了承ください。

以上の注意事項をご承諾いただいた上で、本書をご利用ください。

第1部

準備編

Chapter 01

Pythonを学びはじめる心構えを整えよう

1.1 プログラミングを最強の武器とする方法

1.1.1 一生学び続けなければいけない時代を生き抜くには

私たちのキャリアや「働く」の未来を考える上で、目を背けることはできない重要な課題があります。それは、日本が未曾有の人口減少時代に突入しているということです。その影響により、日本と日本で働く私たちの未来が「大いなるピンチ」に直面していることは、残念ではありますが、明確に示すことができます。

図1-1は内閣府が提供している「令和2年版 少子化社会対策白書[注1)]」の冒頭で紹介されている、人口減少の現状を表すグラフです。

図1-1 我が国の人口および人口構成の推移

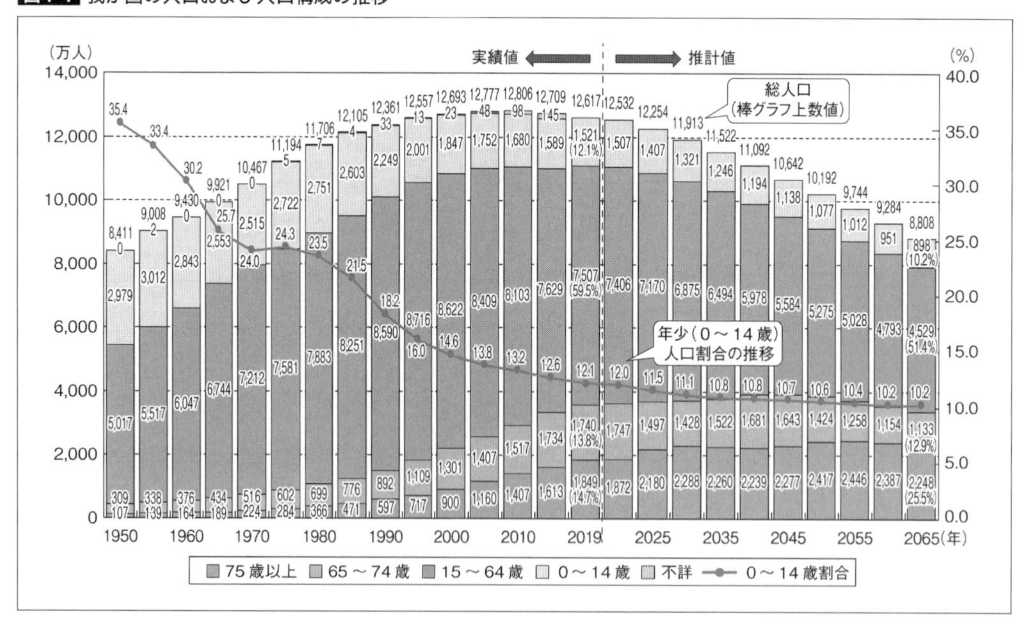

注1) 少子化社会対策白書 https://www8.cao.go.jp/shoushi/shoushika/whitepaper/

2008年をピークに総人口が減少に転じていて、2053年には1億人を下回ることが予想されています。総人口が減るわけですから、国内市場の多くが縮小することは必然です。一部の「新たな産業」については、その市場は伸長するかもしれませんが、成熟している既存産業であればその市場が安定・拡大するという予測を立てることは難しいでしょう。

人口構成の変化は一層深刻です。15歳～64歳の生産年齢人口がすでに顕著な減少に入っている一方で、65歳以上の高齢人口は2040年前後までは増え続けると予想されています。若い労働力に依存している市場では、労働力不足がすでに大きな問題になりつつあります。また、社会保障制度は高齢者の年金、医療、介護といった負担を、生産年齢が支える仕組みになっていますが、今の枠組みのままではいずれは破綻してしまうでしょう。

さて、このように日本全体では人口減少が大きなピンチの局面をもたらしていますが、それが私たちの個々人とその将来にはどのような影響を与えるのでしょうか？

収入はどうなるでしょうか。生産年齢人口が順調に増加する局面であれば、市場は拡大しますから、市場内の競争に勝つことで売上を伸ばすことができ、その結果として社員の給与も増えるのは自然です。しかし、市場が縮小する中で、同じような給与の増加を期待することはできるでしょうか。

「働き方改革」が多くの企業で推進されるようになりました。売上が伸びない一方、労働力が不足しつつあります。ならば、少ない人員と少ない残業時間で、これまで以上の業務を回すようにすることで、利益を確保する動きが活発になります。現場は、生産性を上げることへのプレッシャーをより一層受けることになります。

また、高齢になっても働くことを要求されるようになるでしょう。医療の進歩のおかげで、平均寿命が延伸し、100歳まで生きることが当たり前になりました。しかし、そのおかげで、もともとは65歳の定年から、10年または15年と設定されていた晩年が、2倍の長さになります。その晩年すべてを、これまでと同様に年金暮らしができると考えるのには無理があります。

このように、時代の流れにそのまま乗ってしまうと、収入が上がらないまま、生産性のプレッシャーを受けながら、長いこと働き続ける必要がありそうです。

この局面を打開するにはどうすればよいのでしょうか？

自らの市場価値を高めることができれば、市場が拡大しなくても自らを高く売り込むことができます。また、直接的に自らの仕事の生産性を上げるのも有効でしょう。

しかし、黙っていてもそれらを成し遂げることはできません。学びを通して自己研鑽をする必要があります。会社など所属組織に依存しすぎることなく、自らの裁量で学ぶ環境、学ぶ習慣を確立し、定年後の高齢になってもそれを続けることです。

このように、私たちは一生学び続けなければいけない時代に突入しているのです。本書では、その学びの対象としてプログラミング言語Pythonをおすすめするものです。では、なぜその対象としてプログラミングを選ぶのかについて考えていきましょう。

1.1.2 「プログラミング」への挑戦

IT人材は、今後も高い需要をキープすると予測されています。**図1-2**は経済産業省による「IT人材需給に関する調査[注2)]」で紹介されている、IT人材需給に関する試算結果です。ここで「IT人材」は、「IT企業及び、ユーザー企業の情報システム部門等に属する職業分類上の『システムコンサルタント・設計者』『ソフトウェア作成者』『その他の情報処理・通信技術者』」と定義されています。

図1-2 IT人材需給の試算結果

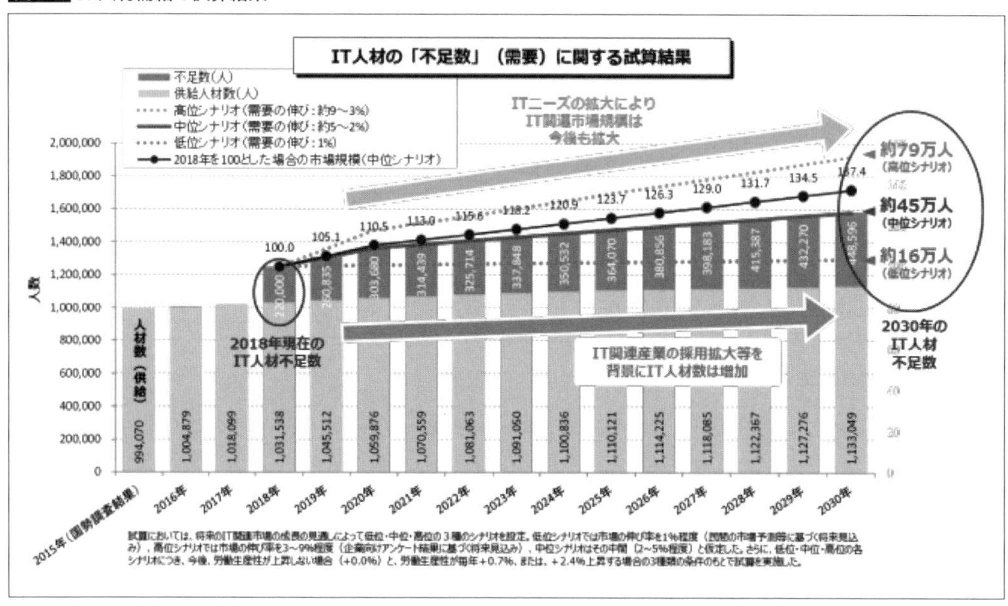

2018年にはIT人材は約22万人不足しており、その不足数は年々増加すると予測されています。2030年には、中位のシナリオでは約45万人、もっとも悲観的なシナリオでは約79万人が不足すると予測されています。

端的に人材が不足していて、需要が高いということは、市場価値が高いといえるはずです。市場価値を高めるには、ITを強みとすることが近道です。

一方で、生産性の面も見ていきましょう。プログラミング技術があれば、自らの力で業務の自動化

注2） 平成31年4月 IT人材需給に関する調査（概要） https://www.meti.go.jp/policy/it_policy/jinzai/gaiyou.pdf

や効率化を実現できます。これまで自分やチームが手作業で行っていたルーチンワークをコンピューターに任せることで、人はその分だけ別の仕事に取り掛かることができます。数時間かかっていた業務を、数分に短縮。このような体験をしたノンプログラマーも数多く存在していて、生産性の向上の推進役として大いに期待されているのです。

より注目すべき点として、ITが新たな産業を生み出す力があることも見逃すことはできません。

神奈川県・鶴巻温泉にある老舗旅館「元湯陣屋」はご存知でしょうか？経営難に陥っていた旅館の再建のために、自社の宿泊予約、顧客管理、会計、勤怠、社内SNSなどIT化するというプロジェクトを進めました。そのプロジェクト自体は、一定の成功を収めましたが、それだけではありませんでした。さらに一歩踏み出して、そのシステムをクラウド型パッケージ「陣屋コネクト」として他社への販売をはじめたのです。それによる新たな収益の柱を手にするだけでなく、旅館業界全体の生産性向上や活性化へ貢献することにもつながったのです。

つまり、プログラミングは既存事業の生産性を上げるために活用できるだけではなく、新たなサービスを生み出すことにも活用できる、二重の意味で期待を持てるスキルなのです。

さて、多くの方は「振り出しからプログラマーを目指すのはリスクが大きすぎる」と言うかも知れません。しかし、本書では「振り出しからではない」方法を提案しています。つまり、ノンプログラマーのままプログラミングを無理なく学ぶ方法です。というのも私自身、プログラマーを職業としないノンプログラマー出身から、プログラミングを身につけたという実績があるのです。

自分の業務にいかすため、プログラミングを学びはじめ、チームの業務の自動化を推進しました。その後、そのスキルを伸ばし続け、プログラミングを職業とし、独立し、何冊かの書籍を上梓し、100人を超えるコミュニティを運営するにいたりました。学び始めてからそこまでの期間は、約5年。目立ったスキルも取り柄もない、しがないアラフォー会社員だった私が、プログラミングを通して、すっかりキャリアを転換することに成功しました。

プログラミングの学習は数週間、数ヶ月ではなかなか効果を得られませんが、数年のスパンで見れば、強力な武器になります。そして、それは無理のないステップの積み重ねで達成できます。

今は人生100年を生きなくてはいけない時代と言われています。社会に出てから80年もの期間を過ごすことを考えると、そのうちの数年などはほんのごく一部。その後の、キャリアや「働く」の未来を明るいほうへ向けることができるなら、その投資で得られる価値は十分すぎるほどではないでしょうか。

1.1.3 ノンプログラマーがプログラミングを身につける価値

本職のプログラマーの多くは、コンピューターサイエンスについての高度な教育を受け、職場でも常に先端技術に触れる毎日を送っているわけですから、下手にノンプログラマーがちゃちゃを入れる必要はない、むしろ役に立てず、足手まといになるのでは…という心配もあるかも知れません。
　確かに、本職のプログラマーのほうがはるかに高い技術力を持っていて、良いシステムを素早く作ることができるのは確かです。しかし、ノンプログラマーがプログラミングを身につける価値については、技術力とは別のところにも注目するべきです。

　前節で紹介した「陣屋コネクト」の例を思い出してください。旅館業についてまったく知らないIT企業が、このクラウド型パッケージ商品の発案をすることができたでしょうか？　旅館業を本業・本職としている人材の深い知見や経験があってはじめて、そのひらめきが生み出され、そのニーズに寄り添ったシステムを完成させることができたのです。高い技術力があったとしても、「知らない」ことについては、そのアイデアを生み出すことはできませんし、その当事者が感じている真のニーズを感じることができないのです。
　一方で、ノンプログラマーの場合、プログラミング技術はそこそこだとしても、それぞれが本職の分野のプロフェッショナルです。その知見や経験があるポジションからでしか見えない課題やチャンスがきっとあります。プログラミングを学ぶことを通して、この課題はITで実現できるのではないかという発想につながり、その発想がITの得意とする分野なのか、またその実現性についても考えることができます。

　高い技術が必要になる場合は、本職のプログラマーの力を借りる局面が出てきます。開発会社を探し出し、実現したいことを伝え、提案された要件や見積を評価するという手順が必要です。ノンプログラマーは、その際の交渉役、通訳として活躍します。
　プログラミングの世界は専門用語のオンパレードです。一方で、プログラマーはこちらの業界や事業については、無知であることがほとんどです。お互いの領域についての知識がゼロだとすると、どうしてもそのコミュニケーションに労力がかかります。しかし、事業側にプログラミングの知識や経験をある程度でも持ち合わせている人材がいれば、より本職のプログラマーと円滑にコミュニケーションをとることができるようになります。

　さまざまな業種の専門家たちが、それに加えてプログラミングのスキルを掛け算することで、その専門家でないと発想できない新しいアイデアが次々と発案され、実現されていく。国内市場が縮小していくというピンチの中でも、そのようにして新しい産業を生み出すチャンスがあり、挑戦できるというのであれば、それはワクワクすることではありませんか。

1.1.4 実務で役立つツールを作ることで学ぶ

　それで、実際にプログラミングを学び、キャリアのテコ入れをしていくわけですが、闇雲に行動をはじめてはいけません。「時間」とそのコントロールの重要性の認識が甘いまま進み始めると挫折する可能性がとても高いのです。

日本の労働環境では、時間に対して報酬が発生する、つまり時間とお金が1対1であるという考え方が根強く浸透しています。ですから、従業員として働くという行為は、時間をお金に直接的に変換する行為と認識している人も多くいます。残業をすればその時間数に応じて報酬が増えますし、有給ではない休暇をとればその日数に応じて報酬が減ります。

しかし、これからプログラミングを学び、武器としていくのであれば、時間とお金が1対1であるという考え方は捨てなくてはいけません。直接変換できる金額よりも、時間のほうが圧倒的に貴重です。生活費は稼ぐ必要がありますので、その分は最低限確保する必要がありますが、たかだか20%アップする残業代のために余計に時間を失ってはいけません。

時間をお金へと変換せずに、何に変換するか。それは「スキル」と「さらなる時間」です。

まず、最初のステップはプログラミングスキルを身につけます。序盤の基礎学習の段階では、そのスキルは実務にまったく役に立ちません。しかし、ある程度学習を重ねると、何らかのツールを作れるようになります。そこで、すかさず自らの日々の業務の自動化や効率化を実現するツールの開発を目指してください。さあ、そのツールを活用しましょう。これまで業務にかかっていた時間を短縮して、新たな「時間」を生み出すことができたはずです。

その新たに生まれた時間を活用して、さらに学習を重ね、他の業務も自動化、効率化をしていくことで、さらに時間を生み出します。そして、チームの業務も自動化、効率化をしていきます。周囲の信頼や承認を得ることで、業務時間内でプログラミングに携わり、学べる機会が増えていきます。

ここまでのステップをまとめると以下のとおりです。

1. 時間を確保する
2. プログラミングの基礎を学ぶ
3. プログラミングの基礎をもとに、実務で役立つツールを作る
4. ツールを活用して生み出された時間で、さらに学習する

プログラミング学習では、なるべく早い段階で3と4の繰り返しのサイクルに入ることがとても重要です。そのためにまず目指すべきツールは、実務で役立つツールであるべきです。実務と直接関係ない「Webサイト」や「スマホアプリ」の開発を目指してしまうと、スキルを磨いても新たな時間を生み出せないため学習時間の確保が難しくなりますので注意が必要です。

本書の目次をご覧いただくと、多くのノンプログラマーが実務に活用できるツールの作例をたくさん用意しています。これらのツールを作って学ぶことで、プログラミングのスキルを学ぶことと、新たな時間を生み出すことを手助けします。

しかし、実際の現場ではカスタマイズしないと、うまく活用できないこともあるでしょう。また一部の処理を流用して、新たなツールを作り出したいということもあるはずです。そのためには、作例コードの一行一行の意味を正しく理解し、思いどおりの動作をするように作り変えたり、再利用をしたりする必要があります。

そこで、本書の前半のプログラミング基礎の学習が役立ちます。基礎をしっかり固めておくことで、正しい応用ができるようになります。

そのようにして作例を作ることや、カスタマイズをとおして、プログラミングスキルを身につけつつ、時間を生み出してください。すべての作例について、作りきった段階であれば、各ドキュメントや書籍、Webの情報を組み合わせて、新たなツール開発にチャレンジする力を身につけていることでしょう。

1.1.5 掛け算で市場価値を高める

その流れの中で、視点としてぜひ持っておいていただきたいのが、自らの専門分野や得意分野とプログラミングスキルの掛け合わせでポジションを見つけることです。

専門分野の世界では、あなたは平均的な知識と経験を持つ、平均的なポジションにいるかもしれません。同じような人材が市場にたくさんいて、需要に対して供給が十分にあるのであれば、その知識と経験を持つ人材の市場価値は高くなりません。

しかし、「この分野の専門知識と経験を持ちながらPythonを活用できる人材」でくくったらどうでしょうか？　この掛け算をするだけで、かなり絞られるはずです。お伝えしてきたとおり、どの業界でもITが強みであることは有利に働きます。専門分野とITスキルの掛け算に市場ニーズがあり、その人材が限られているのであれば、その市場価値は高くなります。

そして、その掛け算の領域でのポジションを確固たるものとするため、社内だけではなく、SNSやブログなどでアピールをしていきましょう。旗を立てて発信を続けることで、自らの価値をアピールしつつ、強固なものにしていくことができます。

このように、専門分野や得意分野とプログラミングの掛け算をした領域でポジションをとっていきましょう。これで、あなたの市場価値を高めることができます。

ぜひ、今このタイミングから、本書で学ぶこと、プログラミングについて、あなたの専門分野、得意分野について発信をはじめてみましょう。

1.2 Pythonで得られる新たな「働く」の体験

1.2.1 ダブルクリックだけで仕事をはじめる

毎朝仕事場のデスクに座ったら、まず何をされますか？

多くの場合は、PCの電源を入れますね。OSが起動するのを待って、作業に必要なアプリケーションやWebページを順番に開いていくことでしょう。メーラー、Excelファイル、ブラウザとWebページ、チャットツール、PDFやWordなどのドキュメント……私たちは、1つの作業を行うたびに、たくさんのアプリケーションやフォルダ、Webページを開いて作業を行います。

その作業が一段落して、別の作業を開始するのであれば、また別のアプリケーションやフォルダ、Webページのセットを開く必要があります。その「セット」を開く手間は、1回あたりは少しの手間かもしれませんが、毎日最低1回から数回以上は行っている見えざるルーチンワークのひとつです。

私が本書の執筆作業を行う場合は、以下のようなアプリケーションやファイルを開いて作業を行っています。

- 原稿を書く文書作成ソフト
- 執筆状況を管理する表計算ソフト
- 原稿や素材を格納するフォルダ
- 執筆で参照するメモ
- 挿入する図を作成する図形作成ソフト
- Pythonプログラムを実行・検証するVisual Studio Code
- Pythonプログラムを実行・検証するJupyter Notebook

これを1つひとつ選択したり、クリックしたりして起動するには、けっこうな手順が必要となってしまいます。ただし、私が執筆作業を行おうと思ったときにとる行動は「Pythonファイルをダブルクリックする」これだけです。

この効率化により生み出す時間は、1回あたりでいうとわずかかもしれません。ただ、毎日数分の効率化でも、1年で考えると何十時間という単位になります。時間はとても貴重なのです。

また、このプログラムは簡単なコードで実現できますので、すぐにその開発工数は取り返すことができるでしょう。

このプログラムを実行することで「自分はPythonを学んでいるんだ」ということを、都度認識し直すことができるというのは、このツールを作り、活用する隠れたメリットです。

1.2.2 大量のWebサイトからの情報収集

私がPythonのプログラミング研修を担当させていただいた、とある企業の事例を紹介しましょう。研修を受けていただいたチームは、100を超えるWebサイトから定期的に情報収集をするという業務をする必要がありました。

1. URLをブラウザに入力してWebページを開く
2. Webページ上の該当の箇所をコピーする
3. コピーした内容をExcelファイルにペーストする

このような作業を100回以上行うのです。素早く作業をして1つのサイトを3分でこなしたとしても、全体で5時間もかかってしまいます。人間ですから操作ミスにより、正しくないデータをコピーすることもあるかもしれませんし、マウスを持つ右手は腱鞘炎に悩まされるかもしれません。

また、Webサイトの構造はそれぞれ違いますから、コピーをすべき「該当の箇所」は、Webサイトごとに異なります。業務に慣れている担当者であれば、経験からすべてのWebサイトから目指すデータを収集できますが、新しい担当者には操作手順を教えたり、マニュアルを整備したりする必要が出てきます。

考えただけでもうんざりする業務ですよね。

そのチームに3ヶ月間のPythonプログラミング研修を受けていただきました。どのような効果があったでしょうか。

その担当者の該当業務の手順は以下のとおりになりました。

1. Pythonのプログラムを起動する
2. 10～20分後に完成したExcelファイルとログをチェックする

5時間もかかっていた業務が、たったの20分で完了するようになりました。しかも、その20分間はコンピューターが働いているので、担当者自身は別の作業をしていても、打ち合わせをしていても、休憩をしていてもよいのです。

そのチームは、さらに「欲張り」でした。この学んだPythonプログラミングの技術について、社内研修を開催し、他部署に伝授をすることをはじめました。これにより、社内でPythonを使いこなす人材がさらに増えました。「教えることは2度学ぶこと」ですから、そのチームの知識やスキルもより強固なものになります。

もともとのチームの役割はデータ収集をするというものでしたが、それに加えて自動化・効率化を実現する社内開発およびその教育を行うという役割を担うことができるようになりました。社内での評価は大きく上がったに違いありません。

このように、Pythonを学ぶことはみなさんとそのチームの「働く」にたいへん魅力的な体験と、高い価値をもたらします。これらの体験や価値を味わい、楽しむことは、プログラミングを学び続けるためのモチベーションの維持に大いに貢献します。

1.3 ノンプログラマーがPythonを選ぶべき理由

1.3.1 絶大な人気を誇るプログラミング言語Python

さて、数あるプログラミング言語の中で、なぜPythonを選ぶのかについて考えていきましょう。

プログラミング言語Pythonが生まれたのは1990年初頭。意外にも、もうすぐ30歳を迎えるほどの歴史のある言語です。オランダ出身、アメリカ在住のグイド・ヴァンロッサムが、自らも開発に携わっていた教育用のプログラミング言語「ABC言語」の派生としてPythonを開発したとされています。

Pythonは、もともとはグイド・ヴァンロッサムが愛していたコメディ番組「空飛ぶモンティ・パイソン」がその名前の由来となっていますが、「Python」(つまり日本語では「ニシキヘビ」)がそのアイコンとして使用されています。

そんな長い歴史を持つプログラミング言語Pythonですが、本職プログラマーにとっては、数々のプログラミング言語の中で1、2を争うほど人気の言語となっています。

米国の電気工学技術の学会誌「IEEE Spectrum」が発表した人気プログラミング言語の調査「Top Programming Languages 2020[注3]」では、Pythonが1位となっています。また、「日経xTECH」による「プログラミング言語実態調査(2019)[注4]」では、PythonはC/C++に次いで2位にランクインしました。つまり、日本国内での人気も高いということがわかります。

なぜ、これほどまでに人気があるのでしょうか?

Pythonの公式サイト「Python.org[注5]」のトップページ(図1-3)には、Pythonについてこのように説明されています。

注3) Top Programming Languages 2020 https://spectrum.ieee.org/static/interactive-the-top-programming-languages-2020

注4) プログラミング言語　人気ランキング
https://xtech.nikkei.com/atcl/nxt/mag/sys/18/110600096/110600002/

注5) Welcome to Python.org https://www.python.org/

> Python is a programming language that lets you work quickly and integrate systems more effectively.

直訳的には「Pythonは素早く作業でき、システムをより効果的に統合できるプログラミング言語」となります。

図1-3 Python.orgのトップページ

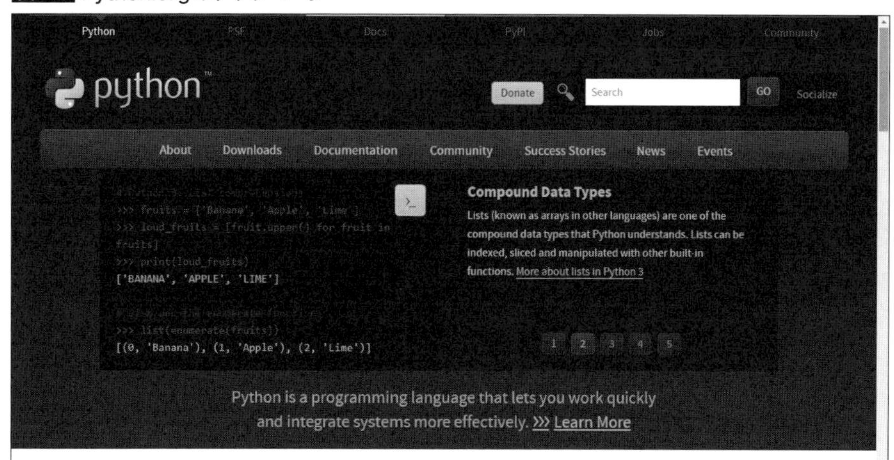

この一文の意味は、Pythonの4つの特徴を確認することで、より深く理解することができます。そして、そのメリットはノンプログラマーにとっても、有益なものだということを確認していきましょう。

なお、この節ではいくつかのPythonのコードが登場しますが、現時点でその内容を理解する必要はありません。Pythonの世界に触れていただくことが目的なので、ぜひ堪能してみてください。

1.3.2 文法がシンプルである

Pythonの最大の特徴は「文法がシンプルである」ということです。

Pythonプログラミングの基本の考え方がまとめられている「The Zen of Python」(Pythonの禅) [注6] の一節には、「Simple is better than complex. (単純なものは複雑なものより優れている)」と書かれています。また、ストレートに「Readability counts. (読みやすさが重要)」という一節もあります。

たとえば、「予約語」について見てみると、いかにPythonがシンプルさを重視しているかがわかり

注6) 「The Zen of Python」は、「import this」というコードの実行で確認することができます。Pythonを実行できるようになったら試してみてください。

ます。予約語とは、プログラムの命令を記述するために必要な、あらかじめ決められているキーワードのことです。

他のプログラミング言語では、その予約語の数が50以上存在している場合が少なくありません。しかし、Pythonではその数はたった35となっており、もっとも予約語の数が少ない言語の部類に入ります。

別の例として「ブロック構造」を見ていきましょう。ブロック構造は命令のかたまりを表現するためのもので、多くの言語では、その開始から終了までの範囲を示すキーワードや記号を用いる方法が一般的です。JavaScriptという言語なら波かっこ「{」「}」で、VBAという言語なら「If」「End If」でその範囲を表します。

JavaScriptのブロック構造

```
1  for(var i = 1; i <= 10; i++){
2    if(i % 3 == 0){
3      Logger.log(i);
4    }
5  }
```

VBAのブロック構造

```
1  Dim i As Long
2  For i = 1 To 10
3      If i Mod 3 = 0 Then
4          Debug.Print i
5      End If
6  Next i
```

一方、Pythonでは、それを「インデント」することで実現します。インデントとは、字下げのことで、命令の冒頭に決められた数のスペースを入れることです。

その分だけ記述する量が減るのはもちろん、必ず決められた分のインデントをしなくてはなりませんから、誰が書いても同じフォルムのコードになるのです。

Pythonのブロック構造

```
1  for i in range(1,11):
2      if i % 3 == 0:
3          print(i)
```

つまり、コードが書きやすく、読みやすいということです。だから「作業が素早く」行えます。さらに、それは学習コストが低いというメリットを生み出します。ノンプログラマーにとっては、短い時間で習得が可能という点は大きな助けとなります。なぜなら、その学習時間は限られていて、貴重だからです。

1.3.3 バッテリー同梱

プログラミングの初学者にとって大きなハードルとなるものに「環境構築」があります。

多くの場合、**図1-4**のようにプログラムを実行する本体だけでなく、コードを記述するためのエディタや、機能を追加するためのソフトウェアなどを個別に入手してインストールをします。OSや実現したいことに応じて、その選択肢が変わってきたり、必要に応じて設定ファイルを変更したりする必要も出てきます。

図1-4 プログラミング言語の環境準備

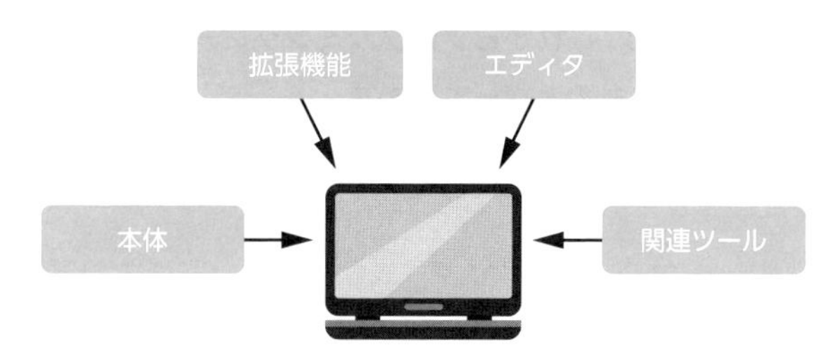

環境構築では、そのプログラミング言語について知識がゼロの状態にあるにもかかわらず、それを使うための環境を整えなければいけないわけです。ノンプログラマーにとっては、かなり難易度の高い作業になりがちで、もっとも挫折しやすいポイントのひとつといっても過言ではありません。

その点、Pythonには「バッテリー同梱(batteries included)」という思想があります。

たとえば、電池を使用する家電商品を買ったときに、商品のパッケージに電池が含まれていると、買い手としては助かりますよね。Pythonはそれと同じユーザービリティを提供するということを大事にしています。

ユーザーがPythonを利用しはじめるときには、ひとまとまりにパッケージングされている配布物をダウンロードすることになります。その配布物を「ディストリビューション(distribution)」といいます。ディストリビューションはWindows用、Mac用などが用意されており、その中にはOSに対応したPython本体、エディタ、その他さまざまなソフトウェアがひととおり含まれています。ダウンロード後、ダブルクリックでインストーラーが立ち上がりますので、ノンプログラマーでも慣れ親しんだ手順でインストールを完了することができます(**図1-5**)。

図1-5 ディストリビューションによる環境準備

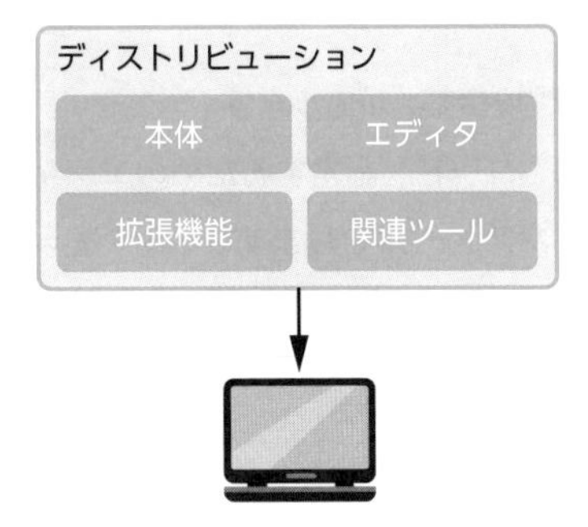

このように、Pythonの「バッテリー同梱」のポリシーは、これからプログラミングに一歩踏み出そうとするノンプログラマーにとって、たいへんありがたいものとなっています。

1.3.4 豊富なライブラリ

Pythonのディストリビューションには、Pythonのプログラムにさまざまな機能を追加するための機能拡張ソフトウェアが多く含まれています。それらの機能拡張ソフトウェアを「ライブラリ(library)」といいます。ディストリビューションには、たくさんのライブラリが含まれているので、それだけでも多くのことを実現できますが、内容によっては実現できないときがあります。

その際、Pythonには、他の開発者が開発して公開しているライブラリを使用させてもらうという選択肢があります。その開発・公開しているライブラリを「パッケージ(package)」といいます。配布されているパッケージは「The Python Package Index (PyPI)」(パイピーアイと読みます)というサイトで管理されていますので、覗いてみましょう(図1-6)。

図1-6 The Python Package Index(PyPI)のトップページ

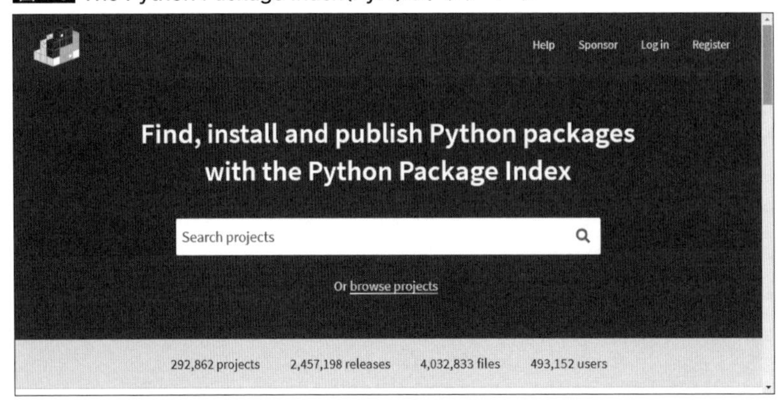

「projects」と書かれているところが、このPyPIで管理されているパッケージの数です。執筆時点では29万以上ものパッケージが管理されていました。

この豊富に提供されているパッケージの中には、先端のプログラマーたちが注目している、機械学習、Web開発、データ分析、IoTといった流行の分野の強力なパッケージが取り揃えられています。それらのパッケージをすぐさま利用できることがPythonの人気を強く支えています。

1.3.5 無料のオープンソースソフトウェア

ノンプログラマーの皆さんは、プログラミング言語は単体の企業が独自に開発するものと考えるかもしれません。しかし、Pythonはそれとは異なる手法で開発が進められています。

Pythonは非営利団体である「Pythonソフトウェア財団(PSF)」が中心となって「オープンソースソフトウェア(OSS)」として開発が行われています。

図1-7 Python Software Foundationのページ

OSSというのは、そのソースコードが公開されていて、世の開発者はそれを自由に閲覧、使用、配布、改変をすることができるソフトウェアのことです。利用者は、それを無料で使用できますし、自由にカスタマイズもできます。また、外部の開発者の目に触れる機会が多いことから、迅速な問題の発見やフィードバックを得ることができるという利点もあります。

Pythonの人気とその成長は、シンプルで扱いやすい言語であるということに加えて、オープンな環境で世界中の開発者が、利他の精神を持って関わっているということにより支えられています。そのことを知ると、より一層魅力を感じますよね。

1.4 Pythonを身につけるために必要なこと

1.4.1 習慣にすること

Pythonは初学者にもやさしく作られているのは前述のとおりですが、それでもノンプログラマーが適当にトライしてなんとかなる代物ではありません。ノンプログラマーは時間も環境も不足していますから、Pythonをものにしてその価値を高めるためには、限られた時間を、効果的に活用する心構えと、それに伴う行動が必要になります。そのいくつかの心構えについて見ていきましょう。

まず、ノンプログラマーがプログラミングを学ぶ上で、もっとも大事なことは学習を習慣にすることです。多くの場合、本書のような書籍を購入したり、Webサイトやオンラインサービスにアクセスして、いきなり学習をはじめてしまいますが、そのスタートの仕方は危険です。

なぜなら、プログラミングを身につけるためには、大量の学習時間が必要だからです。一般的にプログラミング技術を身につけ、ある程度活用ができるようになるまで200～300時間が必要と言われています。それを知らずに学習を開始した場合、なかなか習得ができないと感じてしまうため、「自分には向いていない」と挫折をしてしまうのです。しかし、実際は向き不向きが原因ではなく、学習時間の不足に原因があることのほうが圧倒的に多いのです。

表1-1は、週あたりの時間によって、習得に必要とされる200～300時間にどれくらいの期間で到達するかを算出したものです。概算ではありますが、習得したい時期から逆算した場合に、どれくらいのペースで学習をすればよいかの参考になります。

表1-1 学習頻度と必要期間

学習時間／週	必要期間					
	200時間の場合			300時間の場合		
	週	月	年	週	月	年
2	100.0	25.0	2.1	150.0	37.5	3.1
7	28.6	7.1	0.6	42.9	10.7	0.9
14	14.3	3.6	0.3	21.4	5.4	0.4

週末に数時間ずつ学習時間をとったとしても、200時間に達するためには50週、100週という期

間が必要になります。月になおすと1〜2年もかかってしまいます。何年も活用ができないもののために、ずっとモチベーションを保って学習を続けるのは困難です。

つまり、プログラミング技術を身につけるためには、学習のペースを上げて、毎日のように学習する習慣を作る必要があります。表1-1から読み取れるとおり、1日1時間でも少し不安が残るくらいなのです。

まず、学習をはじめる前に、日々の生活を見返して学習の習慣作りの計画をしましょう。おすすめは、仕事をはじめる前の朝の時間です。1時間早めに家を出て会社やカフェで学習をする、加えて帰宅後や週末に時間をとれば、比較的早い段階での習得の道筋は見えてきます。

1.4.2 実務で活用すること

実務で活用できるかどうかはノンプログラマーがプログラミングの学習を習慣化する上でたいへん重要です。

プログラマーであればプログラミングが仕事ですから、業務時間内にプログラミングをするのは当たり前です。一方で、ノンプログラマーはプログラミング以外に本業があります。ですから、業務時間内にプログラミングをするのは、わずかの時間であっても困難な場合が少なくありません。そうなると、業務時間外に学習時間を捻出しなければならず、そのことがノンプログラマーのプログラミング学習を困難にしている1つの要因となっています。

しかし、本業に役立つプログラミングであれば、業務時間内に携われる可能性が出てきます。**図1-8**の円グラフにあるように、実務の中で「実現したいこと、かつ実現できそうなこと」をいち早く見つけて、業務時間を充てられるようにすることは非常に重要です。

図1-8 1日のスケジュールのサンプル

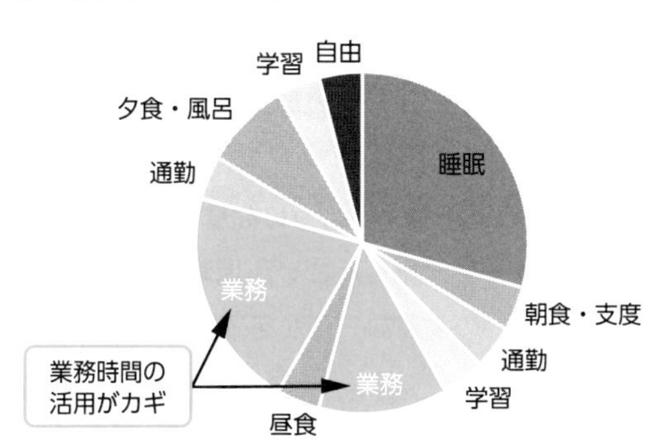

習得までの期間を短縮できますし、学んだことが実務の役に立つのはモチベーションを高めます。さらに、業務の効率化により時間を生み出すことができますので、その時間を新たなチャレンジに回

すといった生産性アップの良いスパイラルに入ることを期待できます。

しかし、プログラミング学習の最初の段階では、プログラミングの考え方や文法などの基礎的な内容ばかりです。数学の教科書を思い出してください。「これが、何の役に立つのだろう」と思っていた方も多いと思いますが、プログラミングも同様です。初期の段階ほど、実務では使えない、または実務で使えるイメージが沸かないが、学習をしなければいけない期間となります。ノンプログラマーにとっては、この厳しい期間を乗り越えることを、いきなり試されることになります。

それを乗り越えるための、本書の活用の方法をお伝えしておきます。

まず、学習をはじめる前に、本書の7章以降をざっと眺めていただいて、Pythonでどのようなツールが作れるかのイメージを焼き付けておくとよいでしょう。また、6章までの基礎の部分では、「これは実務のツール作りではどのように役に立つのかな」と業務に関連付けながら学習を進めましょう。一方で、業務時間内では「この作業はPythonで効率化できるかな」という視点で業務に取り組んでみてください。このように、学習内容と自分のことの関係性を意識することを「関連付け」といいます。関連付けられた記憶は定着しやすいので学習効率もよくなることが期待できます。

これらを参考に、初期段階を勢いよく乗り切りましょう。そして、実務で使えるような簡単なツールが作れるようになったのであれば、途切れなく次の「実現したいこと、かつ実現できそうなこと」を見つけてトライしていけるのが理想です。

1.4.3 常に情報収集をすること

お伝えしたとおり、PythonはOSSであり、そのプログラミング言語としての魅力も相まって、優秀な開発者が活発に開発を行っています。また、それにより豊富なライブラリが提供されていて、私たちはその恩恵にあずかることができます。

しかし、開発が活発であり、豊富なライブラリが提供されていることによるデメリットもないわけではありません。それだけアップデートが速いので、それについて行かなければならず、選択肢が豊富にあるので「目利き」が必要になるということです。

たとえば、Python3.6から「フォーマット文字列」という書き方が使えるようになりました。

以下の「formatメソッド」と「フォーマット文字列」のコードをご覧ください。現時点では、コードの意味はわからなくてよいので、それぞれぱっと見た印象がどのようなものかを確認してみてください。

formatメソッド

```
1  a = 123
2  print('{}'.format(a))
```

フォーマット文字列

```
1  a = 123
2  print(f'{a}')
```

「formatメソッド」に比べると「フォーマット文字列」のほうが、文字数や使われている記号の種類も少ないですよね。これらのコードは、いずれも同じことを実現するものですが、Pythonが重視している「シンプルさ」を追求してバージョンアップした結果、新たな書き方が使えるようになったのです。

このようなバージョンアップが頻繁に行われています。ですが、それを採用し続けるためには、新しい情報をキャッチして、過去に得た知識をアップデートしなければいけません。

もうひとつ、例を示しておきましょう。HTTP通信を行う「requests」(リクエスツと読みます)というパッケージがあります。このパッケージはとても人気があり、本書でも紹介するものです。

ただ、Pythonのパッケージ管理サイトPyPIで「requests」を検索すると、**図1-9**のように「requests」のほかに「requests5」「requests3」など複数の種類が出てきてしまいます。

どれを使うべきでしょうか？

図1-9 PyPIで「requests」を検索した結果

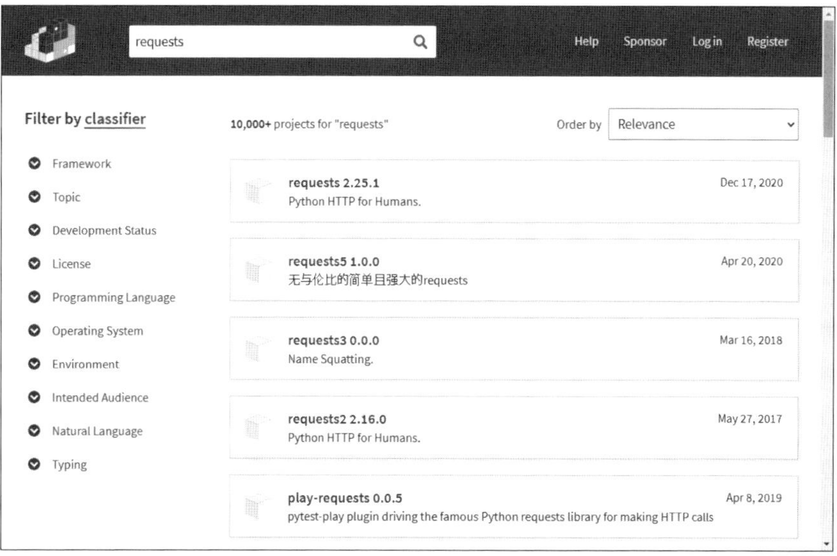

大きい数字のほうが新しい、一般的にはそのように考えますし、実際にそうであることも多くあるのですが、実はこのケースでは数字が振られていない「requests」を使っておくのがよい選択といえ

ます 。

現時点では、皆さんがその判断するのは困難なので、わからなくても気にする必要はありません。ただし、Pythonとその能力を十分に引き出して、有益な活用をしていくのであれば、よりよい選択は何か？という視点を常に持ち続ける必要があり、いつの日かは自身で情報を取得し、判断をする力を身につけなければなりません。

1.4.4 読みやすいコードを書くこと

Pythonは「Readability counts.（読みやすさが重要）」とあるとおり、「コードの読みやすさ」を重視しています。なぜ、コードの読みやすさが重要なのでしょうか？

まず、Pythonで作成したプログラムは完成したらそれで終わりではありません。業務が変わればプログラムを修正する必要性が出てくるかもしれませんし、機能を追加したり改善をしたりといったニーズも生まれます。さらに、前述のとおりPython本体やパッケージのアップデートによるコードの改変もあり得ます。そのときに、読みやすいかどうかは、それらの作業の効率に大きく影響します。

また、他の人が見る可能性もあります。作成したプログラムを他の誰かが参考にしたり、引き継いだりすることがあるかもしれません。また、チームで開発運用をするケースも当然あります。普通の人であれば、他の人が書いた解読に時間がかかるコードは読みたくないものです。

つまり、読みやすいコードであれば、速く理解し、速く改変し、速く再利用することができるのです。コードを書き残したとき、それらが読みやすいのであれば改変や再利用がしやすい資産であり、逆に読みにくいのであれば苦労して保守しなくてはいけない負債となります。その差はたくさんのコードを書けば書くほど出てきます。

Pythonはその言語仕様として、誰が書いてもなるべく読みやすいコードになるように作られています。しかし、それでもコードの書き方によって読みやすさの差は出てきます。

簡単な例として「コードの読みやすさA」と「コードの読みやすさB」のコードを比べてみてください。コードの意味はわからなくてもかまいませんが、これらはいずれも同じ処理を実現するものです。ぱっと見た印象を確認してください。

「コードの読みやすさA」

```
1  a = input('>')
2  b = int(a)
3  c = b + 1
4  for d in range(1, c): print(d**2)
```

「コードの読みやすさB」

```
1  number = int(input('任意の整数を入力してください >')) + 1
```

```
2  for i in range(1, number):
3      print(i**2)
```

後者のほうが、単語やテキストで意味をとれる箇所が多く、読みやすそうと感じるのではないでしょうか。少し学習を進めれば、「B」のほうがはるかに速くその意味を理解できるということがわかるはずです。

Pythonでは、私たち全員が統一的で読みやすいコードを書くためのガイド「PEP8[注7]」(ペップエイト)が用意されています。本書でもそれに準拠したコードを紹介します。また、都度読みやすく書くためのポイントをお伝えしますので、読みやすいコードが書けるように意識して学習を進めていきましょう。

1.4.5 アウトプットをすること

学習を進める上で「アウトプット」はとても効果的です。脳はアウトプットした情報を重要なものと認識して、その情報に関する記憶をより定着させ、より取り出しやすい状態にします。

プログラミング学習において基本となるアウトプットは、サンプルコードを自ら入力、実行して、実際に動かすということです。お坊さんがお経を書き写す作業と似ていることから、一般的に「写経」といわれています。手を動かすことで脳の運動をつかさどる機能も活動しますし、実行結果として知識に関連付けることができるフィードバック情報を得ることができます。

また、ノンプログラマーの場合、勉強仲間を見つけることを、強く意識しましょう。どんな勉強をしているのか、どこが難しく感じているのか、どのようなツールを作ろうとしているのかなど、アウトプットをしあえる環境は学習効率を大きく跳ね上げますし、モチベーション維持にも絶大な効果を発揮します。できれば、職場の同僚が理想です。仕事とプログラミングを関連付けてアウトプットをしあえるからです。もし、職場に見つけられなければ、プログラミングを学ぶコミュニティなどを活用するのもおすすめです。

さらに、別のアウトプットの方法としてTwitterなどのSNSやブログで、学習で得た発見や過程を発信するのも良いでしょう。アウトプットの効果はもちろんありますし、多くの人に見られながら学習することは、ほどよい緊張感を生み出します。また、フォロワーが学習を応援してくれたり、補足情報を提供してくれたりといった効果も期待できます。

このように、できることの範囲内でも、少しの工夫の積み重ねで、学習効果を大きく高めることができます。

注7) PEP 8 -- Style Guide for Python Code
https://www.python.org/dev/peps/pep-0008/

さて、1章では、ノンプログラマーにとってプログラミングを武器にするメリットとその置かれている学習環境が決して優遇されていないこと、Pythonの特徴と身につけるための行動指針についてお伝えしてきました。

学習が成功するかどうかは、本章の理解とそれに基づいた行動が大きく左右しますので、常に心に留めながら、Pythonの世界へと踏み出していきましょう。

Chapter 02

Pythonを学ぶ環境を作ろう

2.1 Anacondaを準備する

2.1.1 ディストリビューションAnacondaとは

ディストリビューションというのは、Pythonの「本体」のほか、さまざまなモジュールや開発に使用するソフトウェアなどをセットにした配布物のことです。ディストリビューションをダウンロードし、インストールすることで、すぐにPythonが使用できるようになるというのは「バッテリー同梱」にて触れたとおりです。

Pythonのディストリビューションは、いくつかの種類があります。いわゆる「公式」としてPythonソフトウェア財団が「Python.org[注1]」で提供しているディストリビューションもありますが、今人気が高いディストリビューションは、Anaconda社製の「Anaconda」(アナコンダ)です。

Anacondaはデータサイエンス向けのディストリビューションとうたっていますが、それだけには留まらない豊富なライブラリとJupyter Notebookなどのツール群が同梱されています。ノンプログラマーにとっては、Anacondaの内容で事足りることも多く、追加でライブラリやソフトウェアをインストールする必要がないというメリットがあります。

2.1.2 Anacondaをインストールする

では、Anacondaのインストールを進めていきましょう。

まず、以下URLからAnacondaの個人向けのダウンロードページにアクセスしてください。

Anaconda | Individual Edition
https://www.anaconda.com/products/individual

「Anaconda | Individual Edition」というページが開きますので、[Download] をクリックします。

注1) Python.org https://www.python.org/

図2-1 Anacondaの個人用をダウンロード

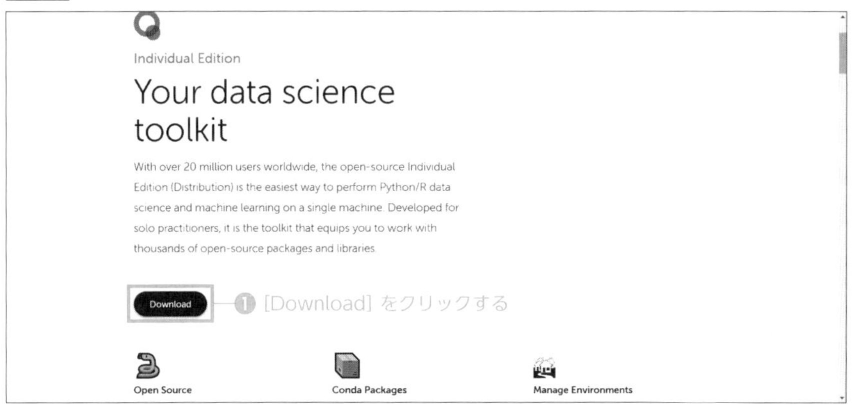

MEMO

無償のIndivisual Editionは200名以上の営利組織でビジネス利用する場合は使用することができません。
月額$14.95のCommercial Editionを使う必要がありますのでご注意ください。
もしくは、簡易版のMinicondaを使用するという選択肢があります。

ページがスクロールしますので、お使いのOSに合わせたインストーラを選択してクリックしてダウンロードします。「Graphical Installer」がGUIによるインストールで、macOSではコマンドでインストールをする「Command Line Installer」も提供されています。

本書ではWindowsの64bit版を例に進めていきますが、MacのGUIによるインストールもほぼ同様です。

図2-2 インストーラを選択する

クリックすると、「Anaconda3-20YY.MM-Windows-x86_64.exe」がダウンロードされます。

MEMO

既にPythonやAnacondaをインストールされているのであれば、この節はスキップしていただいて構いません。しかしもし、本書を進めるにあたり、何らかの不具合が出てその原因を特定するのが難しい場合は、PythonやAnacondaを一度アンインストールしてクリアし、再インストールをするという選択肢があります。

ノンプログラマーにとって環境構築ははまりやすいポイントなので、今の環境がどうなっているかきちんとコントロール下において進めるようにしましょう。

ダウンロードが完了したら、インストーラをダブルクリックして起動します。初期画面の「Welcome to Anaconda3 20YY.MM (64-bit) Setup」は[Next]をクリックします。

図2-3 Welcome to Anaconda3

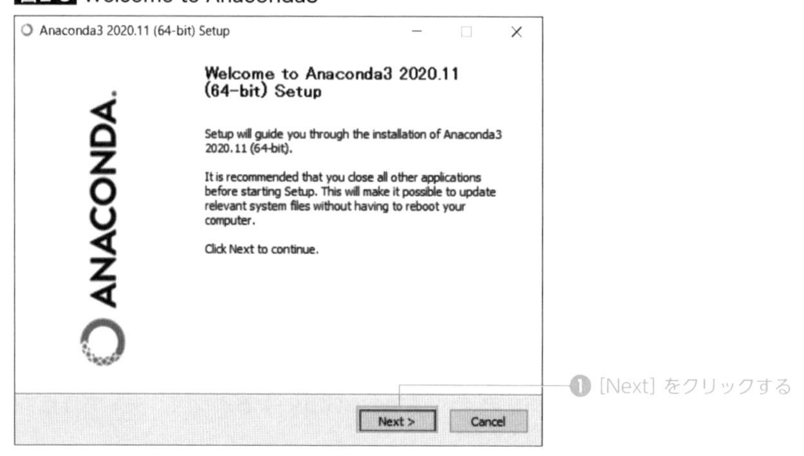

次に「Licence Agreement」は内容を確認して問題なければ[I Agree]をクリックして進めます。

図2-4 Licence Agreement

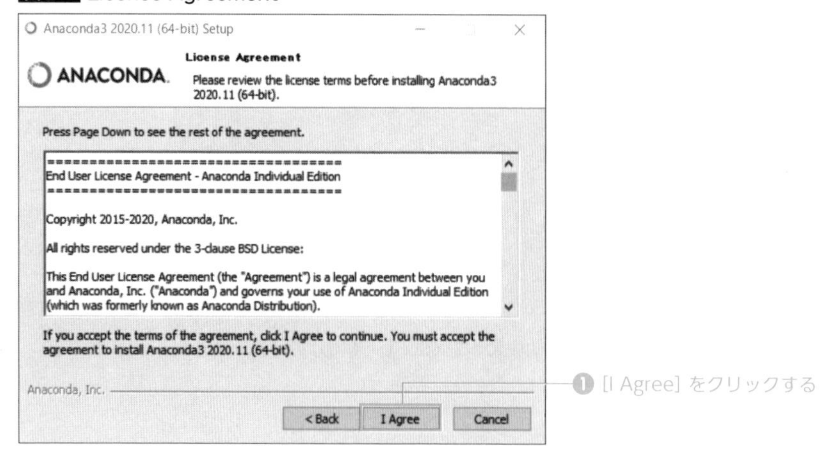

次の「Select Installation Type」はインストールのタイプを選択します。ここでは、複数のユーザーで使用することは想定しませんので、「Just Me」を選択した状態のまま［Next］をクリックしましょう。

図2-5 Select Installation Type

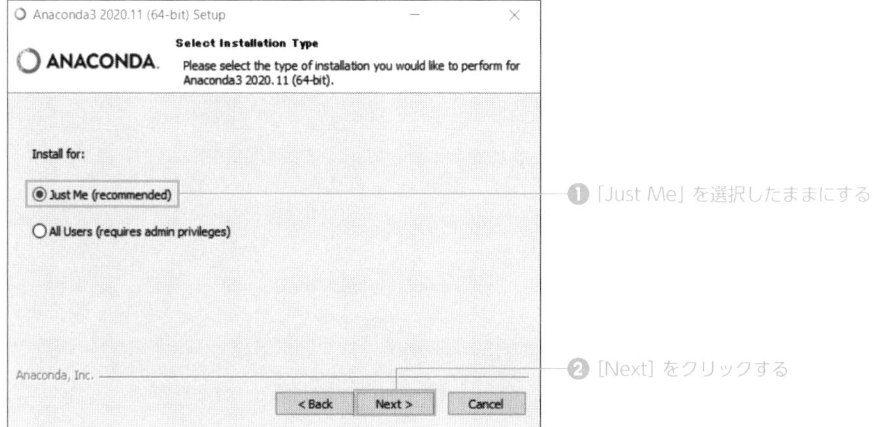

続く「Choose Install Location」はインストールするフォルダを指定して［Next］をクリックします。Anacondaがどこに保存されるかは重要ですので、把握しておきましょう。デフォルトでは以下のフォルダが指定されていますが、とくに変更する理由がなければ、このままで問題ありません。

```
C:¥Users¥ユーザー名¥Anaconda3
```

図2-6 Choose Install Location

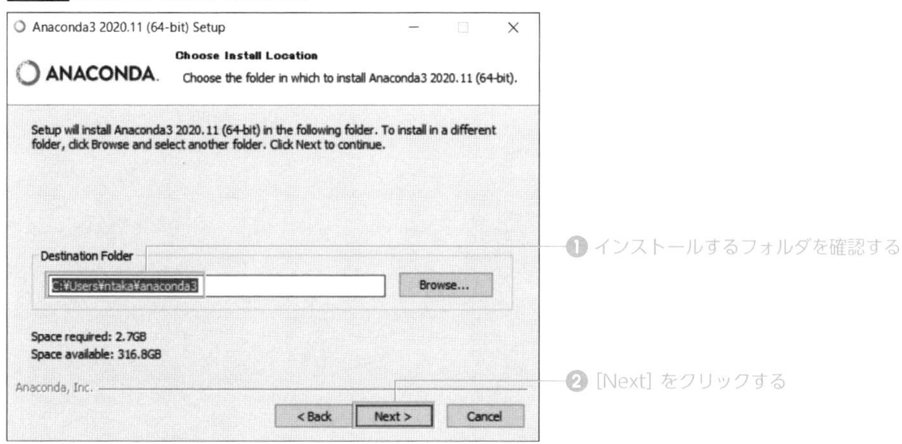

次の「Advanced Installation Options」ですが、インストールに関するいくつかの設定を行います。

「Add Anaconda to the system PATH environment variable」は、環境変数にAnacondaのパスを追加するかどうかを設定します。「Not recommended」すなわち非推奨とありますが、複雑な環境を使用しないのであれば、パスを追加しておいたほうが、都合のよいことが多いので、チェックを入れて進めましょう。

「Register Anaconda as my default Python 3.X」は、デフォルトのPythonとしてAnacondaを使用するかどうかの設定ですが、こちらも複数のPythonをインストールすることがないのであれば、チェックを入れたままで問題ありません。

以上の設定を確認し［Install］をクリックして進めます。

図2-7 Advanced Installation Options

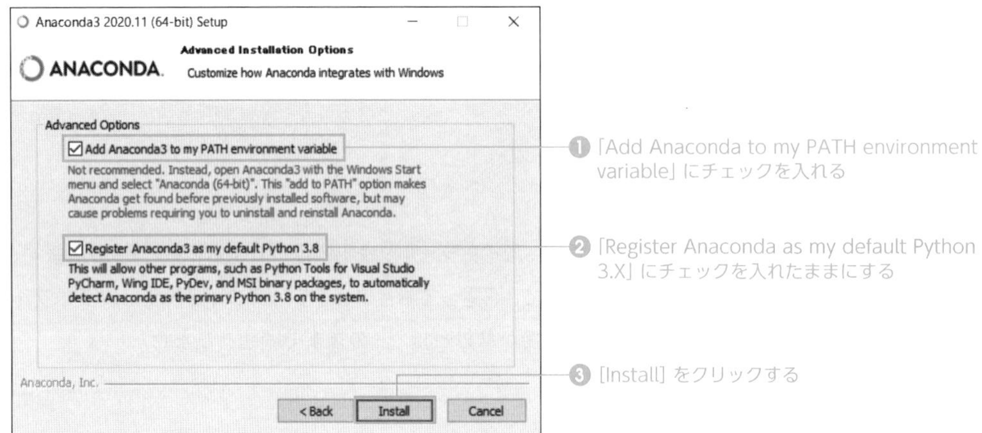

これで「Installing」の画面となり、インストールがはじまります。

図2-8 Installing

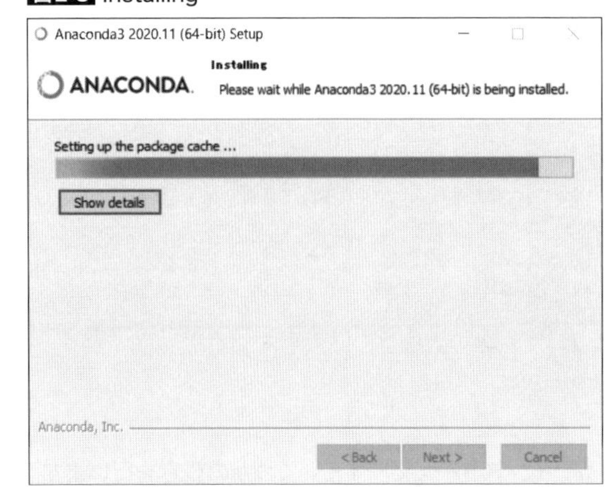

しばらく待つとインストールが完了し、「Installation Complete」の画面になりますので、[Next]で次に進みます。

図2-9 Installation Complete

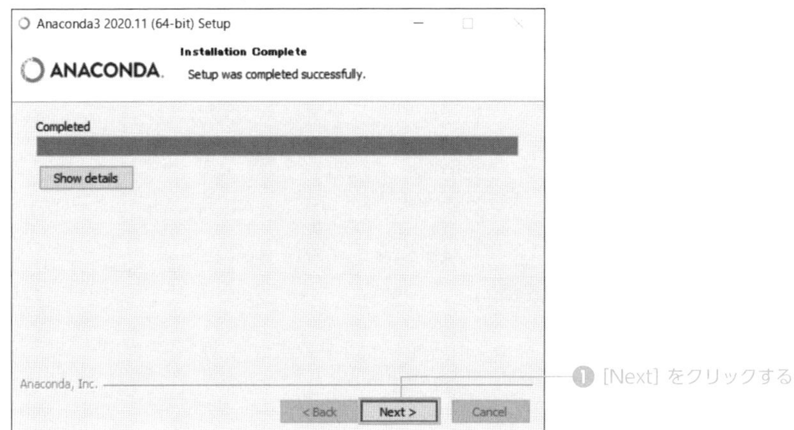

次に「Anaconda + JetBrains」の画面となります。ここは「PyCharm」というPythonに特化した開発環境を提供していることを知らせる画面です。本書では、PyCharmは使わずに「VS Code」を使用しますので、ここは単に[Next]で次に進めて問題ありません。

図2-10 Anaconda + JetBrains

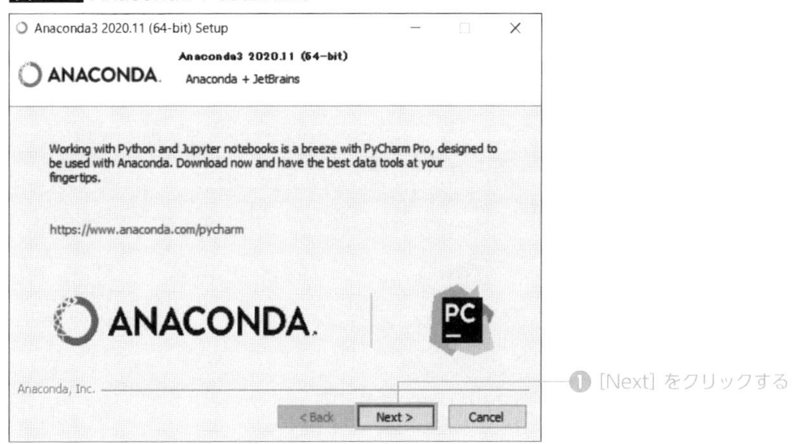

すると「Completing」の画面が表示されますので、[Finish]でインストールを終了します。チェックボックスにチェックを入れたまま[Finish]をクリックすると、それぞれのページが開きます。チェックを外してもよいですが、少し覗いてみてもよいかもしれません。

図2-11 Completing

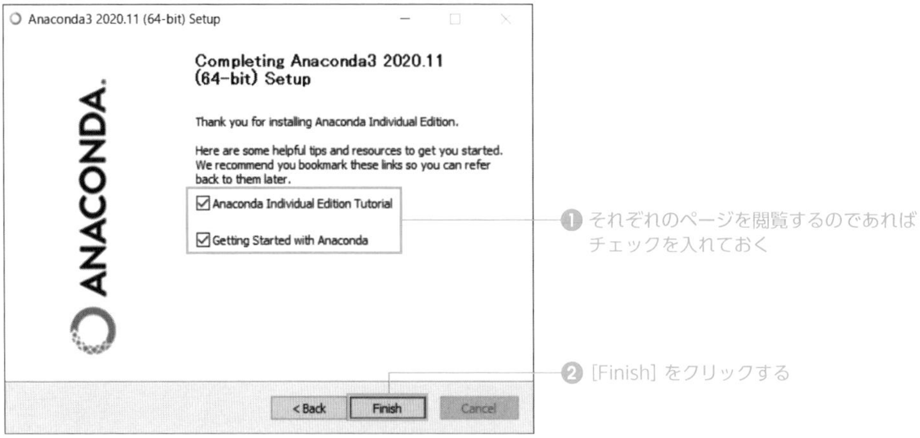

❶ それぞれのページを閲覧するのであればチェックを入れておく

❷ [Finish] をクリックする

2.2 Visual Studio Codeを準備する

2.2.1 Visual Studio Codeとは

Pythonのプログラムは、Wordなどの文書作成ソフトでも作成できます。しかし、Pythonを学ぶのであれば、プログラミング専用の「エディタ」を使用するほうがよいでしょう。

Pythonのコードは、ページ設定や書式を持たない「プレーンテキスト」になりますから、リッチな文書を作るための機能は必要ありません。代わりに、エディタを用意することで、以下に挙げるような機能を使いながら、効率よく学習や開発を進めることができます。

- コードの入力補完機能
- コードの文法チェックやヒントの表示
- コードを文字色の違いで読みやすく表示するシンタックスハイライト
- 高度なキーワード検索、置換
- プログラムの実行やデバッグ
- フォルダやファイルの操作や管理
- 拡張機能を追加するなどのカスタマイズ

エディタは、高機能かつ無料のものが多く存在しています。その中で、本書でおすすめするのは、Pythonについての便利な機能が豊富に提供されていて、かつ軽量で軽快に動作する「Visual Studio Code」略して「VS Code」(ブイエスコード)です(**図2-12**)。

インストールも簡単ですし、他の幅広いプログラミング言語にも対応をしています。

図2-12 Visual Studio Code(VS Code)

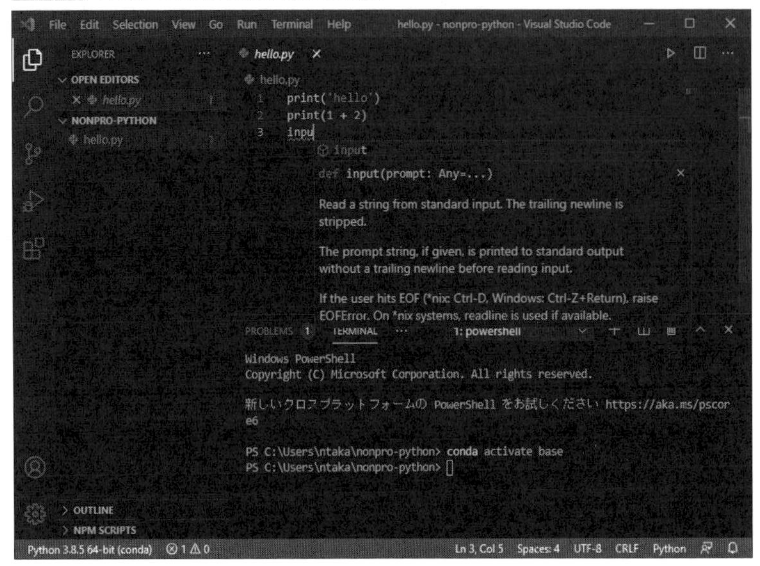

もうひとつおすすめする理由として、本書の後半で紹介するツールである「Jupyter Notebook」(ジュピターノートブック) が、VS Code上で動作するようになったということです。本来、Jupyter Notebookは別のツールで、もともとはブラウザ上で動作するものですが、VS Codeだけですべてが事足りるようになりました。

図2-13 Visual Studio CodeのJupyter Notebook編集機能

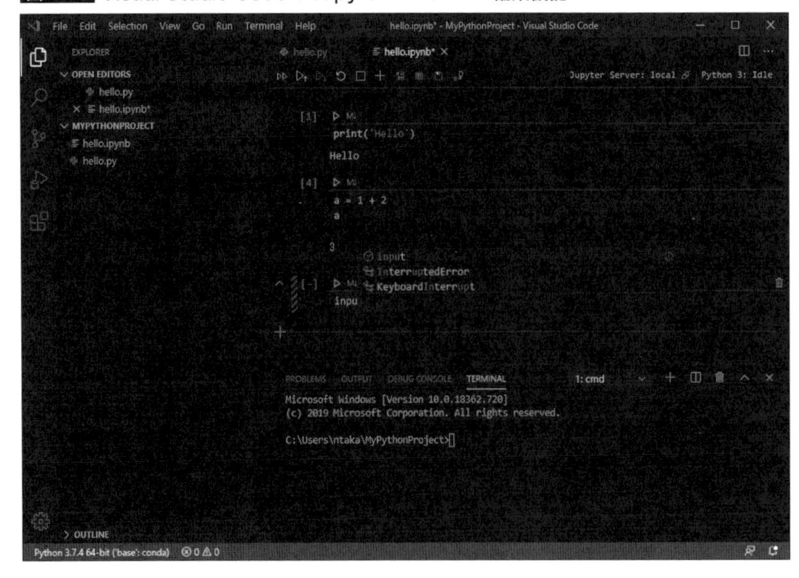

コードの入力補完などもVS Codeのものをそのまま利用できますし、何よりノンプログラマーの初心者にとって、扱うソフトウェアや環境が減るのは、とてもありがたいことなのです。

ちなみに、Jupyter Notebookについては、本書の16章で詳しく解説をしますので、現時点ではそのようなツールもあるという認識でいていただければ問題ありません。

2.2.2 Visual Studio Codeをインストールする

では、VS Codeのインストールを進めていきましょう。

まず、以下URLからVS Codeのページにアクセスしてください。

Visual Studio Code https://code.visualstudio.com/

Windowsであれば「Download for Windows」、Macであれば「Download for Mac」のボタンをクリックすることで、公式ドキュメントのページが開きつつ、インストーラがダウンロードされます。

公式ドキュメントは英語ですが、必要に応じてご覧ください。

Documentation for Visual Studio Code https://code.visualstudio.com/docs/

図2-14 VS Codeのインストーラをダウンロード

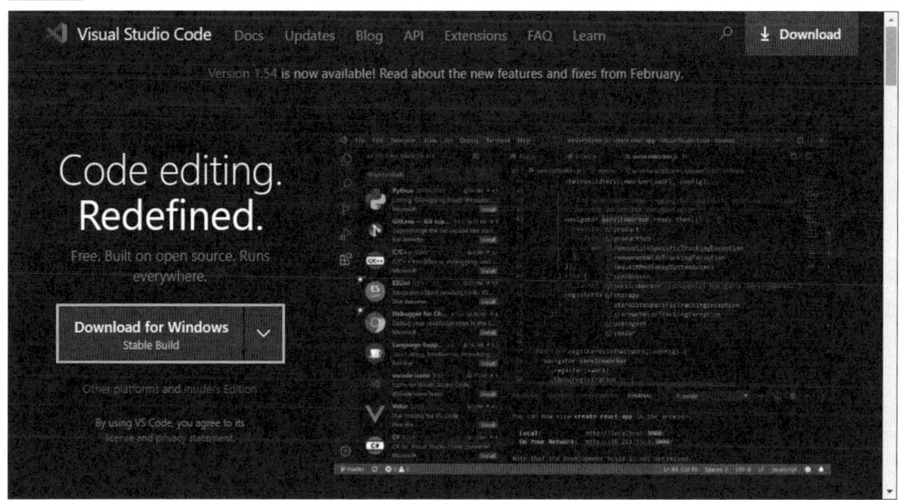

なお、インストーラには「Stable」と「Insiders」の2つのバージョンがあります。「Insiders」は新機能を先取りしたバージョンですが、動作が不安定だったり、機能変更がされたりという可能性があるので、理由がない限りは「Stable」を選びましょう。

Windows版であれば「VSCodeUserSetup-x64-x.xx.x.exe」という実行ファイルがダウンロードされますので、以降の手順にしたがってインストールしてください。Mac版はダウンロードした時点ですぐにVS Codeを使用できますので、インストールの手順は読み飛ばしてください。

まず、「使用許諾契約書の同意」が表示されますので、使用許諾契約書を読んだ上で「同意する」を選択し、[次へ] をクリックします。

図2-15 使用許諾契約書の同意

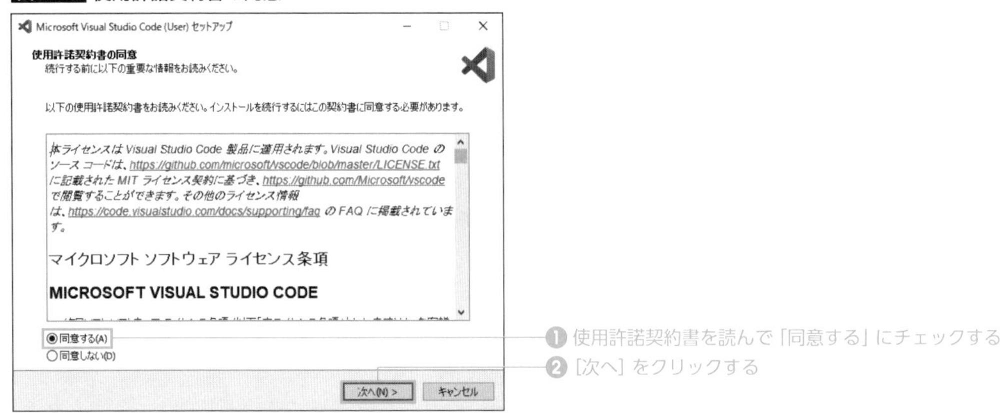

「インストール先の指定」はとくに理由がなければデフォルトのままでよいでしょう。内容を確認して [次へ] をクリックします。

図2-16 インストール先の指定

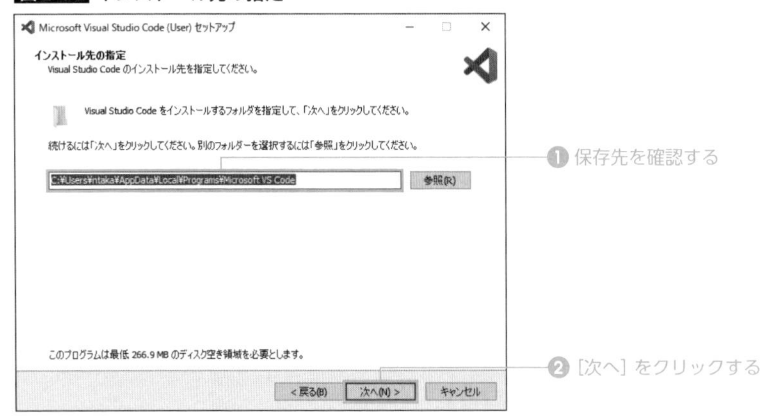

「スタートアップフォルダーの指定」では、スタートメニュー内のショートカット作成の場所を指定します。ここもデフォルトのままで問題ありませんので、内容を確認して［次へ］とします。

図2-17 スタートアップフォルダーの指定

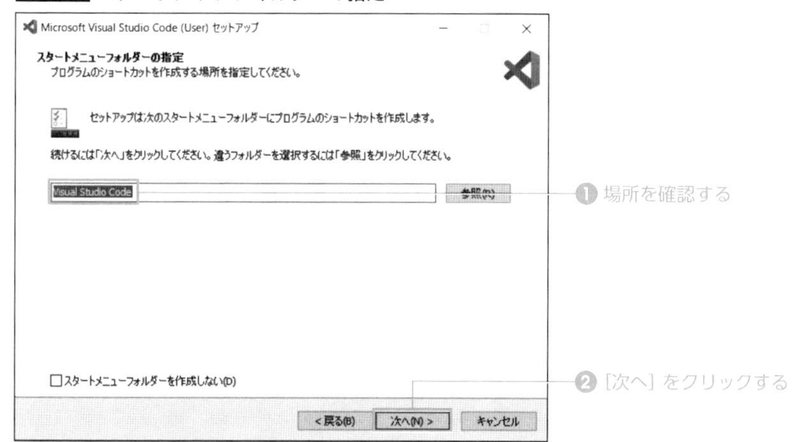

「追加タスクの選択」ですが、好みに応じてチェックを入れて［次へ］とします。ただし、「PATHへの追加」はチェックを入れたままにしておいたほうがよいでしょう。ここでは、デフォルトのまま進めます。

図2-18 追加タスクの選択

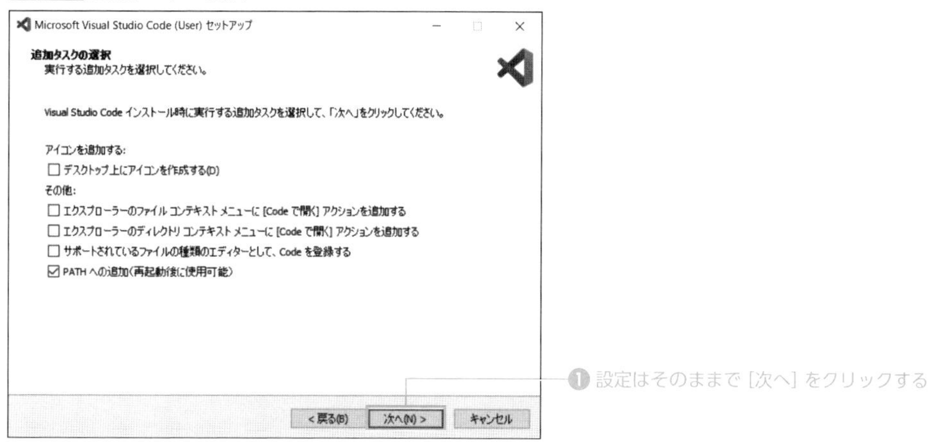

「インストール準備完了」で［インストール］をクリックすると、インストールが開始されます。

図2-19 インストール準備完了

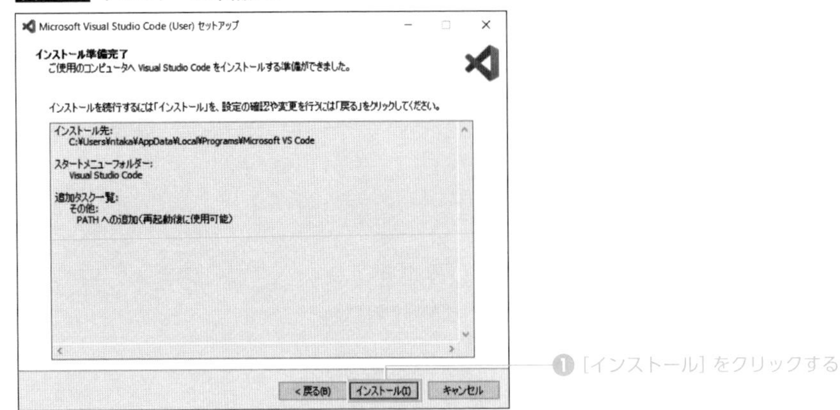

インストールが開始されるので、少し待ちます。

図2-20 インストール状況

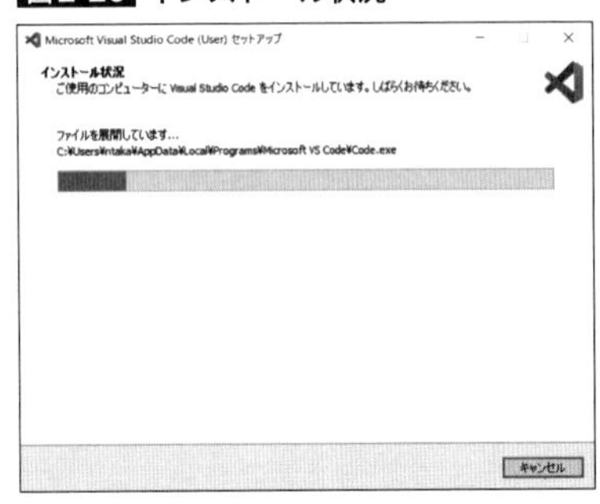

ほどなくしてインストールが完了しますので［完了］とします。「Visual Studio Codeを実行する」にチェックを入れたままにしておくと、VS Codeが開きます。

図2-21 Visual Studio Codeセットアップウィザードの完了

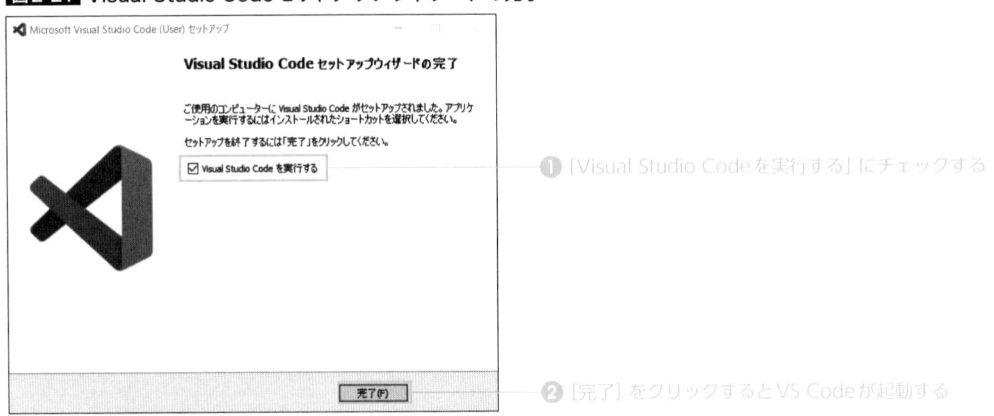

図2-22 VS CodeのWelcome画面

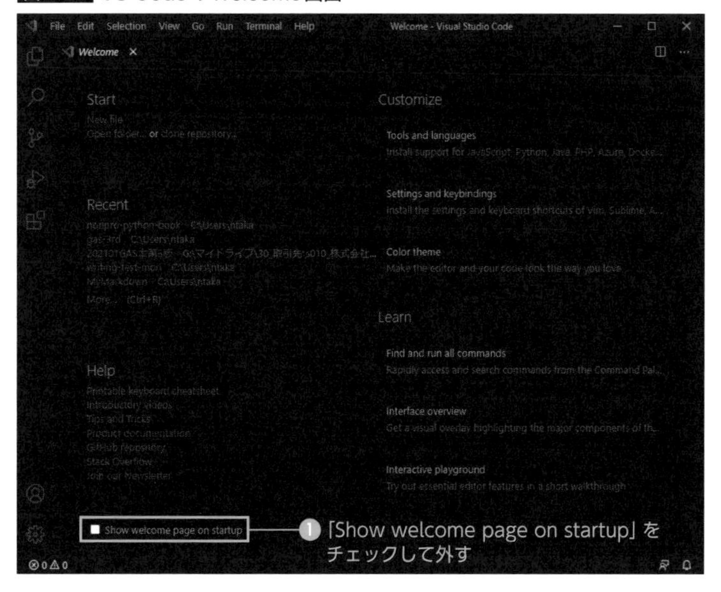

このWelcome画面から、最初に行うファイル作成やフォルダ作成の操作や、ヘルプの閲覧などを行うことができるのですが、「Help」メニューの「Welcome」からいつでも開くことができますので、「Show welcome page on startup」をチェックして外しても問題ありません。

次回以降、VS Codeを起動する場合は、スタートメニューで「vscode」などと検索することで、表示されますので、そこからも起動できます。

図2-23 スタートメニューからVisual Studio Codeを選択

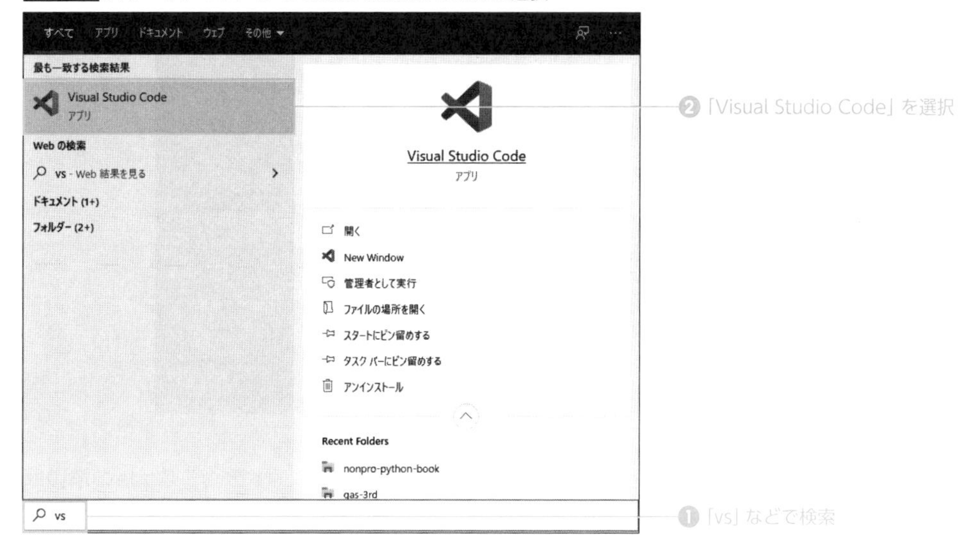

MacでもSpotlight検索から起動できます。

2.2.3 拡張機能Pythonをインストールする

もうひとつの手順として、拡張機能「Python」をインストールしておきましょう。これは、VS CodeでPythonプログラミングをするのであれば必須ともいってよいものです。

「拡張機能（extentions）」というのは、その名のとおりVS Codeの機能を拡張するために追加できるソフトウェアで、VS Code上で検索やインストールを行うことができます。提供されているたくさんの拡張機能の中から、好みのものをインストールすることで、VS Codeをカスタマイズしていくことができます。

拡張機能Pythonをインストールすることで、Pythonのコード入力支援や、デバック実行など、さまざまな便利な機能を使用することができますので、ここでインストールしておきましょう。

まず、左側のアクティビティバーから「Extensions」をクリックして開きます。展開したサイドバーに検索窓がありますので「python」と入力すると、「Python」が登場しますので、「Install」をクリックします（図2-24）。

図2-24 拡張機能Pythonのインストール

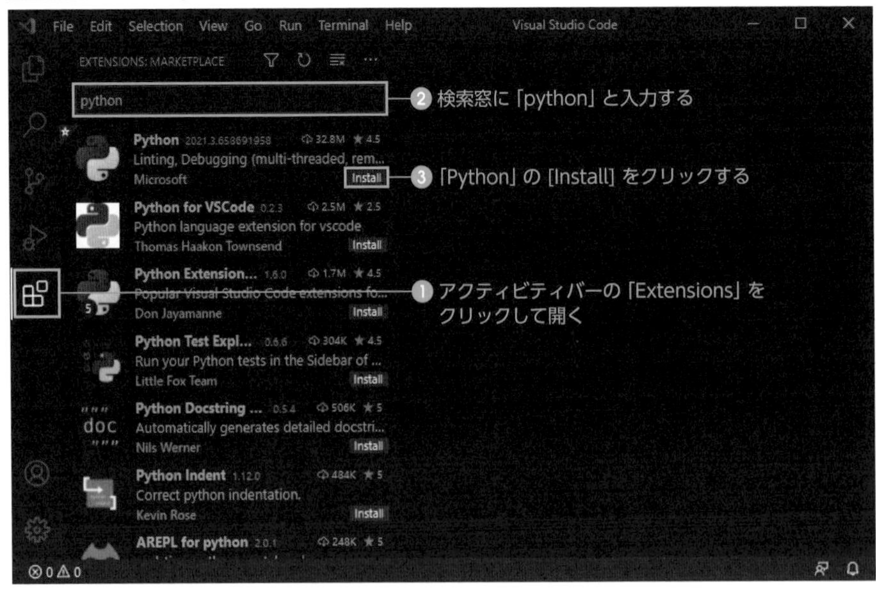

少し待つとインストールが完了し、図2-25のような画面となります。これで、VS Codeの準備は完了です。

図2-25 拡張機能Pythonのインストールが完了

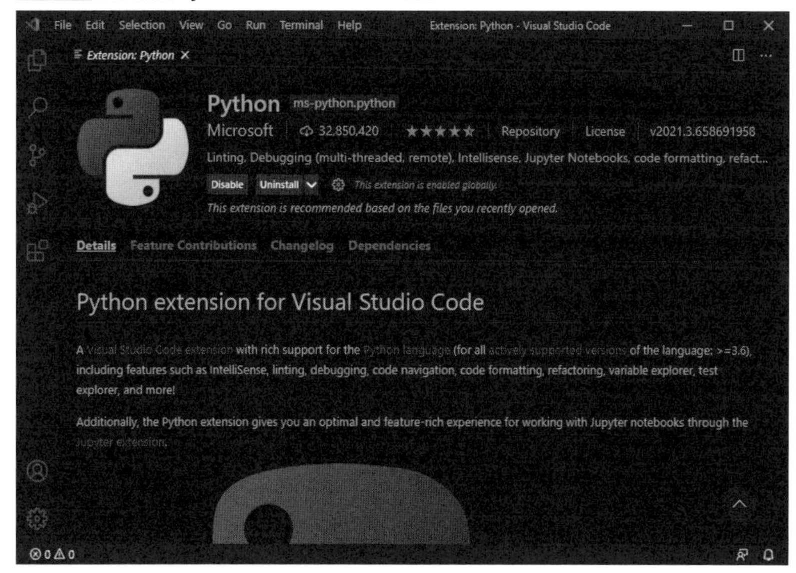

2.2.4 Visual Studio Codeの画面構成

VS Codeの画面構成を確認しておきましょう。図2-26をご覧ください。

図2-26 Visual Studio Codeの画面構成

各画面の簡単な説明は以下のとおりです。具体的な操作方法は次節以降で詳しく紹介しますので、ここでは各画面の名前とその概要について、ざっと確認をしておいてください。

❶タイトルバー

VS Codeのさまざまな機能を使用するためのメニュー。現在のプロジェクトやファイルについての情報が表示されます。

❷アクティビティバーとサイドバー

左側に配置されていてアイコンをクリックすることで、サイドバーにその操作を行う画面を展開する、または閉じます。サイドバーでは、アクティビティバーの「Explorer」や「Search」などの選択に応じた操作を行うことができます。

❸エディタグループ

コードを入力・編集するエディタを表示するエリア。ファイルを開くと1つひとつが「タブ」として開かれ、いくつものファイルを同時に開くことができます。エリアを左右などに分割して複数のファイルを同時に表示しての作業も可能です。

❹パネル

プログラムの出力やエラー情報などを表示したり、コマンドを入力して実行したりするエリアです。いわゆる「ターミナル」と呼ばれる機能は、このパネル上で提供されています。

❺ステータスバー

Pythonや現在開いているファイルについてのさまざまな情報を表示するバーです。

2.3 Pythonを実行する

2.3.1 Pythonの「本体」は何もの?

さっそくVS Codeを使用して、Pythonを実行していきたいところですが、その前にそもそも「Python」とは何ものなのか確認をしておきたいと思います。Anacondaをインストールした際に、Pythonの「本体」も含まれているとお伝えしましたが、それがどのような役割を持っているのかは謎に包まれたままです。

結論から言うと、Pythonの本体は「インタプリタ」と呼ばれるソフトウェアです。Pythonを実行する前に、事前知識として、そちらについて解説をしていきましょう。

コンピュータは、私たち人間の言葉を直接理解することができません。コンピュータが指示として受け取ることができるのは、「0」と「1」の2つの数字の羅列であるということは、ご存知のことと思います。コンピュータが解釈できる「0」「1」の数字の羅列を「機械語」といいます。

コンピュータに命令を与えたいとき、「機械語で指示を記述してください」といわれても、それには膨大な労力を要してしまいます。

その点を解決するのが「プログラミング言語」です。プログラミング言語は、以下のセットで構成されています。

- 人間でも理解して指示書を記述できる文法とキーワード群
- その文法による指示書を機械語に翻訳するための翻訳ソフトウェア

人間がプログラミング言語を使って記述したコンピュータ向けの指示書を「スクリプト」ともいいます。このスクリプトを翻訳するソフトウェアには2種類あります。1つは、スクリプト全体をまとめて翻訳してから実行する「コンパイラ」です（図2-27）。

図2-27 コンパイラ

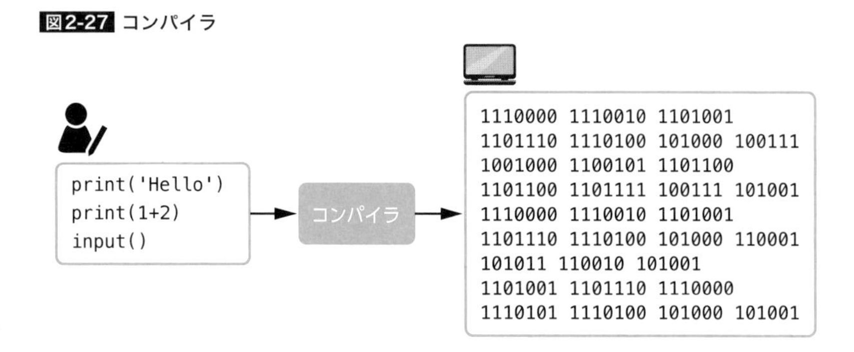

もう1つが、スクリプトを1つずつ翻訳しながら都度実行する「インタプリタ」です（図2-28）。

図2-28 インタプリタ

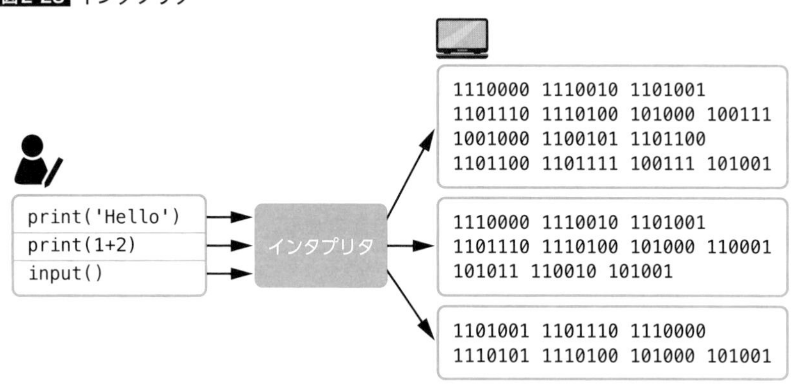

日本語訳ではスクリプト(script)は台本、コンパイラ(compiler)は編者、インタプリタ(interpriter)は通訳ですから、言葉の意味を考えるとイメージしやすいかもしれません。

コンパイラとインタプリタのどちらを採用するかはプログラミング言語によって異なりますが、Pythonはインタプリタを採用しています。そして、Pythonのインタプリタは「python.exe」という実行ファイルで、これがPythonの「本体」ということになります。

Pythonのディストリビューションには、必ず「python.exe」が含まれていて、たとえばWindows版のAnacondaであればデフォルトでは「C:¥Users¥[ユーザー名]¥Anaconda3」にインストールされます（図2-29）。

図2-29 python.exe

名前	更新日時	種類	サイズ
cwp.py	2019/03/14 5:00	PY ファイル	2 KB
LICENSE_PYTHON.txt	2020/07/20 22:01	テキスト ドキュメント	13 KB
msvcp140.dll	2018/11/20 2:57	アプリケーション拡張	613 KB
msvcp140_1.dll	2018/11/20 2:57	アプリケーション拡張	31 KB
msvcp140_2.dll	2018/11/20 2:57	アプリケーション拡張	201 KB
python.exe	2020/09/04 11:30	アプリケーション	93 KB
python.pdb	2020/09/04 11:30	PDB ファイル	436 KB
python3.dll	2020/09/04 11:29	アプリケーション拡張	51 KB
python38.dll	2020/09/04 11:29	アプリケーション拡張	4,106 KB
python38.pdb	2020/09/04 11:29	PDB ファイル	11,780 KB
pythonw.exe	2020/09/04 11:30	アプリケーション	92 KB
pythonw.pdb	2020/09/04 11:30	PDB ファイル	436 KB
qt.conf	2021/03/18 15:16	CONF ファイル	1 KB

85 個の項目　1 個の項目を選択 93.0 KB

単なるプレーンテキストの羅列であるPythonのスクリプトが、なぜコンピュータに命令をし、操作することができるのか、それはこのインタプリタが活躍しているからです。

VS CodeでもPythonのインタプリタが関連付けられていて、実行時に「翻訳係」としてそれが呼び出されます。VS Codeの画面左下の「Python 3.x.x 64-bit～」という部分をクリックすると、図2-27のように画面上部にインタプリタ「python.exe」とそのパスが表示されます。

図2-30 Visual Studio Codeのインタプリタ

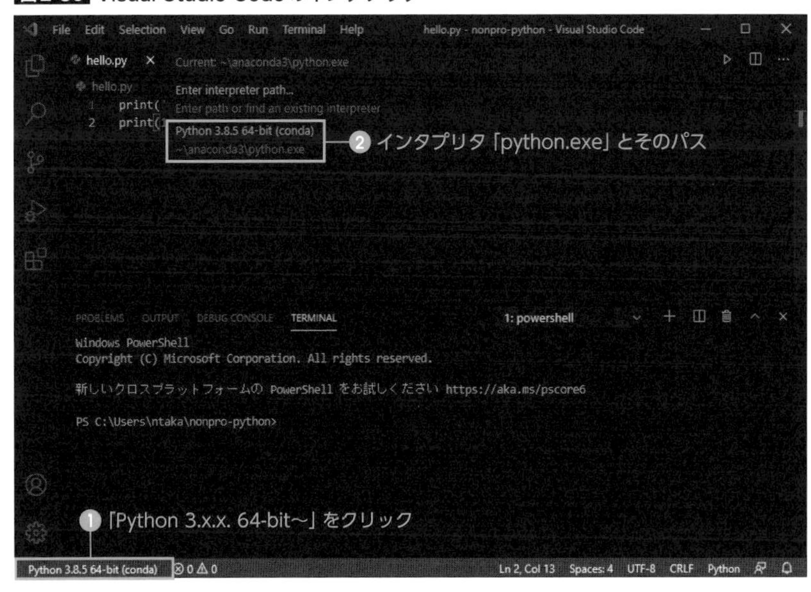

VS Codeで記述されたPythonのコードを実行すると、この「python.exe」により1行ずつ解釈されて処理されていくということになります。

2.3.2 プロジェクトとファイルを開く

では、VS Codeで実際にPythonのコードを書いて、実行をする方法を見ていきましょう。

まず、前提としてVS Codeでは「プロジェクト」という単位で作業を進めていく仕様になっています。1つのフォルダがそのプロジェクトを表すので、プロジェクトで使用するファイルは、そのフォルダの配下に作成していきます。ですから、まずプロジェクト（つまりフォルダ）を開くという作業からはじめることになります。

VS Codeのアクティビティバーの最上部にある「Explorer」をクリックしてサイドバーに展開をします。プロジェクトが開かれていない場合、図2-31のように「You have not yet opened a folder.」つまり、フォルダがまだ開いていないと表示されます。[Open Folder] というボタンがありますので、クリックをしましょう。

図2-31 フォルダを開く

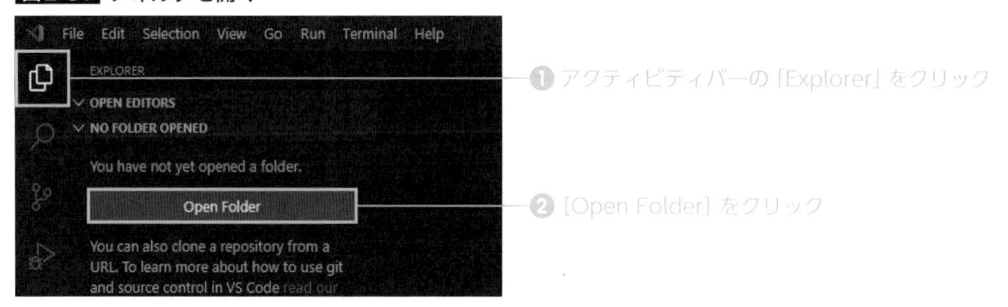

図2-32のようにフォルダの選択ウィンドウが開きますので、フォルダを選択します。ここでは、「新しいフォルダー」で新規フォルダを作成、その名称を「MyPythonProject」として、「フォルダーの選択」をします。

図2-32 フォルダを選択する

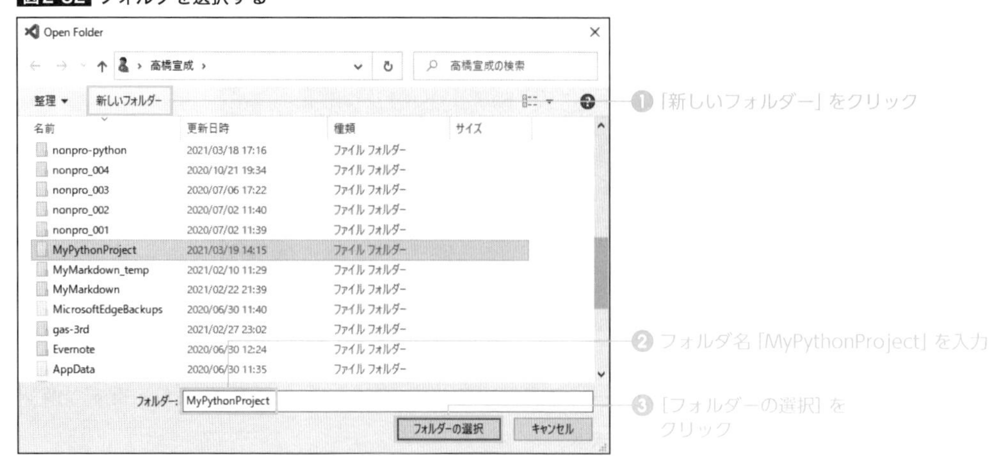

VS Codeのサイドバーを見ると、プロジェクト「MYPYTHONPROJECT」が開いていることを確認できます(図2-33)。その表示の右側にある「New File」のアイコンをクリックして、プロジェクト内に新規ファイルを作成していきましょう。

図2-33 ファイルを作成する

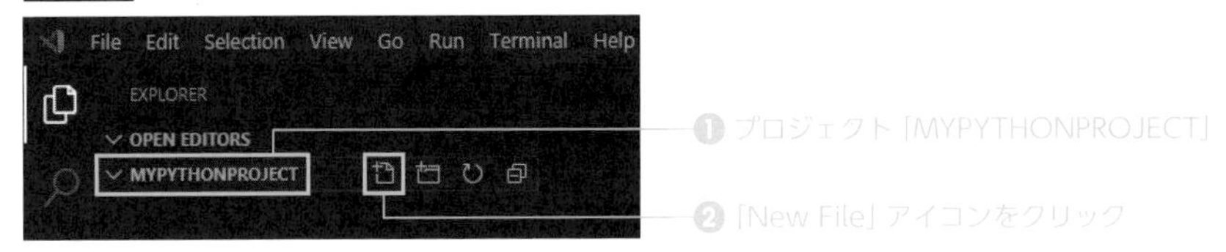

すると、図2-31のように入力窓が表示されるので、そこにファイル名を入力します。Pythonのコードを記述ファイルの拡張子は「.py」ですので、今回は「hello.py」とします。ここで、拡張子まで入力すると、VS Codeが「これはPythonのファイルだな」と認識します。その証拠に、ファイルのアイコンが「パイソン」に変わりますね。

図2-34 ファイル名を入力する

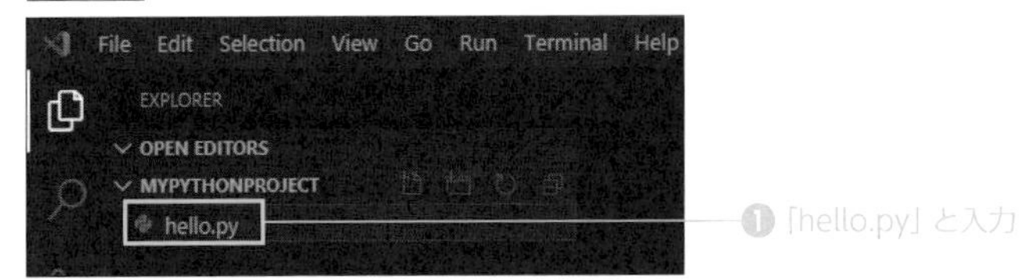

これで、図2-35のようにエディタグループに「hello.py」のタブが開き、ファイルの編集ができるようになります。

図2-35 新規のPythonファイルを開いた

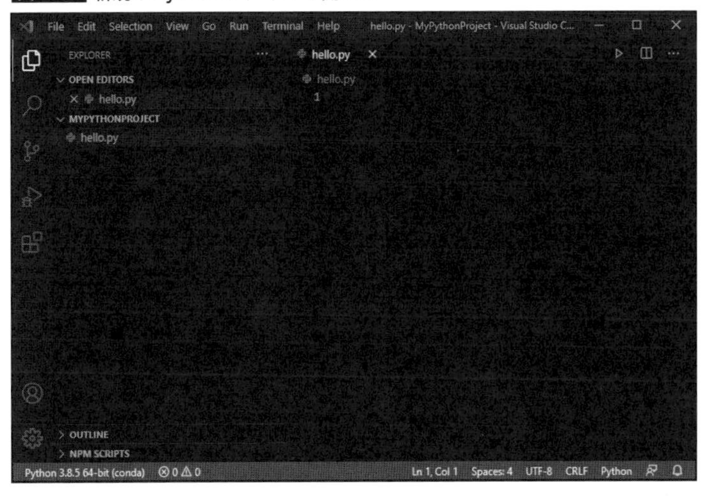

2.3.3 コードを入力する

では、開いたファイルにPythonのコードを入力していきましょう。以下の「hello.py」のように入力してみてください。なお、Pythonの命令で使用する英数字はすべて半角での入力となります。

hello.py

```
print('Hello Python!')
```

実際に入力を進めると、VS Codeが自動でいろいろなサポートをしてくれることに気づくはずです。

たとえば、「pr」まで入力すると、図2-33のように、候補となるキーワードがリストで表示されます。これは、「メンバーリスト」という機能です。[↑][↓]キーでキーワードを選択して、[Tab]キーで入力できます。候補が多いときは、さらに追加で文字入力をすれば、表示するキーワードを絞り込むことができます。

図2-36 メンバーリスト

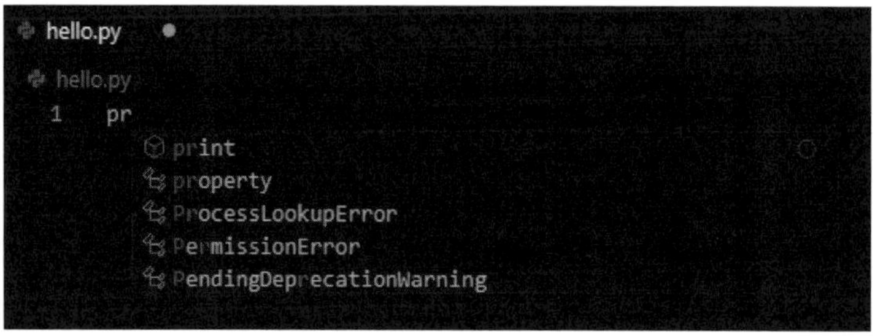

```
hello.py ●
hello.py
1   pr
      print
      property
      ProcessLookupError
      PermissionError
      PendingDeprecationWarning
```

ですから、Pythonの命令で使用されるキーワードは、すべて四角四面に暗記しておく必要はありません。メンバーリストを活用することで、スピーディーかつ正確に入力できますので、ぜひ積極的に活用してください。

もうひとつ別の機能を紹介します。丸かっこ「(」やシングルクォーテーション「'」を入力した際に、それぞれペアとなる閉じるほうの文字も自動で入力されたはずです（図2-37）。

図2-37 ペアとなる文字の自動挿入

```
hello.py ●
hello.py
1   print('')
```

Pythonでは、引用符「'」「"」や、かっこ「(」「[」「{」などを用いて、テキストを「囲む」という記述をする機会が多くあります。そして、閉じるほうの文字は、その入力を忘れがちだったり、ペアの数が合っていなかったりして、予期せぬエラーの原因となりやすいのです。しかし、VS Codeは自動入力によりそれを未然に防いでくれます。

VS Codeにはこのような入力を支援する機能がたくさん搭載されています。それらの機能を総称して「インテリセンス (intellisense)」といいます。コーディングに不慣れで、かつ学習時間が不足がちな初心者ノンプログラマーにとっては、たいへんありがたい機能ばかりです。ぜひ、早い段階で使いこなせるように意識してください。

2.3.4 ファイルを保存する

コードを入力すると、図2-35のように「hello.py」のタブに「●」マークが表示されます。これは、このファイルが未保存の状態であることを表します。また、アクティビティバーのExplorerアイコンには「①」というバッジが表示されますが、プロジェクトで未保存のファイルが1つあることを表しています。

図2-38 未保存のファイル

ファイルを保存するには、タイトルバーのメニュー「File」から「Save」を選択します (図2-39)。または、ショートカットキー [Ctrl] + [S] または [⌘] + [S] がファイルの保存に対応しています。

図2-39 ファイルを保存する

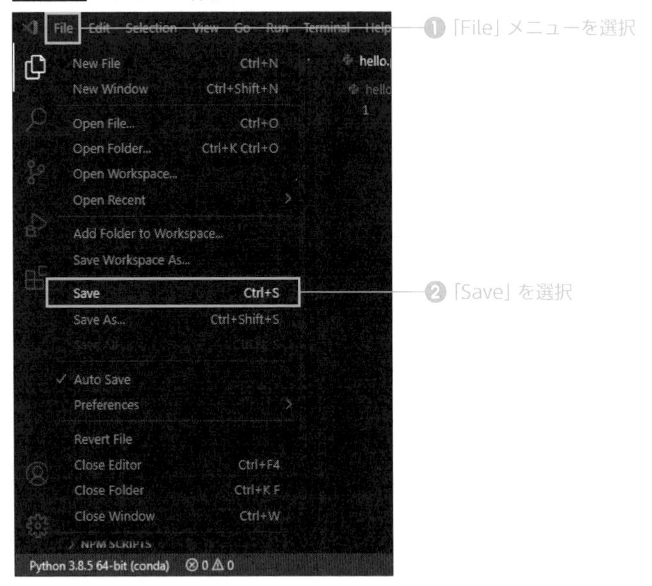

すると、図2-40のようにExplorerアイコンのバッジや、「hello.py」タブの「●」マークが表示されなくなり、ファイルが保存されたことを確認できます。

図2-40 保存されたファイル

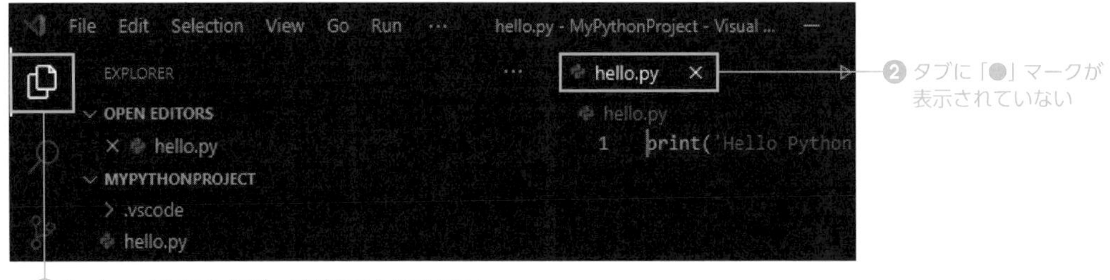

2.3.5 自動保存を設定する

ファイルの保存についてお伝えしてきましたが、VS Codeではファイルを自動で保存するように設定できます。ここでは、自動保存の設定を例に、VS Codeの設定の方法について見ていきましょう。

設定、すなわち「Settings」は、アクティビティバーの最下部にある「Manage」アイコンを開いたメニューから選択することで開きます（図2-38）。または、ショートカットキー [Ctrl] + [,] および [⌘] + [,] を使えば直接開くことができます。

図2-41 「Settings」を開く

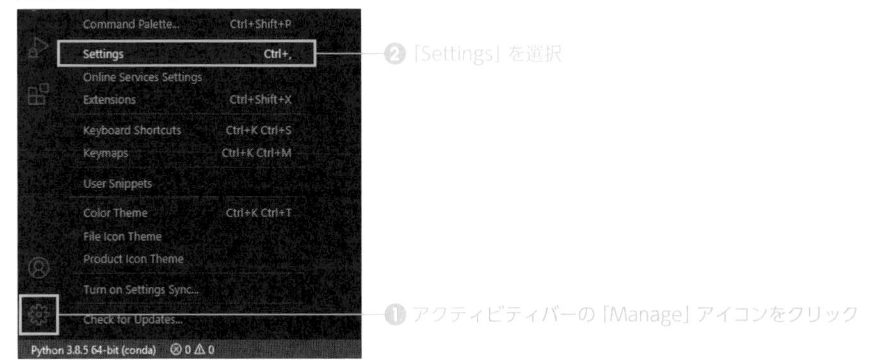

すると、エディタグループに「Settings」のタブが開きます。

自動保存の設定は、「Files: Auto Save」から行うことができます(図2-39)。検索窓で「auto save」と入力するとすぐに見つけられるはずです。プルダウンを開くと、以下の設定ができることを確認できます。

- off: 自動保存をオフにする
- afterDelay: 変更から一定時間後に保存する
- onFocusChange: タブからフォーカスが変更されたときに保存する
- onWindowChange: VS Codeウィンドウからフォーカスが変更されたときに保存する

図2-42 Auto Saveを設定する

ここでは「afterDelay」を選択しておきます。設定を変更すると、図2-43のように青いラインが表示されます。デフォルトから変更した項目には、この目印が入りますので、何を変更したのかが視

認しやすいわけです。

さて、自動保存の時間間隔ですが、「Files: Auto Save Delay」で指定します。デフォルトでは「1000」(ミリ秒)となっており、ファイルの変更から1秒後に自動保存されます。

図2-43 変更した設定項目

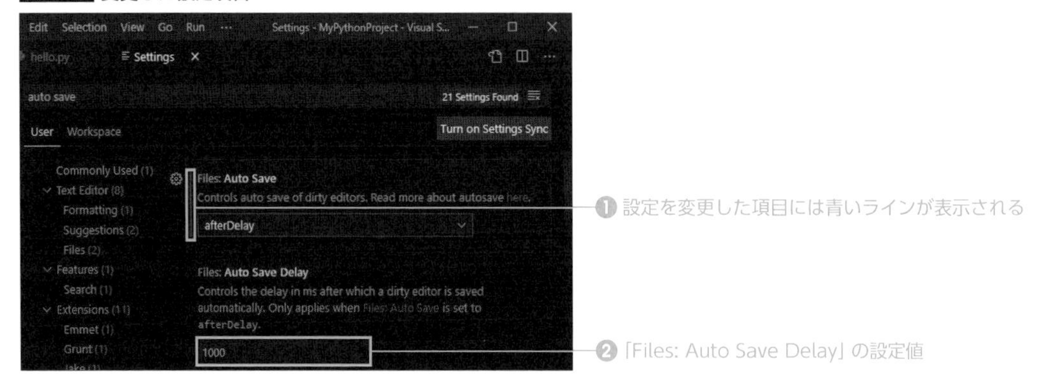

設定が完了したら、「Settings」タブの「×」をクリックして閉じます。

VS Codeの設定項目はこれ以外にもとてもたくさん存在しています。基本的にデフォルトのままで問題ないことが多いですが、どのような設定項目があるのか、ひととおり眺めてみるとよいかもしれません。

2.3.6 コードを実行する

VS CodeでPythonのコードを実行するには「デバッグ実行」がおすすめです。Pythonのコードを実行しながら、「バグ」つまりプログラムの誤りの発見や修正について強力なサポートを受けることができます。

そのデバッグ実行の恩恵にあずかるため、もうひとつだけ下準備をしておきましょう。

アクティビティバーの「Run」アイコンを開き、展開されたサイドバー内の「create a launch.json file」をクリックしてみてください(図2-44)。

図2-44 デバッグ構成の設定を開く

すると、**図2-45**のように「Select a debug configuration」というリストが表示されますので、「Python File」を選択してください。

図2-45 デバッグ構成の選択

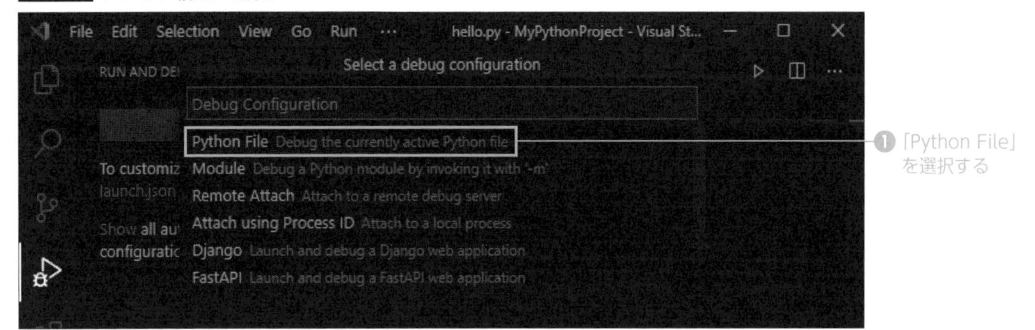

これにより、**図2-46**のように、サイドバーの上部の表示が「No Configurations」から「Python: Current File」に変わります。これは、「デバッグ構成」という設定になります。この設定をしないと、実行のたびに何を実行するのか、つまり「Python File」を選択する必要があるのですが、あらかじめ設定しておくことで、その手順が不要になるのです。

図2-46 デバッグ構成の設定完了

エディタグループには「launch.json」というファイルが開きますが、これはデバッグ構成の設定ファイルになり、プロジェクト内に保存されます。「×」ボタンで閉じてしまって問題ありません。

では、いよいよPythonのコードをデバッグ実行していきましょう。引き続き、ファイル「hello.py」を開いていて、以下のコードが記述されているものとします。

hello.py

```
print('Hello Python!')
```

Pythonのファイルを実行するには、タイトルバーのメニュー「Run」から「Start Debugging」を選択します（図2-47）。ショートカットキーは [F5] が対応していますので、こちらを使うほうがよいでしょう。

図2-47 デバッグ実行をする

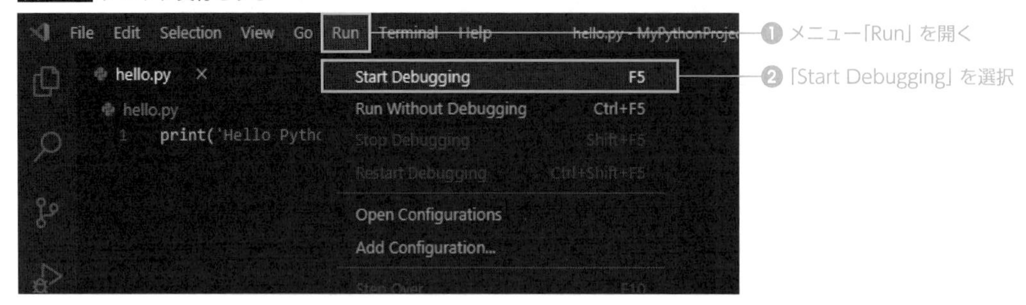

実行中は、エディタグループの上部に図2-48のようなツールバーが表示されます。これは「デバッグツールバー」といい、実行の一時停止や再開、停止など、実行の進め方をコントロールできます。

図2-48 デバッグツールバー

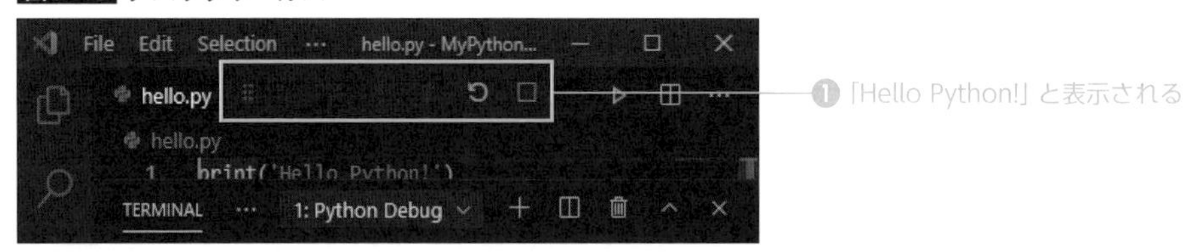

実行が完了したら、パネルの「TERMINAL」をご覧ください。以下のように、出力が表示されているはずです。

■ 実行結果

```
Hello Python!
```

図2-49 ターミナルの出力

ここで登場した「print()」という命令ですが、「print関数」といいます。かっこ内に記述したデータを出力表示する命令です。プログラムの実行確認のため、何度もお世話になります。

```
print(データ)
```

MEMO

print関数は、Pythonであらかじめ用意されている組み込み関数の一種で、何らかの処理を実行するための命令です。以降、いくつかの関数を紹介しますが、関数または組み込み関数については6章で詳しく解説します。

2.3.7 ショートカットキー

VS Codeではこれまで紹介した以外にも多数のショートカットキーが用意されています。とてもたくさんあるため、すべてを覚えて使いこなす必要はありませんが、よく使用するものは練習して使いこなせるようにしておくとよいでしょう。

主なショートカットキーを**表2-1**にまとめていますので、ご参考ください。

表2-1 VS Codeの主なショートカットキー

メニュー	操作	Windows	Mac
編集	範囲のコピーまたは行のコピー（未選択時）	[Ctrl] + [C]	⌘C
	範囲の切り取りまたは行の切り取り（未選択時）	[Ctrl] + [X]	⌘X
	貼り付け	[Ctrl] + [V]	⌘V
	インデント	[Tab]	⇥
	元に戻す（アンドゥ）	[Ctrl] + [Z]	⌘Z
	やり直し（リドゥ）	[Ctrl] + [Y]	⌘Y
	コメント	[Ctrl] + [/]	⌘/
	候補またはドキュメントの表示	[Ctrl] + [Space]	^Space
	下に行を追加する	[Ctrl] + [Enter]	⌘↩
	上に行を追加する	[Ctrl] + [Shift] + [Enter]	⇧⌘↩
	行を移動する	[Alt] + [↑] または [↓]	⌥↑ または ↓
	単語単位で移動	[Ctrl] + [←] または [→]	⌥← または →
	単語単位で移動選択	[Ctrl] + [Shift] + [←] または [→]	⇧⌥← または →
検索	ファイル内の検索	[Ctrl] + [F]	⌘F
	ファイル内の置換	[Ctrl] + [H]	⌥⌘F
	すべての結果を選択	[Alt] + [Enter]	⌥↩
	同じ単語を選択する	[Ctrl] + [D]	⌘D
	同じ単語をすべて選択する	[Ctrl] + [Shift] + [L]	⇧⌘L

実行	デバッグ実行	[F5]	F5
ファイル	ファイルを新規作成する	[Ctrl] + [N]	⌘N
	ファイルを保存する	[Ctrl] + [S]	⌘S
	名前をつけてファイルを保存する	[Ctrl] + [Shift] + [S]	⇧⌘S
	タブを閉じる	[Ctrl] + [W]	⌘W
その他	設定を開く	[Ctrl] + [,]	⌘,
	キーボードショートカット一覧	[Ctrl] + [K] [Ctrl] + [S]	⌘K ⌘S

その他どのようなショートカットキーがあるかは、[Ctrl] + [K] [Ctrl] + [S] または [⌘K] [⌘S] で調べることができます。

2章では、Pythonを学ぶための環境づくりについてお伝えしてきました。多くは、初回のみ必要な手順となりますので、以降は以下を繰り返すことで学習を進めていくことができます。

1. プロジェクト内にファイルを作成する
2. Pythonのコードを入力する
3. デバッグ実行をする

ところで、AnacondaもVS Codeも覚えることが多いと感じられたかもしれませんが、裏返せばそれは私たちの開発作業をサポートする懐の深さを表しています。本章で紹介しきれないことも多くありますが、都度公式ドキュメントや他の文献を頼りに、より使いこなせるようにしていってください。

次章からは、本格的にプログラミング言語Pythonを学んでいきます。ぜひ、Pythonの世界を楽しんでいきましょう。

第2部

文法編

Chapter 03

Pythonプログラムの基本を知ろう

3.1 Pythonの基本

3.1.1 ステートメントとインデント

Pythonのプログラムを実行すると、記述されたコードの命令が、1つずつインタプリタで解釈、処理されていきます。その命令の最小の単位を「ステートメント(statement)」といいます。ステートメントは日本語では「文」という意味ですね。

ステートメントにはその実行したい内容に応じてさまざまな種類が用意されていて、その種類に応じて記述のルール、つまり構文が決まっています。ここでは、ステートメントの書き方についていくつかの例を用いて解説します。ステートメントの意味については、ここで理解している必要はありませんので、書き方に注目して読み進めてください。

たとえば、「Hello Python!」と出力表示するステートメントは、sample03_01.pyのように記述します。このように1行で記述できるステートメントを「単純文」といいます[注1]。

sample03_01.py 単純文

```
print('Hello Python!')
```

■ 実行結果

```
Hello Python!
```

単純文で、sample03_02.pyのようにかっこ「()」「[]」「{}」で囲まれた範囲であれば、改行をして記述できます[注2]。

sample03_02.py 単純文の改行

```
1 numbers = [
2     1, 2,
3     3, 4
4 ]
5 print(numbers)
```

注1) 単純文は、基本的に1行に1文を記述しますが、複数の単純文をセミコロン(;)で区切って1行に記述することができます。
注2) または、バックスラッシュ「\」を入れた位置にも改行を挿入することができます。

■ 実行結果

```
[1, 2, 3, 4]
```

この例ではあまり効果的ではありませんが、ステートメントが長くなりすぎる場合などに、改行を入れて「縦に揃える」ことを意識すると読みやすいコードになります。

また、ステートメントとステートメントの間の空行については、自由に入れることができます。sample03_03.pyのようにステートメントの間に複数の空行を入れても問題なく実行されます。

sample03_03.py 空行

```
1  print('Hello Python!')
2
3  print('Hello World!')
```

■ 実行結果

```
1  Hello Python!
2  Hello World!
```

適宜空行を入れることで、処理のまとまりを作ったり、見やすくしたりできます。うまく活用するとよいでしょう。

一方で、一部のステートメントは、他のステートメントを含む形で、複数行で構成します。これを「複合文」といいます。sample03_04.pyの「if」で始まる行から最後までは、1つのステートメントで複合文です。

sample03_04.py 複合文

```
1  x=10
2  y=5
3  if x > y:
4      print('xはyより大きい')
5  elif x == y:
6      print('xとyは等しい')
7  else:
8      print('xはyより小さい')
```

■ 実行結果

```
xはyより大きい
```

複合文は1つ以上の「節（clause）」で構成されます。sample03_04.pyであればif節、elif節、else節の3つの節で構成されています。

それぞれの節は「ヘッダー(header)」と「スイート(suite)」で構成されます。ヘッダーは節の先頭の行で、コロン記号「:」で終わります。スイートは節に含まれる他のステートメントの集まりです。日本語では「組」「ひと揃い」などの意味がありますね。

図3-1 複合文のつくり

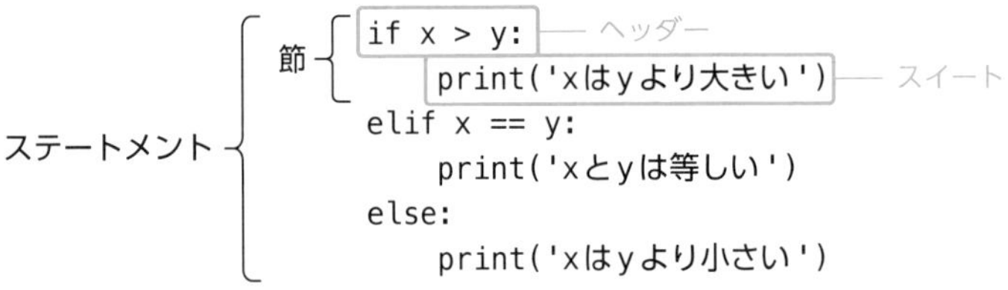

```
ステートメント
  節 ─ if x > y:                       ── ヘッダー
           print('xはyより大きい')      ── スイート
       elif x == y:
           print('xとyは等しい')
       else:
           print('xはyより小さい')
```

Pythonでは、スイートはヘッダーから1段字下げをして記述するルールとなっています。この字下げを「インデント(indent)」といいます。

図3-2 インデント

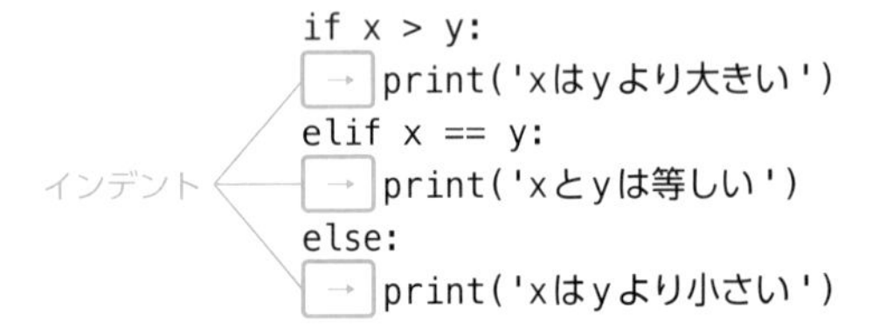

インデントには[Tab]キーを、インデントを戻すには[Shift] + [Tab]を使います。VS Codeでは複数行を選択すれば、まとめてインデントをしたり、戻したりすることできます。

Pythonではインデントは重要な役割を果たします。たとえば、sample03_05.pyのように、正しいインデントをしていないコードを実行してみましょう。

sample03_05.py 正しいインデントをしていないコード

```
1  x=10
2  y=5
3  if x > y:
4  print('xはyより大きい')
5  elif x == y:
6  print('xとyは等しい')
7  else:
8  print('xはyより小さい')
```

図3-3にも示しているとおり、ターミナルの出力表示に以下のような一文を見つけることができるはずです。

■ 実行結果

```
IndentationError: expected an indented block
```

図3-3 エラーメッセージ「IndentationError」

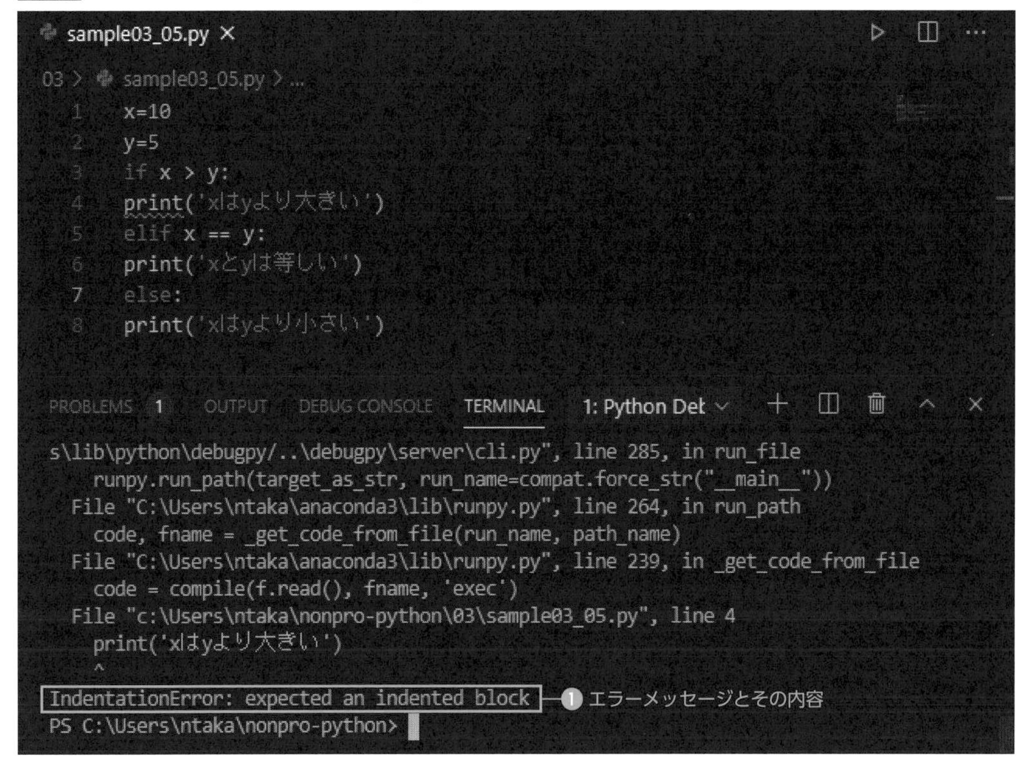

これは、エラーメッセージで、プログラムが正しく動作しなかったこと伝えるものです。「〜Error」と表現されているほうがエラーの種類を表し、コロン記号「:」以降がその内容を表します。これを確認することで、どのようなエラーが発生したかを判定できます。

この例では「IndentationError」つまりインデントのエラーであり、メッセージは「インデントされたブロックが必要です」という意味ですね。

このように、Pythonではインデントのルールが厳密に定められています。これにより、そのコードは誰が書いても同じようなフォルムになり、読みやすいコードになるのです。

3.1.2 Pythonで使用する文字

Pythonでコードを記述する際には、半角のアルファベット、英数字および記号を使用します。全角文字は、文字列やコメントで使用できますが、それ以外での使用は一般的ではありません注3)。

また、Pythonの命令で使用するキーワードは大文字と小文字が区別されます。たとえば、**sample03_06.py**を実行すると、**図3-4**のようなメッセージが表示され中断してしまいます。このように実行中に検出されたエラーなどの問題を「例外（exception）」といいます。

今回の例外は「NameError」です。Pythonが「Print」という名前を認識することができないことにより発生したものです。

sample03_06.py タイプミスをしているコード

```
Print('Hello Python!')
```

図3-4 例外メッセージ「NameError」

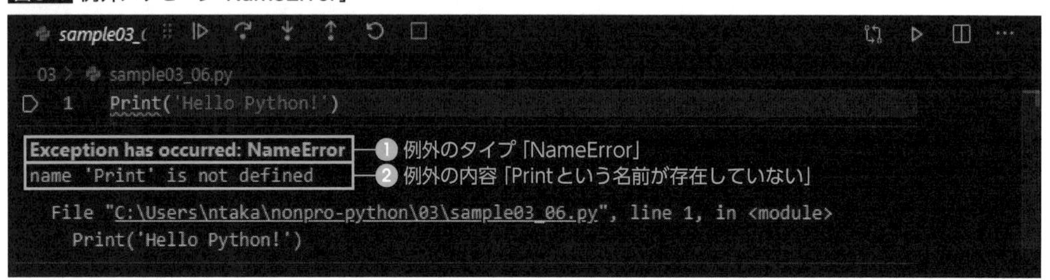

大文字と小文字のタイプミスをしないようにするには、エディタのインテリセンスを積極的に活用することが有効です。大文字、小文字の違いも含めて、キーワードや関数名などを正しく記憶しておくこと、またそれを正確に入力するのは、人間にとってはとても難しいことなので、VS Codeに任せてしまいましょう。

3.1.3 コメント

Pythonのコードの中にメモや説明を書きたいときには、「コメント（Comment）」を使うことができます。コードを読み取りやすくするための補足情報など適切なコメントをいれておくことで、あとでコードを読むとき、または他の人が読むときの助けになります。

コメントを入れるには、ハッシュ記号「#」を用います。ハッシュ記号から先、改行するまでの間は、コメントとして認識され、プログラムの実行に影響を与えません。

注3) 全角文字で変数名や関数名を命名することは可能ですが、一般的に全角文字は使用されません。

sample03_07.pyの1行目のように、行の先頭からコメントを入力することもできますし、2行目のように他のステートメントの後にコメントを入力することもできます。

sample03_07.py コメント

```
1  # コメント
2  print('Hello Python!') # コメント
```

■ 実行結果

```
Hello Python!
```

コメントは動作確認やデバッグのときにも活用できます。たとえば、多数ある命令の中から一部の処理だけ動作確認したいときに、残りの処理をすべてコメントとすることで実行させないようにするのです。このことを、「コメント化」または「コメントアウト」といいます。動作確認が完了したら、コメントを解除して元に戻しますが、このことを「コメントイン」といいます。

コメントアウトとコメントインは、VS Codeをはじめ多くのエディタで [Ctrl] + [/] または [⌘] + [/] のショートカットキーが対応していますので、ぜひ活用していきましょう。

3.2 変数

3.2.1 変数と代入

「変数(へんすう) (variable)」とは数値、文字列をはじめとするさまざまなデータに付与できる「名前つきのラベル[注4)]」のことをいいます。変数を使うことで、プログラムの中でデータを何度も利用したり、わかりやすい名前で取り扱ったりすることができるようになります。

たとえば、**図3-5**のように、とても桁数の多い数値や長い文字列も、シンプルで短い単語である「num」や「msg」といった名前で表現することができるようになります。つまり「num」と表記すれば、それは「1234567890」というデータを表すのです。さらに、一度変数を割り当てておけば、その変数名をプログラム内で繰り返し用いることができます。

図3-5 変数とデータへの割り当て

データに変数を割り当てることを「代入(だいにゅう) (assignment)」といいます。代入をする命令は、イコール記号「=」を用いて以下のように記述します。

```
変数 = データ
```

これにより、「データ」に変数名をラベルとして付与します。なお、このイコール記号を「代入演算子[注5)]」といいます。

例として、**sample03_08.py**を実行しましょう。数値と文字列について、変数の代入と参照を行っています。

注4) 変数は「データを格納する箱」と表現されることもありますが、「ラベル」と表現したほうがPythonでの変数の説明がしやすい場合が多いため、本書では「ラベル」での説明を採用しています。

注5) Pythonの公式ドキュメントでは、ここで、代入で用いる「=」は「演算子」ではなく、「区切り文字」として分類されています。しかし、日本語訳では慣習的に「代入演算子」とよばれていますので、本書もそれに従います。後述する、表3-6に挙げる累算代入演算子についても同様です。

sample03_08.py 変数の代入と参照

```
1  num = 1234567890
2  print(num)
3
4  msg = 'Hello Python!'
5  print(msg)
```

■ 実行結果

```
1  1234567890
2  Hello Python!
```


変数は、スクリプトの中で最初にデータが代入されたときにはじめて作られます。そのことを変数の「初期化」といいます。

MEMO

他のプログラミング言語では、変数を使用する際に「宣言をする」といった命令を先にする場合がありますが、Pythonでは初期化の時点で変数が定義されますので、宣言は不要です。

さて、sample03_09.pyのように、ある変数numを初期化した後に、別のデータを再度代入しようとした場合、どうなるでしょうか？　実行して、そのようすを確認してみましょう。

sample03_09.py 変数を上書きする

```
1  num = 10
2  num = 100
3  print(num)
```

■ 実行結果

```
100
```

実行すると、その出力は「100」となります。つまり、図3-6に示すとおり、ある変数に別のデータを割り当てるわけですから、その表すデータが変更となります。つまり、見た目上は変数の値が「上書き」となります。元のデータは、何らかの名前で参照することはできなくなります。

図3-6 変数と再代入

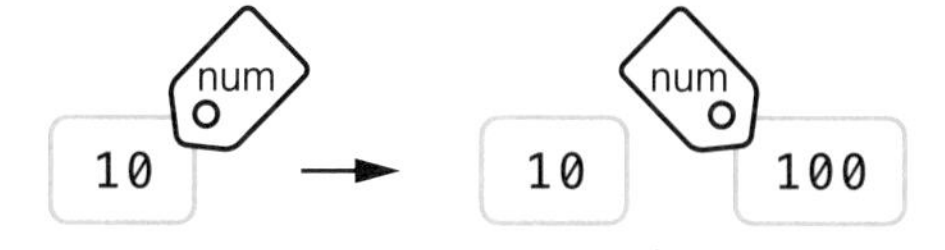

他のプログラミング言語では、「上書きを禁止する変数」として「定数(ていすう)」という仕組みが用意されていますが、Pythonではその仕組みはありません。変数を大文字にするなどで、その変数を定数的に扱うように明示するのが一般的な慣習となっています。

3.2.2 識別子と命名規則

Pythonでは変数をはじめ、プログラム内で「名前」をつける機会があります。そのつける名前を「識別子」といいます。

識別子には、漢字やひらがな・カタカナなどの全角文字も使用できますが、一般的には半角アルファベットを使用し、必要に応じて数字とアンダースコア「_」を使用します。記号で使用できるのは、アンダースコアのみです。

また、Pythonであらかじめ定められている予約語を識別子として使用することもできません。

表3-1 Pythonの予約語

False	await	else	import	pass
None	break	expect	in	raise
True	class	finally	is	return
and	continue	for	lanbda	try
as	def	from	nonlocal	while
assert	del	global	not	with
async	elif	if	or	yield

予約語でなくても、Pythonで定義されているもの（組み込み関数など）、使用中のライブラリで用いるキーワードとバッティングするような名前は、識別子として避けるべきです。

これらのルールに則っていれば、変数などに対して識別子として使用できます。しかし、より良いネーミングをすることで、読みやすいコードを書き、プログラミングの効率を上げることができます。以下にその指針となるポイントをいくつか挙げています[注6]。

- 割り当てられているデータや役割がわかる、意味のある名前をつける
- 単一の文字 'l'（小文字のエル）、'O'（大文字のオー）、'I'（大文字のアイ）など視認性が低い名前は使用しない
- 変数名にはスネークケースを使う
- 定数名にはアッパースネークケースを使う

注6) 「PEP8」にも識別子の命名に関して細かい指針が与えられています。
https://pep8-ja.readthedocs.io/ja/latest/#id23

ここで、「スネークケース」「アッパースネークケース」というのは、それぞれ命名の際に使用する記法を表しています。Pythonの他の識別子に使用する「パスカルケース」とともに、**表3-2**にその記法と使い方についてまとめています。Pythonは「ニシキヘビ」を表すからでしょうか、「スネーク」系の記法がよく使用されているようです。

表3-2 命名の記法

記法	説明	対象	例
スネークケース	すべて小文字のワード アンダースコアで連結する	変数名 関数名	snake_case
アッパースネークケース	すべて大文字のワード アンダースコアで連結する	定数名	UPPER_SNAKE_CASE
パスカルケース	先頭のみ大文字のワード 直接連結する	クラス名	PascalCase

3.3 型と演算子

3.3.1 「型」とは

Pythonでは、操作するデータを「オブジェクト(object)」と呼びます。たとえば、「10」という整数や、「Hello」という文字列など、これらはいずれもオブジェクトです。オブジェクトには、さまざまな種類があり、グループ分けされています。そのグループ分けを「型(type)」または「タイプ」といいます。

型によって、そのオブジェクトにどのような処理が行えるか、といったことが変わってきます。たとえば、オブジェクトが「数値」であれば、それらのデータには加減乗除といった計算が可能ですが、「文字列」にはそれらの計算をすることはできません。

表3-3にPythonで使用する主な型についてまとめていますのでご覧ください。

表3-3 Pythonの主な型

データ型		説明	例
int	整数型	整数	100 0
float	浮動小数点型	浮動小数点数	0.1 1.08
bool	ブール型	TrueかFalseかどちらかの値(ブール値/真偽値)を取る	True False
range	range型	範囲内に等間隔で並ぶ整数の集合	range(1, 5) range(10, -10 , -5)
str	文字列型	文字列	'データ' "Python"
bytes	バイト型	バイト列	b'https://tonari-it.com'
list	リスト型	インデックスで管理するデータの集合	[10, 20, 30] ['Jan', 'Feb', 'Mar']
tuple	タプル型	インデックスで管理するデータの集合(変更不可)	(10, 20, 30) ('Jan', 'Feb', 'Mar')
dict	辞書型	キーで管理するデータの集合	{'x':10, 'y':20, 'z':30} {'name':'Taro', 'age':25}
NoneType	Nullオブジェクト型	データが存在しないことを表す特殊な値	None

また、いくつかの型については、その値をコード内で直接記述するための表記方法が用意されていて、その表記方法およびそれにより表記された値自体を「リテラル(literal)」と呼びます。日本語では「文

字どおりの」という意味ですね。

よりPythonの型について理解するために、「type関数」を使ったサンプルコードを見ていきましょう。type関数は、かっこ内に指定したオブジェクトについて、その型を返すものです。

```
type(データ)
```


sample03_10.pyについて、それぞれのオブジェクトが**表3-3**でいう、どの型に当てはまるのか、考えながら入力してみてください。

sample03_10.py type関数で型を調べる

```
1 print(type(123))
2 print(type(123.4))
3 print(type('Hello'))
4 print(type(False))
5 print(type([1, 2, 3]))
6 print(type((1, 2, 3)))
7 print(type({'name': 'Bob', 'age': 28}))
```

■ 実行結果

```
1 <class 'int'>
2 <class 'float'>
3 <class 'str'>
4 <class 'bool'>
5 <class 'list'>
6 <class 'tuple'>
7 <class 'dict'>
```

「<class ～」の後に、各オブジェクトの型が表示されていることが確認できるはずです。

プログラミング初心者には「型」は融通のきかない、ややこしい仕組みと感じられるかもしれませんが、これによりさまざまなデータを便利に扱えるようになっています。

扱っているオブジェクトの型がよくわからない場合は、type関数を使って調べるようにするとよいでしょう。

3.3.2 数値と算術演算子

Pythonでは数値を扱うためのいくつかの型が用意されています。主に使用するのは、整数（integer）を表す「int型」と、浮動小数点数（floating point number）を表す「float型」です。

Pythonは、小数点を含まない数値はint型と認識します。つまり、それが整数リテラルとなります。

一方で、小数点を含む数値はfloat型と認識され、それが浮動小数点数リテラルです。

いずれの型もその値は、加減乗除などの算術的な計算をすることができます。その計算をする際に用いられる「+」や「-」といった記号を「演算子」といい、その中で数値の算術的な演算をするものを「算術演算子」といいます。

Pythonで使用できる算術演算子を**表3-4**にまとめていますので、ご覧ください。

表3-4 算術演算子

演算子	説明	例
+	加算	1 + 2 #3
-	減算 符号の反転	3 - 1 #2 -3 #-3
*	乗算	3 * 2 #6
/	除算	5 / 2 #2.5
//	整数除算	5 // 2 #2
%	剰余	5 % 2 #1
**	累乗	2 ** 3 #8

これら算術演算子の使用例として**sample03_11.py**を入力、実行してみてください。

sample03_11.py 算術演算子

```
1  x = 5
2  y = 2
3  print(x + y)  #7
4  print(x - y)  #3
5  print(-x)     #-5
6  print(x * y)  #10
7  print(x / y)  #2.5
8  print(x // y) #2
9  print(x % y)  #1
10 print(x ** y) #25
```

式の中に複数の演算が含まれている場合、優先順位が決められています。たとえば、加減よりも乗除のほうが優先されるというのは、数学での演算と同様です。優先順位が同列であれば、左に記述されている演算が先に行われます。なお、丸かっこ「()」を使用することで、その中の演算を優先させることができます。

表3-5に、算術演算の優先順位についてまとめていますのでご覧ください。

表3-5 算術演算の優先順位

優先順位	記号	内容
1	**	累乗
2	-	符号の反転
3	*	乗算
3	/	除算
3	//	整数除算
3	%	剰余
4	+	加算
4	-	減算

sample03_12.pyを実行して、算術演算の優先順位について確認しましょう。

sample03_12.py 算術演算の優先順位

```
1  print(4 - 2 * 3)   #-2
2  print((4 - 2) * 3) #6
3  print(-2 ** 2)     #-4
4  print(2 ** -2)     #0.25
```

なお、式が複雑で優先順位が把握しづらくなる場合は、丸かっこを使って優先順位を明示的にしておくほうが読みやすくなりますね。

さて、プログラムをつくる上で「変数xの値に、1を加算した値を再度割り当てたい」というように、変数に何かの演算を行った上で再代入をしたいことがあります。これは、「x = x + 1」というステートメントでも実現できますが、Pythonではそのための演算子として「累算代入演算子(るいさんだいにゅうえんざんし)」が用意されています。これにより、代入と演算の命令を1つのステートメントにまとめて書くことができるようになります。

Pythonで使用できる、算術演算に関する累算代入演算子について、**表3-6**にまとめていますので、ご覧ください。

表3-6 算術演算の累算代入演算子

演算子	説明
+=	加算して代入
-=	減算して代入
*=	乗算して代入
/=	除算して代入
//=	整数除算して代入
%=	除算した剰余を代入
**=	累乗して代入

これら累算代入演算子の使用例として、sample03_13.pyを実行してみましょう。

sample03_13.py 算術演算の累算代入演算子

```
1  x = 2
2  x += 3
3  print(x) #5
4
5  y = 10
6  y %= 3
7  print(y) #1
```

3.3.3 ブール値と比較演算子

「YesまたはNo」「成立している、または成立していない」というような二者択一の状態を、「True」と「False」のどちらかで表す型が「bool型」(ブール型)です。ブール型で使用する「True」「False」という値を、「ブール値」または「真偽値(しんぎち)」といいます。

たとえば、「10 < 100」という比較の式は成立していますので、Trueの状態です。演算子を逆にすると「10 > 100」となり、成立しなくなりますので、この式の結果はFalseとなります。

ブール型は、プログラムの処理を分岐させる際に重要な役割を果たします。ある条件が成立しているのかどうかを、TrueまたはFalseの値で判定して、処理を分岐させるのです。この分岐処理の作り方については4章で詳しく紹介します。

計算した結果がTrueまたはFalseのどちらかになるような式を、「条件式」または「ブール式」といいます。条件式を作るには、**表3-7**に挙げる「比較演算子」を使用します。

表3-7 比較演算子

演算子	説明	例

==	同じ値である	10 == 10 #True
		10 == 11 #False

!=	異なる値である	10 != 10 #False 10 != 11 #True
<	より小さい	10 < 10 #False 10 < 11 #True
<=	以下	10 <= 10 #True 10 <= 11 #True
>	より大きい	10 > 10 #False 11 > 10 #True
>=	以上	10 >= 10 #True 11 >= 10 #True

これらは、数学で使用する記号と類似していますので、直感的に理解しやすいですね。例として**sample03_14.py**をご覧ください。変数x、変数yに代入する数値を変えながら何度か実行してみましょう。

sample03_14.py 比較演算子

```
1  x = 5
2  y = 3
3  print(x == y) #False
4  print(x != y) #True
5  print(x < y)  #False
6  print(x <= y) #False
7  print(x >= y) #True
8  print(x > y)  #True
```


「2つの条件式の両方がTrueかどうか」「2つの条件式のうち片方がTrueかどうか」などを求めたいときには、「ブール演算子」を使用します。ブール演算子は**表3-8**に挙げるような論理演算を行うための演算子です。

表3-8 ブール演算子

演算子	式	説明	例

and	x and y	xがFalseならx、さもなくばy	10 == 10 and 5 == 5 #True
			10 == 10 and 5 == 6 #False

or	x or y	xがTrueならx、さもなくばy	10 == 10 or 5 == 6 #True
			10 == 11 or 5 == 6 #False

not	not x	xがTrueならFlase、さもなくばTrue	not 10 == 10 #False not 10 == 11 #True

例として**sample03_15.py**をご覧ください。変数x、変数y、変数zの値をいろいろと変更して何度か実行してみましょう。

sample03_15.py ブール演算子

```
1  x = 5
2  y = 3
3  z = 5
4  print(x == y and x == z) #False
5  print(x == y or x == z)  #True
6  print(not x == y) #True
7  print(not x == z) #False
```

3章では、ステートメント、変数、型、演算子といったPythonプログラムの基本について学びました。型、演算子については、他にも種類がありますので、続く章で紹介します。

さて、これまではステートメントを1つずつ順番に実行する「順次処理」と呼ばれる処理のしかたのみを使用していましたが、実際のプログラミングでは、何らかの条件に応じて処理を分岐したり、同じ処理を何度も繰り返したりといった別の処理パターンも組み合わせる必要が出てきます。続く4章では、それら別の処理パターン、すなわち「条件分岐」と「繰り返し」をつくる方法について学んでいきましょう。

Chapter 04

フロー制御について学ぼう

4.1 if文による条件分岐

4.1.1 if文と条件式

Pythonのプログラムを実行すると、上から順に1つひとつのステートメントが処理されていきます。しかし、実際にプログラムを作成するときには、以下のような条件によって、後の処理を分岐させたいことがあります。

- 変数の値が50以上かどうか
- 今年はうるう年かどうか
- フォルダ内に指定したExcelファイルが存在しているかどうか
- 指定したURLに正常にアクセスできるかどうか

このようなときに、多くのプログラミング言語では、ある条件によって以降の処理を分岐させる仕組みが用意されていて、それを「条件分岐」といいます。Pythonで条件分岐を実現する構文のひとつが「if文」で、以下のように記述します。

```
if 条件式:
    スイート
```

if節の先頭行であるヘッダーにはキーワード「if」に続いて、条件式、そしてコロン記号「:」を記述します。条件式はブール値、すなわちTrueかFalseかいずれかの値を取るものです。条件式が成立している、つまりTrueの値であれば、if節に含まれるスイートを実行し、成立していないとき、つまりFalseであればスイートは実行されずに無視されます。この流れを図に表すと、**図4-1**のようになります。

図4-1 if文による条件分岐

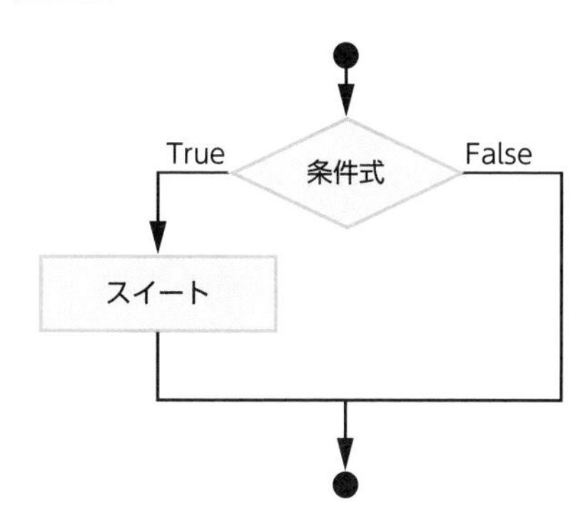

if文の例として、sample04_01.pyを見てみましょう。

sample04_01.py if文による条件分岐

```
1  x = 5
2  y = 3
3
4  if x > y:
5      print('xはyより大きい')
```

■ 実行結果

```
xはyより大きい
```

変数xの値のほうが、変数yの値よりも大きいので、条件式「x > y」は成立している、つまりTrueですから、スイートの処理が実行されます。変数xの値を、変数y以下の値に設定すると、スイートは処理されずに、何も出力されなくなります。試してみてください。

なお、スイートは複数のステートメントで構成することもできますが、スイートに含まれるすべてのステートメントにはインデントを入れる必要があります。

4.1.2 if〜else文

if文で条件式がfalseとなった際に、別のスイートを実行したいときがあります。その場合には、if文にelse（エルス）節を加えた、「if〜else文」を使うことで実現できます。if〜else文は、以下のように、if文に加えてelse節を加えて記述します。

```
if 条件式:
    スイート1
else:
    スイート2
```

else節のヘッダーはキーワード「else」とコロン記号「:」のみで構成されます。if節のヘッダーで指定した条件式の値がTrueであればスイート1のみを実行し、Falseであればスイート2のみを実行します。この流れを表したものが**図4-2**です。

図4-2 if ～ else文による条件分岐

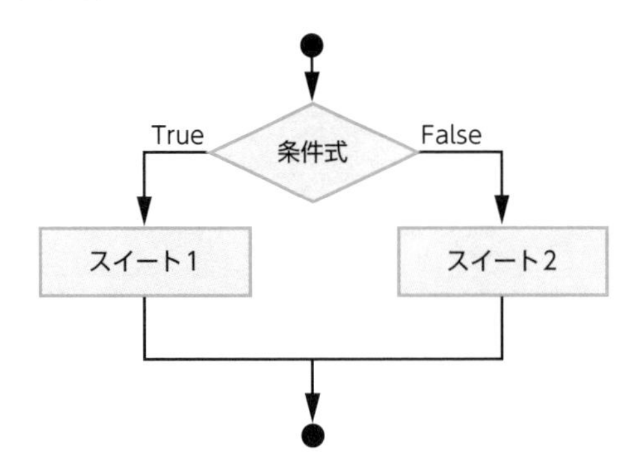

if～else文の例として、**sample04-02.py**を実行してみましょう。ここで、if節のスイートだけでなく、else節のスイートもインデントする必要がありますので、よく注意してください。

sample04_02.py if～else文による条件分岐

```
1  x = 5
2  y = 3
3
4  if x > y:
5      print('xはyより大きい')
6  else:
7      print('xはy以下')
```

■ 実行結果

```
xはyより大きい
```

このまま実行すると、「x > y」がTrueですから、if節のスイートが処理されます。変数xの値を、変数yの値以下に設定して実行すると、else節のスイートが処理されますので、実際に確認してみましょう。

4.1.3 if〜elif〜else文

if文およびif〜else文で実現できるのは、1つの条件式がTrueかFalseかといった二者択一の分岐処理のみです。分岐を3つ以上にしたい場合には、「if〜elif〜else文」を使用します。構文は以下のようになります。

```
if 条件式1:
    スイート1
elif 条件式2:
    スイート2
# 中略
else:
    スイートn
```

if〜else文の間に、条件式を持つelif（エルイフ）節を必要な数だけ記述します。

処理としては、条件式1、条件式2……と順番に判定していき、最初にTrueの値だった節について、その含まれるスイートを処理し、それ以外の節のスイートは無視されます。これを図に表したものが、**図4-3**です。なお、最後のelse節は省略できます。

図4-3 if 〜 elif 〜 else文による条件分岐

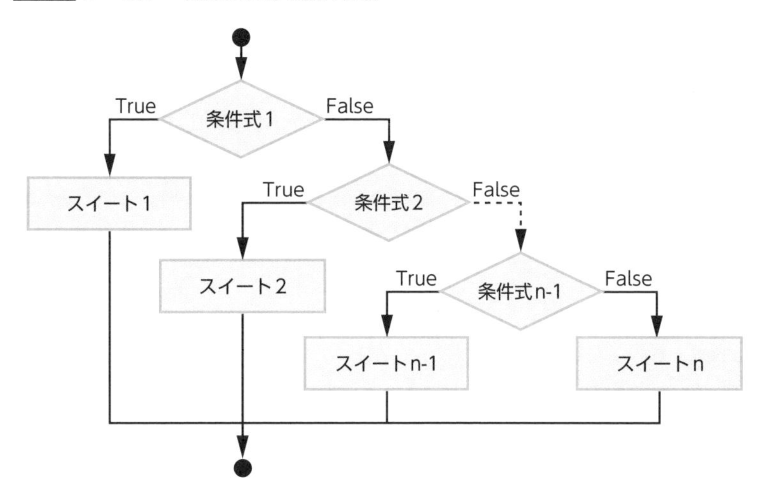

例として**sample04_03.py**について、変数xの値をいろいろと変化させながら何度か実行してみてください。

sample04_03.py if〜elif〜else文による条件分岐

```
1  x = 11
2  if x > 10:
3      print('xは10より大きいです')
4  elif x == 10:
5      print('xは10と等しいです')
6  else:
7      print('xは10より小さいです')
```

■ 実行結果

```
xは10より大きいです
```

elif節を含むステートメントは、構文にすると少しややこしく見えるかもしれませんが、条件式が5つも6つもなるようなことはあまりありませんので、安心してください。むしろ、あまりにも分岐が多い場合には、別の方法で実現できないか検討するとよいでしょう。

MEMO

他のプログラミング言語では、「switch文」「Select文」など、1つの値の結果に対して、複数の分岐を行うようなステートメントが用意されています。しかし、Pythonではそのようなステートメントは用意されていませんので、if〜elif〜else文を使用することになります。

4.1.4 ブール演算子を用いた条件分岐

複数の条件式を同時に判定したい場合には、ブール演算子「and」や「or」を使用します。例として、sample04_04.pyをご覧ください。

sample04_04.py and演算子、or演算子を用いた条件分岐

```
1  x = 10
2  y = 5
3  if x >= 10 and y >= 10:
4      print('x,yともに10以上です')
5  elif x >= 10 or y >= 10:
6      print('xまたはyが10以上です')
7  else:
8      print('xもyも10未満です')
```

■ 実行結果

```
xまたはyが10以上です
```

各条件式ではand演算子、or演算子を用いて、変数x、変数yの両方の値を同時に判定しています。変数の値を変更しながら、その結果を確認してみましょう。

また、not演算子を用いて、条件式の結果の反転ができます。簡単な例として、sample04_05.pyをご覧ください。

sample04_05.py not演算子を用いた条件分岐

```
1  x = 5
2
3  if not x == 10:
4      print('xは10ではありません')
```

■ 実行結果

```
xは10ではありません
```

ただし、この例の条件式は、比較演算子「!=」を用いることで同じ目的を達成でき、かつシンプルに表現できることにお気づきでしょう。not演算子は、条件式を読み取るのに「結果を反転する」というひと手間を要してしまいますので、その使用が効果的かどうかよく考えて使用するべきでしょう。

4.1.5 ブール値への判定

if文の条件式に、たとえば数値リテラルなどの、ブール値ではないようなものを指定した場合、どのような挙動をするでしょうか？

この点について検証するために、sample04_06.pyを実行してみましょう。

sample04_06.py 数値のブール値判定

```
1  x = 10
2  if x:
3      print('xはTrueの判定でした')
4  else:
5      print('xはFalseの判定でした')
6
7  if 0:
8      print('0はTrueの判定でした')
9  else:
10     print('0はFalseの判定でした')
```

■ 実行結果

```
1  xはTrueの判定でした
2  0はFalseの判定でした
```

Chapter 04

実行結果から、数値10はTrueに、数値0はFalseに判定されたことがわかります。

つまり、数値が条件式として使用された場合、0であればFalse、それ以外であればTrueに判定されます。このように、数値や他のオブジェクトは条件式として使用することができ、ブール値のいずれかの値に判定されます。このしくみを「ブール値判定」(または「真理値判定」)といいます。

ブール値判定において、Falseと判定されるオブジェクトついて、**表4-1**にまとめていますので、ご覧ください。

表4-1 ブール値判定でFalseと判定されるオブジェクト

項目	型	Falseと判定されるオブジェクト
数値型のゼロ	int, float	0, 0.0
False	bool	False
None	NoneType	None
空のデータ集合	str, list, tuple, dict	'', [], (), {}, range(0)

変数などに有効な値が割り当てられているかどうかを判定するときに、その変数自体を条件式として、シンプルに記述できます。テクニックとして覚えておきましょう。

4.2 while文による反復

4.2.1 while文

コンピュータは、同じことを何度も高速に、かつ正確に繰り返すことを、非常に得意としています。この特性を十分に引き出すことで、私たちのルーチン的な作業をコンピュータに任せることができるわけです。

Pythonでは、そのような同じような処理を繰り返す、つまり「反復」(「ループ」ともいいます)を記述するためのステートメントが用意されていて、そのひとつが「while文」です。while文は、条件式を用いて繰り返しを行うもので、以下のように記述します。

```
while 条件式:
    スイート
```

ヘッダーにはキーワード「while」に続いて、条件式、そしてコロン記号「:」を記述します。スイートはすべてのステートメントについてインデントをするのを忘れないようにしましょう。while文の構文はif文の構文ととても似ていますね。

while文では、毎回の繰り返しで条件式を判定します。条件式の値がTrueであればスイートを実行し、再度条件式を判定します。条件式の値がFalseになると、その繰り返しを終了して、ループを抜けます。その動きを表したのが、**図4-4**です。

図4-4 while文による反復

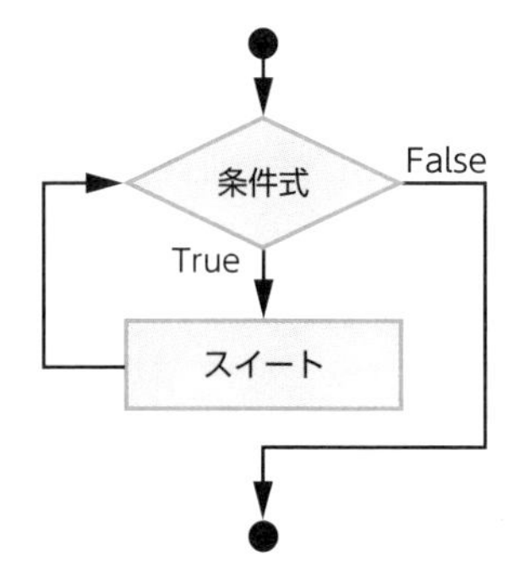

では、while文の使い方を見ていきましょう。sample04_07.pyを入力、実行してみてください。

sample04_07.py while文による反復

```
i = 1
while i < 5:
    print(i)
    i += 1
```

■ 実行結果

```
1
2
3
4
```

条件式は「変数iが5未満かどうか」です。スイート内で、変数iの値を1ずつ加算していますから、スイートが4回繰り返された時点で、変数iの値は「5」となり条件式がFalseになり、ループが終了します。

もうひとつ例を示しましょう。sample04_08.pyをご覧ください。

sample04_08.py ブール値判定を使用したwhile文

```
i = 3
while i:
    print(i)
    i -= 1
```

■ 実行結果

```
3
2
1
```

条件式に変数iのみを指定しています。数値を条件式に用いた場合、0以外であればTrueの判定になりますので、その間はスイートが処理されます。しかし、変数iを3回減算した段階で、その値は0となり、条件式がFalseの判定になるのです。このように、ブール値判定を応用したwhile文の使い方もできますので、テクニックとして覚えておきましょう。

4.2.2 無限ループ

while文は条件式のみでシンプルに記述できる繰り返し構文ですが、使用する際には注意すべき点があります。それは、ループが終了するように組まなければならないということです。

例として、sample04_09.pyをご覧ください。

sample04_09.py 無限ループ

```
1  i = 1
2  while i < 5:
3      print(i)
```

実行をすると、延々と「1」が出力されつづけ、プログラムが終了しません。条件式の判定に使用されるiの値が変化しませんので、条件式がFalseになるタイミングが来ないのです。つまり、無限に繰り返されてしまう状態になってしまいます。このように、無限に繰り返されるループを「無限ループ」といいます。

もし、無限ループを含むプログラムを実行してしまった場合、VS Code上で実行しているのであれば、図4-5に示す「Stop」アイコンをクリック、または [Shift] + [F5] のショートカットキーでプログラムを強制停止してください。

図4-5 VS CodeのStopアイコン

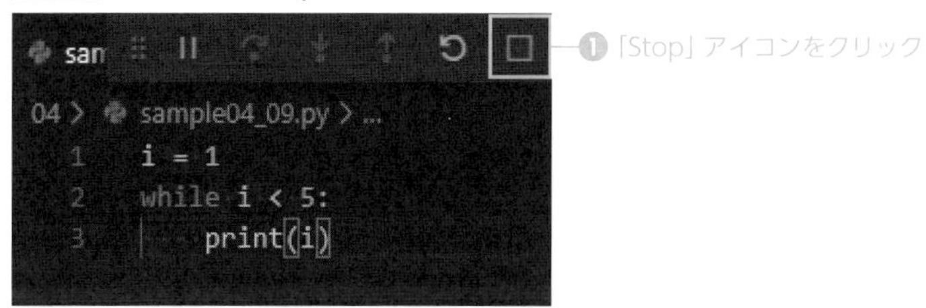

while文を使用するときには、条件式がFalseになるタイミングが訪れるように組む必要があることを念頭に置いて使用するようにしましょう。

4.3 for文による反復

4.3.1 for文

Pythonには、while文とは別に、for文という反復の構文が用意されています。for文は、複数のデータで構成される集合に対して、それに含まれるデータすべてに対して、1つずつ取り出して何らかの処理を行うというものです。

先に、for文を使ったプログラムを実行して、その様子を確認してみましょう。**sample04_10.py**を実行してみてください。

sample04_10.py for文による反復

```
1  for i in range(1, 5):
2      print(i)
```

■ 実行結果

```
1  1
2  2
3  3
4  4
```

1から4までの整数が順番に出力されたことを確認できます。

MEMO

ループの回数を表す変数として、慣例的にアルファベットの「i」「j」がよく用いられます。

この、for文のループにおいて、対象になった「データの集合」は「range(1, 5)」です。ここで「range(1, 5)」は、**図4-6**で表現されるような「1, 2, 3, 4」という4つの整数で構成されるデータの集合です。

Pythonでは、数値やブール値といった単体のデータだけでなく、複数のデータが集まった集合も、オブジェクトとして取り扱うことができます。また、その含まれる個々のデータを「要素」といいます。したがって「range(1, 5)」もオブジェクトであり、「1」「2」などはその要素となります。

図4-6 データの集合を表すオブジェクトと要素

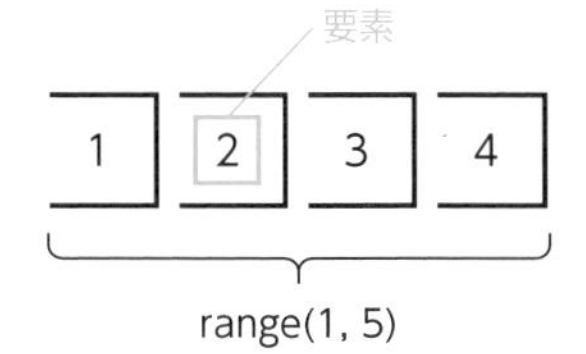

sample04_10.pyのfor文では、「range(1, 5)」の中から、1回目には「1」を取り出して変数iに代入して出力、2回目には「2」を取り出して変数iに代入して出力……というように繰り返しの処理が行われます。このループは、すべての要素を取り出すまで実行され、「4」を取り出した4回目の処理がループの最後の処理となります。

ここで、オブジェクト「range(1, 5)」には、以下のような性質があります。

- データの集合を表すオブジェクトである
- 次の要素を取り出すルールが定められている

このような性質を持つオブジェクトを「イテラブル(iterable)」であるといいます。そして、イテラブルはfor文によるループの対象とすることができます。「iterable」は「反復可能な」という意味になりますね。

以上を踏まえて、for文の構文は以下のように記述されます。

```
for 変数 in イテラブル:
    スイート
```

つまり、イテラブルから、すべての要素について1つずつ取り出しながらスイートを実行するというループを実現するのが、for文の役割となります。

for文の動きを表したものが**図4-7**です。

図4-7 for文による反復

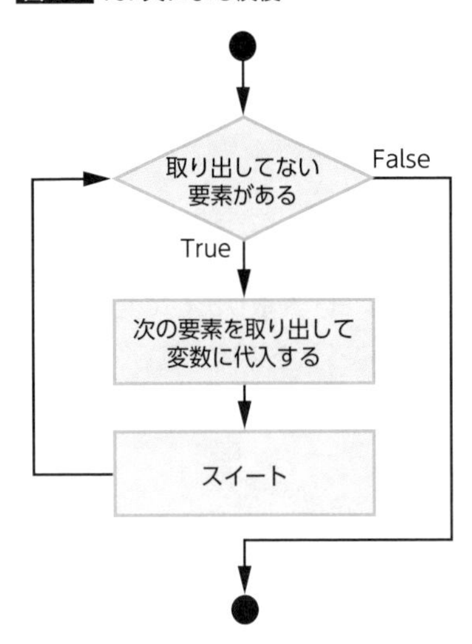

さて、for文でイテラブルでないオブジェクトを対象にすると、どのようになるでしょうか？sample04_11.pyを実行して確認してみましょう。

sample04_11.py イテラブルでないオブジェクトに対するfor文

```
1 for i in 5:
2     print(i)
```

実行すると、図4-8のように例外が発生します。つまり、イテラブルでないオブジェクトは、for文のループの対象とすることはできません。

図4-8 例外メッセージ「TypeError」

さて、for文について解説してきましたが、while文に比べてややこしく見えるかもしれません。しかし、for文は例で使用した「range(1, 5)」すなわちrangeをはじめ、文字列、リスト、タプル、辞書などさ

まざまなデータの集合についての反復を、同一の構文で記述できる非常に有用なステートメントです。

rangeについては次節で、また他のデータの集合を表すオブジェクトは5章で詳しく紹介しますので、その際にfor文について復習することができるでしょう。

4.3.2 range関数

後回しにしてきたオブジェクト「range(1, 5)」について解説をしていきましょう。ここで使用しているのは「range関数」という命令です。

range関数は、range型のオブジェクトを生成するものです。rangeは、範囲内で等間隔に並ぶ整数の集合を表すオブジェクトでイテラブルです。つまり、range関数を使うことで「0, 1, 2, ...」や「5, 10, 15, ...」といった整数の集合を表すイテラブルを生成できます。

range関数は、以下のように記述します。

```
range(start, stop[, step])
```

start、stop、stepにはそれぞれ整数を指定します。startが範囲の開始値、stopが範囲の終了値を表します。ただし、rangeの範囲はstartからstop-1までとなり、stopの値自体は rangeには含まれませんので注意してください。

stepには、間隔をいくつずつ刻むかを指定します。stepは省略することができ、その場合のデフォルト値は1となります（構文内の角括弧「[]」は、省略可能であることを表します）。

また、range関数は以下のようにstopのみ記述することもでき、その場合はstartを0、stepを1と指定したものとしてrangeを生成します。

```
range(stop)
```

例として、**sample04_12.py**を実行して、生成されたrangeがどのような要素を持つか確認してみましょう。

sample04_12.py range関数

```
1  for i in range(3):
2      print(i)
3
4  for i in range(10, -10, -5):
5      print(i)
```

■ 実行結果

```
1 0
2 1
3 2
4 10
5 5
6 0
7 -5
```

4.4 ループの終了とスキップ

4.4.1 break文によるループの終了

たとえば、ループを回しながら目的のデータを探し出すような処理を考えてみましょう。はじめのほうのループで目的のデータを発見できたのであれば、それ以降のループは不要かもしれません。そのようなケースでは、while文、for文のスイート内でbreak文を使用することで、そのタイミングでループを強制的に終了させることができます。

ループを終了したい箇所で、以下のように記述します。

```
break
```

例として、sample04_13.pyを実行してみましょう。if文のスイートであるbreak文には、インデントを2つ入れる必要があるので、注意して入力してください。

sample04_13.py break文によるループの終了

```
1  num = 1
2  
3  for i in range(1, 10):
4      num *= 2
5      print(i, num)
6      if num > 20:
7          break
```

■ 実行結果

```
1  1 2
2  2 4
3  3 8
4  4 16
5  5 32
```

for文の対象のオブジェクトは、1から9までの1刻みのrangeですから、本来は9回の反復となるはずですが、変数numの値が20を超えると、break文が処理されますので、5回でループが終了します。

MEMO

print関数のカッコ内にカンマ区切りで複数のオブジェクトを指定すると、スペース区切りでそれらオブジェクトを出力します。

4.4.2 continue文によるループのスキップ

break文ではループ自体を終了してしまいますが、現在のループだけをスキップして、ループ自体は継続したいというときに、continue文を使うことができます。continue文は、スキップしたい位置で以下のように記述します。

```
continue
```

例として、sample04_14.pyを実行してみましょう。なお、今回のcontinue文にも、インデントを2つ入れる必要があります。

sample04_14.py continue文によるループのスキップ

```
1  for i in range(1, 10):
2      if i % 3 == 0 or i % 5 == 0:
3          continue
4      print(i)
```

■ 実行結果

```
1  1
2  2
3  4
4  7
5  8
```

for文により、1から9まで1刻みのrangeを対象としてループをします。そのスイート内にあるif文により、iが3の倍数のとき、または5の倍数のときには、ループをスキップしますので変数iの値が出力されません。

4.5 ネスト

4.5.1 ネスト

sample04_13.pyやsample04_14.pyでは、複合文であるfor文のスイート内に、複合文であるif文が記述されていました。このように、複合文のスイート内に別の複合文を記述することを「ネスト(nest)」といいます。日本語では「入れ子」という訳になりますね。

ネストをするときには、そのスイートにはネストの分だけインデントを入れる必要があります。また、ネストは3層、4層……と深くすることもできますが、深いネストは読みづらくなります。3つまでを目標に、なるべく深くならないように組んでいくように心がけましょう。

さて、前述のsample04_14.pyについて再度見てみましょう。if文の条件式が成立したときのみ、変数iの値を出力するようにするには、コードのどこをどのように変更すればよいでしょうか？

sample04_15.pyとして回答例を用意しましたので、答え合わせをしてみてください。

sample04_15.py ネスト

```
1  for i in range(1, 10):
2      if i % 3 == 0 or i % 5 == 0:
3          print(i)
```

■ 実行結果

```
1  3
2  5
3  6
4  9
```

4.5.2 多重ループ

プログラムを作る際に、ループの中に、さらにループを記述する、すなわちループのネストもよく使用します。たとえば、**sample04_16.py**のようなコードです。

sample04_16.py 多重ループ

```
1  for i in range(1,4):
2      for j in range(1, 3):
3          print(i, j)
```

■ 実行結果

```
1  1 1
2  1 2
3  2 1
4  2 2
5  3 1
6  3 2
```

変数iを使用する外側のループが1回まわるごとに、内側のすべてのループ（この例では2回）がまわっていることを確認しておきましょう。内側のループのスイートは、「外側のループの回数×内側のループの回数」分だけ処理されることになります。

このようなループをネストしたものを「多重ループ」といいます。3重、4重……といった多重ループも作成は可能ですが、コードが複雑になり、可読性もよくないので、できる限り浅いネストにするよう心がけましょう。

4.6

try文による例外処理

4.6.1 try文

Pythonのプログラム実行は常に想定どおりに完了するとは限りません。実行時の状態や環境により、想定しないエラーが発生することがあります。そのような、実行中に発生するエラーなどの問題を例外といい、例外が発生するとプログラムは中断してしまいます。

そのような例外は外部要因による可能性もありますので、完全に防ぐことはできませんが、発生をしたときに、その内容に応じて処理を分岐するといった手立てをとることができます。そのような処理を「例外処理（handling exceptions）」といいます。

Pythonで例外処理を行うために、「try文」が用意されており、以下のように記述します。

```
try:
    スイート1
except[ 例外ハンドラ as 変数]:
    スイート2
else:
    スイート3
finally:
    スイート4
```

まず、例外の発生を検知する対象となる処理をtry節のスイート1に記述します。except節は複数記述することができ、そのヘッダーには「例外ハンドラ（exception handler）」を指定します。

例外ハンドラに指定するのは「TypeError」「NameError」などの例外のタイプです。つまり、スイート1の処理時に例外が発生した場合、その例外のタイプに応じて、指定のexcept節が実行されるのです。この時、asキーワードと変数を指定しておくと、その例外が変数に格納されます。なお、例外ハンドラは省略可能で、そのexcept節はすべてのタイプの例外をキャッチします。

else節は例外が発生しなかったときの処理、finally節は例外が発生したかどうかにかかわらず最終的に行う処理です。これらの節は省略可能です。

では、try文の使用例として、sample04_17.pyをご覧ください。

sample04_17.py try文

```
x = 10
y = 0

try:
    z = x / y
except ZeroDivisionError as e:
    print('ZeroDivisionErrorが発生しました:', e)
except TypeError as e:
    print('TypeErrorが発生しました:', e)
else:
    print('例外は発生しませんでした')
finally:
    print('例外処理が終了しました')
```

■ 実行結果

```
ZeroDivisionErrorが発生しました: division by zero
例外処理が終了しました
```

例のまま実行すると、「x / y」の演算時にZeroDivisionErrorという例外が発生し、対応する例外ハンドラのexcept節が実行されます。一方で、yの値を、たとえば「'2'」のように文字列とした場合、今度は「TypeError」を発生しますので、例外ハンドラにTypeErrorを指定したexcept節のスイートが実行されます。また、yの値を0以外の数値にした場合は、例外が発生しませんので、else節のスイートが実行されるはずです。ぜひ試してみてください。

4章では条件分岐と反復といった、Pythonの制御構文についてお伝えしてきました。いずれも、頻繁に活躍する機会が出てきますので、使いこなしていきましょう。

さて、プログラムを作る上で、たくさんのデータの集まりを操作したいときはよくあります。たとえば、Excelで作成したリスト、CSVファイルに列挙されているデータ、フォルダに格納されたファイル群など、さまざまデータの集まりがPythonの操作の対象となります。

Pythonでは、それらデータの集まりを扱いやすくするために、いくつかの種類の「型」が用意されています。5章では、それらデータの集合を扱うデータ型と、その操作方法について紹介します。

Chapter 05

データの集合について学ぼう

5.1 文字列

5.1.1 文字列とリテラル

Pythonでプログラムを作るのであれば「文字列」は必ず操作するといってもよいデータです。ExcelやCSVに記録されているデータや、Webからスクレイピングで収集する対象の多くも、ファイル名やドライブ内のファイルの場所を表すファイルパスも文字列です。

さて、Pythonでは、文字列を「文字の集合」として扱います。そのデータ型は「str型」です。つまり、言い換えると、文字列はstr型のオブジェクトです。

文字列は、データを格納する囲いが並んでいるような構造になっています。そこに、文字列の先頭から順番に1文字ずつが格納されているのです。なお、囲いには0からはじまる整数がラベリングされています。

たとえば、「Hello」「今日は」という文字列であれば、それぞれ**図5-1**に示すようなイメージで表現できます。

図5-1 文字列

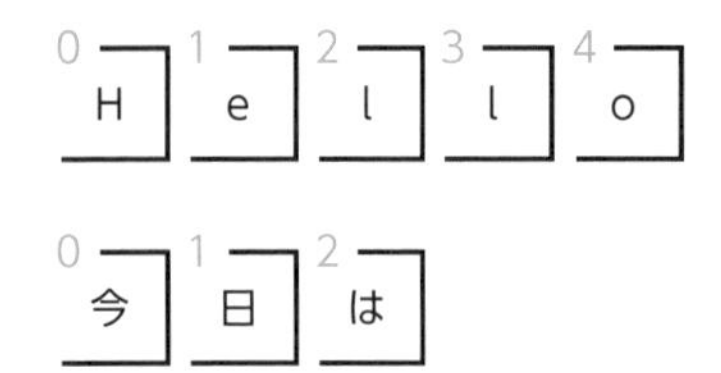

囲いに付番されている整数を「インデックス(index)」といいます。日本語では「索引」を意味しますね。インデックスは、常に0から順番に付番されています。このインデックスがあることで、文字列に含まれる文字の集合の順番が常に定められています。このように、順番のある要素の集合を「シーケンス(sequence)[注1]」といいます。日本語では「連続」という意味になります。

Pythonで文字列を直接記述するには、シングルクォート「'」またはダブルクォート「"」で囲みます。

注1) 他のシーケンスとしてリスト、タプル、rangeなどがあります。

これが、「文字列リテラル」です。基本的にはどちらの記号で囲ってもよいのですが、可読性を高めるために、どちらかを一貫して使用するほうがよいでしょう。

> **MEMO**
>
> 本書では、とくに理由がない限り、文字列リテラルにシングルクォートを使用します。

また、たとえばsample05_01.pyのように、文字列の中でシングルクォート（またはダブルクォート）を使用するのであれば、他方のクォート記号で囲むのが1つの手段となります。

sample05_01.py 文字列リテラル

```
1  print('今日は')
2
3  msg = "Hello! I'm fine."
4  print(msg)
5
6  print("")
```

■ 実行結果

```
1  今日は
2  Hello! I'm fine.
```

なお、「''」や「""」というように、シングルクォートまたはダブルクォートを連続して2つ続けることで「0文字の文字列」を表現できます。このような、文字要素を1つも持たない文字列を「空文字列」などといいます。

また、複数行にわたる文字列を記述したい場合に、「三重引用符[注2)]」という記述のしかたが用意されています。シングルクォートまたはダブルクォートを3つ連続させた「'''」または「"""」で囲むというものです。sample05_02.pyはその使用例です。

sample05_02.py 三重引用符

```
1  print('''今日は
2  お元気ですか''')
3
4  msg = """Hello!
5  How are you?
6  I'm fine."""
7  print(msg)
```

注2) 三重引用符は、関数などの仕様を記述するためのドキュメンテーション文字列にも使用されます。これについては6章で解説します。

■ 実行結果

```
1 今日は
2 お元気ですか
3 Hello!
4 How are you?
5 I'm fine.
```

5.1.2 エスケープシーケンス

三重引用符を使わずに「改行」を表現したいとき、直接記述できない「タブ」を記述したいときなどには「エスケープシーケンス（escape sequence）」を使用できます。エスケープシーケンスは、バックスラッシュ記号「\」に続けて、指定の文字（または文字列）を記述することで、特殊な文字を表現する手法です。

Pythonで使用する主なエスケープシーケンスを**表5-1**にまとめていますのでご覧ください。

表5-1 主なエスケープシーケンス

エスケープシーケンス	意味
\\	バックスラッシュ「\」
\'	シングルクォート「'」
\"	ダブルクォート「"」
\n	改行（LF: Line Feed）
\r	復帰（CR: Carriage Return）
\t	タブ

とくに改行とタブは多く使用することになるでしょう。例として**sample05_03.py**を実行してみてください。

sample05_03.py エスケープシーケンス

```
print('Hello\nPython\t!!!')
```

■ 実行結果

```
1 Hello
2 Python  !!!
```

5.1.3 文字列のインデックス

文字列は文字を要素とするシーケンスで、個々の要素にはインデックスが振られています。ですから、インデックスを使用すれば、文字列からある文字を取り出すことができます。記述としては、文字列に角かっこ「[]」を続け、その中にインデックスを指定します。

```
文字列[インデックス]
```

インデックスは0から付番されていますので、インデックス0が1番目の文字、インデックス1が2番目の文字……というように、インデックスに1を足した順番の文字を取り出すことになります。インデックスと実際の順番は1ずれていますので注意しましょう。

文字列から文字を取り出す例として、sample05_04.pyを実行してみましょう。

sample05_04.py インデックスで文字を取り出す

```
1  msg = 'Hello'
2  print(msg[0])
3  print(msg[4])
```

■ 実行結果

```
1  H
2  o
```

さて、インデックスには負の整数もできます。その場合、図5-2のように、末尾の文字をインデックス-1、その1つ前の文字をインデックス-2……というように指定することができます。

図5-2 負のインデックス

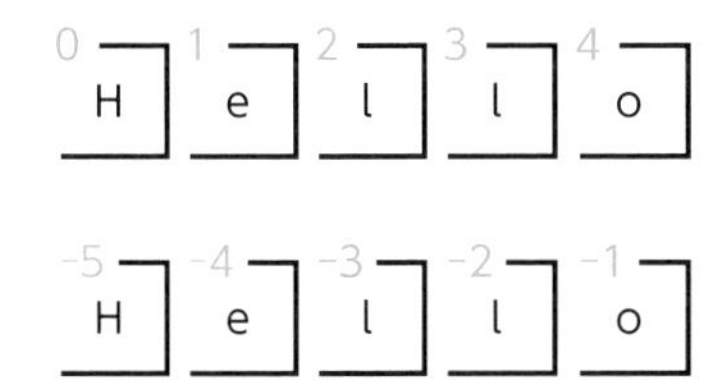

sample05_05.pyを実行して確認してみましょう。

sample05_05.py 負のインデックスで文字を取り出す

```
1  msg = 'Hello'
2  print(msg[-1])
3  print(msg[-5])
```

■ 実行結果

```
1  o
2  H
```

なお、指定するインデックスの範囲は、正の整数であれば「文字数-1」、負の整数であれば「-文字数」までの範囲、つまり「-文字数〜文字数-1」にしなければいけません。その範囲を超えたインデックスを指定すると、図5-3のように「IndexError」が発生します。みなさんも試してみてください。

図5-3 範囲を超えたインデックスの指定

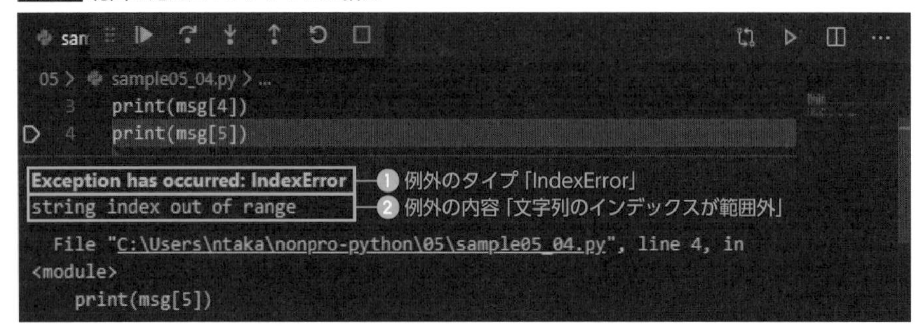

文字列に対してインデックスで文字を指し示すことができるのであれば、それに対して別の文字を代入することはできるのでしょうか？　sample05_06.pyを実行して試してみましょう。

sample05_06.py 文字列の文字を代入

```
1 msg = 'Hello'
2 msg[0] = 'h'
```

実行すると、図5-4のように「TypeError」が発生します。文字列は、その要素の代入をすることができないのです。

図5-4 文字列の文字を代入

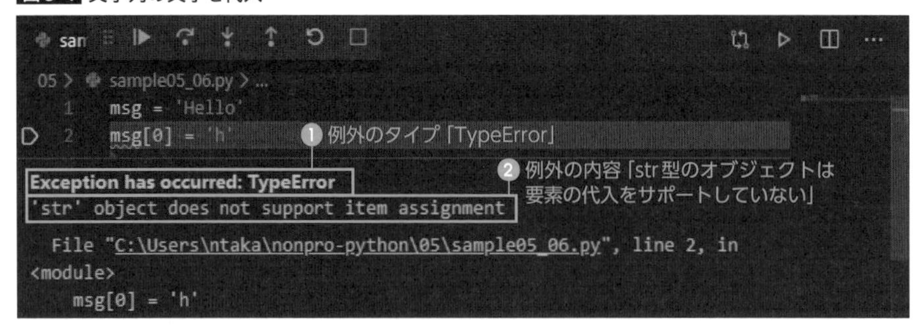

また、文字列は要素の代入だけでなく、要素の追加や削除といった変更も行うことができません。このように、要素の変更を禁止するオブジェクトは「イミュータブル（immutable）注3)」なオブジェ

注3） 他のイミュータブルなオブジェクトとして、rangeやタプルなどがあります。

クトといいます。イミュータブルは、日本語では「不変」という意味ですね。

つまり、文字列はイミュータブルなシーケンス[注4)]です。これらの用語は、これからPythonの学習を効果的に進めるために重要ですので、ぜひ覚えておいてください。

5.1.4 文字列のスライス

文字列から、1つの文字ではなく、部分的な文字列を取り出したいときには、「スライス(slice)」という方法を使うことができます。

スライスは、取り出す範囲の先頭のインデックスstart、末尾のインデックスstop、そしていくつ飛ばしで取り出すかを表す整数stepを、コロン記号「:」でつないで以下のように指定します。

```
文字列[start:stop:step]
```

いずれの指定値も省略することができ、省略時のデフォルト値は以下のとおりです。

- start: 0(文字列の先頭のインデックス)
- stop: 要素数(つまりインデックスの最大値+1)
- step: 1(すべての文字を飛ばさずに取り出す)

スライスではstartとstopに挟まれた間の文字列を取り出します。つまり、末尾のインデックスstopが指し示す文字は、スライス後の文字列には含まれないので注意してください。図5-5のように、stopで指定したインデックスの直前までの文字列を取り出します。

図5-5 文字列のスライス

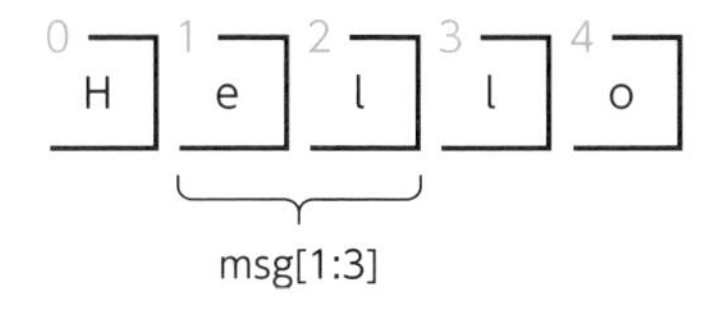

では、スライスの例として、sample05_07.pyを実行して、その動作を確認しておきましょう。

注4) rangeは整数を要素とするイミュータブルなシーケンスです。

sample05_07.py 文字列のスライス

```
1 msg = 'Hello'
2 print(msg[1:3]) #el
3 print(msg[:3])  #Hel
4 print(msg[3:])  #lo
5 print(msg[::2]) #Hlo
6 print(msg[:])   #Hello
```

5.1.5 文字列の演算

数値型のオブジェクトには、四則演算などの算術演算を行うことができました。文字列型では、**表5-2**に示す演算を行うことができます。結合は、文字列どうしを連結します。乗算は、文字列を整数回繰り返して連結した文字列を返します。

表5-2 文字列の演算

演算子	説明	例
+	結合	'Hel' + 'lo!' #'Hello!
*	乗算	'Hi' * 3 #'HiHiHi'

なお、累算代入演算子「+=」および「*=」で、結合または乗算と同時に代入も行うことができます。sample05_08.pyを実行して、文字列の演算の動作について確認しておきましょう。

sample05_08.py 文字列の演算

```
1 msg = 'Hello'
2 
3 print(msg + 'Goodbye.')
4 print(msg * 2)
5 
6 msg += '!'
7 print(msg)
8 msg *= 2
9 print(msg)
```

■実行結果

```
1 HelloGoodbye.
2 HelloHello
3 Hello!
4 Hello!Hello!
```

また、文字列の比較には**表5-3**に示す演算子を使用できます。sample05_09.pyを実行して、その動作を確認しましょう。

表5-3 文字列の比較

演算子	説明	例
==	同じ値である	' Hello' == 'Hello' #True ' Hello' == 'hello' #False
!=	異なる値である	' Hello' != 'Hello' #False ' Hello' != 'hello' #True
in	含まれる	'oo' in 'Goodbye' #True 'oo' in 'Hello' #False
not in	含まれない	'oo' not in 'Goodbye' #False 'oo' not in 'Hello' #True

sample05_09.py 文字列の比較

```
1  msg = 'Hello!'
2  print(msg == 'Hello!') #True
3  print(msg != 'Hello!') #False
4  print('!' in msg)      #True
5  print('!' not in msg)  #False
```


5.1.6 文字列とフロー制御

文字列はrangeと同様、順番の定められた要素の集合、すなわちシーケンスです。そして、シーケンスはいずれもイテラブルなオブジェクトで、for文のループの対象とすることができます。

例として、**sample05_10.py**を実行してみましょう。シンプルな記述で文字列に対するループを実現できることがわかりますね。

sample05_10.py 文字列のループ

```
1  msg = 'Hello!'
2  for char in msg:
3      print(char)
```

■実行結果

```
1  H
2  e
3  l
4  l
5  o
6  !
```

また、ある文字列に、特定の文字列が含まれているかどうかによって分岐をさせたいこともあるでしょう。そのようなときは、比較演算子inを用いた条件式を使って、**sample05_11.py**のような処理にします。

sample05_11.py 文字列が含まれているかによる分岐

```
1  msg = 'My name is Bob.'
2  name = 'Bob'
3  if(name in msg):
4      print('含まれていました')
5  else:
6      print('含まれていませんでした')
```

■ 実行結果

```
含まれていました
```

ところで、数値をif文やwhile文の条件式として使用した場合、ブール値判定により0のみがFalse判定、その他の値はTrueの判定となりました。

文字列の場合は、空文字列のみがFalse、1文字以上の文字列はすべてTrueと判定されます。**sample05_12.py**を実行して確認してみましょう。

sample05_12.py 文字列のブール値判定

```
1  if 'Hello!':
2      print("'Hello'はTrueの判定でした")
3  else:
4      print("'Hello'はFalseの判定でした")
5
6  if '':
7      print("''はTrueの判定でした")
8  else:
9      print("''はFalseの判定でした")
```

■ 実行結果

```
1  'Hello'はTrueの判定でした
2  ''はFalseの判定でした
```

5.1.7 フォーマット済み文字列

print関数を使用する際に、**sample05_13.py**のように、数値と文字列を結合させたものを指定したいときがあります。

sample05_13.py 数値と文字列の結合

```
1  name = 'Bob'
2  age = 25
3  print(name + 'は' + age + '歳です')
```

しかし、このスクリプトを実行すると、図5-6のように「TypeError」が発生してしまいます。文字列に結合できるのは文字列だけで、数値などの他のオブジェクトをそのまま結合することはできないのです。

図5-6 異なる型どうしは結合できない

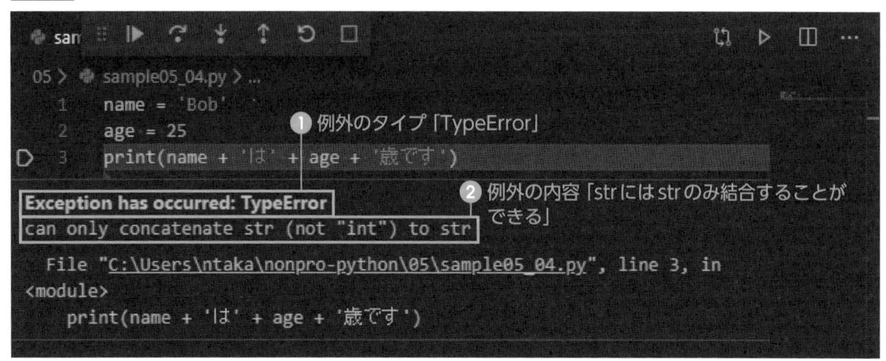

このようなときに、便利な記法として「フォーマット済み文字列リテラル（formatted string literal）注5)」というものが用意されています。文字列リテラルの先頭に「f」または「F」を付与することで、文字列リテラル内に変数などの式を埋め込むことができるというものです。変数や式を埋め込むには、文字列リテラル内に波かっこ「{}」で囲んで記述します。

フォーマット済み文字列リテラルを使用すると、前述のsample05_13.pyは、以下の**sample05_14.py**のように書き換えることができます。

sample05_14.py フォーマット済み文字列リテラル

```
1 name = 'Bob'
2 age = 25
3 print(f'{name}は{age}歳です')
```

■ 実行結果

```
Bobは25歳です
```

型を揃えるといった手間を省くことができる一方で、print関数で出力する内容がコード上で把握しやすくなり、可読性も向上されていることが確認できますね。積極的に活用していきましょう。

注5) Python3.6から追加された機能で、それ以前のバージョンでは使用することができません。新しくない文献では、formatメソッドによる記法や、str関数による型変換などの方法が紹介されているかもしれません。

5.1.8 raw文字列

文字列に関して、もうひとつ別の記法について紹介します。それは「raw文字列（ろーもじれつ）」と呼ばれるものです。

raw文字列は、文字列内のエスケープシーケンスの合図となるバックスラッシュ記号「\」を変換せずにそのまま扱います。「raw」というのは、日本語では「生の」「加工されていない」という意味ですね。

文字列をraw文字列とするには、文字列リテラルの先頭に「r」または「R」を付与します。

たとえば、コード内でフォルダやファイルの場所を表すパスを文字列で記述したいとします。このとき、パスの表現には、バックスラッシュ記号「\」を使うことになります。しかし、これらの記号はPythonではエスケープシーケンスの合図として使用されるものです。ですから、通常の文字列リテラルで表現するのであれば、**sample05_15.py**のように、記号を連続して2つ続ける記述をしなくてはなりません。

sample05_15.py フォルダのパスを表す文字列

```
print('C:\\Users\\ntaka\\hoge.py')
```

■ 実行結果

```
C:\Users\ntaka\hoge.py
```

しかし、このように記述を変更するには手間がかかりますし、コードも見づらくなり可読性も高くありません。そこで、**sample05_16.py**のように、raw文字列とするのです。

sample05_16.py raw文字列

```
print(r'C:\Users\ntaka\hoge.py')
```

■ 実行結果

```
C:\Users\ntaka\hoge.py
```

これで、エクスプローラーなどからコピーしてきたファイルのパスをそのままコード内にペーストして使用できるようになりますね。

5.1.9 文字列のまとめ

文字列を表すstr型のオブジェクトの性質についてまとめておきましょう。文字列は以下のような性質があります。

- 文字列は順番を持つ要素の集合（シーケンス）
- 文字列の要素は文字
- 文字列はループの対象とすることができる（イテラブル）
- 文字列は変更できない（イミュータブル）

表5-4がrange型との比較になりますので、合わせて確認しておきましょう。

表5-4 集合を表すデータ型と文字列

データ型	要素	シーケンス	マッピング	イテラブル（反復可）	ミュータブル（変更可）	例
range	整数	○		○		range(1, 5) range(10, -10 , -5)
str	文字	○		○		'データ' "Python"

MEMO

Pythonでは文字列と類似したデータ型として「バイト型（bytes）」が用意されています。画像や音声、PDFなどのバイナリデータも文字の羅列として記録されているわけですが、バイト型はそれらの文字を要素として持つシーケンスです。文字列とバイト型の違いは、エンコードされているか否かです。詳しくは7章および14章で解説をしていますのでご覧ください。

5.2 リスト

5.2.1 リストとリテラル

文字列は、データの集合ではありますが、その要素として文字以外のデータを持つことはできませんし、要素の変更を施すことができないイミュータブルなオブジェクトです。

プログラムを作る際には、あらゆる型のデータを要素として持てて、要素の追加や削除、変更ができるような、より柔軟なデータの集合を扱えると便利です。Pythonでは、そのようなデータの集合を扱う型として「list型」が用意されており、そのオブジェクトを「リスト[注6]」と呼びます。

リストのイメージとして**図5-7**をご覧ください。この例は、整数を要素とするリストと、文字列を要素とするリストのイメージとなります。

図5-7 リスト

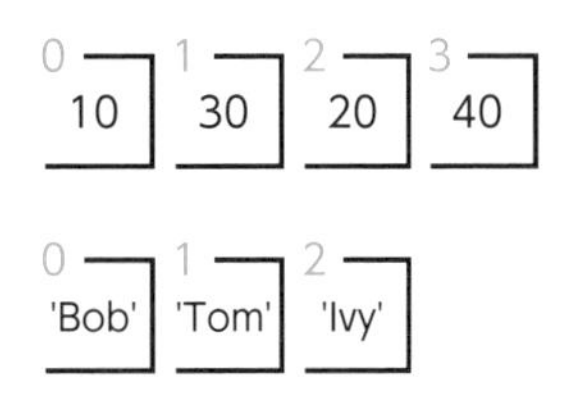

囲いには、0から始まる整数インデックスが付番されていて、順番のある要素の集合です。つまり、リストは文字列と同様にシーケンスです。

ただし、文字列と異なる特徴として、要素として数値、文字列をはじめ任意の型のオブジェクトを持てるという点が挙げられます。また、詳しくは後述しますが、リストの要素は変更が可能です。

Pythonのコード内でリストを表現するには、以下のようにをカンマ区切りに列挙したものを、角かっこ「[]」で囲みます。つまり、これが「リストリテラル」となります。

注6) リストは、他のプログラミング言語でいう「配列」と類似しています。

```
[要素1, 要素2, …]
```

角かっこに記述された最初の要素がインデックス0の囲いに格納され、以降記述された順番に格納されていきます。要素は1つも列挙せずに「[]」と記述すると、それは要素を1つも持たない空のリストを表します。

例として、sample05_17.pyを実行してみましょう。リストが変数に代入できること、print関数によりその内容を出力できることも確認しておきましょう。

sample05_17.py リストリテラル

```
1  numbers = [10, 30, 20, 40]
2  print(numbers)
3
4  members = ['Bob', 'Tom', 'Ivy']
5  print(members)
6
7  print([])
```

■ 実行結果

```
1  [10, 30, 20, 40]
2  ['Bob', 'Tom', 'Ivy']
3  []
```

MEMO

この例では、1つのリストに同種の型の要素のみを持っていますが、異なる型の要素も混在して持つことができます。また、変数の命名として、同種の型による複数要素を持つのであれば、複数形を用いるとよいでしょう。

5.2.2 リストのインデックス

リストは文字列と同様にインデックスを用いて、その要素を取り出すことができます。その際の記述は、以下のようにリストに続いて、角かっこ「[]」内にインデックスを指定します。

```
リスト[インデックス]
```

負のインデックスを使用することもでき、末尾の要素はインデックス-1、その1つ前の要素はインデックス-2……というように指定します。

なお、リストもインデックスについて「-要素数〜要素数-1」の範囲を超えると「IndexError」となります。

図5-8 リストのインデックス

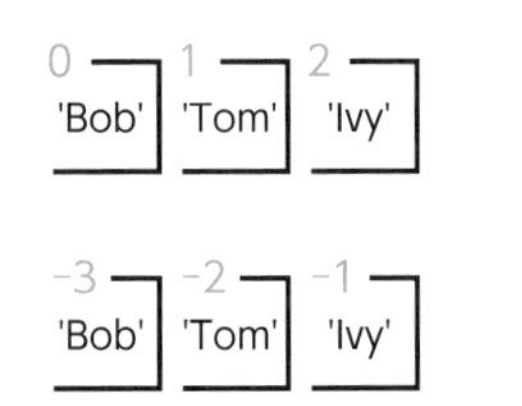

sample05_18.pyを実行して、インデックスでリストの要素を取り出せることを確認しましょう。

sample05_18.py インデックスでリストの要素を取り出す

```
1 numbers = [10, 30, 20, 40]
2 print(numbers[0]) #10
3 print(numbers[3]) #40
4
5 members = ['Bob', 'Tom', 'Ivy']
6 print(members[-1]) #Ivy
7 print(members[-3]) #Bob
```

さて、リストの特徴として、その要素を変更することができるという点が挙げられます。つまり、インデックスを指定して要素の代入、要素の追加や削除といった操作が可能です。

では、要素の代入について見てみましょう。sample05_19.pyを実行してみてください。

sample05_19.py リストの要素の代入

```
1 numbers = [10, 30, 20, 40]
2 numbers[1] = 50
3 print(numbers)
4
5 members = ['Bob', 'Tom', 'Ivy']
6 members[-2] = 'Tim'
7 print(members)
```

■ 実行結果

```
1 [10, 50, 20, 40]
2 ['Bob', 'Tim', 'Ivy']
```

このように、要素の変更を許容するオブジェクトは、「ミュータブル(mutable)」なオブジェクトといいます。日本語では「可変」という意味ですね。リストはミュータブルなオブジェクトであり、シーケンスです。

要素の変更を禁止する「イミュータブル」と合わせて用語を覚えておくとよいでしょう。

5.2.3 リストのスライス

リストも、スライスを使ってその一部を取り出すことができます。取り出した部分はlist型、つまりリストになります。

リストのスライスについて、その指定のしかたやしくみは文字列のスライスと同様です。以下のように記述します。

```
リスト[start:stop:step]
```


startとstopはそれぞれ取り出す範囲の先頭および末尾のインデックスで、省略時はそれぞれ0および要素数が適用されます。stepはいくつ飛ばしで取り出すかを表す整数で、省略時のデフォルト値は1です。

ここで、**図5-9**が示すとおり、stopが示すインデックスの要素は、取り出したリストには含まれないことを確認しておきましょう。

図5-9 リストのスライス

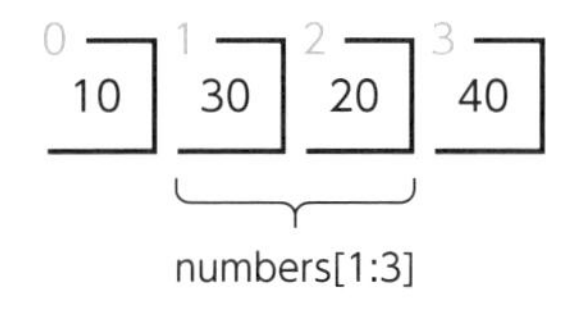

では、リストのスライスの例として、**sample05_20.py**を実行して、動作を確認してみましょう。

sample05_20.py リストのスライス

```
1  numbers = [10, 30, 20, 40]
2  print(numbers[1:2]) #[30]
3  print(numbers[:2])  #[10, 30]
4  print(numbers[2:])  #[20, 40]
5  print(numbers[::2]) #[10, 20]
6  print(numbers[:])   #[10, 30, 20, 40]
```

5.2.4 リストの演算

文字列と同様に、リストも結合と乗算の演算を行うことができます。**表5-5**にまとめていますので、ご覧ください。

表5-5 リストの演算

演算子	説明	例
+	結合	[10, 30] + [20, 40] #[10, 30, 20, 40]
*	乗算	[10, 30] * 2 #[10, 30, 10, 30]

結合は、2つのリストを結合して1つのリストとします。リストどうしでない場合は「TypeError」となります。また、乗算はリストの要素を整数回繰り返し結合したリストを返します。

なお、累算代入演算子「+=」および「*=」で、結合または乗算と同時に代入も行うことができます。

sample05_21.pyを実行して、その様子を確認してみましょう。

sample05_21.py リストの演算

```
1 numbers = [10, 30]
2 
3 print(numbers + [20])
4 print(numbers * 2)
5 
6 numbers += [40]
7 print(numbers)
8 numbers *= 2
9 print(numbers)
```

■ 実行結果

```
1 [10, 30, 20]
2 [10, 30, 10, 30]
3 [10, 30, 40]
4 [10, 30, 40, 10, 30, 40]
```

リストの比較には、**表5-6**に挙げる演算子を使用します。sample05_22.pyを実行して、動作を確認しましょう。

表5-6 リストの比較

演算子	説明	例
==	同じ値である	[10, 30] == [10, 30] #True [10, 30] == [10, 40] #False
!=	異なる値である	[10, 30] != [10, 30] #False [10, 30] != [10, 40] #True
in	含まれる	30 in [10, 30] #True 30 in [10, 40] #False
not in	含まれない	30 not in [10, 30] #True 30 not in [10, 40] #False

sample05_22.py リストの比較

```
1  numbers = [10, 30]
2  print(numbers == [10, 30]) #True
3  print(numbers != [10, 30]) #False
4  print(30 in numbers)       #True
5  print(30 not in numbers)   #False
```

5.2.5 リストとフロー制御

リストはシーケンスですから、イテラブルなオブジェクトです。sample05_23.pyのように、ループの対象とすることができます。リストに対するループはたいへんよく使います。

sample05_23.py リストのループ

```
1  numbers = [10, 30, 20, 40]
2
3  for number in numbers:
4      print(number)
```

■ 実行結果

```
1  10
2  30
3  20
4  40
```

また、in演算子やnot in演算子を使うことで、リスト内に特定の値が含まれているかどうかを判定できますので、それを用いた分岐処理も作成できます。例として、sample05_24.pyを実行してみましょう。

sample05_24.py リストに要素が含まれているかによる分岐

```
1  members = ['Bob', 'Tom', 'Ivy']
2  member = 'Tom'
3  if member in members:
4      print(f'{member}は{members}に含まれています')
5  else:
6      print(f'{member}は{members}に含まれていません')
```

■ 実行結果

```
Tomは['Bob', 'Tom', 'Ivy']に含まれています
```

4-1でお伝えしたとおり、データの集合を表すオブジェクトをif文の条件式として使用した場合、

その要素が1つ以上存在すればTrueの判定となり、要素が1つもない、すなわち空のデータの集合であればFalseの判定となります。

この性質は、リストが空のリストかどうかを判定する際にテクニックとして使用できます。例としてsample05_25.pyを実行して確認しておきましょう。

sample05_25.py リストのブール値判定

```
1 if [1]:
2     print('[1]はTrueの判定でした')
3 else:
4     print('[1]はFalseの判定でした')
5
6 if []:
7     print('[]はTrueの判定でした')
8 else:
9     print('[]はFalseの判定でした')
```

■実行結果

```
1 [1]はTrueの判定でした
2 []はFalseの判定でした
```

5.2.6 2次元リスト

リストは、その要素として任意のオブジェクトを持つことができますので、データの集合を表すオブジェクトを要素とするリストも作成できます（文字列もデータの集合でしたね）。ですから、リストを要素として持つリスト、つまり「2次元リスト」も取り扱うことができます。

例として、sample05_26.pyをご覧ください。

sample05_26.py 2次元リスト

```
1 numbers = [
2     [10, 30, 20, 40],
3     [11, 31, 21],
4     [12]
5 ]
6
7 print(numbers)
```

■実行結果

```
[[10, 30, 20, 40], [11, 31, 21], [12]]
```

なお、リストを要素として持つリストを、リストリテラルで記述する場合は、この例のように、要素ごとに改行をし、かつ一段のインデントを用いて表現すると読みやすいでしょう。

2次元リストについて、その要素を取り出す方法を見てみましょう。sample05_26.pyのリストnumbersであれば、その要素は[10, 30, 20, 40]、[11, 31, 21]そして[12]という3つのリストです。これらは、それぞれnumbers[0]、numbers[1]、numbers[2]というように角かっこにインデックスを指定することで取り出すことができます。

さらに、その中の要素を取り出すには、もう一度、角かっこにインデックスを指定してあげればよいのです。たとえば、numbers[1]のリストからインデックス2の要素を取り出すにはnumbers[1][2]とします（図5-10）。

図5-10 2次元リストとインデックス

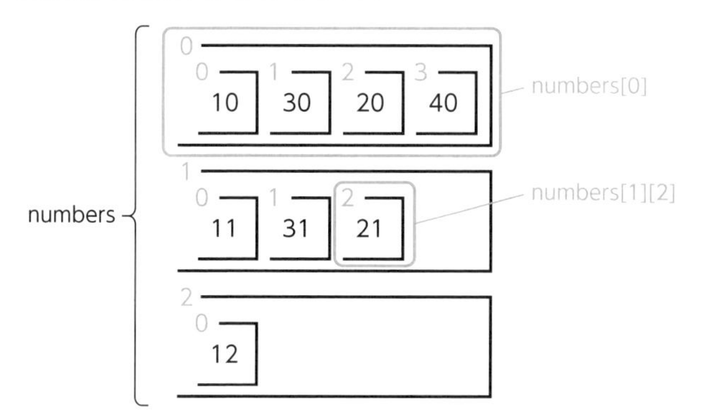

では、sample05_27.pyを実行して、2次元リストから要素を取り出す方法について確認してみてください。また、インデックスの指定を変えて、他の要素も出力してみましょう。

sample05_27.py 2次元リストとインデックス

```
1  numbers = [
2      [10, 30, 20, 40],
3      [11, 31, 21],
4      [12]
5  ]
6
7  print(numbers[0])
8  print(numbers[1][2])
```

■ 実行結果

```
1  [10, 30, 20, 40]
2  21
```

2次元リストに対してもループ処理を行うことができます。

例として、sample05_28.pyをご覧ください。変数numbersの要素はリストですから、それらをすべてについて変数rowに代入しながらループをします。したがって、変数numbersに含まれる3つのリストが出力されます。

sample05_28.py 2次元リストのループ

```
numbers = [
    [10, 30, 20, 40],
    [11, 31, 21],
    [12]
]

for row in numbers:
    print(row)
```

■ 実行結果

```
[10, 30, 20, 40]
[11, 31, 21]
[12]
```

では、さらにそれらのリストの要素を取り出したいときはどうすればよいでしょうか。その場合は、**sample05_29.py**のように、ループの中にもうひとつ別のループを作成することで実現できます。このように2重の入れ子になったループを「2重ループ」といいます。

sample05_29.py 2重ループ

```
numbers = [
    [10, 30, 20, 40],
    [11, 31, 21],
    [12]
]

for row in numbers:
    for number in row:
        print(number)
```

■ 実行結果

```
10
30
20
40
11
31
21
12
```

ここで、変数numbersを対象としたループを「外側のループ」、変数rowを対象としたループを「内側のループ」などといいます。外側のループが1回実行されるたびに、内側のループはすべて実行されます。

リストの要素としては、リストだけでなく、文字列や後述するタプル、辞書といった別の種類のデータの集合を持つことができます。また、逆に他のデータの集合を表すオブジェクトの要素として、リストを持つこともできます。Pythonでは、そのような入れ子構造になったデータの集合を扱うことが少なくありません。その場合、各レイヤーがどのオブジェクトなのか、またそのオブジェクトはどのような性質を持っているのかを正しく理解した上で使用することが求められます。

5.2.7 リストのまとめ

list型のオブジェクト、すなわちリストの性質についてまとめておきましょう。リストは以下のような性質があります。

- リストは順番を持つ要素の集合（シーケンス）
- リストの要素は任意のオブジェクト
- リストはループの対象とすることができる（イテラブル）
- リストの要素は変更できる（ミュータブル）

表5-7がこれまで登場したデータの集合を表すデータ型との比較になります。

表5-7 集合を表すデータ型とリスト

データ型	要素	シーケンス	マッピング	イテラブル（反復可）	ミュータブル（変更可）	例
range	整数	○		○		range(1, 5) range(10, -10 , -5)
str	文字	○		○		'データ' "Python"
list	任意のオブジェクト	○		○	○	[10, 20, 30] ['Jan', 'Feb', 'Mar']

5.3 タプル

5.3.1 タプルとリテラル

データの集合を扱うデータ型として「tuple型」があります。tuple型のオブジェクトを「タプル」といいます。タプルはリストととても似ています。イメージは**図5-11**のようになりますが、この図はリストを表した**図5-7**とまったく同じです。

図5-11 タプル

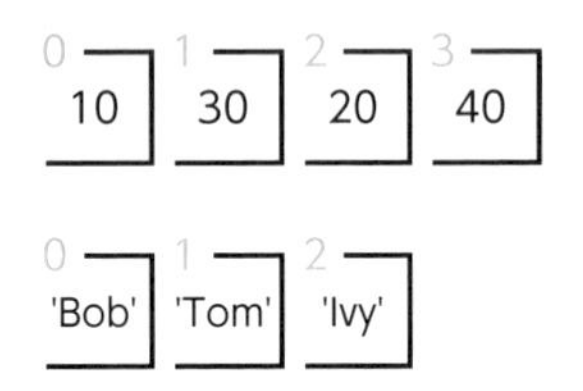

タプルはインデックスが付番されている要素の集合、つまりシーケンスです。また、その要素として任意のオブジェクトを持つことができます。

さて、ここまではリストとまったく一緒ですが、唯一異なる点があります。それは、タプルが「イミュータブルなオブジェクトである」という点です。つまり、タプルの要素は追加や削除および代入といった変更ができません。

それなら、要素の変更ができる便利なリストを使えばよいと思われるかもしれません。しかし、タプルの利点はその変更ができないところにあります。一度タプルを生成したら、その要素は変更されることがなく不変であるということが保証されています。したがって、変わらないことを前提とするデータの集合を取り扱うには、タプルが適しているのです。

Pythonのコード内でタプルを表現するには、以下のようにカンマ区切りに列挙したものを、丸かっこ「()」で囲みます。これが「タプルリテラル」となります。

```
(要素1, 要素2, …)
```

要素は、その列挙された順に、0からはじまるインデックスに割り当てられます。要素を1つも列挙せずに「()」と記述すると、それは要素を1つも持たない空のタプルを表します[注7]。

タプルリテラルの特徴的な点として、丸かっこを省略して以下のように記述することも可能です。

```
要素1, 要素2, …
```

例として、sample05_30.pyを実行してみましょう。

sample05_30.py タプルリテラル

```
1 numbers = (10, 30, 20, 40)
2 print(numbers)
3 
4 members = 'Bob', 'Tom', 'Ivy'
5 print(members)
6 
7 print(())
```

■ 実行結果

```
1 (10, 30, 20, 40)
2 ('Bob', 'Tom', 'Ivy')
3 ()
```

sample05_30.pyの変数numbersや変数membersには、複数の要素をまとめて1つのタプルにしたものが代入されます。このことを、タプルの「パック（pack）」と呼びます。また、その反対の操作で、1つのタプルから要素を取り出して別々の変数へ代入することを「アンパック（unpack）」といいます。

パックとアンパックの例として、sample05_31.pyを実行してみましょう。

sample05_31.py パックとアンパック

```
1 numbers = (10, 30, 20)
2 (x, y, z) = numbers
3 print(f'x:{x}, y:{y}, z:{z}')
4 
5 a, b = 'Bob', 'Tom'
6 print(f'a:{a}, b:{b}')
```

注7) 要素が1つだけのときには「(要素,)」と要素の後にカンマ「,」を記述しなければいけないルールとなっています。これは演算の優先順位を表す「()」と区別するためです。

■ 実行結果

```
1  x:10, y:30, z:20
2  a:Bob, b:Tom
```

ここで、変数aと変数bについては、「a, b = 'Bob', 'Tom'」と、あたかもそれぞれの変数に値を代入しているような記述になっていますが、これはタプルのパックとアンパックを同時に行うことで実現しているものになります。

5.3.2 タプルのインデックス

タプルは文字列やリストと同様に、インデックスを用いてその要素を取り出すことができます。その際の記述は、以下のようにタプルに続けて角かっこ「[]」内にインデックスを指定します（丸かっこ「()」ではないことに注意してください）。

```
タプル[インデックス]
```

また、負のインデックスも指定することができ、その範囲としては「-要素数～要素数-1」になります。

このように、タプルについてのインデックスによる要素の取り出しについてはリストとまったく同様です。復習として、sample05_32.pyを実行してみましょう。

sample05_32.py インデックスでタプルの要素を取り出す

```
1  numbers = (10, 30, 20, 40)
2  print(numbers[0]) #10
3  print(numbers[3]) #40
4
5  members = ('Bob', 'Tom', 'Ivy')
6  print(members[-1]) #Ivy
7  print(members[-3]) #Bob
```

繰り返しになりますが、タプルはイミュータブルですから、その要素の変更はできません。したがって、インデックスを指定しての代入はできません。

その性質について、実際にsample05_33.pyを用いて確認をしておきましょう。実行すると、図5-12のような「TypeError」となります。

sample05_33.py タプルの要素の代入

```
1  numbers = (10, 30, 20, 40)
2  numbers[1] = 50
```

図5-12 例外メッセージ「TypeError」

sample05_32.py
05 > sample05_32.py > ...
1 numbers = (10, 30, 20, 40)
2 numbers[1] = 50
Exception has occurred: TypeError
'tuple' object does not support item assignment
File "C:\Users\ntaka\nonpro-python\05\sample05_32.py", line 2, in <module>
numbers[1] = 50
❶ 例外のタイプ「TypeError」
❷ 例外の内容「'tuple' は要素の代入をサポートしていません」

5.3.3 タプルのスライス

タプルはリストと同様、以下のように、スライスを使って新たなタプルをできます。

```
タプル[start:stop:step]
```

startとstopは取り出す範囲の先頭と末尾のインデックスで、デフォルト値はそれぞれ0と要素数です。stopが示すインデックスの要素は含まれません。stepはいくつ飛ばしで取り出すかを指定し、そのデフォルト値は1です。

例として、sample05_34.pyをご覧ください。結果がどのようになるか予想しながら入力して、その後、実行して確認してみましょう。

sample05_34.py タプルのスライス

```
1  numbers = (10, 30, 20, 40)
2  print(numbers[2:3]) #(20,)
3  print(numbers[:3])  #(10, 30, 20)
4  print(numbers[3:])  #(40,)
5  print(numbers[::3]) #(10, 40)
6  print(numbers[:])   #(10, 30, 20, 40)
```

5.3.4 タプルの演算

タプルは、文字列やリストと同様に、**表5-8**に示す演算子を用いた結合と乗算を行うことができます。sample05_35.pyを実行して、その動作を確認しておきましょう。

表5-8 タプルの演算

演算子	説明	例
+	結合	(10, 30) + (20, 40) #(10, 30, 20, 40)
*	乗算	(10, 30) * 2 #(10, 30, 10, 30)

sample05_35.py タプルの演算

```
1  numbers = (10, 30)
2
3  print(numbers + (20,))
4  print(numbers * 2)
5
6  numbers += (40,)
7  print(numbers)
8  numbers *= 2
9  print(numbers)
```

■ 実行結果

```
1  (10, 30, 20)
2  (10, 30, 10, 30)
3  (10, 30, 40)
4  (10, 30, 40, 10, 30, 40)
```

MEMO

タプルはイミュータブルだから、スライスや演算が行えるのはおかしいと思われる方がいるかもしれませんので、ここで整理しておきましょう。
要素の代入や削除は、オリジナルのtupleオブジェクトへの変更ですから、それは禁止されています。一方で、スライスや演算は、変更した結果を別のtupleオブジェクトとして生成するという操作になります。つまり、オリジナルのtupleオブジェクトが変更されているわけではないのです。

タプルの比較には、リストと同様に**表5-9**に挙げる演算子を使用します。sample05_36.pyを実行して動作を確認ましょう。

表5-9 タプルの比較

演算子	説明	例
==	同じ値である	(10, 30) == (10, 30) #True (10, 30) == (10, 40) #False
!=	異なる値である	(10, 30) != (10, 30) #False (10, 30) != (10, 40) #True
in	含まれる	30 in (10, 30) #True 30 in (10, 40) #False
not in	含まれない	30 not in (10, 30) #True 30 nor in (10, 40) #False

sample05_36.py タプルの比較

```
numbers = (10, 30)
print(numbers == (10, 30)) #True
print(numbers != (10, 30)) #False
print(30 in numbers)       #True
print(30 not in numbers)   #False
```

5.3.5 タプルとフロー制御

タプルはシーケンスであり、イテラブルなオブジェクトですから、sample05_37.pyのように、for文のループの対象とすることができます。

sample05_37.py タプルのループ

```
members = ('Bob', 'Tom', 'Ivy')

for member in members:
    print(member)
```

■ 実行結果

```
Bob
Tom
Ivy
```

別の例として、sample05_38.pyをご覧ください。これはリストの要素がタプルで構成されていますが、このような場合、毎回のループで取り出すタプルの要素をアンパックして、別々の変数に代入した上で処理を行うことができます。

sample05_38.py タプルのアンパックとループ

```
members = [('Bob', 25), ('Tom', 32), ('Ivy', 23)]

for name, age in members:
    print(f'名前: {name}, 年齢: {age}')
```

■ 実行結果

```
名前: Bob, 年齢: 25
名前: Tom, 年齢: 32
名前: Ivy, 年齢: 23
```

このように、タプルがイテラブルなオブジェクトの要素である場合は、アンパックしながらループ処理を行うことができますので、覚えておくとよいでしょう。

表5-9で紹介した演算子を用いることで、**sample05_39.py**のようにタプルに要素が含まれているかの分岐処理を作成できます。

sample05_39.py タプルに要素が含まれているかによる分岐

```
1  numbers = (10, 30, 20, 40)
2  number = 20
3  if number in numbers:
4      print(f'{number}は{numbers}に含まれています')
5  else:
6      print(f'{number}は{numbers}に含まれていません')
```

■ 実行結果

```
20は(10, 30, 20, 40)に含まれています
```

また、リストや文字列と同様、タプル自身をif文の条件式として使用した場合、要素のないタプルはFalseの判定になりますので、空のタプルかどうかによる条件分岐を作ることも可能です。**sample05_40.py**を実行して確認してみましょう。

sample05_40.py タプルのブール値判定

```
1  if ('Hello',):
2      print("('Hello',)はTrueの判定でした")
3  else:
4      print("('Hello',)はFalseの判定でした")
5
6  if ():
7      print("()はTrueの判定でした")
8  else:
9      print("()はFalseの判定でした")
```

■ 実行結果

```
1  ('Hello',)はTrueの判定でした
2  ()はFalseの判定でした
```

5.3.6 タプルのまとめ

tuple型のオブジェクト、すなわちタプルの性質についてまとめておきましょう。タプルは以下のような性質があります。

- タプルは順番を持つ要素の集合（シーケンス）
- タプルの要素は任意のオブジェクト
- タプルはループの対象とすることができる（イテラブル）
- タプルの要素は変更できない（イミュータブル）

表5-10がこれまで登場したデータの集合を表すデータ型との比較になります。

表5-10 集合を表すデータ型とタプル

データ型	要素	シーケンス	マッピング	イテラブル（反復可）	ミュータブル（変更可）	例
range	整数	○		○		range(1, 5) range(10, -10 , -5)
str	文字	○		○		'データ' "Python"
list	任意のオブジェクト	○		○	○	[10, 20, 30] ['Jan', 'Feb', 'Mar']
tuple	任意のオブジェクト	○		○		(10, 20, 30) ('Jan', 'Feb', 'Mar')

5.4 辞書

5.4.1 辞書とリテラル

Pythonでデータの集合を扱う別の方法として、「辞書[注8)]」もとてもよく使用されます。辞書のデータ型は「dict型」のオブジェクトです。辞書のイメージは図5-12のようになります。

図5-12 辞書

辞書では、要素を格納する囲いに「キー(key)」が付与されます。一般的には、図5-12のようにその内容を表す文字列が使用されます[注9)]。そして、そのキーのペアとしてオブジェクトを格納するのです。この格納したオブジェクトを「バリュー(value)」といいます。なお、バリューには数値、文字列に限らず、任意のオブジェクトを格納できます。

このように、キーに関連付けてバリューを保管するデータの集合を「マッピング (mapping)[注10)]」といいます。

それに対して、文字列やリスト、そしてタプルは、インデックスを伴って要素を保管するもので順番を持ちます。このようなデータの集合をシーケンスというのでした。マッピングとシーケンスは対比としてセットで覚えておくとよいでしょう。

Pythonのコード内で辞書を表現するには、以下のようにキーとバリューのペアをコロン記号「:」でつないだものを、カンマ区切りで列挙し、全体を波かっこ「{}」で囲みます。これが「辞書リテラル」です。なお、アイテムを1つも列挙せずに「{}」と記述すると、それは空の辞書を表します。

```
{キー1: バリュー1, キー2, バリュー2, …}
```

注8) 辞書は他のプログラミング言語では、「連想配列」や「ハッシュ」などともよばれています。
注9) 辞書のキーとして、文字列だけではなく、他のいくつかのオブジェクトを使用できます。
注10) Pythonでは、シーケンスは複数のデータ型が用意されている一方で、マッピングは辞書つまりdict型のみです。

例として、sample05_41.pyを実行してみましょう。

sample05_41.py 辞書リテラル

```
1  person = {
2      'name': 'Bob',
3      'gender': 'male',
4      'age': 25
5  }
6  print(person)
7
8  print({})
```

■ 実行結果

```
1  {'name': 'Bob', 'gender': 'male', 'age': 25}
2  {}
```

5.4.2 辞書のキーとバリュー

辞書リテラルにはバリューだけでなくキーも指定する必要があるため、その記述はどうしても長くなります。しかし、意味の通りやすいキーを使ってバリューを保管したり、出し入れしたりすることができるため、コードの可読性が高くなるというメリットがあります。

辞書の特定のバリューを取り出すには、以下のように辞書に続けて角かっこ「[]」内にそのペアとなっているキーを指定します。

```
辞書[キー]
```

sample05_42.pyを実行して、その動作を確認しましょう。

sample05_42.py 辞書リテラル

```
1  person = {
2      'name': 'Bob',
3      'gender': 'male',
4      'age': 25
5  }
6  print(person['name'])
7
8  key = 'age'
9  print(person[key])
```

■ 実行結果

```
1 Bob
2 25
```

では、存在しないキーを指定してバリューを取り出そうとするとどうなるでしょうか。たとえば、sample05_42.pyについて、存在しないキー「favorite」を指定してバリューを取り出そうとすると、図5-13のように「KeyError」となることがわかります。みなさんも試してみてください。

図5-13 存在しないキーの指定

辞書のもうひとつの重要な特性として、変更可能なオブジェクト、つまりミュータブルであるという点が挙げられます。ですから、バリューを変更したり、キーとバリューのペアを追加したりといったことが可能です。

辞書に続けて角かっこ「[]」にキーを指定したものを左辺にした代入文で、そのバリューを上書きできます。また、角かっこに存在しない新たなキーを指定した代入文により、新たなキーとバリューのペアを辞書に追加できます。sample05_43.pyを実行して、それぞれ確認してみましょう。

sample05_43.py 辞書への代入

```
1 person = {
2     'name': 'Bob',
3     'gender': 'male',
4     'age': 25
5 }
6
7 person['age'] += 1
8 person['favorite'] = 'りんご'
9 print(person)
```

■ 実行結果

```
{'name': 'Bob', 'gender': 'male', 'age': 26, 'favorite': 'りんご'}
```

5.4.3 辞書の演算

辞書は文字列、リストおよびタプルと同様に、**表5-11**に挙げる演算子による比較を行うことができます。

同じ値であるには、すべてのキーとバリューのペアについて同じものが存在している必要があります。また含まれる、または含まれないの判定ではキーのみが使用されます。

表5-11 辞書の比較

演算子	説明	例
==	同じ値である	{'name': 'Bob', 'age': 25} == {'name': 'Bob', 'age': 25} #True {'name': 'Bob', 'age': 25} == {'name': 'Tom', 'age': 32} #False {'name': 'Bob', 'age': 25} == {'namae': 'Bob', 'age': 25} #False
!=	異なる値である	{'name': 'Bob', 'age': 25} != {'name': 'Bob', 'age': 25} #False {'name': 'Bob', 'age': 25} != {'name': 'Tom', 'age': 32} #True {'name': 'Bob', 'age': 25} != {'namae': 'Bob', 'age': 25} #True
in	含まれる	'name' in {'name': 'Bob', 'age': 25} #True 'namae' in {'name': 'Bob', 'age': 25} #False
not in	含まれない	'name' not in {'name': 'Bob', 'age': 25} #False 'namae' not in {'name': 'Bob', 'age': 25} #True

sample05_44.pyを実行してその動作を確認してみましょう。

sample05_44.py 辞書の比較

```
1  person = {'name': 'Bob', 'age': 25}
2  print(person == {'name': 'Bob', 'age': 25}) #True
3  print(person == {'age': 25, 'name': 'Bob'}) #True
4  print(person != {'name': 'Bob', 'age': 25}) #False
5  print(person != {'name': 'Tom', 'age': 32}) #True
6
7  print('name' in person)     #True
8  print('name' not in person) #False
```

文字列、リストおよびタプルには、結合「+」や乗算「*」といった演算が用意されていましたが、辞書についてはこれらの演算子による演算は用意されていません。

5.4.4 辞書とフロー制御

辞書はイテラブルなオブジェクトなので、forループの対象とすることができます。辞書をforループの対象にした場合、キーとバリューのペアの数だけループがなされることになりますが、毎回のループで変数に取り出されるのはキーとなります。

例として、sample05_45.pyを実行してみましょう。

sample05_45.py 辞書のループ

```
1  person = {
2      'name': 'Bob',
3      'gender': 'male',
4      'age': 25
5  }
6
7  for key in person:
8      print(f'{key}: {person[key]}')
```

■ 実行結果

```
1  name: Bob
2  gender: male
3  age: 25
```

キーがわかりますので、辞書に続けて角かっこ内にキーを指定することでバリューも取り出すことができます。

また、表5-11で紹介した比較演算子を用いることで、sample05_46.pyのように辞書にキーが含まれているかどうかによる分岐処理を作成できます。

sample05_46.py 辞書にキーが含まれているかによる分岐

```
1  person = {
2      'name': 'Bob',
3      'gender': 'male',
4      'age': 25
5  }
6
7  key = 'age'
8  if key in person:
9      print(f'キー{key}は{person}に含まれています')
10 else:
11     print(f'キー{key}は{person}に含まれていません')
```

■ 実行結果

```
キーageは{'name': 'Bob', 'gender': 'male', 'age': 25}に含まれています
```

MEMO

前述のとおり、辞書から存在しないキーでバリューを取り出そうとすると「KeyError」が発生します。それを回避するためにsample05_46.pyのような判定処理を作成するという選択肢もありますが、もっとシンプルな方法として、getメソッドやsetdefaultメソッドを使用するという手段が用意されています。メソッドについては、6章で紹介しますので、ご覧ください。

また、他のデータの集合を表すオブジェクトと同様、辞書自身をif文の条件式として使用した場合、キーとバリューのペアが1つもない辞書はFalseの判定になります。**sample05_47.py**を実行して確認しておきましょう。

sample05_47.py 辞書のブール値判定

```
1  if {'name': 'Bob'}:
2      print("{'name': 'Bob'}はTrueの判定でした")
3  else:
4      print("{'name': 'Bob'}はFalseの判定でした")
5
6  if {}:
7      print("{}はTrueの判定でした")
8  else:
9      print("{}はFalseの判定でした")
```

■ 実行結果

```
1  {'name': 'Bob'}はTrueの判定でした
2  {}はFalseの判定でした
```

5.4.5 辞書のまとめ

dict型のオブジェクト、すなわち辞書の性質についてまとめておきましょう。辞書は以下のような性質があります。

- 辞書はキーに関連付けてバリューを保管するデータの集合(マッピング)
- 辞書の要素は任意のオブジェクト
- 辞書はループの対象とすることができる(イテラブル)
- 辞書の要素は変更できる(ミュータブル)

表5-12がこれまで登場したデータの集合を表すデータ型との比較になります。

表5-12 集合を表すデータ型と辞書

データ型	要素	シーケンス	マッピング	イテラブル(反復可)	ミュータブル(変更可)	例
range	整数	○		○		range(1, 5) range(10, -10 , -5)
str	文字	○		○		'データ' "Python"
list	任意のオブジェクト	○		○	○	[10, 20, 30] ['Jan', 'Feb', 'Mar']
tuple	任意のオブジェクト	○		○		(10, 20, 30) ('Jan', 'Feb', 'Mar')
dict	任意のオブジェクト		○	○	○	{'x':10, 'y':20, 'z':30} {'name':'Taro', 'age':25}

MEMO

Pythonには、本章で紹介した他に重複と順序のないデータの集合を表すデータ型として「set型」や「frozenset型」が用意されています。本書では詳しく扱いませんが、必要に応じてPythonの公式ドキュメントなどを参考にしてください。

5章ではデータの集合を扱う主要な「型」についてお伝えしてきました。これらのデータ型をうまく活用することで、大量のデータや複雑な構造のデータをプログラムの中でスマートに扱うことができるようになります。

さて、より高度なプログラムにチャレンジしていくと、どうしてもそのコードの量が多くなり、内容も複雑になってきます。そうなると、開発や運用、メンテナンスにかかる負荷が増大していきます。そこで、Pythonでは関数、クラス、モジュールといった「プログラムを部品化し、再利用しやすくする素晴らしい仕組み」がしっかり用意されています。6章では、それらプログラムの部品化の仕組みについて見ていきましょう。

Chapter 06

プログラムを部品化しよう

6.1 関数

6.1.1 関数の定義と呼び出し

Pythonによるプログラムを作成する際に、「同じ処理のかたまり」を何回も処理する必要が出てくることがあります。そのときの1つの方法は、for文やwhile文による反復を作成することです。決まった回数や条件のもと、連続して繰り返し処理を行うのであればこの方法で実現できますが、非連続的かつ気ままにその同じ処理のかたまりを実行したいときには対応できません。

そのようなとき、「関数(かんすう)」を作るという選択肢があります。関数とは、処理をひとまとめにしたもので、あらかじめ名前をつけて定義をしておくことで、好きなときに呼び出して、その処理を行うことができます。

では、もっとも簡単な関数の定義のしかたから見ていきましょう。関数を定義するには以下構文による「def文」を用います。

```
def 関数名():
    スイート
```

ヘッダーは、キーワード「def」に続いて半角スペース、そのあとに関数名、そして丸かっこの開く「(」、閉じる「)」、最後にコロン記号「:」で構成されます。関数名はある程度任意に設定できますが、他の識別子とのバッティングを避け、変数と同様に半角アルファベットによるスネークケースを使うとよいでしょう。なお、丸かっこ内には、仮引数とよばれるものを指定しますが、これについては後述します。

スイートに含まれるステートメントには、ヘッダーに対してインデントを入れなければいけません。このルールは他の複合文と同様ですね。

なお、「def」というキーワードは、「定義」を表す「definition」という単語からきています。

定義した関数を呼び出すには、def文で定義した際の関数名を用いて、以下のように記述します。

```
関数名()
```

丸かっこ内には引数とよばれるものを指定しますが、これも後述します。

では、シンプルな例として、**sample06_01.py**を実行して、関数の定義のしかたについて確認していきましょう。

sample06_01.py 関数の定義

```
1  def say_hello():
2      print('Hello!')
3
4  say_hello()
5  print('Good Bye.')
```

■ 実行結果

```
1  Hello!
2  Good Bye.
```

sample06_01.pyの動作を図にしたものが**図6-1**です。関数を呼び出すと、関数内のスイートに処理が移ります。スイートの処理を完了すると、処理は関数を呼び出したステートメントの位置に戻り、続く処理を実行します。

図6-1 関数の呼び出し

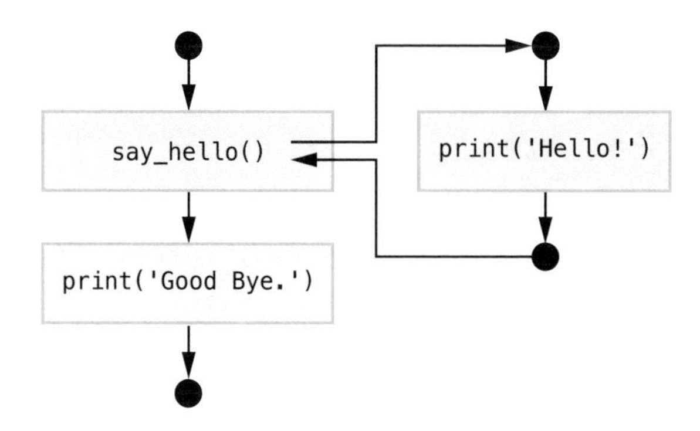

なお、関数はその呼び出す前にdef文で定義をする必要があります。たとえば、**sample06_02.py**を実行すると、**図6-2**のように「NameError」が発生します。

sample06_02.py 定義の前に関数を呼び出す

```
1  say_hello()
2
3  def say_hello():
4      print('Hello!')
```

図6-2 関数は定義の前に呼び出すことはできない

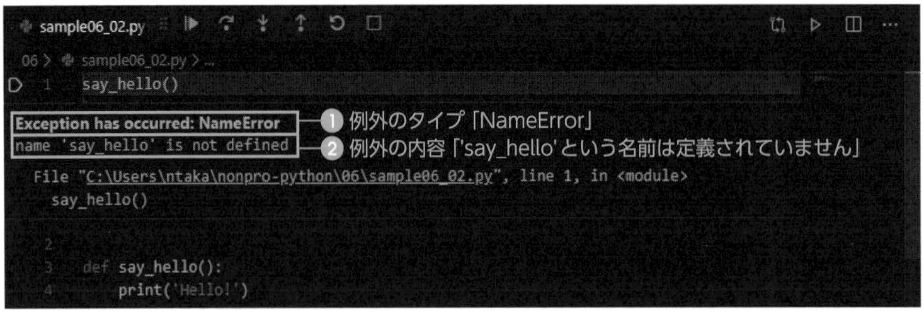

```
Exception has occurred: NameError
name 'say_hello' is not defined
  File "C:\Users\ntaka\nonpro-python\06\sample06_02.py", line 1, in <module>
    say_hello()
```

❶ 例外のタイプ「NameError」
❷ 例外の内容「'say_hello'という名前は定義されていません」

6.1.2 引数と戻り値

関数を呼び出すときに、その関数にいくつかの値を渡すことができます。この渡す値を、「引数(ひきすう)[注1]」といいます。関数で引数を使用するには、以下のように記述します。

```
def 関数名(仮引数1, 仮引数2, ...):
    スイート
```

ヘッダーの丸かっこ内に記述する「仮引数」は、渡された引数を受け取るもので、関数の中で変数のように扱えます。引数が複数ある場合には、丸かっこ内に複数の仮引数をカンマ区切りで列挙します。なお、仮引数は「パラメータ(parameter)」とも呼ばれます。

一方、引数を伴って関数を呼び出すときには、以下のように丸かっこ内に渡したい引数をカンマ区切りで列挙します。

```
関数名(引数1, 引数2, ...)
```

引数はその列挙された順番どおりに、1番目の引数1は1番目の仮引数1に、2番目の引数2は2番目の仮引数2に……と代入されます。

注1) 引数を表す英単語は「argument」で、仮引数に対して「実引数(ジツヒキスウ)」とよばれることもあります。

では、sample06_03.pyを実行して、引数を伴った関数の呼び出しについて、その動作を確認しましょう。

sample06_03.py 引数と仮引数

```
1 def print_area(x, y):
2     print(f'縦{x},横{y}の長方形の面積は{x * y}です')
3
4 print_area(3, 4)
5 print_area(7, 3)
```

■ 実行結果

```
1 縦3,横4の長方形の面積は12です
2 縦7,横3の長方形の面積は21です
```


このように、渡す引数を変えて呼び出すことで、別の値についての処理をさせることができます。

さて、一方で、呼び出した関数から、何らかの処理をした結果として値を返すこともできます。この返す値を「戻り値(もどりち)[注2)]」といいます。戻り値を返すには、def文のスイート内に、以下のreturn文を記述します。

```
return 戻り値
```

引数は複数の受け渡しが可能でしたが、戻り値として指定できるのは、ひとつのオブジェクトのみです。ただし、戻り値に、リストや辞書などの集合を表すオブジェクトを指定することで、実質的に複数の値を返すことが可能です。

では、戻り値を返す関数の例として、sample06_04.pyを実行してみましょう。

sample06_04.py 関数の戻り値

```
1 def get_area(x, y):
2     return x * y
3
4 print(get_area(3, 4))
5 print(get_area(7, 3))
```

■ 実行結果

```
1 12
2 21
```

注2) 「返り値(カエリチ)」と表現されることもあります。

return文により処理が戻った際、「関数の呼び出しの記述部分」が、戻り値を持ちます。たとえば、sample06_04.pyでは、「get_area(3, 4)」の部分が「12」という戻り値を持ちます。それが、そのままprint関数による出力の対象となっています。

図6-3 引数と戻り値

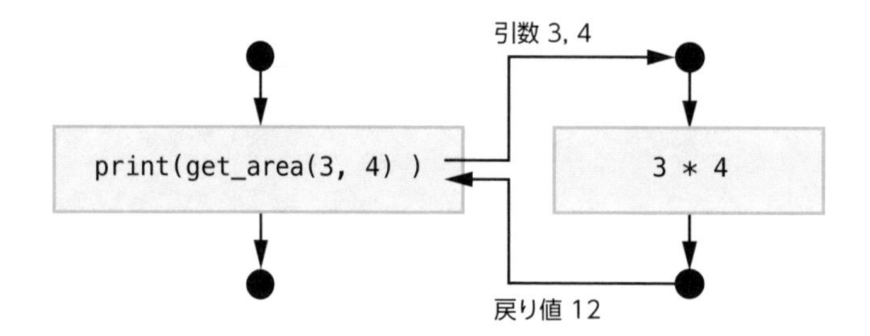

したがって、「area = get_area(3, 4)」というように、関数を呼び出しつつ、その戻り値を変数に代入することも可能です。

なお、return文が実行された時点で、即座に呼び出したステートメントの位置に処理が戻ります。つまり、その関数に残りのステートメントが記述されていても、それらの処理は実行されません。**sample06_05.py**を実行しても、「return後のステートメントが実行」は出力されません。実際に実行して確認しましょう。

sample06_05.py return文後のステートメント

```
1  def get_area(x, y):
2      return x * y
3      print('return後のステートメントが実行')
4
5  print(get_area(3, 4))
```

■ 実行結果

```
12
```

return文で戻り値を指定しなかったとき、また関数がreturn文自体を持たないとき、その関数は戻り値として、値がないことを表す特別な値である「None」を返します。

6.1.3 デフォルトの引数値

関数を呼び出す際に、その引数を省略できるように作ることが可能です。引数が省略されなければ、引数の値をそのまま仮引数に渡しますが、引数が省略されたのであれば、あらかじめ用意しておいた「デフォルトの引数値」を仮引数の値として採用するというものです。

デフォルトの引数値を指定するには、def文で以下のように記述します。

```
def 関数名(…, 仮引数=値, …):
    スイート
```

例として、**sample06_06.py**を実行してみましょう。

sample06_06.py デフォルトの引数値

```
1  def get_area(x, y=4):
2      return x * y
3
4  print(get_area(7, 3))
5  print(get_area(5))
```

■ 実行結果

```
1  21
2  20
```

仮引数yについては、デフォルトの引数値が設定されていますので、省略をすることが可能です。その際は「4」が採用されていることがわかります。

なお、いずれかの仮引数にデフォルトの引数値を設定した場合、それ以降に列挙する仮引数にもすべてデフォルトの引数値を設定しなければなりません。

6.1.4 キーワード引数

引数が複数あるとき、どの引数がどの仮引数に渡されるかは、その位置で決まります。このように、引数を記述する位置で渡す仮引数が決まるとき、それを「位置引数(positional argument)」といいます。

しかし、いくつかの引数を省略できる際に、後ろのほうに配置されている仮引数だけに値を渡したいときには、どうすればよいでしょうか？

つまり、**sample06_07.py**の関数get_areaについて、仮引数xはデフォルトの引数値を採用し、仮引数yのみを指定したいという場合です。

sample06_07.py 複数のデフォルトの引数値

```
1  def get_area(x=3, y=4):
2      return x * y
```

このようなときには、「キーワード引数（keyword argument）」を使うことができます。キーワード引数を用いることで、その記述する位置に関係なく、渡す仮引数名を狙い撃ちで指定できます。

キーワード引数を使用する場合は、関数を呼び出す際に以下のように記述します。

```
関数名(…, キーワード=引数, …):
```

これにより、キーワードと等しい仮引数名を持つ仮引数に、引数を渡すことができます。

キーワード引数を用いると、前述の関数get_areaの呼び出しは、**sample06_08.py**のようにできます。

sample06_08.py キーワード引数

```
1  def get_area(x=3, y=4):
2      return x * y
3
4  print(get_area(y=5))
```

■ 実行結果

```
15
```

6.1.5 可変引数

関数に渡す引数の数が一定でないときは、どうすればよいでしょうか？リストやタプルといったデータの集合を表すオブジェクトを用いることもできますが、引数を受け取った後の関数内の処理が複雑になりそうです。

そのようなとき、Pythonでは「可変引数（variadic arguments）」を使用します。

任意の数の位置引数を渡せるようにするには、以下のようにdef文で対象となる仮引数の前にアスタリスク「*」を1つ付与します。

```
def 関数名(…, *仮引数):
    スイート
```

これにより渡された任意の数の位置引数は、タプル化されて指定の仮引数に渡されます。これを「可変位置引数」といいます。

では、sample06_09.pyを実行してその動作を確認してみましょう。

sample06_09.py 可変位置引数

```
1 def print_positional_args(*args):
2     print(args)
3 
4 print_positional_args(10, 30, 20, 40)
5 print_positional_args('Bob', 'Tom')
```

■ 実行結果

```
1 (10, 30, 20, 40)
2 ('Bob', 'Tom')
```


位置引数ではなく、キーワード引数について任意の数を渡したい場合には、「可変キーワード引数」を使います。可変キーワード引数を用いる場合は、以下のようにdef文で対象となる仮引数の前に「**」というようにアスタリスク記号を2つ付与します。

```
def 関数名(…, **仮引数):
    スイート
```

これにより渡された任意の数のキーワード引数が、辞書化されて指定の仮引数に渡されます。sample06_10.pyで、その動作を確認してみましょう。

sample06_10.py 可変キーワード引数

```
1 def print_keyword_args(**kwargs):
2     print(kwargs)
3 
4 print_keyword_args(name='Bob', gender='male', age=25)
```

■ 実行結果

```
{'name': 'Bob', 'gender': 'male', 'age': 25}
```

なお、可変位置引数や可変キーワード引数は、仮引数の列挙の最後に配置する必要があります。

6.2 組み込み関数

6.2.1 組み込み関数とは

これまで、独自の関数の作り方について解説してきましたが、Pythonでは多くのユーザーが使うであろういくつかの関数があらかじめ用意されています。それらを「組み込み関数（built-in functions）」といいます。

実は、これまで紹介したprint関数やtype関数は、組み込み関数のひとつです。主な組み込み関数について**表6-1**に挙げていますので、ひととおり目を通してみましょう。

表6-1 主な組み込み関数

分類	関数	説明
計算	abs(x)	数値xの絶対値を返す
	max(iterable) max(arg1, arg2, *args)	イテラブルiterableの要素のうち、または引数arg1, arg2, *argsのうち最大のものを返す
	min(iterable) min(arg1, arg2, *args)	イテラブルiterableの要素のうち、または引数arg1, arg2, *argsのうち最小のものを返す
	sum(iterable)	イテラブルiterableの要素の合計を返す
文字	chr(i)	整数iのUnicodeコードポイントを持つ文字を表す文字列を返す
	ord(c)	1文字のUnicode文字を表す文字列cのUnicodeコードポイントを表す整数を返す
入出力	input([prompt])	ユーザーからの入力を受け付けて文字列として返す
	print(*objects, sep=' ', end='\n')	オブジェクト*objectsを、区切り文字sepで区切りながら出力し、最後にendで指定した文字列を出力する
オブジェクト	id(object)	オブジェクトobjectの識別値を返す
	type(object)	オブジェクトobjectの型を返す
	dir([object])	オブジェクトobjectの属性のリストを返す
	len(s)	オブジェクトsの長さ（要素の数）を返す
データ型	int([x])	数値または文字列xから整数を生成して返す
	float([x])	数値または文字列xから浮動小数点数を生成して返す

	bool([x])	オブジェクトxからブール値を生成して返す
	range(stop) range(start, stop[, step])	開始、終了およびステップを表す整数start, stop, stepからrangeを生成する
	str(object='')	オブジェクトobjectから文字列を生成して返す
	list([iterable])	イテラブルiterableからリストを生成して返す
	tuple([iterable])	イテラブルiterableからタプルを生成して返す
	dict(**kwarg) dict(mapping, **kwarg) dict(iterable, **kwarg)	イテラブルiterable、マッピングmappingおよび**kwargから辞書を作成して返す
反復・ 並び替え	iter(object)	オブジェクトobjectからイテレータを生成する
	next(iterator)	イテレータiteratorの次の要素を返す
	enumerate(iterable, start=0)	イテラブルiterableから、enumerateオブジェクトを返す
	zip(*iterables)	複数のイテラブル*iterablesから、タプルのイテレータを生成して返す
	sorted(iterable, key=None, reverse=False)	イテラブルiterableを並び替えてリストを返す。keyには並び替えの順序を表す関数を指定し、省略時は要素を直接比較する。reverseにTrueを設定した場合、比較結果を反転して並び替える
ファイル	open(file, mode='r', encoding=None, newline=None)	ファイルパスfileをファイルオブジェクトとして開く ・mode: ファイルを開くモード ・encoding: 使用する文字コード ・newline: ユニバーサル改行モードの動作を制御する

組み込み関数はこれら以外にもたくさん用意されていますが、**表6-1**の関数も含めて、そのスペルや引数の役割について完璧に覚えておく必要はありません。なぜなら、VS Codeでは組み込み関数の入力時に、**図6-4**のようなメンバーリストとして候補を表示したり、その関数の仮引数の解説を確認したりすることができるからです。

図6-4 組み込み関数のインテリセンス

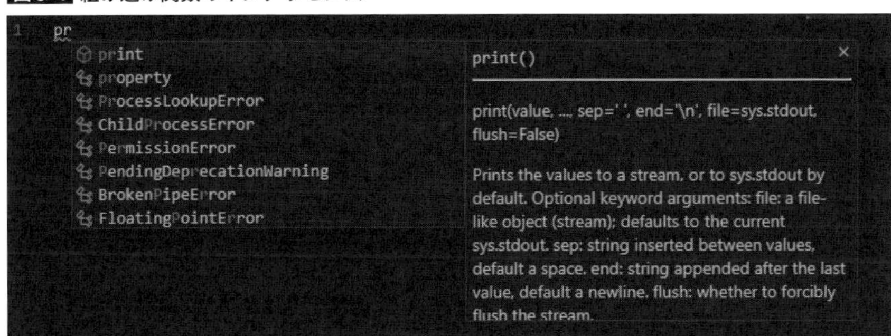

さて、いくつかの組み込み関数について、sample06_11.pyでその動作を確認してみましょう。

sample06_11.py 組み込み関数

```
 1  print(abs(-123.45)) #123.45
 2
 3  print(max([10, 30, 20, 40])) #40
 4  print(max(10, 30, 20, 40))   #40
 5  print(min([10, 30, 20, 40])) #10
 6  print(min(10, 30, 20, 40))   #10
 7
 8  print(ord('A'))    #65
 9  print(ord('あ'))   #12354
10  print(ord('\n'))   #10
11  print(chr(65))     #A
12  print(chr(12354)) #あ
13  print(chr(10))     #※改行
```

前節で引数のしくみについてある程度の理解ができているのであれば、いくつかの関数については表6-1を用いて使うことができるでしょう。より、頻繁に使用する機会のある関数については次節以降で、詳しく解説します。

MEMO

ファイルをファイルオブジェクトとして開くopen関数について14章で解説しています。

6.2.2 文字列の入出力

オブジェクトを文字列として出力する関数であるprint関数は、これまで何度も使用してきましたね。実は、もっと幅広い活用ができますので、ここで確認しておきましょう。

print関数のより汎用的な書式は以下のとおりです。

```
print(*objects, sep=' ', end='\n')
```

*objectsは可変位置引数ですから、カンマ区切りで記述することにより任意の数のオブジェクトを出力対象とすることができます。キーワード引数sepには、複数のオブジェクトを出力するときに、区切り文字として使用する文字列を指定します。デフォルトの引数値には半角スペースが指定されています。

また、キーワード引数endには、すべてを出力した最後に追加で出力する文字列を指定しますが、これはデフォルトの引数値として「\n」が設定されています。

いくつかのパターンについてsample06_12.pyを実行して確認してみましょう。

sample06_12.py print関数

```
1  print('Bob', 'Tom', 'Ivy')
2  print('Bob', 'Tom', 'Ivy', sep='/')
3
4  for member in ['Bob', 'Tom', 'Ivy']:
5      print(member, end='\t')
```

■ 実行結果

```
1  Bob Tom Ivy
2  Bob/Tom/Ivy
3  Bob     Tom     Ivy
```

プログラム実行中に文字列の入力を受け付けたい場合、input関数を使用します。書式は以下のとおりです。

```
input([prompt])
```

引数promptには入力を受け付ける際に表示したい文字列を指定しますが省略可能です。例として、sample06_13.pyをご覧ください。

sample06_13.py input関数

```
1  members = ['Bob', 'Tom', 'Ivy']
2  member = input('メンバー名を入力してください>')
3
4  if member in members:
5      print(f'{member}はメンバーです')
6  else:
7      print(f'{member}はメンバーではありません')
```

実行すると、図6-5のように、コンソール内で入力を受け付ける状態で停止します。

図6-5 input関数による入力の受け付け

ここで、たとえば「Bob」と入力して [Enter] キーを押すと、「Bobはメンバーです」と出力されます。一方で、リストmembersに含まれていない文字列を入力すると、「〜はメンバーではありません」と出力されます。

このように、input関数はプログラムの実行中にユーザーの入力により分岐させたいときなどに便利です。

6.2.3 オブジェクトの要素数を調べる

文字列、リスト、タプルといったシーケンスや、辞書などデータの集合を表すオブジェクトの要素数を調べるときには、len関数を使うことができます。

書式は以下のとおりで、sはデータの集合を表すオブジェクトです。

```
len(s)
```

例としてsample06_14.pyを実行してみましょう。

sample06_14.py len関数

```
1  print(len(range(1, 10, 2)))              #5
2  print(len('Hello!'))                     #6
3  print(len([10, 30, 20, 40]))             #4
4  print(len(('Bob', 'Tom', 'Ivy')))        #3
5  print(len({'name': 'Bob', 'age': 25})) #2
```

len関数の機能はシンプルですが、使いどころはとても多いので、ぜひ覚えておきましょう。

6.2.4 オブジェクトの識別値を調べる

オブジェクトを調べる関数として、id関数を紹介します。

オブジェクトは「識別値 (identity)」と呼ばれる固有の整数を持っていて、id関数によりそれを調べることができます。

```
id(object)
```

等しい値を持つオブジェクトだからといって、同一のオブジェクトであるとは限りません。しかし、等しい識別値を持つオブジェクトは、それは同一のオブジェクト[注3]です。

注3) オブジェクトが同一かどうか、つまりオブジェクトの識別値が同一かどうかを判定する演算子「is」および「is not」を使うこともできます。

例としてsample06_15.pyをご覧ください。

sample06_15.py id関数

```
1  numbers1 = [10, 30, 20, 40]
2  numbers2 = numbers1
3  numbers3 = numbers1[:]
4
5  print(id(numbers1)) #2004630225224
6  print(id(numbers2)) #2004630225224
7  print(id(numbers3)) #2004630114120
8
9  numbers3[0] = 50
10 print(numbers1) #[10, 30, 20, 40]
11
12 numbers2[0] = 50
13 print(numbers1) #[50, 30, 20, 40]
```


変数numbers2には変数numbers1をそのまま代入、変数numbers3には変数numbers1の全要素を対象にしたスライスを代入します。このとき、変数numbers2の識別値は変数numbers1のそれと同一のもの、つまりこれら2つの変数は同じオブジェクトを指し示しているということになります。一方で、変数number3は、別の識別値を持っていますから、生成された別のオブジェクトを指し示しているのです。

Pythonで何らかの処理を実行したとき、想定どおりに値が変更されていない、または想定していない変更がされてしまっているというときがあります。そのようなときは、想定していない別のオブジェクトを操作している可能性がありますので、id関数を使って調べるとよいでしょう。

6.2.5 オブジェクトを生成する

range型のオブジェクトを生成するには、以下のrange関数を使用する必要がありました。

```
range(stop)
range(start, stop[, step])
```

同様に、Pythonで提供されている他のデータ型についても、それぞれのオブジェクトを生成するための関数が用意されています。それらの関数を使って新たなオブジェクトを生成することもできますし、異なるデータ型間の変換をするという用途でも活用できます。

整数・浮動小数点数を生成するには、それぞれint関数、float関数を使用します。

```
int([x])
```

```
float([x])
```

引数xには数値または数値と判定できる文字列を指定します。int関数では小数点以下は切り捨てとなります。また、引数を省略するとそれぞれ「0」または「0.0」が戻り値となります。

ブール値を生成する関数が、以下bool関数です。

```
bool([x])
```

ブール値を生成する目的というよりも、オブジェクトxがTrueとFalseのどちらに判定されるのかを調べるために使用されることが多いかもしれません。なお、引数xの省略時はFalseを返します。

では、ここまで登場したint関数、float関数、bool関数の使用例として、**sample06_16.py**を実行して確認してみましょう。

sample06_16.py int関数、float関数、bool関数

```
 1 print(int())        #0
 2 print(int(98.76))  #98
 3 print(int('1234')) #1234
 4 
 5 print(float())          #0.0
 6 print(float(9876))      #9876.0
 7 print(float('12.34'))  #12.34
 8 
 9 print(bool())           #False
10 print(bool(1))          #True
11 print(bool('Hello!'))  #True
12 print(bool([]))         #False
```

文字列を生成するのが、以下のstr関数[注4)]です。引数objectを文字列化して返します。引数を省略した場合は、空文字列を返します。

```
str(object='')
```

注4) Pythonにフォーマット済み文字列が導入される前は、数値から文字列を生成する目的で比較的使用されていましたが、現在では使用するケースは少ないかもしれません。

リストおよびタプルを生成する関数が、以下のlist関数とtuple関数です。

```
list([iterable])
```

```
tuple([iterable])
```

文字列、range、リストやタプルといったイテラブルiterableを指定すると、それをもとにリストやタプルを生成して返します。引数を省略した場合には、それぞれ空のリスト、空のタプルを返します。

では、これらシーケンスを生成するstr関数、list関数、tuple関数の使用例を見てみましょう。**sample06_17.py**です。

sample06_17.py str関数、list関数、tuple関数

```
1  print(str()) #※空文字
2  print(str(12.34) + '円')
3  print('リスト: ' + str([10, 30, 20, 40]))
4
5  print(list())
6  print(list('Hello'))
7  print(list(('Bob', 'Tom', 'Ivy')))
8
9  print(tuple())
10 print(tuple('Hello'))
11 print(tuple(['Bob', 'Tom', 'Ivy']))
```

■ 実行結果

```
1 12.34円
2 リスト: [10, 30, 20, 40]
3 []
4 ['H', 'e', 'l', 'l', 'o']
5 ['Bob', 'Tom', 'Ivy']
6 ()
7 ('H', 'e', 'l', 'l', 'o')
8 ('Bob', 'Tom', 'Ivy')
```

辞書を生成する関数は、以下のdict関数です。

```
dict(**kwargs)
dict(mapping, **kwargs)
dict(iterable, **kwargs)
```

可変キーワード引数**kwargsのみを与えた場合、そのキーワードをキー、引数をバリューとした辞書を生成します。

また、マッピングすなわち辞書mappingに加えて、可変キーワード引数**kwargsを指定した場合は、mappingで与えられた辞書に、キーワードと引数をキーとバリューのペアとして追加します。

イテラブルから生成するとき、イテラブルiterableは、2つの要素を持つ集合によるイテラブルである必要があります。1つ目の要素がキー、2つ目の要素をバリューとしたペアが辞書に追加されます。この場合も、可変キーワード引数**kwargを指定すれば、キーとバリューのペアをさらに追加できます。

では、dict関数で辞書を作成する例として、**sample06_18.py**を実行して確認してみましょう。

sample06_18.py dict関数

```
1 print(dict())
2 print(dict(name='Bob', age=25))
3 print(dict({'name': 'Bob', 'age': 25}, favorite='apple'))
4 print(dict([('name', 'Bob'), ('age', 25)]))
```

■ 実行結果

```
1 {}
2 {'name': 'Bob', 'age': 25}
3 {'name': 'Bob', 'age': 25, 'favorite': 'apple'}
4 {'name': 'Bob', 'age': 25}
```

本節で紹介した組み込み関数を用いて、新たなオブジェクトの生成だけでなく、オブジェクトのデータ型の変換を行うことができますので、ぜひ覚えておいてください。

6.2.6 ループに使用する関数

for文と密接に関連している「イテレータ(iterator)」という種類のオブジェクトについて説明をしておきましょう。

イテレータは、要素を反復して取り出す機能を持つオブジェクトで、日本語では「反復子」と訳されます。実は、for文によるループが行われる際、内部的にイテラブルからイテレータが生成されています。実際の反復対象となっているのは、そのイテレータなのです。また、イテレータを用いた反復を「イテレーション(iteration)」ともいいます。

組み込み関数では、イテラブルobjectからイテレータを生成する、以下のiter関数が用意されています。

```
iter(object)
```

生成されたイテレータiteratorについて、1つ要素を取り出す関数として、以下のnext関数があります。

```
next(iterator)
```

next関数を連続して実行することで、イテレータからまだ取り出していない要素を順番に1つずつ取り出します。そして、もう取り出す要素がない場合には、「StopIteration」という例外を起こします。

つまり、for文で実行していることは、iter関数によるイテレータの生成と、next関数による要素の取り出し、および例外StopIterationをキャッチしてループを終了させるという3つの処理の組み合わせとなっています。

実際に**sample06_19.py**を実行して、これらの内容についてシミュレートしてみましょう。

sample06_19.py iter関数、next関数

```
1  members = ['Bob', 'Tom', 'Ivy']
2  my_iter = iter(members)
3
4  print(next(my_iter)) #Bob
5  print(next(my_iter)) #Tom
6  print(next(my_iter)) #Ivy
7  print(next(my_iter))
```

このコードを実行すると、リストの要素を順番に取り出して出力し、最後のステートメントで取り出すものがなくなった際に、**図6-6**のように「StopIteration」が発生します。

図6-6 例外StopIteration

```
sample06_18.py
06 > sample06_19.py > ...
1  members = ['Bob', 'Tom', 'Ivy']
2  my_iter = iter(members)
3
4  print(next(my_iter))
5  print(next(my_iter))
6  print(next(my_iter))
7  print(next(my_iter))
Exception has occurred: StopIteration
  File "C:\Users\ntaka\nonpro-python\06\sample06_19.py", line 7, in <module>
    print(next(my_iter))
```

❶ 例外の種類「StopIteration」

イテラブルに対してループを行うのであれば、for文を使えばよいのでiter関数やnext関数を使用する必要はありません。しかし、今後使用するいくつかのライブラリでは、イテレータのしくみやnext関数を使用するケースがあります。

さて、ループに関連して、それとは別の便利な関数を2つ紹介します。

まず、ループ処理で取り出した要素に番号を付与したいときに便利なenumerate関数を紹介します。enumerate関数は、イテラブルiterableから、enumerateという専用のオブジェクトを生成します。enumerateは、カウントを表す整数と要素の組み合わせによるタプルのイテラブルです。ちなみに、「enumerate」は日本語で「列挙する、数え上げる」といった意味ですね。

enumerate関数の書式は以下のとおりです。

```
enumerate(iterable, start=0)
```

引数startはカウントを開始する整数を指定するもので、デフォルトでは0です。例を見れば、そのしくみはわかりやすいので、**sample06_20.py**で確認してみましょう。

sample06_20.py enumerate関数

```
1 members = ['Bob', 'Tom', 'Ivy']
2 print(list(enumerate(members)))
3
4 for i, member in enumerate(members):
5     print(i, member)
```

■ 実行結果

```
1 [(0, 'Bob'), (1, 'Tom'), (2, 'Ivy')]
2 0 Bob
3 1 Tom
4 2 Ivy
```

enumerateの要素はタプルなので、ループの際に2つの変数i, memberにアンパックしてスイート内で使用することができます。なお、enumerateの中身を確認したいときには、この例の2行目にあるようにlist関数でリスト化するという方法が可能です。

次に、複数のイテラブルを同時にループの対象としたいときに便利なzip関数を紹介します。zip関数は、可変位置引数*iterablesとして与えられた複数のイテラブルから、それぞれの要素を集めたタプルによるイテレータを生成します。

zip関数の書式は以下のとおりです。

```
zip(*iterables)
```

zip関数も、例を実行するほうが、理解が深まるでしょう。**sample06_21.py**を実行してみましょう。

sample06_21.py zip関数

```
1  letters = 'abc'
2  members = ['Bob', 'Tom', 'Ivy']
3  favorites = ['apple', 'banana', 'grape']
4  print(list(zip(letters, members, favorites)))
5
6  for letter, member, favorite in zip(letters, members, favorites):
7      print(letter, f'{member}は{favorite}が好きです')
```

■ 実行結果

```
1  [('a', 'Bob', 'apple'), ('b', 'Tom', 'banana'), ('c', 'Ivy', 'grape')]
2  a Bobはappleが好きです
3  b Tomはbananaが好きです
4  c Ivyはgrapeが好きです
```

enumerate関数、zip関数はfor文と組み合わせて使用すると便利です。ぜひ覚えておいてください。

6.2.7　イテラブルの並び替え

sorted関数を使うと、イテラブルiterableを並び替えたリストを取得できます。sorted関数の書式は以下のとおりです。

```
sorted(iterable, key=None, reverse=False)
```

引数keyを指定しない場合、単純にイテラブルiterableの要素自体を比較して順序を決定します。引数keyを指定する場合、「関数名」を指定します。イテラブルiterableのすべての要素について、関数keyに引数として渡した結果である戻り値にもとづいて並び替えを行います。引数reverseをTrueに指定すると、並び替えの順序を逆順にします。

例を試してみると、その理解が深まるでしょう。**sample06_22.py**を実行して、動作を確認してみてください。

sample06_22.py イテラブルの並び替え

```
def mod_five(n):
    return n % 5

numbers = [7, 3, 5, 1, 3]

print(sorted(numbers))
print(sorted(numbers, reverse=True))
print(sorted(numbers, key=mod_five))

foods = ['spam', 'ham', 'bacon']
print(sorted(foods))
print(sorted(foods, reverse=True))
print(sorted(foods, key=len))
```

■実行結果

```
[1, 3, 3, 5, 7]
[7, 5, 3, 3, 1]
[5, 1, 7, 3, 3]
['bacon', 'ham', 'spam']
['spam', 'ham', 'bacon']
['ham', 'spam', 'bacon']
```

引数keyの使い方について補足をしておきましょう。リストnumbersについては、受け取った引数について5で割った余りを戻り値として返す関数mod_fiveをkeyとしています。したがって、余りが0の「5」が1番目に、余りが3の「3」が最後に配置されました。

リストfoodsについては、組み込みのlen関数を使用しています。したがって、各文字列が文字数によって並び替えられました。

6.3 式

6.3.1 式とは

これまでお伝えしてきたとおり、関数はプログラムを部品化する重要なテクニックのひとつです。しかし、関数の定義自体、またはそれに含まれる分岐やループを記述する際には、Pythonのルールの要件として改行やインデントを伴う必要が出てきます。ちょっとした処理を部品化したい場合には、冗長に思えてしまうかもしれません。

そのような場合、プログラムを部品化する別のテクニックとして「式 (expression)」を用いることができます。式は、これまで何度も登場していますが、ここでその定義を再度整理しつつ、式を使ったいくつかの部品化のテクニックについて学んでいきましょう。

式とは、計算の結果として何かの値を生成する要素の組み合わせのことをいいます。要素というのは、リテラル、変数、演算子、関数の呼び出しなどです。そして、計算をして値を生成することを「評価する (evaluate)」ともいいます。

例として、sample06_23.pyをご覧ください。ここで、print関数の引数として渡されている部分が式です。まず、式が評価されて、その結果が出力されるのです。

sample06_23.py 式とその評価

```
 1  #リテラル
 2  print(123.4)
 3  print([10, 30, 20, 40])
 4
 5  #変数
 6  msg = 'Hello'
 7  print(msg)
 8
 9  #演算子
10  print(5 / 2)
11  print(5 > 3)
12
13  #関数の呼び出し
14  print(len(msg))
15  print(list(msg))
```

```
16  print(list(range(1, 10)))
```

式の重要な特徴のひとつとして、改行を伴わずに記述できるという点があります。これまでに紹介した、組み込み関数を組み合わせることでも実現できる処理はたくさんあります。たとえば、sample06_23.pyの例では、range関数とlist関数を使って1から9の整数から成るリストを生成しました。しかし、より複雑な条件にしたがってリストや辞書、他のオブジェクトを生成したい場合もあります。

そのようなときに活用できる、いくつかの記法がありますので、次節以降で見ていきましょう。

6.3.2 リスト内包表記

たとえば、1から20までの整数について、3の倍数または3の数字を含む整数のみで構成されるリストを生成することを考えましょう。

for文とif文を組み合わせてこのリストを生成する場合、**sample06_24.py**のようなプログラムが考えられるでしょう。

sample06_24.py 分岐とループでリストを生成する

```
1  my_list = []
2  for i in range(1,21):
3      if i % 3 == 0 or '3' in str(i):
4          my_list += [i]
5
6  print(my_list) # [3, 6, 9, 12, 13, 15, 18]
```

このようなリストを生成する処理を記述する方法として「リスト内包表記」を使用できます。「内包表記（comprehension）」とは、「for」や「if」などのキーワードを組み合わせた式です。

リスト内包表記は以下のように記述します。

```
[式 for 変数 in イテラブル if 条件式]
```

まず、for文のようにイテラブルに対して変数に要素を取り出しながらループを回します。その際、条件式がTrueの場合にのみ、式の評価結果を生成するリストに追加します。ここで、条件が不要なら「if 条件式」は省略可能です。

リスト内包表記をfor文とif文に直すと、以下の処理と同様になります。

```
リスト = []
for 変数 in イテラブル:
    if 条件式:
        リスト += [式]
```

sample06_24.pyをリスト内包表記に直したものが、**sample06_25.py**です。4行あった処理を1行で表現できるようになりました。実行して確認してみてください。

sample06_25.py リスト内包表記

```
1  my_list = [i for i in range(1,21) if i % 3 == 0 or '3' in str(i)]
2  print(my_list) # [3, 6, 9, 12, 13, 15, 18]
```


6.3.3 辞書内包表記

辞書を生成するときは、「辞書内包表記」を使用できます。書式は以下のとおりになります。

```
{キー: バリュー for 変数 in イテラブル if 条件式}
```

for文のようにイテラブルに対して変数に要素を取り出しながらループを回します。その際、条件式がTrueの場合にのみ、キーとバリューの組み合わせを辞書に追加します。ここで、条件が不要なら「if 条件式」は省略可能です。

つまり、辞書内包表記は以下の処理と同等です。

```
辞書 = {}
for 変数 in イテラブル:
    if 条件式:
        辞書[キー] = バリュー
```

では、**sample06_26.py**のように、複数のリストを組み合わせて辞書を生成する処理を考えてみましょう。

sample06_26.py 分岐とループで辞書を生成する

```
1  members = ['Bob', 'Tom', 'Ivy']
2  favorites = ['apple', 'banana', 'grape']
3  actives = [True, False, True]
4
```

```
 5  my_dict = {}
 6  for key, value, active in zip(members, favorites, actives):
 7      if active:
 8          my_dict[key] = value
 9
10  print(my_dict) # {'Bob': 'apple', 'Ivy': 'grape'}
```

変数membersの要素をキー、変数favoritesの要素をバリューとして、変数activesがTrueの場合にのみ追加をするというものです。

この例を辞書内包表記に書き換えると、sample6_27.pyのようになります。

sample06_27.py 辞書内包表記

```
1  members = ['Bob', 'Tom', 'Ivy']
2  favorites = ['apple', 'banana', 'grape']
3  actives = [True, False, True]
4
5  my_dict = {key: value for key, value, active in zip(members, favorites, actives)
   if active}
6  print(my_dict) # {'Bob': 'apple', 'Ivy': 'grape'}
```

こちらも、4行あった処理を1行にまとめることができました。なお、辞書内包表記は1行が長くなりがちですので、その場合はsample06_28.pyのように、途中に改行を入れることも可能です。見やすいほうをセレクトするとよいでしょう。

sample06_28.py 辞書内包表記の改行

```
1  my_dict = {
2      key: value
3      for key, value, active in zip(members, favorites, actives)
4      if active
5  }
```

6.3.4 ジェネレータ式

6.2で「イテレータ」のしくみについてお伝えしました。イテレータとは要素を反復して取り出す機能を持つオブジェクトのことでした。イテレータを引数としてnext関数を使用すると、要素を順番に取り出すことができます。また、イテラブルをfor文によるループ対象とすると、イテレータが生成されて、実際にはそのイテレータに対して反復が行われるのでした。

イテレータを生成するには、イテラブルに対してiter関数を使用するという方法がありました。それとは別の方法として「ジェネレータ式（generator expression）」を使うという方法があります。

ジェネレータ式はリスト内包表記ととても似ており、角かっこを丸かっこに変更するだけです（タプル内包記法ではないので注意しましょう）。記法は以下になります。

```
(式 for 変数 in イテラブル if 条件式)
```

まずは例を見てみましょう。sample06_29.pyをご覧ください。

sample06_29.py ジェネレータ式

```
gen = (i for i in range(10,20) if i % 3 == 0 or '3' in str(i))

for x in gen:
    print(x)
```

■ 実行結果

```
12
13
15
18
```

このとおり、ジェネレータ式で生成したオブジェクトは、for文による反復対象とすることができます。より詳しく見ていきましょう。今度は、sample06_30.pyをご覧ください。

sample06_30.py ジェネレータイテレータ

```
gen = (i for i in range(10,20) if i % 3 == 0 or '3' in str(i))

print(next(gen))
print(next(gen))
print(next(gen))
print(next(gen))
# print(next(gen))

print(type(gen))
print(type(iter('Hello')))
```

■ 実行結果

```
12
13
15
18
<class 'generator'>
<class 'str_iterator'>
```

結果を見ると、next関数で順番にその要素を取り出すことができています。また、コメントアウトをしているステートメントについてコメント化を外して実行すると、**図6-7**のように「StopIteration」が発生します。これらの性質から、ジェネレータ式で生成されたオブジェクトがイテレータであることがわかります。

図6-7 例外StopIteration

```
06 > 06_add > sample06_29.py > ...
1   gen = (i for i in range(10,20) if i % 3 == 0 or '3' in str
2
3   print(next(gen))
4   print(next(gen))
5   print(next(gen))
6   print(next(gen))
7   print(next(gen))

Exception has occurred: StopIteration
  File "C:\Users\ntaka\nonpro-python\06\06_add\sample06_29.py",
line 7, in <module>
    print(next(gen))
```

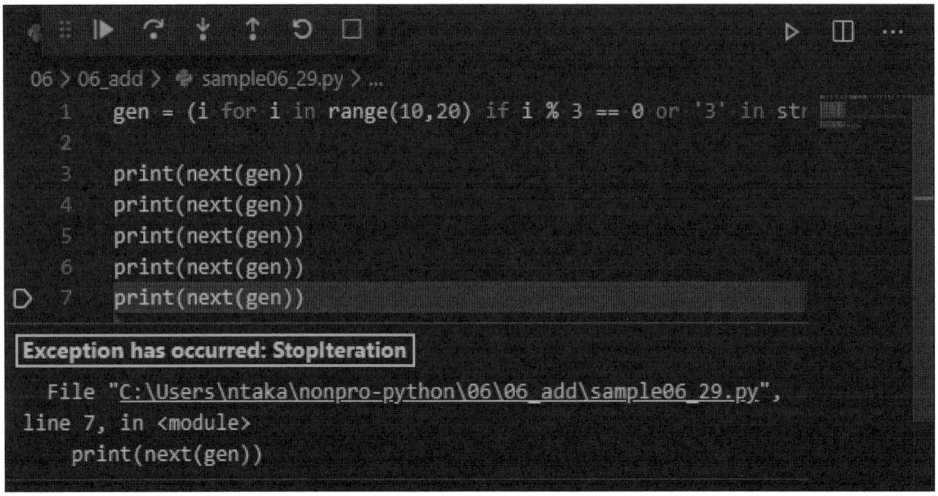

イテレータについてtype関数でその型を確認すると、この例のとおり「<class 'str_iterator'>」などと表示され、イテレータであることがわかります。一方、ジェネレータ式で生成したオブジェクトは「<class 'generator'>」と表示されますので、これを見て、イテレータではないと思われるかもしれません。

しかし、ジェネレータ式で生成されるのは、「ジェネレータイテレータ (generator iterator)」というイテレータの一種です。ジェネレータ式またはジェネレータ関数[注5)]で生成されたイテレータをそのように呼びます。型は違えどもイテレータですので、これまで紹介してきたイテレータと同様の性質を持ちます。

このように、Pythonでは内包表記やジェネレータ式を用いることで、リスト、辞書、イテレータといったオブジェクトを、シンプルな記法で生成できるのです。

注5) ジェネレータ関数はreturn文の代わりにyield文で戻り値を設定します。通常の関数では関数の戻り値がreturn文で指定したオブジェクトになります。yield文のあるジェネレータ関数では、その戻り値がジェネレータイテレータとなります。

6.4 クラス

6.4.1 クラスとは

たとえば、商品ID、商品名、価格を持つ商品のデータをPythonで取り扱いたいとします。sample06_31.pyのような、商品情報を出力表示するプログラムを作りました。

sample06_31.py 商品情報を出力する

```
rice_balls = [
    (1, 'Sake', 110),
    (2, 'Tuna', 120),
    (3, 'Ume', 100)
]

for rice_ball in rice_balls:
    id = rice_ball[0]
    name = rice_ball[1]
    price = rice_ball[2]
    print(id, f'{name} の価格は {price} 円です')
```

■ 実行結果

```
1 Sake の価格は 110 円です
2 Tuna の価格は 120 円です
3 Ume の価格は 100 円です
```

各商品のデータをタプルで表現していて、そのタプルに対してインデックスを用いて商品ID、商品名、価格を取り出しています。わかりやすさのために、変数id、変数name、変数priceという名前の変数を用意してそこにいったん代入をしています。

これでもプログラムとしてはまったく間違いではありません。ですが、sample06_31.pyのfor文について、以下のように書くことができるとしたらどうでしょうか？

sample06_32.py 商品のデータを取り出す

```
for rice_ball in rice_balls:
    print(rice_ball.id, f'{rice_ball.name} の価格は {rice_ball.price} 円です')
```

Pythonでは、すべてのデータはオブジェクトですから、変数rice_ballは何らかのオブジェクトが割り当てられています。そのオブジェクトは配下に、いくつかの種類のデータを持っていて、それぞれ「id」「name」「price」という名前で取り出すことができます。

これであれば、インデックスを用いてタプルから値を取り出す必要もありませんし、別途変数を用意する必要もありません。

このようなことを、「クラス(class)」というしくみを活用することで実現できます(なお、sample06_32.pyはクラスを定義せずに実行すると例外「NameError」が発生します)。

Pythonでは、クラスの定義をすることで、データをひとまとめにした独自のオブジェクトを自作できます。クラスはプログラムの部品化を実現する上で、非常に有効な手段のひとつです。

クラスの便利さを理解するために、少しずつクラスの作り方について見ていくことにしましょう。

6.4.2 クラスの定義

クラスを使用するには、クラスを定義しておく必要があります。クラスの定義にはclass文を用いて以下のように記述します。

```
class クラス名:
    スイート
```

クラス名は自由につけることができますが、何を表すクラスなのかがわかるような名称がよいでしょう。また、一般にクラス名には、最初の単語が大文字からはじまるパスカルケースを用います。

スイートには、クラスを作るためのステートメントを、インデントを加えて記述します。

sample06_33.pyは、Pythonで作成できるもっとも簡単なクラスです。そのクラス名は「Rice_ball」です。

sample06_33.py もっとも簡単なクラス

```
1  class Rice_ball:
2      pass
```

pass文は、「何もしない」ステートメントです。何も実行したくないけれども、文法的には何らかのステートメントが必要なときに使用します。

```
pass
```

sample06_33.pyは実行可能ですが、何も動作しません。

class文はクラスの定義をする役割しかありませんので、その定義を使用する処理が別途必要になります。

6.4.3 インスタンスの生成

クラスは、どのようなオブジェクトを作るかを規定するものです。それを用いて、実際にオブジェクトを作り、使用できる状態にするには、「インスタンス (instance)」を「生成する」という手順が必要になります。

インスタンスは、日本語では「実例」といった意味があり、クラスをもとに生成されたオブジェクトのことを指します。クラスから生成されたことを強調したい場合は、オブジェクトと言わずに、インスタンスという単語を使用します。

インスタンスを生成するには、以下構文のステートメントを実行します。

```
クラス名(引数の列挙)
```

つまり、「クラス名」を関数名とした関数を呼び出します。

では、**sample06_34.py**を実行して、クラスRice_ballのインスタンスを生成してみましょう。

sample06_34.py インスタンスの生成

```
1 class Rice_ball:
2     pass
3
4 rice_ball = Rice_ball()
5 print(type(rice_ball))
6 print(id(rice_ball))
```

■ 実行結果

```
1 <class '__main__.Rice_ball'>
2 2843449420824
```

type関数で生成されたインスタンスの型は「__main__.Rice_ball」であることがわかります[注6)]。また、id関数で識別値を取得できます（みなさんの環境では、別の識別値が出力されるでしょう）から、変数rice_ballには実際に存在するオブジェクトが割り当てられていることがわかります。

注6) 「__main__」はスコープの名前で、クラス「Rice_ball」が「__main__」スコープ上で定義されたことを表しています。
https://docs.python.org/ja/3/library/__main__.html

6.4.4 クラス変数

オブジェクトは配下にデータを複数まとめて持つことができるとお伝えしましたが、sample06_25.pyでクラスRice_ballから生成されたインスタンスは何のデータも持っていません。インスタンスがデータを持つようにするには、クラスを定義するclass文内に、そのためのコードを記述しなければなりません。

生成されたインスタンスが、データを持てるようにするひとつの手段として、クラス内で変数を定義して、それに代入するという手段をとります。そのようにして定義した変数を「クラス変数（class variables)」といいます。
そして、クラス変数に割り当てられたデータを、インスタンスから取り出すには、以下のように記述します。

```
インスタンス.クラス変数
```

では、sample06_35.pyのようにクラス変数を用意して、そのデータを取り出してみましょう。

sample06_35.py クラス変数

```
1 class Rice_ball:
2     id = 1
3     name = 'Sake'
4     price = 110
5
6 rice_ball = Rice_ball()
7 print(rice_ball.id, f'{rice_ball.name} の価格は {rice_ball.price} 円です')
```

■ 実行結果

```
1 Sake の価格は 110 円です
```

実行すると、「rice_ball.id」「rice_ball.name」などの記述で、クラス変数のデータを、インスタンスから取り出すことができています。しかし、よく考えてください。この方法では、どのインスタンスを作成したとしても、idは「1」、nameは「Sake」、priceは「110」となってしまいます。
つまり、クラス変数はどのインスタンスからも共通のデータを指し示すので、インスタンスごとに別のデータを割り当てることができません。
なお、クラス変数のデータは、以下の構文でも取り出すことができます。

```
クラス名.クラス変数
```

6.4.5 インスタンス変数

クラス変数に対して、インスタンスごとに異なるデータを持つ変数を、「インスタンス変数 (instance variables)」といいます。インスタンス変数のデータは、クラス変数のデータの取り出し方と同様に、ドット記号「.」を用いて、以下の構文で取り出すことができます。

```
インスタンス.インスタンス変数
```

では、インスタンス変数はどのように定義すればよいでしょうか。ひとつの手段として、インスタンスを生成してから、データを持たせるという方法があります。たとえば、sample06_36.pyをご覧ください。

sample06_36.py インスタンス変数とその代入

```
1  class Rice_ball:
2      pass
3  
4  rice_ball1 = Rice_ball()
5  rice_ball1.id = 1
6  rice_ball1.name = 'Sake'
7  rice_ball1.price = 110
8  
9  rice_ball2 = Rice_ball()
10 rice_ball2.id = 2
11 rice_ball2.name = 'Tuna'
12 rice_ball2.price = 120
13 
14 print(rice_ball1.id, f'{rice_ball1.name} の価格は {rice_ball1.price} 円です')
15 print(rice_ball2.id, f'{rice_ball2.name} の価格は {rice_ball2.price} 円です')
```

■ 実行結果

```
1  1 Sake の価格は 110 円です
2  2 Tuna の価格は 120 円です
```

実際、インスタンスごとにインスタンス変数を定義して、それぞれ取り出すことはできていますが、明らかに冗長で、クラスを使用するメリットが感じられません。ですから、別の方法を考えなくてはいけません。

6.4.6 __init__メソッド

インスタンス変数を効果的に使用するためには、class文内に「__init__メソッド」と呼ばれる特殊な関数を定義します（「メソッド」というキーワードとその意味については後述します）。

__init__メソッドは、インスタンス生成時に自動的に呼び出されるという機能を持ちます。クラス生成時に個別のデータを引数として渡し、それらをインスタンス変数にセットすることができれば、異なるデータを持つインスタンスを生成することができるのです。なお、このようにインスタンス生成時に自動で呼び出される関数を「コンストラクタ（constructor）」といいます。

__init__メソッドの構文は以下のとおりです。

```
def __init__(self[, 仮引数の列挙]):
    スイート
```

__init__メソッドも関数なので、def文の構文に則って定義をします。関数名は「__init__」という固有の名前である必要があります。「init」の両側にアンダースコア「_」を2つずつ配置してください[注7]。

また、最初の仮引数として必ず「self」という仮引数を記述する必要があります。このselfが重要な役割を果たします。selfは「生成されたインスタンス」を指し示します。つまり、以下構文を使って、受け取った引数をインスタンス変数に代入するのです。

```
self.インスタンス変数 = データ
```

なお、インスタンス生成時に指定した引数は、図6-8のように、selfの次の仮引数から順番に渡されます。したがって、インスタンス生成時に引数として「self」に渡す何かを記述する必要はありません。

図6-8 __init__メソッドの引数と仮引数

```
クラス名(引数1, 引数2, …)

class クラス名:
    def __init__(self, 仮引数1, 仮引数2, …):
        # スイート
```

では、実際に__init__メソッドを使ってみましょう。sample06_37.pyです。

注7) 「__init__メソッド」以外に、特殊な役割を持つ「特殊メソッド」がいくつか用意されていて、それらは、単語の両側にアンダースコアを2つずつ配置する固定の名称を持ちます。2つのアンダースコアは「double underline」を短縮して「dunder」（ダンダー）」と呼ばれます。

sample06_37.py __init__メソッド

```
1  class Rice_ball:
2
3      def __init__(self, id, name, price):
4          self.id = id
5          self.name = name
6          self.price = price
7
8  rice_ball1 = Rice_ball(1, 'Sake', 110)
9  rice_ball2 = Rice_ball(2, 'Tuna', 120)
10
11 print(rice_ball1.id, f'{rice_ball1.name} の価格は {rice_ball1.price} 円です')
12 print(rice_ball2.id, f'{rice_ball2.name} の価格は {rice_ball2.price} 円です')
```

■ 実行結果

```
1 1 Sake の価格は 110 円です
2 2 Tuna の価格は 120 円です
```


このように、クラス内に__init__メソッドを定義しておくことで、個別のデータを持つインスタンスを生成できるようになります。

6.4.7 メソッド

これまで、オブジェクトはいくつかのデータを持つことができるとお伝えしてきました。そのインスタンスを生成するための定義をまとめたものをクラス、インスタンスが持つ変数をインスタンス変数、クラスが持つ変数をクラス変数といいます。そして、インスタンス変数およびクラス変数には、データを代入できます。

実は、オブジェクトはデータだけでなく、「手続き」を持つことができます。その、オブジェクトが持つ手続きを「メソッド (method)」といいます。日本語では、「方法」などといった意味です。

メソッドは、class文の中でdef文を使って定義できます。構文は以下のとおりです。

```
def メソッド名(self[, 仮引数の列挙]):
    スイート
```

通常の関数の定義と異なるのは、最初の仮引数が「self」とする点です。「self」はインスタンス自身を表しますから、selfを用いてインスタンスに対する処理を記述するのです。

前節で紹介した__init__メソッドもメソッドの一種です。ただし、あらかじめ定められた名前でメソッドを作成をすると、特別の役割を果たすようになるものが、いくつか用意されていて、それらを「特殊メソッド」といいます。__init__メソッドは特殊メソッドのひとつです。

さて、メソッドを呼び出すには、以下のように記述します。

```
インスタンス.メソッド名(引数の列挙)
```

では、クラスRice_ballに独自のメソッドを定義してみましょう。金額を値上げする「raise_priceメソッド」を作成します。sample06_38.pyをご覧ください。

sample06_38.py メソッド

```
1  class Rice_ball:
2  
3      def __init__(self, id, name, price):
4          self.id = id
5          self.name = name
6          self.price = price
7  
8      def raise_price(self, markup=10):
9          self.price += markup
10 
11 rice_ball = Rice_ball(1, 'Sake', 110)
12 print(rice_ball.id, f'{rice_ball.name} の価格は {rice_ball.price} 円です')
13 
14 rice_ball.raise_price()
15 print(rice_ball.id, f'{rice_ball.name} の価格は {rice_ball.price} 円です')
16 
17 rice_ball.raise_price(30)
18 print(rice_ball.id, f'{rice_ball.name} の価格は {rice_ball.price} 円です')
```

■ 実行結果

```
1  1 Sake の価格は 110 円です
2  1 Sake の価格は 120 円です
3  1 Sake の価格は 150 円です
```

メソッドは関数ですが、特定のクラスに属していて、そのクラスから派生したインスタンスに対してのみ実行可能です。関数に比べてメソッドは使用できる対象が限られますが、クラスという閉じられた枠の中で楽にメンテナンスや管理ができるというメリットがあります。

6.4.8 __str__メソッド

sample06_37.pyでは、何度も同じようなprint文を記述しました。引数も同じですし、文字数が多いので、とても冗長に感じます。

そこで、もうひとつ便利な特殊メソッドとして「__str__メソッド」を紹介しておきます。クラスに__str__メソッドを定義しておくと、print関数でそのインスタンスを引数としたときの出力文字列を決めておくことができます。

__str__メソッドの書式は以下のとおりです。

```
def __str__(self):
    スイート
```

例として**sample06_39.py**をご覧ください。sample06_38.pyに__str__メソッドと追加で定義しました。

sample06_39.py __str__メソッド

```
1  class Rice_ball:
2  
3      def __init__(self, id, name, price):
4          self.id = id
5          self.name = name
6          self.price = price
7  
8      def __str__(self):
9          return f'{self.id} {self.name} の価格は {self.price} 円です'
10 
11     def raise_price(self, markup=10):
12         self.price += markup
13 
14 rice_ball = Rice_ball(1, 'Sake', 110)
15 print(rice_ball)
16 
17 rice_ball.raise_price()
18 print(rice_ball)
19 
20 rice_ball.raise_price(30)
21 print(rice_ball)
```

■実行結果

```
1  1 Sake の価格は 110 円です
2  1 Sake の価格は 120 円です
3  1 Sake の価格は 150 円です
```

__str__メソッドを定義することで、クラスRice_ballについての動作確認がシンプルなコードで実現できるようになりました。

これ以外にも、便利な特殊メソッドがありますので、Pythonの公式ドキュメントなどを参考に探してみてください。

6.4.9 クラスのまとめと属性

クラスとその作り方について紹介してきましたが、ここでまとめておきましょう。

オブジェクトとは、データと手続きをまとめたものです。オブジェクトがどのようなデータと、手続きを持つのかを定義したものがクラスです。クラスは「型」を定義するもの、と言い換えることもできます。

クラスから生成されたオブジェクトをインスタンスといいます。

オブジェクトが持つデータには2種類あります。インスタンスごとに個別に持てる変数をインスタンス変数、クラス全体で共通に持っている変数をクラス変数といいます。

オブジェクトが持つ手続きはメソッドといい、クラス内に関数を定義することで作成できます。

インスタンス生成時に自動的に呼び出される__init__メソッドを定義しておくことで、引数として渡した個別の値をインスタンス変数に持たせることができます。

さて、クラスに定義したインスタンス変数、クラス変数、メソッドを総称して「属性 (attribute)」と呼びます。本書で紹介した属性について、**表6-2**にまとめました。

表6-2 属性

種別	属性	説明
データ属性	インスタンス変数	インスタンスが持つデータ
	クラス変数	クラスが持つデータ
メソッド属性[注8]	メソッド	インスタンスに対して実行する手続き

クラスはプログラミング初心者がすぐに理解するのは難しいかもしれません。何度か、実例を用いた「クラス化」を試みることで徐々に理解が深まりますので、焦らず学習を重ねてください。

一方で、クラスの知識はPythonであらかじめ用意されている「組み込み型」のしくみをイメージしたり、使い方を学んだりする上で、大いに助けになります。

注8) 本書で紹介したメソッドは、インスタンスに属するという意味で「インスタンスメソッド」とも呼びます。その他、メソッドにはクラスに関連した処理を行う「クラスメソッド」、クラスやインスタンスに関連しない処理を行う「スタティックメソッド」があります。

6.5 組み込み型

6.5.1 組み込み型とは

前節では独自のクラスの作り方について解説してきました。クラスを作るというのは、オブジェクトの「型」を作ると言い換えることもできます。実際、sample06_26.pyでは、type関数を用いてクラス「Rice_ball」から生成したインスタンスについてその型を調べると「<class '__main__.Rice_ball'>」と出力されることを確認しました。

すでにお伝えしてきたとおり、Pythonには、整数型、浮動小数点型、ブール型、range型、文字列型、リスト型、タプル型、辞書型など、たくさんの「型」が用意されています。これらの型は、あらかじめクラスとして定義されているものです。これら、あらかじめ用意されている型を「組み込み型(built-in types)」といいます。

表3-3で紹介したPythonの主な型について、**表6-3**として再掲しますのでご覧ください。

表6-3 Pythonの主な組み込み型

データ型	説明	例	
int	整数型	整数	100 0
float	浮動小数点型	浮動小数点数	0.1 1.08
bool	ブール型	TrueかFalseかどちらかの値(ブール値/真偽値)を取る	True False
range	range型	範囲内に等間隔で並ぶ整数の集合	range(1, 5) range(10, -10 , -5)
str	文字列型	文字列	'データ' "Python"
bytes	バイト型	バイナリデータ	b'https://tonari-it.com'
list	リスト型	インデックスで管理するデータの集合	[10, 20, 30] ['Jan', 'Feb', 'Mar']
tuple	タプル型	インデックスで管理するデータの集合(変更不可)	(10, 20, 30) ('Jan', 'Feb', 'Mar')
dict	辞書型	キーで管理するデータの集合	{'x':10, 'y':20, 'z':30} {'name':'Taro', 'age':25}

組み込み型のオブジェクトは、演算子で計算をしたり、インデックスで参照したり、スライスしたり、組み込み関数を使用したり、for文でループの対象にしたりできますから、class文によるクラスとは

異なるようなものに見えるかもしれません。しかし、それらの特別に見える機能の多くは、class文内に定義されている特殊メソッドを使用して実現されています。

たとえば、int関数やrange関数などオブジェクトを生成する関数は、それぞれのクラスの__init__メソッドを呼び出しています。これを、コンストラクタといいましたね。また、print関数を使用すると、その定義されている__str__メソッドを使用して、出力文字列を生成しています。同様に、演算子による演算、インデックスによる参照、スライス、イテレーションなども、個々のクラスに定義された特殊メソッドがその役割を果たしています[注9)]。

Pythonの学習初期の段階では、1つひとつの特殊メソッドをすべて把握しておく必要はありません。各種のオブジェクトに対して、本書でこれまで紹介したとおりに操作ができれば十分です。

もうひとつ、組み込み型のオブジェクトを操作する方法として学ぶべきは、それぞれで用意されているメソッドです。各組み込み型ごとに、私たちがPythonでプログラミングをする上で便利なメソッドがあらかじめ定義されています。「いつも使うような処理」はすでにメソッドとして用意されている可能性が高いので、独自で処理を作る前に、本書やWeb検索などを用いて調べてみるとよいでしょう。

各組み込み型について多くのメソッドが用意されていますが、その1つひとつについて、その構文を四角四面に覚える必要はありません。メソッドはいずれもclass内で定義された関数ですから、その定義のしかたや呼び出し方は、共通のルールに則っています。その地固めが十分であれば、メソッドの活用や学習がより効率的にできるようになっているはずです。

それに、メソッドもVSCodeのインテリセンスでメンバーリストに表示されますし、その仮引数の役割も確認できます。ぜひ、インテリセンスを有効に活用していきましょう。

6.5.2 文字列・バイト列のメソッド

文字列には、置換や分割、結合、その他文字列の処理や判定をするための便利なメソッドがたくさん用意されています。主なメソッドを**表6-4**にまとめていますのでご覧ください。

注9) 執筆時点では、80個以上もの特殊メソッドが用意されています。詳細は公式ドキュメントなどをご覧ください。https://docs.python.org/ja/3/reference/datamodel.html#special-method-names

表6-4 文字列のメソッド

メソッド	説明
str.replace(old, new[, count])	文字列strについて、現れる部分文字列oldすべてをnewに置換した文字列を生成して返す。整数countを指定した場合、先頭からその数だけ置換をする
str.split(sep=None)	文字列strを区切り文字列sepで区切り、文字列のリストとして返す
str.join(iterable)	文字列strにイテラブルiterable内の文字列を結合した文字列を生成して返す
str.strip([chars])	文字列strの先頭および末尾部分について、文字集合charsに含まれる文字すべてを除去した文字列を生成して返す。charsを省略した場合、空白文字を除去する
str.upper()	文字列strをすべて大文字にした文字列を生成して返す
str.lower()	文字列strをすべて小文字にした文字列を生成して返す
str.isdigit()	文字列strがすべて数字で構成されているかどうかをブール値で返す
str.isalpha()	文字列strがすべてアルファベットで構成されているかどうかをブール値で返す
str.isalnum()	文字列strがすべて英数字で構成されているかどうかをブール値で返す
str.ljust(width[, fillchar])	文字列strを、文字列fillcharで埋めて、長さwidthに左揃えした文字列を生成して返す。fillcharを省略した場合は、半角スペースで埋める
str.rjust(width[, fillchar])	文字列strを、文字列fillcharで埋めて、長さwidthに右揃えした文字列を生成して返す。fillcharを省略した場合は、半角スペースで埋める
str.encode(encoding="utf-8")	文字列strを文字コードencodingによりバイト列にエンコードする

これらの使用例を、sample06_40.pyにまとめています。実行してその動作を確認してみましょう。

sample06_40.py 文字列のメソッド

```
1  msg = "I'm Bob.\tMy dog is also Bob."
2
3  print(msg.replace('Bob', 'Tom'))    #I'm Tom.        My dog is also Tom.
4  print(msg.replace('Bob', 'Tom', 1)) #I'm Tom.        My dog is also Bob.
5
6  lines = msg.split('\t')
7  print(lines)             #["I'm Bob.", 'My dog is also Bob.']
8  words = msg.split()
9  print(words)             #["I'm", 'Bob.', 'My', 'dog', 'is', 'also', 'Bob.']
10 print('/'.join(words)) #I'm/Bob./My/dog/is/also/Bob.
11
12 print('   Bob   '.strip()) #Bob
13
14 print('Bob'.upper()) #BOB
15 print('Bob'.lower()) #bob
16
17 print('123'.isdigit())    #True
18 print('123abc'.isdigit()) #False
19 print('abc'.isalpha())    #True
20 print('123abc'.isalpha()) #False
21 print('123'.isalnum())    #True
22 print('abc'.isalnum())    #True
```

Chapter 06

```
23 print('123abc'.isalnum()) #True
24
25 number = 123
26 print(str(number).ljust(5, '0')) #12300
27 print(str(number).rjust(5, '0')) #00123
```

文字列にはこれ以外にもたくさんのメソッドが用意されています。一度、公式ドキュメントに掲載されているメソッド[注10]をながめておくのもよいでしょう。

バイト列は直接操作する機会がそれほど多くないかもしれませんが、**表6-5**に示すdecodeメソッドはチェックしておきましょう。

表6-5 バイト列のメソッド

メソッド	説明
bytes.decode(encoding="utf-8")	バイト列bytesを文字コードencodingにより文字列にデコードする

6.5.3 リスト、タプル、rangeのメソッド

リスト、タプル、rangeについては共通で使用できるメソッドがいくつかありますので、まとめて紹介します。その要素の検索、追加や削除といった操作を行うことができます。

表6-6にリスト、タプル、rangeで使用する主なメソッドをリストアップしているのでご覧ください。

表6-6 リスト、タプル、rangeのメソッド

メソッド	説明	ミュータブル
s.index(x[, i[, j]])	シーケンスsについて、インデックスiからインデックスjまでの範囲で、オブジェクトxが最初に出現するインデックスを返す。見つからなかった場合は、ValueErrorを発生する。iの省略時は0、jの省略時は最大のインデックス	○
s.count(x)	シーケンスsについて、オブジェクトxが出現する回数を整数で返す	○
s.append(x)	シーケンスsの最後にオブジェクトxを追加する	×
s.extend(t)	シーケンスsの最後にシーケンスtを追加する	×
s.insert(i, x)	シーケンスsのインデックスiの位置にオブジェクトxを挿入する	×
s.remove(x)	シーケンスsからオブジェクトxと等しい最初の要素を取り除く	×
s.pop([i])	シーケンスsからインデックスiの要素を取り出し、取り除く	×
s.sort(key=None, reverse=False)	リストlistをkeyで指定したルールにしたがって並び替えをする。reverseをTrueにすると逆順となる	×

注10) 文字列メソッド https://docs.python.org/ja/3/library/stdtypes.html#text-sequence-type-str

ただし、オブジェクトに操作を加えるものはミュータブルなオブジェクトであるrangeおよびタプルでは使用することができません。

これらのメソッドの使い方についてsample06_41.pyを実行してその動作を確認してみましょう。

sample06_41.py リスト、タプル、rangeのメソッド

```
members = ['Bob', 'Tom']

members.append('Ivy')
print(members) #['Bob', 'Tom', 'Ivy']

print(members.pop(0)) #Bob
print(members) #['Tom', 'Ivy']

members.extend(['Ron', 'Tom'])
print(members) #['Tom', 'Ivy', 'Ron', 'Tom']

members.remove('Tom')
print(members) #['Ivy', 'Ron', 'Tom']

members.insert(1, 'Tom')
print(members) # ['Ivy', 'Tom', 'Ron', 'Tom']

print(members.index('Tom'))    #1
print(members.index('Tom', 2)) #3
print(members.count('Tom'))    #2

members.sort()
print(members) #['Ivy', 'Ron', 'Tom', 'Tom']
```

indexメソッド、countメソッドを除く各メソッドによって、membersのリスト自身に変更が加わっていることが確認できます。このように、元のオブジェクトに変更を加える操作を「破壊的操作」といいます。リストに使用するメソッドの多くは破壊的操作となりますので、その使用には注意が必要です。

もし、元のリストを保持しておきたい場合は、コピーをとっておく必要があります。では、これを機にリストのコピーについても補足しておきましょう。まず、sample06_42.pyを実行してみましょう。

sample06_42.py リストのコピー

```
foods = ['spam', 'ham', 'bacon']

foods_assignment = foods
foods_copy = foods.copy()
foods_slice = foods[:]

foods.sort(key=len)

print(foods_assignment)#['ham', 'spam', 'bacon']
```

```
10 print(foods_copy)       #['spam', 'ham', 'bacon']
11 print(foods_slice)      #['spam', 'ham', 'bacon']
```

リストをコピーする際、まず思い浮かぶのが、別の変数への代入です。しかし、sample06_42.pyの結果からわかるとおり、他の変数に代入をしたとしても、その識別子は同一なオブジェクトを指し示すので、元のリストは保持できません。

したがって、この例にあるとおり、copyメソッドを使用するか、スライス「:」を活用して、新たなリストを生成し、それを保管しておく必要があるのです。

MEMO

なお、copyメソッドやスライス「:」によるコピーは1次元のリストにのみ有効です。多次元の場合、深い階層にあるリストは同一のオブジェクトを指し示したままとなりますので、完全な複製とはなりません。このようなコピーを「浅いコピー(shallow copy)」といいます。

多次元リストについて、すべての階層の要素について完全に複製をするコピーを「深いコピー(deep copy」といいます[注12)]。

6.5.4 辞書のメソッド

辞書については、キーやアイテムの追加、設定、削除などの操作をするメソッドが用意されています。主なメソッドを**表6-7**にまとめていますのでご覧ください。

表6-7 辞書のメソッド

メソッド	説明
dict.keys()	辞書dictについて、キーのビューオブジェクトを返す
dict.values()	辞書dictについて、バリューのビューオブジェクトを返す
dict.items()	辞書dictについて、キーとバリューのペアのビューオブジェクトを返す
dict.get(key[, default])	辞書dictにキーkeyが存在すればそれに対するバリューを、そうでなければdefaultの指定値を返す。defaultの省略時はNoneを返す
dict.setdefault(key[, default])	辞書dictにキーkeyが存在すれば、それに対するバリューを返す。そうでなければ、キーkeyとバリューdefaultのペアを追加し、defaultを返す。defaultの省略時はNone
dict.update([other])	辞書dictの内容を辞書otherのキーとバリューで更新する。既存のキーは上書きとなる
dict.pop(key[, default])	辞書dictにキーkeyが存在すればそのバリューを辞書から消去して返す。そうでなければdefaultを返す。default省略時にキーkeyが存在しなければKeyErrorを発生する
dict.copy()	辞書dictのコピーを生成して返す

注11) 深いコピーはcopyモジュールのdeepcopyメソッドを用いて実行することができます。

これらの使用例について、sample06_43.pyにまとめていますので、実行して動作を確認してみましょう。

sample06_43.py 辞書のメソッド

```
1  person = {'name': 'Bob', 'age': 25}
2  
3  print(person.keys())   #dict_keys(['name', 'age'])
4  print(person.values()) #dict_values(['Bob', 25])
5  print(person.items())  #dict_items([('name', 'Bob'), ('age', 25)])
6  
7  key = 'age'
8  print(person.get(key, f'キー{key}はありません')) #25
9  print(person.setdefault(key, 28))          #25
10 print(person) #{'name': 'Bob', 'age': 25}
11 
12 key = 'favorite'
13 print(person.get(key, f'キー{key}はありません')) #キーfavoriteはありません
14 print(person.setdefault(key, 'apple'))      #apple
15 print(person) #{'name': 'Bob', 'age': 25, 'favorite': 'apple'}
16 
17 print(person.pop(key, f'キー{key}はありません')) #apple
18 print(person.pop(key, f'キー{key}はありません')) #キーfavoriteはありません
19 print(person) #{'name': 'Bob', 'age': 25}
20 
21 other = {'age': 28, 'job': 'teacher'}
22 person.update(other)
23 print(person) #{'name': 'Bob', 'age': 28, 'job': 'teacher'}
```

keyメソッド、valuesメソッド、itemsメソッドは、「ビューオブジェクト（view object）」と呼ばれるオブジェクトを生成します。ビューオブジェクトはイテラブルなので、主に辞書に対してfor文でループをしたいときに使用されます。sample06_44.pyを実行して、その動作を確認してみましょう。

sample06_44.py 辞書のビューオブジェクト

```
1  person = {'name': 'Bob', 'age': 25, 'favorite': 'apple'}
2  
3  for key, value in zip(person.keys(), person.values()):
4      print(f'key: {key}, value: {value}')
5  
6  for item in person.items():
7      print(item)
```

■ 実行結果

```
1  key: name, value: Bob
2  key: age, value: 25
3  key: favorite, value: apple
4  ('name', 'Bob')
```

```
5  ('age', 25)
6  ('favorite', 'apple')
```

このようにzip関数などと組み合わせることで、さまざまなループ処理を手軽に実現できます。なお、itemsメソッドの戻り値をforループの対象とすると、キーとバリューのペアをタプルで取り出せるようになることも確認しておきましょう。

setdefaultメソッドやpopメソッドは、辞書に破壊的操作を行うメソッドになります。元の辞書を保持する場合、そのコピーをとっておく必要があります。copyメソッドまたは、itemメソッドからdict関数で新たな辞書を生成してコピーをする方法などがあります。**sample06_45.py**を実行して確認してみましょう。

sample06_45.py 辞書のコピー

```
1   person = {'name': 'Bob', 'age': 25, 'favorite': 'apple'}
2
3   person_assignment = person
4   person_copy = person.copy()
5   person_items = dict(person.items())
6
7   person.pop('favorite')
8
9   print(person_assignment) #{'name': 'Bob', 'age': 25}
10  print(person_copy)       #{'name': 'Bob', 'age': 25, 'favorite': 'apple'}
11  print(person_items)      #{'name': 'Bob', 'age': 25, 'favorite': 'apple'}
```

なお、この場合も「浅いコピー」となりますので、リストや辞書などのデータの集合を持つ辞書を完全にコピーすることはできません[注12]。

注12) copyモジュールのdeepcopyメソッドを使うことで、辞書の「深いコピー」を行うことができます。

6.6 モジュール

6.6.1 モジュールとimport文

関数やクラスはプログラムを部品化する手法のひとつです。部品化をすることで、コードをその役割ごとに区分けして、まとまりとして管理できるようになります。もう1サイズ大きな部品化の単位として「モジュール (module)」があります。

モジュールは日本語では「構成部品」といった意味があり、少しとっつきづらい単語に見えます。しかし、Pythonでいうモジュールは、シンプルに「コードを収めたPythonファイル」のことをいいます。言い換えれば、拡張子「.py」のファイルです。

もし、あるプログラムが膨大になった場合、役割ごとに別のモジュールに分割することで、ファイルごとのコード量を抑制し、管理やメンテナンスを楽に行うことができるようになります。

モジュールを他のモジュールから使用する際には「インポート (import)」という手順が必要です。使用するモジュールの冒頭に、以下のimport文を記述します。

```
import モジュール名
```

モジュール名とは、Pythonファイルの拡張子を除いた部分です。「hello.py」であれば「hello」がモジュール名となります。

インポートすることで、そのコード (変数や関数、クラスなど) をモジュール内で使用することができるようになりますが、その際は、以下のように記述します。

```
モジュール名.コード
```

では、簡単な例を見ていきましょう。**sample06_46.py**を実行して、モジュール**hello1**をインポートしてみましょう。

hello1.py

```
1  weather = 'fine'
2  
3  def sayHello(name):
4      print(f'Hello, {name}!')
```

sample06_46.py モジュールのインポート

```
1  import hello1
2  
3  hello1.sayHello('Bob')
4  print(f"It's {hello1.weather}")
```

■実行結果

```
1  Hello, Bob!
2  It's fine
```

別のモジュールであるモジュールhello1の変数の使用と、関数の呼び出しを確認することができました。

モジュールのインポートについて、別のバリエーションがありますので紹介しておきましょう。まず、モジュール名の文字数が多い場合、そのコードを使用するたびに、そのモジュール名を記述するとコード量が増えてしまいます。そのような場合、モジュールを別の名前で使用できるようにインポートできます。書式は以下のとおり、import文にasを用います。

```
import モジュール名 as 別名
```

asを用いて別名を指定することで、そのモジュールのコードを以下のように使用することができるようになります。

```
別名.コード
```

sample06_47.pyは前述のモジュールhello1を「hi」という別名でインポートしている例です。

sample06_47.py 別名でインポート

```
1  import hello1 as hi
2  
3  hi.sayHello('Bob')
4  print(f"It's {hi.weather}")
```

■ 実行結果

```
1  Hello, Bob!
2  It's fine
```

また、モジュールの中で特定のクラス、関数などだけを使用したい場合は、それのみを直接インポートできます。fromキーワードを用いて以下のように記述します。

```
from モジュール名 import 識別子
```

これで、モジュール内の識別子で指定したクラスや関数を直接インポートできます。その使用の際は、モジュール名を省略できるようになります。

sample06_48.pyを実行して、hello1の関数sayHelloと変数weatherを直接記述して使用できることを確認しましょう。

sample06_48.py 変数や関数を直接インポート

```
1  from hello1 import sayHello
2  from hello1 import weather
3  
4  sayHello('Bob')
5  print(f"It's {weather}")
```

■ 実行結果

```
1  Hello, Bob!
2  It's fine
```

6.6.2 メインモジュール

import文でモジュールをインポートする際、そのインポートするモジュールのコードがいったん実行されます。クラスや関数の定義だけであればよいのですが、実際の処理を行うコードが含まれている場合、少しやっかいなことが起きてしまいます。

たとえば、**hello2.py**のようなモジュールを作ったとしましょう。hello1.pyと似ていますが、自身のテスト用のコードも追加で記述しました。hello2.py自身を実行すると、その出力からテストの結果を確認できます。

hello2.py

```
1  weather = 'fine'
2  
3  def sayHello(name):
```

```
4     print(f'Hello, {name}!')
5
6 sayHello('Test')
7 print(f'weather: {weather}')
```

■ 実行結果

```
1 Hello, Test!
2 weather: fine
```

続いて、モジュールhello2をインポートして使用する、**sample06_49.py**を作りました。これを実行してみましょう。

sample06_49.py モジュールhello2のインポート

```
1 import hello2
2
3 hello2.sayHello('Bob')
4 print(f"It's {hello2.weather}")
```

■ 実行結果

```
1 Hello, Test!
2 weather: fine
3 Hello, Bob!
4 It's fine
```

まず、はじめにhello2.pyのテスト用の出力がされ、その後にsample06_48.pyの結果が出力されました。つまり、モジュールhello2をインポートするたびに、常にhello2.pyのテスト処理が実行されてしまうのです。

モジュールには、クラスや関数の定義だけでなく、この例のようにテスト用のコードなどの実処理も記述しておきたい場合もあります。どのように対処すればよいでしょうか？

その問題を解決するために、モジュールが持つ特別な変数である「変数__name__」を使用します。モジュールも属性を持っていて、そのうちの1つが変数__name__です。変数__name__は、文字列を格納していて、print関数でその内容を確認できます。**sample06_50.py**を実行して確認してみましょう。

sample06_50.py 変数__name__

```
1 import hello2
2
3 print(hello2.__name__)
4 print(__name__)
```

■ 実行結果

```
1 Hello, Test!
2 weather: fine
3 hello2
4 __main__
```

インポートしたモジュールhello2の変数__name__は「hello2」、つまりそのモジュール名が出力されます。一方で、直接実行したファイル自身もモジュールで、それを「メインモジュール (main module)」といいます。メインモジュールについて、その変数__name__を調べると「__main__」という文字列が格納されていることがわかります。

まとめると変数__name__の値は以下となります。

- インポートしたモジュール: モジュール名
- メインモジュール: '__main__'

つまり、変数__name__の値が「__main__」かどうかを判定材料とすることで、インポートしたモジュールかメインモジュールかを判別することができるわけです。それを反映したモジュールが**hello3.py**です。

hello3.py

```
1 weather = 'fine'
2 
3 def sayHello(name):
4     print(f'Hello, {name}!')
5 
6 if __name__ == '__main__':
7     sayHello('Test')
8     print(f'weather: {weather}')
```

■ 実行結果

```
1 Hello, Test!
2 weather: fine
```

hello3.pyを直接実行すると、メインモジュールですから、if文のスイートも実行されることが確認できます。

では、他のモジュールからモジュールhello3をインポートしてみましょう。**sample06_51.py**を実行してみてください。

sample06_51.py モジュールhello3のインポート

```
1 import hello3
2 
3 hello3.sayHello('Bob')
4 print(f"It's {hello3.weather}")
```

■ 実行結果

```
1 Hello, Bob!
2 It's fine
```

実行すると、hello3.pyのテスト用の処理は実行されず、今回のメインモジュールであるsample06_51.pyの出力結果のみが表示されたことを確認できます。

6.6.3 ドキュメンテーション文字列とアノテーション

モジュールを作成する際に、モジュールやその内部で定義されているクラス、関数などがどのような役割を持つのか、またどのような動作をするのかといった情報を記述しておくと、あとで自身が見直すときや、他者がそれを使用するときに大きな助けになります。

Pythonでは、それら説明を記述する方法として、「ドキュメンテーション文字列(docstring)」と「アノテーション(annotation)」が用意されています。

これらを用いる大きなメリットのひとつが、VS Codeのインテリセンスに反映されるという点があります。図6-9や図6-10のように、クラスの属性や関数の引数についての情報を表示することできるようになります。

図6-9 クラスの属性についての表示

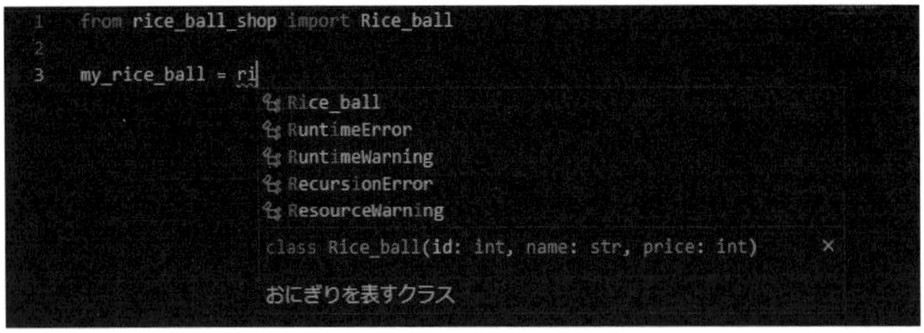

```
1 from rice_ball_shop import Rice_ball
2 
3 my_rice_ball = ri
                  Rice_ball
                  RuntimeError
                  RuntimeWarning
                  RecursionError
                  ResourceWarning
                  class Rice_ball(id: int, name: str, price: int)  ×
                  おにぎりを表すクラス
```

図6-10 関数についての表示

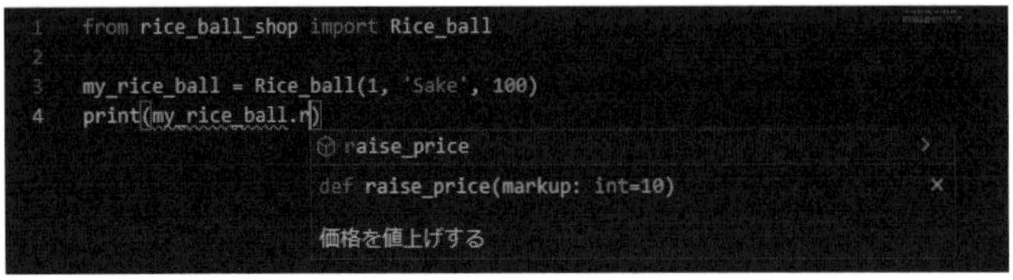

```
1 from rice_ball_shop import Rice_ball
2 
3 my_rice_ball = Rice_ball(1, 'Sake', 100)
4 print(my_rice_ball.r)
                      raise_price  >
                      def raise_price(markup: int=10)  ×
                      価格を値上げする
```

ドキュメンテーション文字列の記述のしかたはPython公式でおおまかに記載されており、以下のように三重引用符を用いて記述します。

```
def 関数名(仮引数の列挙):
    """関数の概要

    関数の詳細
    """
    スイート
```

なお、ドキュメンテーション文字列は、関数に限らずモジュールやクラスでも同様に記述でき、それぞれが持つ「変数__doc__」に格納されます。

また、アノテーションは関数の仮引数および戻り値の型を指定するもので、以下のように関数宣言のヘッダに記述します。

```
def 関数名(仮引数1: 型1, 仮引数2: 型2,...) -> 戻り値の型:
    スイート
```

記述したアノテーションは、関数が持つ「変数__annotations__」に辞書として格納されます。

では、ドキュメンテーション文字列とアノテーションの例として、rice_ball_shop.pyをご覧ください。また、実行して出力のようすも確認してみましょう。

rice_ball_shop.py

```
1  """rice_ball_shopモジュールを使ったドキュメンテーション文字列の例
2  """
3
4  class Rice_ball:
5      """おにぎりを表すクラス
6      """
7
8      def __init__(self, id: int, name: str, price: int):
9          """Rice_ballクラスの__init__メソッド
10         """
11         self.id = id
12         self.name = name
```

```
13         self.price = price
14 
15     def raise_price(self, markup: int=10) -> int:
16         """価格を値上げする
17         """
18         self.price += markup
19         return self.price
20 
21 print(Rice_ball.__doc__)
22 print(Rice_ball.__init__.__doc__)
23 print(Rice_ball.__init__.__annotations__)
24 print(Rice_ball.raise_price.__doc__)
25 print(Rice_ball.raise_price.__annotations__)
```

■ 実行結果

```
1 おにぎりを表すクラス
2 
3 Rice_ballクラスの__init__メソッド
4 
5 {'id': <class 'int'>, 'name': <class 'str'>, 'price': <class 'int'>}
6 価格を値上げする
7 
8 {'markup': <class 'int'>, 'return': <class 'int'>}
```

ドキュメンテーション文字列やアノテーションの記述は面倒に思えるかもしれませんが、一度記述しておけば作成したプログラムのメンテナンスや再利用において大いに助けになりますので、ぜひ活用していきましょう。

6.6.4 Pythonを使ってできるようになること

6章でお伝えしてきたモジュールのしくみを活用することで、Pythonでできることが爆発的に広がります。

まず、Pythonには、あらかじめ250を超えるたくさんのモジュールが用意されています。それらを「組み込みモジュール (built-in module)」といいます。

組み込みモジュールは、「バッテリー同梱」の思想に則って、ディストリビューションに同梱されていますので、使いたいモジュールをインポートするだけですぐに活用できます。

組み込みモジュールのごく一部を**表6-8**に掲載しています。

表6-8 組み込みモジュールの一部

分類	モジュール名	説明
テキスト処理サービス	re	正規表現操作
データ型	datetime	基本的な日付型および時間型
	calendar	一般的なカレンダーに関する関数群
数値と数学モジュール	math	数学関数
	random	疑似乱数を生成する
ファイルとディレクトリへのアクセス	pathlib	オブジェクト指向のファイルシステムパス
データ圧縮とアーカイブ	shutil	高水準のファイル操作
ファイルフォーマット	csv	CSVファイルの読み書き
Tkを用いたグラフィカルユーザーインターフェイス	tkinter	Tcl/TkのPythonインターフェイス
	tkinter.ttk	Tkのテーマ付きウィジェット
インターネットプロトコルとサポート	webbrowser	便利なウェブブラウザコントローラー

また、これらの組み込みモジュールに加えて、豊富なパッケージが提供されています。本書ではその中でごく一部、**表6-9**に挙げるパッケージを紹介します。

表6-9 Pythonで提供されているパッケージの一部

パッケージ名	説明
pandas	データ構造とデータ分析
openpyxl	Excelファイルの操作
requests	HTTPライブラリ
beautifulsoup4	スクレイピングライブラリ
selenium	ブラウザ操作
qrcode	QRコード画像ジェネレータ
Pillow	画像処理
pypdf2	PDFファイルの操作
matplotlib	グラフ描画

これらのほか、Webアプリの開発、ゲーム開発、機械学習、自然言語処理など、その目的に応じてさまざまなパッケージが提供されています。もちろん、それらの領域で必要となる基礎技術や周辺知識、各パッケージの使い方などを学ぶ必要はありますが、1つのプログラミング言語でここまで広範囲な道筋が用意されているものは、なかなかありません。

ですからたとえば、最初は作業の自動化を目的にPythonを学びはじめ、その後、興味がある領域にチャレンジしてスキルの幅を広げる。そして、自らの市場価値を高めていく……そのような成長プランを描くこともできるのです。

6章では関数、クラス、モジュールといった、プログラムを部品化および再利用するしくみについて紹介しました。これらの理解を深め、活用することで、よりスマートにプログラミングが可能となります。

さて、ここまででPythonの言語としての基礎を十分に身につけてきました。基礎がしっかり整うことで、これからの応用とその学習の効率が飛躍的に上がります。実際に、実務で使えるプログラムを作り、それを体感していくことにしましょう。

7章では、実務でもっともよく使用されるといってもよいExcelを操作します。PythonでExcelファイルにデータを集めるツールを作る方法を見ていくことにしましょう。

第3部

実践編

Chapter

07

Excelにデータを集めるツールを作ろう

7.1 Excelにデータを集めるツールの概要

7.1.1 Pythonでデータを集める

「データを集める」つまり、複数のファイルから、データを抽出して1つのファイルにまとめるという作業は多くの業務で発生します。

たとえば、よくその対象となるファイル形式の筆頭が「xlsx形式」です。主に、表計算ソフトExcelにて使用される形式で、そのファイルの拡張子は「.xlsx」になります。「Excel形式」などとも呼ばれますね。多くの職場でExcelを使用していますから、当然その操作する頻度も高いといえます。

もうひとつ、よく使用されるのが「csv形式」のファイルです。「csv」とは「comma-separated values」の略で、カンマ区切りでデータを格納する形式です。単なるテキストデータなので、ファイル容量も小さく、さまざまな環境で取り扱いが可能であるということから、システム間のデータの受け渡しによく使用されます。

ここで、複数のcsvファイルのデータを、xlsxファイルにまとめていく作業について考えてみましょう。

xlsxファイルだけならExcelの基本機能、または、それに加えてVBAというプログラミング言語で作業を行うのがひとつの選択肢となりえます。しかし、csvファイルを扱うときに「文字化け」の問題が起きてしまうことがあります。

Pythonであれば、データ処理を得意とするライブラリ「pandas（パンダス）」を使って、それらの課題をスマートに解決できます。pandasはcsvファイルも、xlsxファイルも両方取扱うことができ、文字化けの問題にもスマートに対処できるのです。また、フォルダ内の複数のファイル操作については、組み込みモジュールの「pathlib（パスリブ）」を使うことができます。

このように、Pythonではライブラリが豊富に提供されているので、作業したいそれぞれの領域について、その操作を得意とするライブラリ見つけやすく、それを組み合わせることで希望のツールを完結させることができる。つまり、弱点が少ないわけです。それがPythonを学ぶ大きなメリットのひとつです。

7.1.2 データを集めるツール

この章で題材となる、データを集めるツールの概要をお伝えしておきましょう。まず、**図7-1**のようにフォルダ「data」の中に複数のcsvファイルが保管されています。

図7-1 csvファイルが格納されたフォルダ

名前	更新日時	種類	サイズ
data1.csv	2020/02/26 12:17	CSV ファイル	2 KB
data2.csv	2020/02/26 12:18	CSV ファイル	2 KB
data3.csv	2020/02/26 12:18	CSV ファイル	2 KB
data4.csv	2020/02/26 12:18	CSV ファイル	2 KB
data5.csv	2020/02/26 12:18	CSV ファイル	2 KB

フォルダの構成は、以下のようにプロジェクトフォルダ「nonpro-python」→章を表すフォルダ「07」→データフォルダ「data」としています。

```
nonpro-python
└07
  └data
    └data1.csv
    └data2.csv
    └data3.csv
    └data4.csv
    └data5.csv
```

これらのcsvファイルはすべて同じフォーマットで、その内容は**図7-2**のようになっています。

図7-2 csvファイルの内容

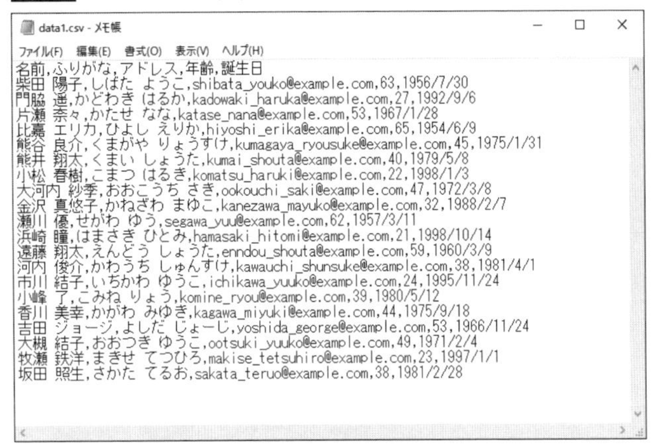

data1.csv - メモ帳

ファイル(F) 編集(E) 書式(O) 表示(V) ヘルプ(H)

```
名前,ふりがな,アドレス,年齢,誕生日
柴田 陽子,しばた ようこ,shibata_youko@example.com,63,1956/7/30
門脇 遥,かどわき はるか,kadowaki_haruka@example.com,27,1992/9/6
片瀬 奈々,かたせ なな,katase_nana@example.com,53,1967/1/28
比嘉 エリカ,ひよし えりか,hiyoshi_erika@example.com,65,1954/6/9
熊谷 良介,くまがや りょうすけ,kumagaya_ryousuke@example.com,45,1975/1/31
熊井 翔太,くまい しょうた,kumai_shouta@example.com,40,1979/5/8
小松 春樹,こまつ はるき,komatsu_haruki@example.com,22,1998/1/3
大河内 紗季,おおこうち さき,ookouchi_saki@example.com,47,1972/3/8
金沢 真悠子,かねざわ まゆこ,kanezawa_mayuko@example.com,32,1988/2/7
瀬川 優,せがわ ゆう,segawa_yuu@example.com,62,1957/3/11
浜崎 瞳,はまさき ひとみ,hamasaki_hitomi@example.com,21,1998/10/14
遠藤 翔太,えんどう しょうた,enndou_shouta@example.com,59,1960/3/9
河内 俊介,かわうち しゅんすけ,kawauchi_shunsuke@example.com,38,1981/4/1
市川 結子,いちかわ ゆうこ,ichikawa_yuuko@example.com,24,1995/11/24
小峰 了,こみね りょう,komine_ryou@example.com,39,1980/5/12
香川 美幸,かがわ みゆき,kagawa_miyuki@example.com,44,1975/9/18
吉田 ジョージ,よしだ じょーじ,yoshida_george@example.com,53,1966/11/24
大槻 結子,おおつき ゆうこ,ootsuki_yuuko@example.com,49,1971/2/4
牧瀬 鉄洋,まきせ てつひろ,makise_tetsuhiro@example.com,23,1997/1/1
坂田 照生,さかた てるお,sakata_teruo@example.com,38,1981/2/28
```

これらフォルダ内のすべてのcsvファイルのデータを、1つのxlsxファイルのシートにまとめて表にするというのが、今回のツールの概要です。

このデータをまとめるツールのコードを**sample07_final.py**に掲載しておきます。

sample07_final.py データをまとめるツール

```
1  import pathlib
2  import pandas as pd
3
4  my_path = pathlib.Path(r'07\data')
5
6  df = pd.DataFrame()
7  for p in my_path.glob('*.csv'):
8      df_current = pd.read_csv(p)
9      df = df.append(df_current, ignore_index=True)
10
11 df.to_excel(r'07\data\data.xlsx')
```

このコードの内容について以降で解説をすすめていきます。同時に、pandasモジュールおよびpathlibモジュールの使い方についても学んでいきましょう。

MEMO

Macの場合は、フォルダパスの文字列表現が異なります。バックスラッシュ(\)または円記号(¥)の代わりに、スラッシュ(/)を用います。sample-7_final.pyで「r'07\data'」と表現している箇所は「'07/data'」となります。raw文字列としなくても表現可能です。以降、Macの場合は、すべてのsampleについてパス表現の書き換えが必要となりますのでご注意ください。

7.2 データを扱う：pandas

7.2.1 pandasとデータフレーム

「pandas」[注1]とは、データ分析の分野で広く使われているライブラリで、活用することでデータを扱うさまざまな作業を容易に行うことができます。Anacondaに同梱されていますので、本書の読者であれば、インポートをするだけですぐに使えます。

pandasを使用する場合、一般的に以下のimport文を使用します。

```
import pandas as pd
```


pandasでは、リストやタプルのような1次元のデータを表す「シリーズ（Series）」と、Excelの表やcsvデータのような2次元のデータを表す形式「データフレーム（DataFrame）」といった2つのデータ形式を扱うことができます（**表7-1**）。

表7-1 pandasで扱うデータ形式とクラス

クラス	データ形式	説明	例
Series	シリーズ形式	1次元のデータを表す	pd.Series([10, 30, 20, 40])
DataFrame	データフレーム形式	2次元のデータを表す	pd.DataFrame([['スパム', 500, 3], ['卵', 168, 8], ['ベーコン', 1250, 1]])

ここでは、Excel表やcsvデータを扱うので、データフレームを中心に見ていくことにしましょう。

データフレームは、**図7-3**に表すような表形式のデータ構造を持っています。各列についてラベルを付与することができ、「カラム」「列ラベル」「列名」（columns）などといいます。また各行もラベルを持つことができます。行のラベルは、「行ラベル」「行名」ともいいますが、多くの場合「インデッ

注1） pandas公式サイト：https://pandas.pydata.org/

クス(index)」と呼ばれます。

図7-3 データフレームの構造

	名前	単価	個数
one	'スパム'	500	3
two	'卵'	168	8
three	'ベーコン'	1250	1

データフレームを生成するには、インポートしたモジュール名「pd」とクラス名「DataFrame」を用いて以下のように記述します[注2)]。

```
pd.DataFrame(data=None, index=None, columns=None)
```

パラメータdataには、データフレームの元となるデータを指定します。データとしては、2次元のデータを生成できるものであれば、以下に挙げるような、さまざまなものを指定できます。

- 2次元リスト
- タプルを要素とするリスト
- リスト、タプル、Seriesを持つ辞書
- DataFrame

パラメータindexにはインデックスを、パラメータcolumnsにはカラムをそれぞれ指定しますが、リストで指定をすることが多いでしょう。いずれも省略時には、0からの整数がラベリングされます。

sample07_01.pyは2次元リストから、またリストをバリューとして持つ辞書から、それぞれデータフレームを生成する例です。実行して動作を確認してみましょう。

sample07_01.py データフレームの生成

```
1  import pandas as pd
2
3  data_by_list = [
4      ['スパム', 500, 3],
```

注2) DataFrameコンストラクタは、ここに記載した以外にも多くのパラメータを持ちます。必要に応じて、pandasの公式ドキュメントをご覧ください。
https://pandas.pydata.org/docs/reference/api/pandas.DataFrame.html#pandas.DataFrame

```
5	    ['卵', 168, 8],
6	    ['ベーコン', 1250, 1]
7	]
8	
9	df_by_list = pd.DataFrame(data_by_list)
10	print(df_by_list)
11	
12	data_by_dict = {
13	    '名前': ['スパム', '卵', 'ベーコン'],
14	    '単価': [500, 168, 1250],
15	    '個数': [3, 8, 1]
16	}
17	
18	index = ['one', 'two', 'three']
19	df_by_dict = pd.DataFrame(data_by_dict, index=index)
20	print(df_by_dict)
```

■ 実行結果

```
1	       0     1  2
2	0    スパム   500  3
3	1      卵   168  8
4	2  ベーコン  1250  1
5	           名前    単価  個数
6	one      スパム   500   3
7	two        卵   168   8
8	three  ベーコン  1250   1
```

ここで、パラメータdataに辞書を渡した場合は、キーがカラム、バリューがその列のデータになるということも確認しておきましょう。

7.2.2 pandasの関数

pandasでは非常に多くの関数が用意されています。シリーズおよびデータフレームを生成するコンストラクタをはじめ、さまざまな方法でデータを生成するものが多く含まれています。その、ごく一部ですが主なものを**表7-2**に挙げているのでご覧ください。

表を見ると、これら関数が難しいものと見えるかもしれませんが、順を追ってスモールステップで解説をしていきますので、ご安心ください。最初はどのような関数があり、どのようなキーワードが出てくるかなどをざっと見るだけで問題ありません。

表7-2 主なpandasの関数[注3)]

関数	説明
pd.Series(data=None, index=None)	Seriesオブジェクトを生成して返す ・data: イテラブル、辞書など ・index: インデックスを表すリスト、Indexオブジェクトなど
pd.DataFrame(data=None, index = None, columns = None)	DataFrameオブジェクトを生成して返す ・data: イテラブル、辞書、DataFrameオブジェクトなど ・index: インデックスを表すリスト、Indexオブジェクトなど ・columns: カラムを表すリスト、Indexオブジェクトなど
pd.read_csv(filepath_or_buffer, header='infer', index_col=None, encoding=None)	指定したcsvファイルを開きDataFrameオブジェクトとして返す ・filepath_of_buffer: ファイルパスやfileオブジェクトなど ・header: カラムとして使用する行を表す整数 ・index_col: インデックスとして使用する列を表す整数または文字列 ・encoding: 使用する文字コード（既定値は'utf-8'）
pd.read_excel(io, sheet_name=0, header=0, index_col=None)	指定したexcelファイルを開きDataFrameオブジェクトとして返す ・io: ファイルパスなど ・sheet_name: シート名に使用する文字列 ・header: カラムとして使用する行を表す整数 ・index_col: インデックスとして使用する列を表す整数
pd.read_html(io, header=None, index_col=None, encoding=None)	指定したioからHTMLテーブルを読み取りDataFrameオブジェクトとして返す ・io: URLまたはHTMLファイル、HTML文字列など ・header: カラムとして使用する行を表す整数 ・index_col: インデックスとして使用する列を表す整数または文字列 ・encoding: 使用する文字コード（既定値は'utf-8'）

7.2.3 csvファイルの読み取り

csvファイルを読み取りデータフレームを生成する関数であるread_csv関数について紹介しましょう。もっとも単純な構文は、pandasモジュールをpdとして以下のように記述します。

```
pd.read_csv(filepath_or_buffer)
```

パラメータfilepath_or_bufferは、読み取るcsvファイルの「ファイルパス（file path）」を指定します。ファイルパスは、コンピュータにおけるファイルの位置を表す文字列で、そのファイルにたどりつく経路をフォルダ名とバックスラッシュ「\」を組み合わせて表します（Windowsエクスプローラーなどでは、バックスラッシュの代わりに円記号「¥」が用いられます）。

ファイルパスには「絶対パス（absolute path）」と「相対パス（relative path）」の2種類があります。

絶対パスは、以下のようにドライブの最上位からたどっていき、その位置を表します。多くの場合、

注3) ここで紹介した関数には、これ以外に多くのパラメータを持っています。必要に応じて、pandasの公式ドキュメントをご覧ください。
https://pandas.pydata.org/docs/reference/index.html

Cドライブの配下にありますので、「C:\」からはじまる文字列となります。

```
C:\Users\ntaka\nonpro-python\07\data\data1.csv
```

相対パスは、以下のようにプロジェクトフォルダからたどっていく経路を記述します。

```
07\data\data1.csv
```

ファイルパスを調べるのはたいへんと思われるかもしれませんが、VS Codeを使えば簡単に調べることができます。**図7-4**のようにアクティビティバーの「Explorer」に表示されているファイルを右クリックして、絶対パスなら「Copy Path」、相対パスなら「Copy Relative Path」でクリップボードにコピーできます。そのままコード内にペーストをすればOKです。

図7-4 VS Codeでファイルパスを調べる

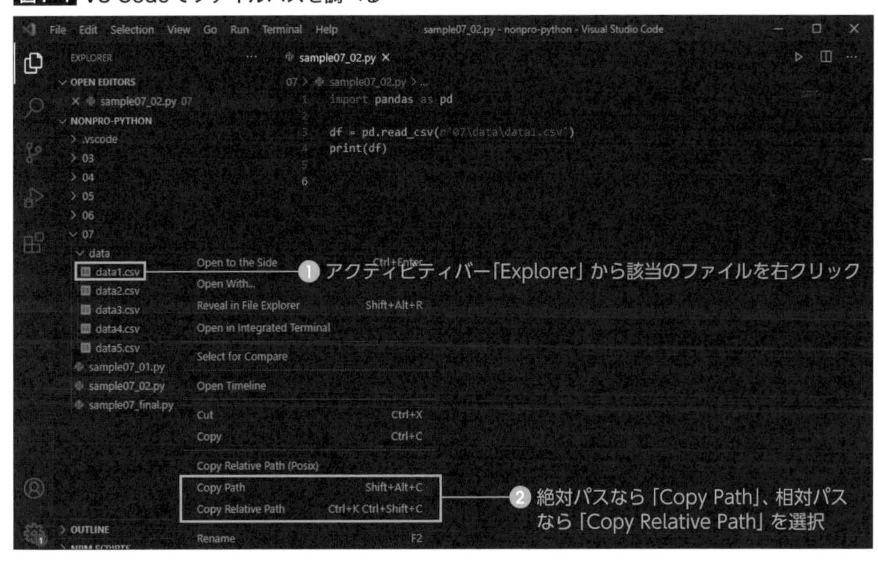

では、実際にコードを作成して、csvファイルの読み取りをしてみましょう。sample07_02.pyを実行して動作を確認してください。

sample07_02.py read_csv関数

```
1  import pandas as pd
2
3  df = pd.read_csv(r'07\data\data1.csv')
4  print(df)
```

■ 実行結果

```
1       名前       ふりがな          アドレス                        年齢  誕生日
2  0    柴田 陽子  しばた ようこ     shibata_youko@example.com       63    1956/7/30
3  1    門脇 遥    かどわき はるか   kadowaki_haruka@example.com     27    1992/9/6
4  2    片瀬 奈々  かたせ なな       katase_nana@example.com         53    1967/1/28
5  3    比嘉 エリカ ひよし えりか    hiyoshi_erika@example.com       65    1954/6/9
6  4    熊谷 良介  くまがや りょうすけ kumagaya_ryousuke@example.com 45    1975/1/31
7  # 以下略
```

とても簡単にcsvファイルをデータフレームとして読み取ることができましたね。なお、ファイルパスを表す際にバックスラッシュ「\」をそのまま記述したいがために、raw文字列を使用しています。

さて、read_csv関数には、たくさんのパラメータが用意されていて、さまざまな読み取り方を実現できます。header、index_colという2つのパラメータについて紹介していきましょう。これらを加えた構文は以下のとおりです。

```
pd.read_csv(filepath_or_buffer, header='infer', index_col=None)
```

まず、パラメータheaderはカラムとして使用する行を整数で表します。指定をしなかった場合は、0行目つまり先頭行をカラムとして採用します。カラムをどの行からも採用しない場合は、Noneを指定することで、0からの連番がカラムとしてラベリングされます。csvファイルにヘッダー行がなく、データのみが含まれる場合はNoneを指定すると良いでしょう。

パラメータindex_colは、データフレームのインデックスとして使用する列を表す整数または文字列を指定します。整数で指定する場合は0からの整数になります。省略時は、0からの連番がインデックスとしてラベリングされます。行データを一意に表すIDなどの列があれば、それをindex_colに指定することが可能です。

これらのパラメータの使い方として、**sample07_03.py**をご覧ください。「名前」の列がインデックスに、0からの連番がカラムに設定されたことがわかりますね。

sample07_03.py read_csv関数のパラメータ

```
1  import pandas as pd
2
3  df = pd.read_csv(r'07\data\data1.csv', header=None, index_col=0)
4  print(df)
```

■ 実行結果

```
1             1              2                             3     4
2  0
3  名前       ふりがな       アドレス                      年齢  誕生日
4  柴田 陽子  しばた ようこ  shibata_youko@example.com     63    1956/7/30
5  門脇 遥    かどわき はるか kadowaki_haruka@example.com  27    1992/9/6
6  片瀬 奈々  かたせ なな    katase_nana@example.com       53    1967/1/28
7  比嘉 エリカ ひよし えりか hiyoshi_erika@example.com     65    1954/6/9
8  # 以下略
```

さて、csvファイルの読み取りに関連して、文字コードおよびエンコードとデコードについて詳しく見ていきましょう。

文字列は、コンピュータ内部では一定の規則にしたがってバイト列に変換されて扱われています。どの文字がどのバイト列に対応しているのか、その対応表が定義されていて、それを「文字コード(character code)」といいます。

この文字コードを用いて、文字列をバイト列に変換することを「エンコード(encode)」または「符号化」といいます。その逆の操作、つまりバイト列を文字列に変換することを「デコード(decode)」または「復号化」といいます。

しかし、やっかいなことに文字コードには「UTF-8」や「Shift-JIS」などいくつかの種類があります。たとえば、一般的にインターネットやWebサイトで用いられているのはUTF-8です。Pythonのデフォルトの文字コードもUTF-8です。一方で、Windowsでメインに使用されているのは「CP932」とよばれる文字コードで、Shift-JISを拡張したものです。

これらの用語について図解をしたものが、**図7-5**になります。

図7-5 文字列とバイト列

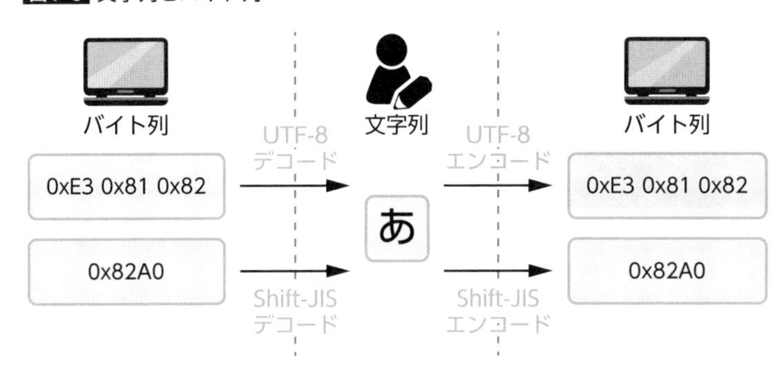

「文字化け」という現象は、この使用環境によるエンコードとデコードで使用する文字コードの違いにより起こります。たとえば、インターネット経由で入手したcsvファイルがUTF-8を用いてエンコー

ドされたものであるにもかかわらず、文字コードCP932を採用しているExcelでデコードして開こうとすると文字化けをしてしまうわけです。

pandasでは、その問題を解決するため、read_csv関数にencodingというパラメータを指定できます。それも含めた構文を以下に記載します[注4]。

```
pd.read_csv(filepath_or_buffer, header='infer', index_col=None,
encoding=None)
```

パラメータencodingはデフォルトではNoneですが、その場合、読み取り時の文字コードとしては「utf-8」を指定したものとなります。ですから、パラメータencodingを指定するのは、多くの場合で「cp932」を指定することになります。

では、実際に試してみましょう。CP932で作られたcsvファイル「cp932.csv」をフォルダ「07」の直下に用意して、read_csv関数で開いてみましょう。

sample07_04.py read_csv関数と文字コード

```
1  import pandas as pd
2
3  df = pd.read_csv(r'07\cp932.csv')
4  # df = pd.read_csv(r'07\cp932.csv', encoding='cp932')
5  print(df)
```

sample07_04.pyをそのまま実行すると、以下のようにメッセージが表示されます。

図7-6 read_csv関数の文字コード違いによるメッセージ

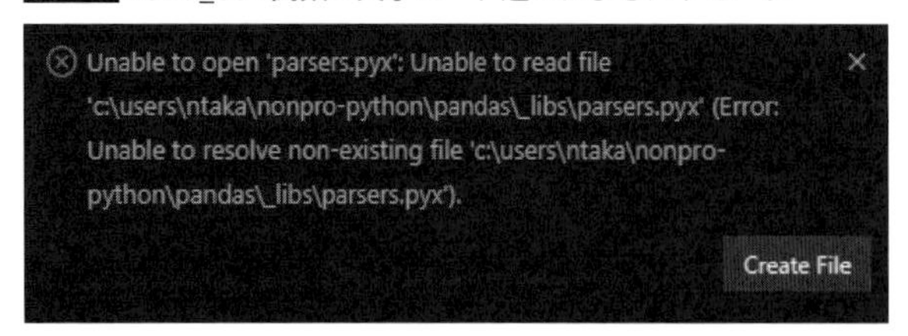

> Unable to open 'parsers.pyx': Unable to read file

つまり、read_csv関数では文字コードが異なる場合は開くことができない仕様となっています。そこで、sample07_04.pyについて、パラメータencodeを付与したほうを有効にし、他方をコメン

注4) read_csv関数にはこれ以外にもたくさんのパラメータが用意されています。詳しくは公式ドキュメントをご覧ください。
https://pandas.pydata.org/docs/reference/api/pandas.read_csv.html#pandas.read_csv

トアウトにして再度実行してみましょう。すると、無事に実行されコンソールにその内容が出力されるはずです。

7.2.4 Excelファイルの読み取り

xlsxファイルおよびxlsファイルといったExcelファイルを読み取りデータフレームを生成するには、read_excel関数を使用します。pandasモジュールをpdとすると、構文は以下のとおりです[注5]。

```
pd.read_excel(io, sheet_name=0, header=0, index_col=None)
```

パラメータioには、対象となるExcelファイルのファイルパスを指定します。パラメータheaderはカラムとして使用する行を表す整数、パラメータindex_colにはインデックスとして使用する列を表す整数を表します。いずれも、Noneを指定すると0からの連番が採用されます。

パラメータsheet_nameには、シート名に使用する文字列を指定します。また、もっとも左のシートを0として順番の整数が割り当てられているので、それを使用することもできます。

簡単な例として、前述のdata1.csvの内容をxlsxファイルにした「data1.xlsx」を使って、sample07_05.pyを実行してみましょう。

sample07_05.py read_excel関数

```
1 import pandas as pd
2
3 df = pd.read_excel(r'07\data\data1.xlsx')
4 print(df)
```

■ 実行結果

```
1        名前       ふりがな          アドレス                          年齢  誕生日
2  0     柴田 陽子  しばた ようこ      shibata_youko@example.com         63    1956-07-30
3  1     門脇 遥    かどわき はるか    kadowaki_haruka@example.com       27    1992-09-06
4  2     片瀬 奈々  かたせ なな        katase_nana@example.com           53    1967-01-28
5  3     比嘉 エリカ ひよし えりか     hiyoshi_erika@example.com         65    1954-06-09
6  4     熊谷 良介  くまがや りょうすけ kumagaya_ryousuke@example.com   45    1975-01-31
7  # 以下略
```

なお、read_excel関数にはパラメータencodingはありません。

注5) read_excel関数にはこれ以外にもたくさんのパラメータが用意されています。詳しくは公式ドキュメントをご覧ください。
https://pandas.pydata.org/docs/reference/api/pandas.read_excel.html#pandas.read_excel

データフレームはDataFrameコンストラクタから生成することもできますが、ノンプログラマーとしてはcsvファイルやExcelファイルといった外部のデータから直接生成する機会のほうが多いでしょう。

7.2.5 データフレームの属性

pandasでは生成したデータフレームに対して、抽出、結合、並び替え、欠損値の処理、分析など、とても多くの操作を行うことができます。あらかじめ用意されている属性をはじめ、カラムによる抽出、スライス、演算子による演算など、実にさまざまな方法が用意されています[注6)]。

ここでは、データフレームの一部の属性ついて紹介します。**表7-3**にまとめましたのでご覧ください。

表7-3 データフレームの属性[注7)]

属性	説明
df.index	データフレームdfのインデックスを表すIndexオブジェクト
df.columns	データフレームdfのカラムを表すIndexオブジェクト
df.values	データフレームdfの値集合を表すndarrayオブジェクト
df.T	データフレームdfを転置したDataFrameオブジェクト
df.loc	ラベルでアクセスできるデータフレームdfの行および列の集合
df.info()	データフレームdfの情報を返す
df.describe()	データフレームdfの基本統計量を返す
df.head([n])	データフレームdfの先頭のn行を返す
df.sample([n])	データフレームdfのランダムに抽出したn行を返す
df.tail([n])	データフレームdfの末尾のn行を返す
df.append(other, ignore_index=False)	データフレームdfの最後にotherを追加する ・other: データフレームなど ・ignore_index: インデックスを使用するかどうか
df.to_csv(path_or_buf=None, header=True, index=True, mode='w', encoding=None)	データフレームdfを指定したcsvファイルに書き出す ・path_or_buf: ファイルパスまたはfileオブジェクト ・header: カラムを書き込むかを表すブール値 ・index: インデックスを書き込むかを表すブール値 ・mode: 書き込むモード（w: 上書き／a: 追記） ・encoding: 使用する文字コード（既定値は'utf-8'）
df.to_excel(excel_writer, sheet_name='Sheet1', header=True, index=True)	データフレームdfを指定したxlsxファイルとして書き出す ・excel_writer: ファイルパスかExcelWriterオブジェクト ・sheet_name: シート名に使用する文字列 ・header: カラムを書き込むかを表すブール値 ・index: インデックスを書き込むかを表すブール値

注6) チュートリアルをご覧いただくとその全体感をつかむことができます。https://pandas.pydata.org/docs/getting_started/10min.html

注7) ここで紹介したメソッドのいくつかは、これ以外に多くのパラメータを持っています。必要に応じて、pandasの公式ドキュメントをご覧ください。 https://pandas.pydata.org/docs/reference/index.html

df.to_html(buf=None, header =True, index=True, columns=None, encoding=None)	データフレームdfを指定したHTMLテーブルとして書き出す ・buf: ファイルパスまたはfileオブジェクト ・header: カラムを書き込むかを表すブール値 ・index: インデックスを書き込むかを表すブール値 ・mode: 書き込むモード（w: 上書き／a: 追記） ・encoding: 使用する文字コード（既定値は'utf-8'）
df.sum(axis=None)	データフレームdfから合計値を求めてシリーズを返す ・axis: 0または'index'なら行方向（デフォルト）、1または'columns'なら列方向
df.mean(axis=None)	データフレームdfから平均値を求めてシリーズを返す ・axis: 0または'index'なら行方向（デフォルト）、1または'columns'なら列方向
df.max(axis=None)	データフレームdfから最大値を求めてシリーズを返す ・axis: 0または'index'なら行方向（デフォルト）、1または'columns'なら列方向
df.min(axis=None)	データフレームdfから平均値を求めてシリーズを返す ・axis: 0または'index'なら行方向（デフォルト）、1または'columns'なら列方向
df.pivot_table(values=None, index=None, columns=None, aggfunc='mean')	データフレームdfからピボットテーブル化したデータフレームを返す ・values: 集計対象とするカラム ・index: インデックスとして使用するカラム ・columns: カラムとして使用するカラム ・aggfunc: 集計方法を表す関数（デフォルト : mean）
df.plot(**kwargs)	データフレームdfのプロットを作成する ・kwargs: プロットに使用するパラメータ

まず、データフレームについていくつかの情報を取得してみましょう。**sample07_06.py**を実行してみてください。なお、対象のデータは前述の「data1.csv」としています。

sample07_06.py データフレームの情報を取得

```
1  import pandas as pd
2  
3  df = pd.read_csv(r'07\data\data1.csv')
4  print(df.info(), end='\n\n')
5  print(df.describe(), end='\n\n')
6  print(df.head(2), end='\n\n')
7  print(df.sample(2), end='\n\n')
8  print(df.tail(2), end='\n\n')
9  print(df.T.head(2))
```

■ 実行結果

```
1  <class 'pandas.core.frame.DataFrame'>
2  RangeIndex: 20 entries, 0 to 19
3  Data columns (total 5 columns):
4   #   Column  Non-Null Count  Dtype
5  ---  ------  --------------  -----
6   0   名前      20 non-null     object
7   1   ふりがな    20 non-null     object
8   2   アドレス    20 non-null     object
```

Chapter 07

```
 3   年齢      20 non-null     int64
 4   誕生日    20 non-null     object
dtypes: int64(1), object(4)
memory usage: 928.0+ bytes
None

              年齢
count  20.000000
mean   42.200000
std    14.296117
min    21.000000
25%    30.750000
50%    42.000000
75%    53.000000
max    65.000000

    名前        ふりがな        アドレス                      年齢   誕生日
0   柴田 陽子   しばた ようこ   shibata_youko@example.com     63    1956/7/30
1   門脇 遥     かどわき はるか kadowaki_haruka@example.com   27    1992/9/6

    名前        ふりがな        アドレス                      年齢   誕生日
6   小松 春樹   こまつ はるき   komatsu_haruki@example.com    22    1998/1/3
3   比嘉 エリカ ひよし えりか   hiyoshi_erika@example.com     65    1954/6/9

    名前        ふりがな        アドレス                      年齢   誕生日
18  牧瀬 鉄洋   まきせ てつひろ makise_tetsuhiro@example.com 23    1997/1/1
19  坂田 照生   さかた てるお   sakata_teruo@example.com      38    1981/2/28

            0         1        2        3          ... 16            17       18      19
名前        柴田 陽子  門脇 遥  片瀬 奈々 比嘉 エリカ ... 吉田 ジョージ 大槻 結子
牧瀬 鉄洋  坂田 照生
ふりがな   しばた ようこ  かどわき はるか  かたせ なな  ひよし えりか  ...  よしだ じょーじ  おお
つき ゆうこ  まきせ てつひろ  さかた てるお

[2 rows x 20 columns]
```

これらにより、生成したデータフレームの情報やいくつかのデータの様子を確認できます。

MEMO

pivot_tableメソッドやplotメソッドなど、集計やグラフ作成に使用するメソッドは16章で詳しく解説します。

7.2.6 データフレームのインデックス、カラムとデータ

index属性、columns属性は、それぞれインデックス、カラムを表します。データフレームをdfと

すると以下のように記述します。

```
df.index
```

```
df.columns
```

それらのインデックスやカラムが、データフレームの内部ではどのように取り扱われているのか、**sample07_07.py**を実行して確認してみましょう。データとしては前述の「data1.csv」を用います。

sample07_07.py データフレームのインデックスとカラム

```
1  import pandas as pd
2  
3  df = pd.read_csv(r'07\data\data1.csv')
4  print(df.index)
5  print(list(df.index))
6  print()
7  print(df.columns)
8  print(list(df.columns))
```

■ 実行結果

```
1  RangeIndex(start=0, stop=20, step=1)
2  [0, 1, 2, 3, 4, 5, 6, 7, 8, 9, 10, 11, 12, 13, 14, 15, 16, 17, 18, 19]
3  
4  Index(['名前', 'ふりがな', 'アドレス', '年齢', '誕生日'], dtype='object')
5  ['名前', 'ふりがな', 'アドレス', '年齢', '誕生日']
```

インデックス、カラムはいずれも、0からの連番であればRangeIndexオブジェクト、文字列であればIndexオブジェクトとして取り扱われています。これらはイミュータブルなシーケンスで、スライスをすることができるものです。また、list関数などでリスト化できます。

では、データはどのように保持されているか見てみましょう。データフレームdfのデータ本体はvalues属性で取り出すことができます。

```
df.values
```

values属性がどのようなものか、その値と型を調べてみましょう。「data1.csv」について、**sample07_08.py**を実行してみましょう。

sample07_08.py データフレームのデータ

```
import pandas as pd

df = pd.read_csv(r'07\data\data1.csv')
values = df.values
print(type(values))
print()
print(values)
```

■ 実行結果

```
<class 'numpy.ndarray'>

[['柴田 陽子' 'しばた ようこ' 'shibata_youko@example.com' 63 '1956/7/30']
 ['門脇 遥' 'かどわき はるか' 'kadowaki_haruka@example.com' 27 '1992/9/6']
 ['片瀬 奈々' 'かたせ なな' 'katase_nana@example.com' 53 '1967/1/28']
 ['比嘉 エリカ' 'ひよし えりか' 'hiyoshi_erika@example.com' 65 '1954/6/9']
# 以下略
```

type関数の結果は「numpy.ndarray」と出力されました。また、そのものを出力すると2次元リストの出力と酷似していることがわかりますね。

試しに、sample07_09.pyを実行して、データフレームのvalue属性についてfor文によるループ処理を行ってみましょう。

sample07_09.py データフレームのループ

```
import pandas as pd

df = pd.read_csv(r'07\data\data1.csv')
for record in df.values:
    print(record)
```

■ 実行結果

```
['柴田 陽子' 'しばた ようこ' 'shibata_youko@example.com' 63 '1956/7/30']
['門脇 遥' 'かどわき はるか' 'kadowaki_haruka@example.com' 27 '1992/9/6']
['片瀬 奈々' 'かたせ なな' 'katase_nana@example.com' 53 '1967/1/28']
['比嘉 エリカ' 'ひよし えりか' 'hiyoshi_erika@example.com' 65 '1954/6/9']
# 以下略
```

ループの結果も2次元リストのそれと非常に似ています。

この、データフレームのvalue属性で得られるオブジェクトは「ndarray」というオブジェクトです。PythonではNumPyとよばれる高速に数値計算を行う機能を提供するライブラリが提供されていて、たいへんよく用いられています。そのNumPyで、多次元のデータを扱うために提供されているのが

「ndarray」というオブジェクトです。pandasは、NumPyの機能を応用して作られていて、データフレームのデータをndarrayとして保持するように作られているのです。

NumPyも、その応用で作られているpandasも、ループなどを極力書かずに、かつ高速に処理できるように作られています。sample07_09.pyではデータフレームについてループ処理を用いました。しかし、実際のプログラミングにおいては、その多くはpandasの機能で完結できることも多いはずなので、ぜひ一度調べた上で、そちらを優先して使うようにしてください。自らループ処理を書くのは、優先順位としては次点の手段です。

7.2.7　csvファイルへの書き出し

データフレームをcsvファイルへ書き出す、to_csvメソッドについて見ていきましょう。データフレームをdfとすると、構文は以下になります[注8]。

```
df.to_csv(path_or_buf=None, header=True, index=True, mode='w',
encoding=None)
```

パラメータpath_or_bufは、書き出すcsvファイルのファイルパスを指定します。Noneを指定した場合、データフレームをcsv形式に変換した文字列を返します。パラメータheaderとパラメータindexは、それぞれカラムとインデックスを書き出すかどうかをブール値で指定するものです。

パラメータmodeは書き込むモードを指定するものです。デフォルトは'w'で、同じファイル名のcsvファイルがあった場合、それを上書きします。'a'を設定すると追記のモードになりますので、既存の同名ファイルがあれば、そのファイルの最後尾から書き込みをします。

パラメータencodingは、書き込む際に使用する文字コードを指定します。デフォルトは'utf-8'ですので、必要に応じて'cp932'などと指定をします。

では、**sample07_10.py**を実行してその動作を確認してみましょう。

sample07_10.py to_csvメソッド

```
1  import pandas as pd
2
3  data = {
4      '名前': ['スパム', '卵', 'ベーコン'],
5      '単価': [500, 168, 1250],
6      '個数': [3, 8, 1]
7  }
8  df = pd.DataFrame(data)
```

注8)　to_csvメソッドにはこれ以外にもたくさんのパラメータが用意されています。詳しくは公式ドキュメントをご覧ください。
https://pandas.pydata.org/docs/reference/api/pandas.DataFrame.to_csv.html#pandas.DataFrame.to_csv

```
 9  df.to_csv(r'07\foods.csv')
10  df.to_csv(r'07\foods.csv', header=False, index=False, mode='a')
```

実行をするとフォルダ「07」に「foods.csv」が作成されます。VS CodeのExplorerでクリックをすると開けますので確認してみましょう。すると、図7-7のように表示されます。

図7-7 to_csvメソッドによるcsvファイル

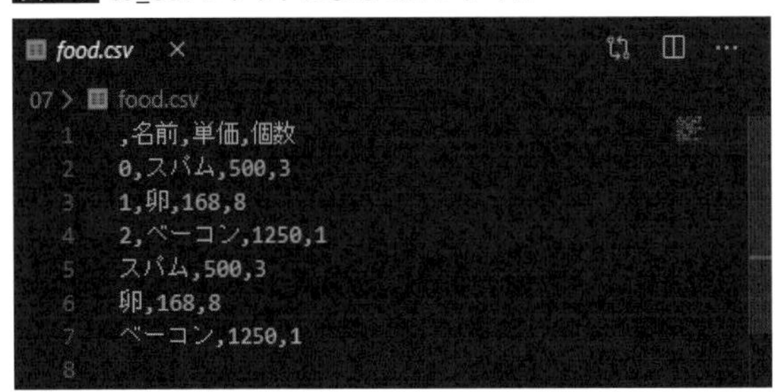

2回目のto_csvメソッドではパラメータmodeを'a'としたため追記になっています。しかし、パラメータindexをFalseにしたため、インデックスが書き出されずに1回目のデータと列ずれを起こしています。追記の際は、列がずれないように注意をしなければいけませんね。

7.2.8 Excelファイルへの書き出し

データフレームをExcelファイルへ書き出すにはto_excelメソッドを使用します。データフレームをdfとすると、構文は以下のとおりです[注9]。

```
df.to_excel(excel_writer, sheet_name='Sheet1', header=True, index=True)
```

パラメータexcel_writerに書き出すxlsxファイルのファイルパスを指定します。パラメータsheet_nameには書き出すシートのシート名を指定します。省略時は「Sheet1」というシート名になります。パラメータheaderとパラメータindexはそれぞれカラムとインデックスを書き出すかどうかをブール値で指定します。

簡単な例として、sample07_11.pyを実行してみましょう。

注9) to_excelメソッドにはこれ以外にもたくさんのパラメータが用意されています。詳しくは公式ドキュメントをご覧ください。
https://pandas.pydata.org/docs/reference/api/pandas.DataFrame.to_excel.html#pandas.DataFrame.to_excel

sample07_11.py to_excelメソッド

```
import pandas as pd

data = {
    '名前': ['スパム', '卵', 'ベーコン'],
    '単価': [500, 168, 1250],
    '個数': [3, 8, 1]
}
df = pd.DataFrame(data)
df.to_excel(r'07\foods.xlsx', sheet_name='シート1', index=False)
```

実行すると「07」フォルダに「foods.xlsx」ファイルが作成されます。Excelを用いて開くと、**図7-8**のようにデータフレームのデータが書き込まれていることが確認できます。

図7-8 to_excelメソッドによるxlsxファイル

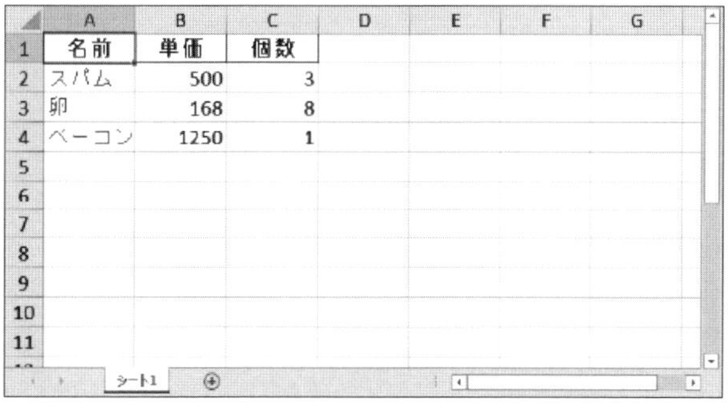

	A	B	C	D	E	F	G
1	名前	単価	個数				
2	スパム	500	3				
3	卵	168	8				
4	ベーコン	1250	1				
5							
6							
7							
8							
9							
10							
11							

シート1

なお、パラメータexcel_writerにファイルパスを指定しての書き込みでは単一のシートにのみ書き込みが可能です。また、to_excelメソッドでは既存ファイルへの追記はできませんが、その場合はデータフレームを連結してから書き出すという手段をとることができます。

MEMO

パラメータexcel_writerにExcelWriterオブジェクトを指定することもできます。ExcelWriterオブジェクトを使用すると、複数のデータフレームを別々のシートに書き出すなどより高度な書き出しが可能となります。

ここまでpandasについてその概要と一部の機能についてお伝えしてきました。しかし、紹介できたのはpandasのごく一部で、その機能はとても豊富です。ぜひ、都度調べながら活用して、使いこなせるようにしていきましょう。

7.3 ファイル・フォルダのパスを扱う: pathlib

7.3.1 pathlibとPathオブジェクト

「pathlib注10)」とは、ファイル・フォルダのパスを操作するためのモジュールです。ファイルやフォルダ自体やそのパス、ファイル名、拡張子の取得はもちろん、ファイルやフォルダの検索、作成、削除といった操作を行うことができます。

pathlibはPythonの組み込みモジュールです。ですから、すべてのPythonユーザーがインポートをするだけで使用できます。

MEMO

pathlibはPython3.4から追加されたモジュールです。それ以前は、パスの操作にはos.pathという組み込みモジュールを使用するのが一般的でしたが、pathlibのほうを優先的に使用して問題ないでしょう。

pathlibを使用する場合、一般的には以下のimport文でインポートを行います。

```
from pathlib import Path
```

pathlibでは、ファイルやフォルダのパスを「Pathオブジェクト」として操作します（**表7-4**）。Pathオブジェクトを生成することで、それが表すパスや、そのパスが表すファイルやフォルダを操作できます。

表7-4 pathlibで扱うデータ形式とクラス

クラス	データ形式	説明	例
Path	Pathオブジェクト	パスを表すオブジェクト	pathlib.Path('file.txt') pathlib.Path(r'07\data')

前述のimport文でpathlibをインポートしたのであれば、以下構文でPathオブジェクトを生成できます。

注10) Python公式サイト：https://docs.python.org/ja/3/library/pathlib.html?highlight=pathlib#module-pathlib

```
Path(*pathsegments)
```

パラメータpathsegmentsには主にパスを表す文字列を指定します。絶対パス、相対パスのどちらでも指定可能です。また、Pathオブジェクトや、部分パスを表す文字列の列挙を指定することも可能です。

また、Pathオブジェクトに対して演算子「/」でファイルやフォルダを表す文字列を結合して、新たなPathオブジェクトを生成できます。

では、これらの例を見ていきましょう。以下のようなフォルダ構成になっているとします。

```
nonpro-python
└07
  └data
  └foods.csv
```


その上で、sample07_12.pyを実行して、Pathオブジェクトの生成と結合について確認しましょう。

sample07_12.py Pathオブジェクトの生成

```
1  from pathlib import Path
2  
3  p = Path(r'07\foods.csv')
4  print(p)
5  print(Path('07', 'foods.csv'))
6  print(Path(p))
7  print(Path(r'C:\Users\ntaka\nonpro-python\07\foods.csv'))
8  
9  p_dir = Path('07')
10 print(p_dir)
11 print(p_dir / 'data')
```

■ 実行結果

```
1  07\foods.csv
2  07\foods.csv
3  07\foods.csv
4  C:\Users\ntaka\nonpro-python\07\foods.csv
5  07
6  07\data
```

なお、出力結果からわかるとおり、Pathオブジェクトのprint関数による出力はパスを表す文字列となります。コード内でPathオブジェクトのパスを文字列として扱いたいのであれば、str関数で文字列化して行います。

7.3.2 Pathオブジェクトの属性

Pathオブジェクトに対して、それが表すパス、ファイルまたはフォルダに対して、操作を行うための属性が用意されています。主な属性について、**表7-5**にまとめているのでご覧ください。

表7-5 Pathクラスの主な属性[注11)]

属性	説明
p.name	Pathオブジェクトpの名前を表す文字列
p.suffix	Pathオブジェクトpの拡張子を表す文字列
p.stem	Pathオブジェクトpの名前から拡張子を除いた文字列
p.parent	Pathオブジェクトpの親ディレクトリを表すPathオブジェクト
Path.cwd()	カレントディレクトリを表す新しいPathオブジェクトを返す
p.exists()	Pathオブジェクトpが存在しているかどうかを返す
p.resolve()	Pathオブジェクトpを絶対パスとしたPathオブジェクトを返す
p.relative_to()	Pathオブジェクトpを相対パスとしたPathオブジェクトを返す
p.is_dir()	Pathオブジェクトpがディレクトリかどうかを返す
p.is_file()	Pathオブジェクトpがファイルかどうかを返す
p.iterdir()	Pathオブジェクトpが表すディレクトリ内のPathオブジェクトの一覧を表すジェネレータを返す
p.glob(pattern)	Pathオブジェクトpが表すディレクトリ内について、文字列patternが表すPathオブジェクトの再帰的な一覧を表すジェネレータを返す
p.open(mode='r', encoding=None, newline=None)	Pathオブジェクトpをファイルオブジェクトとして開く ・mode: ファイルを開くモード ・encoding: 使用する文字コード ・newline: ユニバーサル改行モードの動作を制御する
p.mkdir(parents=False, exist_ok=False)	Pathオブジェクトpが表すディレクトリを作成する ・parents: 必要な中間ディレクトリもまとめて作成するかどうかを表すブール値 ・exists_ok: すでに存在しているディレクトリを指定してよいかどうかを表すブール値
p.unlink()	Pathオブジェクトpが表すファイルを削除する

cwdメソッドはクラスメソッドなので、インスタンスを生成せずにPathクラスに対して実行することができます。なお、カレントディレクトリとは、現在操作対象となっているディレクトリのことを指します。

注11）このほか、pathlibではファイルやフォルダの作成、リネーム、その他の操作を行う属性が提供されています。

MEMO

表7-5では「ディレクトリ」という単語が用いられていますが、これは「フォルダ」と同義ととらえて問題ありません。WindowsやMacなどいわゆる個人用PCでは「フォルダ」と表現されることが多いようです。本書では、章によって両方の表現を使用しています。

では、Pathオブジェクトのこれらの属性について、動作を確認してみましょう。以下のフォルダ構成になっているとします。

```
nonpro-python
└07
  └foods.csv
```

では、以下の**sample07_13.py**を実行してみましょう。とても簡単にパスについてのさまざまな情報を得ることができますね。

sample07_13.py Pathオブジェクトの属性

```
1  from pathlib import Path
2  
3  p_cwd = Path.cwd()
4  print(p_cwd)          #c:\Users\ntaka\nonpro-python
5  
6  p = Path(r'07\foods.csv')
7  print(p)              #07\foods.csv
8  print(p.name)         #foods.csv
9  print(p.suffix)       #.csv
10 print(p.stem)         #foods
11 print(p.parent)       #07
12 print(p.exists())     #True
13 print(p.is_file())    #True
14 print(p.is_dir())     #False
15 
16 p_abs = p.resolve()
17 print(p_abs)          #C:\Users\ntaka\nonpro-python\07\food.csv
18 print(p_abs.relative_to(Path.home())) #nonpro-python\07\food.csv
```

7.3.3 Pathオブジェクトによるループ

Pathオブジェクトが表すフォルダ内について反復処理を行う場合は、iterdirメソッドとglobメソッドが便利です。

Pathオブジェクトをpとすると、それぞれ構文は以下のとおりです。

```
p.iterdir()
```

```
p.glob(pattern)
```

iterdirメソッドは、Pathオブジェクトが表すフォルダ内のPathオブジェクトの一覧のジェネレータを返します。ですから、その戻り値はfor文の対象とすることができ、フォルダ内の各Pathオブジェクトを取り出しながらループ処理を行うことができます。

globメソッドは、Pathオブジェクトが表すフォルダ内のPathオブジェクトのうち、文字列patternにマッチしたもので構成されるジェネレータを返します。iterdirメソッドと同様、戻り値をfor文の対象にすることができます。文字列patternは、以下の記号を含めて取得する対象を表現します。

- ** : Pathオブジェクトとそのサブフォルダすべてを再帰的に走査
- * : 長さ0文字以上の任意の文字列
- ? : 任意の一文字
- [] : 特定の一文字

なお、角かっこ内にハイフン「-」を使用して「[0-9]」と範囲を指定したり、パイプ「|」を使用して「A|B」というように、「いずれか」を表現したりすることも可能です。

では、これらのメソッドについて使い方を見ていきましょう。フォルダ構成が以下のようになっているとします。

```
nonpro-python
 └07
   └data
     └data.xlsx
     └data1.csv
     └data2.csv
     └data3.csv
     └data4.csv
     └data5.csv
   └foods.csv
   └foods.xlsx
```

これに対して、以下の**sample07_14.py**を実行してみましょう。

sample07_14.py Pathオブジェクトのループ

```
1  from pathlib import Path
2  
3  p_dir = Path(r'07')
4  for p in (p_dir / 'data').iterdir():
5      print(p)
6  
7  print()
8  for p in p_dir.glob('**/*.xlsx'):
9      print(p)
10 
11 print()
12 for p in p_dir.glob('**/data[1|3].csv'):
13     print(p)
```

■ 実行結果

```
1  07\data\data.xlsx
2  07\data\data1.csv
3  07\data\data2.csv
4  07\data\data3.csv
5  07\data\data4.csv
6  07\data\data5.csv
7  
8  07\foods.xlsx
9  07\data\data.xlsx
10 
11 07\data\data1.csv
12 07\data\data3.csv
```

このようにフォルダ内のループもシンプルな表現で実現できます。

7.4 データを集めるツールを作る

では、pandasとpathlibを用いて、Excelファイルにデータを集めるツールを実際に作成していきましょう。

フォルダ構成は以下のようになっていて、「data」フォルダ配下のcsvファイルのデータを、同じフォルダの「data.xlsx」に集めたいというものです。

```
nonpro-python
└07
  └data
    └data1.csv
    └data2.csv
    └data3.csv
    └data4.csv
    └data5.csv
```

まず「07\data」フォルダ内のすべてのcsvファイルを読み取る必要があるので、pathlibを使ったループ処理を考えてみましょう。選択肢としては、iterdirメソッドかglobメソッドになります。globメソッドを使うとパターン「*.csv」を使って開くファイル形式をcsvファイルだけにしぼれますね。globメソッドを採用して、まずは**sample07_15.py**を作ってみました。

sample07_15.py フォルダ内のcsvファイル一覧を取り出す

```
1  import pathlib
2
3  my_path = pathlib.Path(r'07\data')
4
5  for p in my_path.glob('*.csv'):
6      print(p)
```

■ 実行結果

```
1  07\data\data1.csv
2  07\data\data2.csv
3  07\data\data3.csv
```

```
4  07\data\data4.csv
5  07\data\data5.csv
```

実行すると、無事にフォルダ内のPathオブジェクトをそれぞれ取得できていることが確認できます。

ところで、これらのcsvファイルを読み取るために、pandasのread_csv関数を使いたいわけですが、read_csv関数の引数にPathオブジェクトそのものを渡すことができるのでしょうか？　それとも、Pathオブジェクトをstr関数などで文字列に変換して渡す必要があるでしょうか？

では、その点を**sample07_16.py**を使って検証してみましょう。

sample07_16.py Pathオブジェクトを渡してcsvファイルを読み取る

```
1  import pathlib
2  import pandas as pd
3  
4  my_path = pathlib.Path(r'07\data')
5  
6  for p in my_path.glob('*.csv'):
7      df_current = pd.read_csv(p)
8      print(df_current.head(1))
```

■ 実行結果

```
1       名前      ふりがな      アドレス                       年齢  誕生日
2   0  柴田 陽子  しばた ようこ  shibata_youko@example.com    63   1956/7/30
3       名前      ふりがな      アドレス                       年齢  誕生日
4   0  尾上 大樹  おがみ ひろき  ogami_hiroki@example.com     46   1973/8/23
5       名前      ふりがな      アドレス                       年齢  誕生日
6   0  塚田 由樹  つかだ ゆき   tsukada_yuki@example.com     54   1965/8/6
7       名前      ふりがな      アドレス                       年齢  誕生日
8   0  米沢 徹    よねざわ とおる yonezawa_tohru@example.com  42   1977/6/10
9       名前      ふりがな      アドレス                       年齢  誕生日
10  0  池上 優    いけがみ ゆう  ikegami_yuu@example.com      62   1957/8/17
```

実行結果を見ると、無事に読み取れているようですね。

つまり、csvファイルを表すPathオブジェクトをread_csv関数に渡してデータフレームの生成を行うことができるというわけです。

では、続いて各ループで生成したデータフレームを連結して1つのデータフレームにまとめます。to_csvメソッドであれば、パラメータmodeを「'a'」に設定することでファイルへ追記が可能なのですが、to_excelメソッドではそのようにはできません。ですから、先にデータフレームを1つにまとめてから、Excelファイルに書き出す必要があります。

データフレームに行を追加するとき、appendメソッドを使用します。データフレームdfを対象とした場合、構文は以下のとおりです。

```
df.append(other, ignore_index=False)
```

パラメータotherには最後尾に追加するデータフレームを指定します。パラメータignore_indexは、既存のインデックスを使用するかどうかを指定するもので、Trueとすると0からの整数でインデックスを振り直します。

appendメソッドを用いて、完成させたものが**sample07_17.py**です。

sample07_17.py csvファイルのデータをまとめてExcelファイルに書き出す

```
 1  import pathlib
 2  import pandas as pd
 3
 4  my_path = pathlib.Path(r'07\data')
 5
 6  df = pd.DataFrame()
 7  for p in my_path.glob('*.csv'):
 8      df_current = pd.read_csv(p)
 9      df = df.append(df_current, ignore_index=True)
10
11  df.to_excel(r'07\data\data.xlsx')
```

実行すると、**図7-9**のようにcsvファイルのすべてのデータをExcelファイル「data.xlsx」にまとめることができていることがわかります。

図7-9 書き出されたExcelファイル

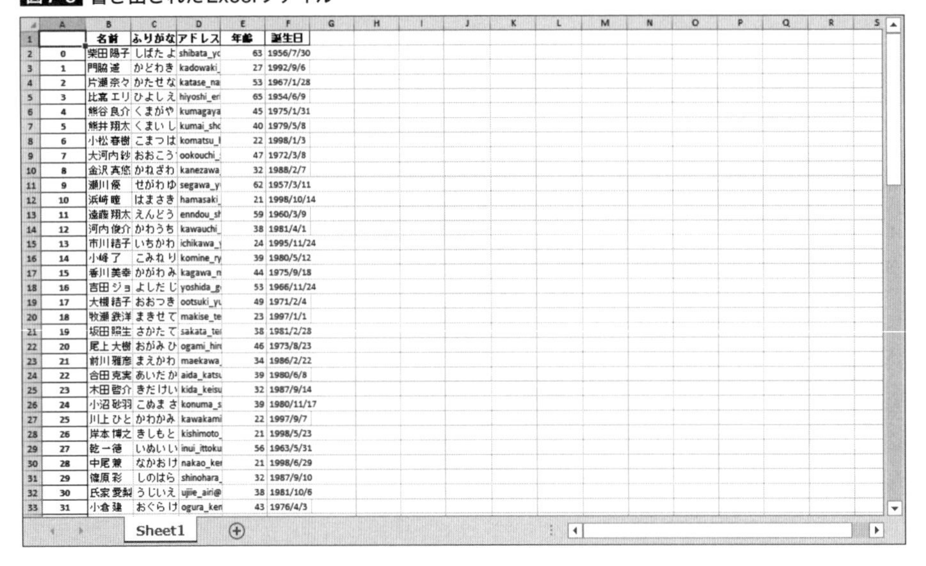

	A	B	C	D	E	F
1		名前	ふりがな	アドレス	年齢	誕生日
2	0	柴田 陽子	しばた よ	shibata_yo	63	1956/7/30
3	1	門脇 遥	かどわき	kadowaki_	27	1992/9/6
4	2	片瀬 奈々	かたせ な	katase_na	53	1967/1/28
5	3	比嘉 エリ	ひよし え	hiyoshi_eri	65	1954/6/9
6	4	熊谷 良介	くまがや	kumagaya	45	1975/1/31
7	5	熊井 翔太	くまい し	kumai_sho	40	1979/5/8
8	6	小松 春樹	こまつ は	komatsu_	22	1998/1/3
9	7	大河内 紗	おおこう	ookouchi_	47	1972/3/8
10	8	金沢 真悠	かねざわ	kanezawa_	32	1988/2/7
11	9	瀬川 優	せがわ ゆ	segawa_y	62	1957/3/11
12	10	浜崎 瞳	はまさき	hamasaki_	21	1998/10/14
13	11	遠藤 翔太	えんどう	enndou_sh	59	1960/3/9
14	12	河内 俊介	かわうち	kawauchi_	38	1981/4/1
15	13	市川 結子	いちかわ	ichikawa_y	24	1995/11/24
16	14	小峰 了	こみね り	komine_ry	39	1980/5/12
17	15	香川 美幸	かがわ み	kagawa_m	44	1975/9/18
18	16	吉田 ジョ	よしだ じ	yoshida_g	53	1966/11/24
19	17	大槻 結子	おおつき	ootsuki_yu	49	1971/2/4
20	18	牧瀬 鉄洋	まきせ て	makise_te	23	1997/1/1
21	19	坂田 照生	さかた て	sakata_te	38	1981/2/28
22	20	尾上 大樹	おがみ ひ	ogami_hir	46	1973/8/23
23	21	前川 雅彦	まえかわ	maekawa_	34	1986/2/22
24	22	合田 克実	あいだ か	aida_katsu	39	1980/6/8
25	23	木田 啓介	きだ けい	kida_keisu	32	1987/9/14
26	24	小沼 砂羽	こぬま さ	konuma_s	39	1980/11/17
27	25	川上 ひと	かわかみ	kawakami	22	1997/9/7
28	26	岸本 博之	きしもと	kishimoto_	21	1998/5/23
29	27	乾 一徳	いぬい い	inui_ittoku	56	1963/5/31
30	28	中尾 兼	なかお け	nakao_ken	21	1998/6/29
31	29	篠原 彩	しのはら	shinohara_	32	1987/9/10
32	30	氏家 愛梨	うじいえ	ujiie_airi@	38	1981/10/6
33	31	小倉 建	おぐら け	ogura_ken	43	1976/4/3

Sheet1

7章では、csvファイルのデータをExcelファイルにまとめるツールを作成しました。また、それを通して、データを扱うのに便利なpandasと、フォルダやファイルを操作するpathlibについて、その使い方を学びました。いずれも、ここで紹介できたのは、その提供されている機能のごく一部です。ぜひ、目的に応じて調べてみて、さらなる活用ができるようにしていきましょう。

さて、8章も「Excel操作」をテーマにします。Excelレポートを更新するツールの作り方を通して、PythonでExcelファイルを操作するための、別の方法を学んでいきましょう。

Column 1

Windowsの アプリケーションを起動する

1章の「1.2.1 ダブルクリックだけで仕事をはじめる」で紹介した、アプリケーションやファイルを開くツールの作り方を、3回のColumnにわけて解説します。まず、Excelなどのアプリケーションをシンプルに開く方法について見ていきましょう。

Pythonで他のアプリケーションを開いたり、実行したりするには、「プロセス」を操作する機能を提供する組み込みモジュールsubprocessを用います。以下のようにインポートします。

```
import subprocess
```

プログラムを起動するには、以下のPopenコンストラクタを使用します。

```
subprocess.Popen(args)
```

パラメータargsには、起動するプログラムのパスを表す文字列か、プログラムを表すシーケンスを指定します。

たとえば、column1.pyのように変数excelにExcelアプリケーションのファイルパスを指定すれば、Excelを開くことができます。

column1.py Excelアプリケーションの起動

```
1  import subprocess
2
3  excel = r'C:\Program Files\Microsoft Office\root\Office16\EXCEL.EXE'
4  subprocess.Popen(excel)
```

なお、VS Codeのデバッグ実行ではうまく起動しないことがありますので、その場合は右上の「▶」ボタン（Run Python File in Terminal）で実行するか、9章で紹介するpyファイルをダブルクリックにより起動する方法を使いましょう。

Chapter 08

Excelレポートを更新するツールを作ろう

8.1 Excelレポートを更新するツールの概要

8.1.1 PythonによるExcelファイルの更新

売上や販売数などの日々のデータをExcelレポートに追加・更新という業務は多く存在しています。Excelファイルへのデータ書き込みはpandasのto_excelメソッドでも可能ですが、その方法では、もともとからExcelファイルに含まれている書式設定やグラフなどを保持することができません。

たとえば、**図8-1**のようなExcelファイルがあるとします。

図8-1 テーブルとグラフを含むExcelファイル

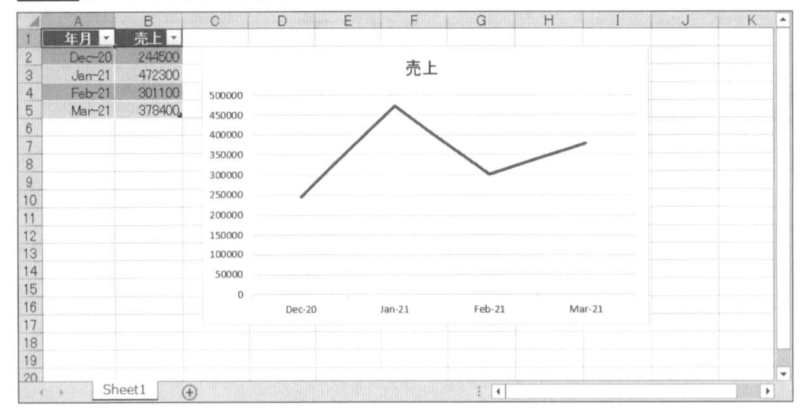

これに対して**sample08_01.py**を実行してみましょう。シンプルに「08\sample.xlsx」のデータを読み取り、同じファイルに書き込むというだけのプログラムです。

sample08_01.py pandasによるExcelファイルの更新

```
import pandas as pd

filename = r'08\sample.xlsx'
df = pd.read_excel(filename)
print(df.head())
df.to_excel(filename)
```

実行後、「08\sample.xlsx」を開いたものが**図8-2**のようになります。つまり、pandasによる書き込みの際に、テーブルや書式設定、グラフが失われてしまうのです。

図8-2 pandasによる書き込み後のExcelファイル

	A	B	C	D	E	F	G	H	I	J
1		年月	売上							
2	0	2020-12-01 00:00:00	244500							
3	1	2021-01-01 00:00:00	472300							
4	2	2021-02-01 00:00:00	301100							
5	3	2021-03-01 00:00:00	378400							

Sheet1

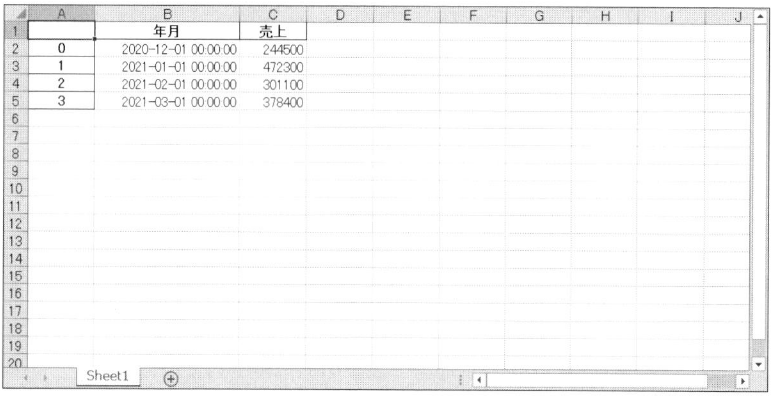

このように、pandasはデータそのもの以外についての操作、つまりExcelファイルの書式設定、テーブル、グラフなどの操作があまり得意ではありません。

書式設定やグラフなどを保持したり、操作したりする場合は、別のライブラリである「openpyxl（オープンパイエクセル、またはオープンパイエックスエル）」を使うことができます。ここでは、openpyxlを用いてExcelファイルの操作をする方法について学んでいきましょう。

8.1.2 レポートを更新するツール

では、今回目標とするツールについて確認していきましょう。まず、**図8-3**のようにフォルダ「data」の中に複数のExcelファイルが格納されています。店舗が複数あって、それぞれから日別の売上データがExcelファイルとして提出されたものを格納しているというイメージです。

図8-3 Excelファイルが格納されたフォルダ

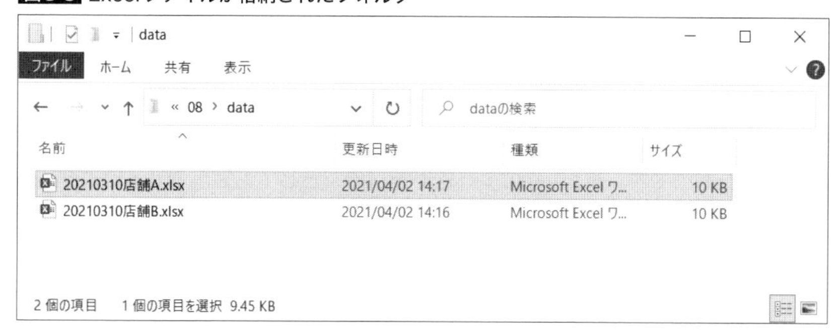

店舗ごとのExcelファイルはすべて同じフォーマットで、その内容は図8-4のようになっています。

図8-4 Excelファイルの内容

	A	B	C	D	E	F	G	H	I
1	2021/3/10	店舗B	商品1	78	78000				
2	2021/3/10	店舗B	商品2	66	79200				
3	2021/3/10	店舗B	商品3	90	135000				
4									
5									
6									
7									
8									
9									

data

一方で、これら各店舗のデータを集計するファイル「売上集計.xlsx」があります。データを蓄積する「data」シートと、集計した表とグラフによる「summary」シートで構成されています。

「data」シートは、各店舗のExcelファイルのデータをそのままの列構成で最下行に蓄積していったものです（図8-5）。

図8-5 売上集計.xlsxのdataシート

	A	B	C	D	E	F	G	H
1	日付	店舗	商品	個数	売上			
41	2021-03-07 0:00:00	店舗B	商品1	50	50000			
42	2021-03-07 0:00:00	店舗B	商品2	70	84000			
43	2021-03-07 0:00:00	店舗B	商品3	70	105000			
44	2021-03-08 0:00:00	店舗A	商品1	124	124000			
45	2021-03-08 0:00:00	店舗A	商品2	126	151200			
46	2021-03-08 0:00:00	店舗A	商品3	95	142500			
47	2021-03-08 0:00:00	店舗B	商品1	89	89000			
48	2021-03-08 0:00:00	店舗B	商品2	79	94800			
49	2021-03-08 0:00:00	店舗B	商品3	134	201000			
50	2021-03-09 0:00:00	店舗A	商品1	86	86000			
51	2021-03-09 0:00:00	店舗A	商品2	109	130800			
52	2021-03-09 0:00:00	店舗A	商品3	112	168000			
53	2021-03-09 0:00:00	店舗B	商品1	127	127000			
54	2021-03-09 0:00:00	店舗B	商品2	59	70800			
55	2021-03-09 0:00:00	店舗B	商品3	97	145500			
56								
57								

data　summary

「summary」シートは、「data」シートのデータをもとにExcelのワークシート関数を使って店舗ごとの販売数、売上を集計したものです。また、その集計結果をグラフとしても表示させています（図8-6）。

図8-6 売上集計.xlsxのsummaryシート

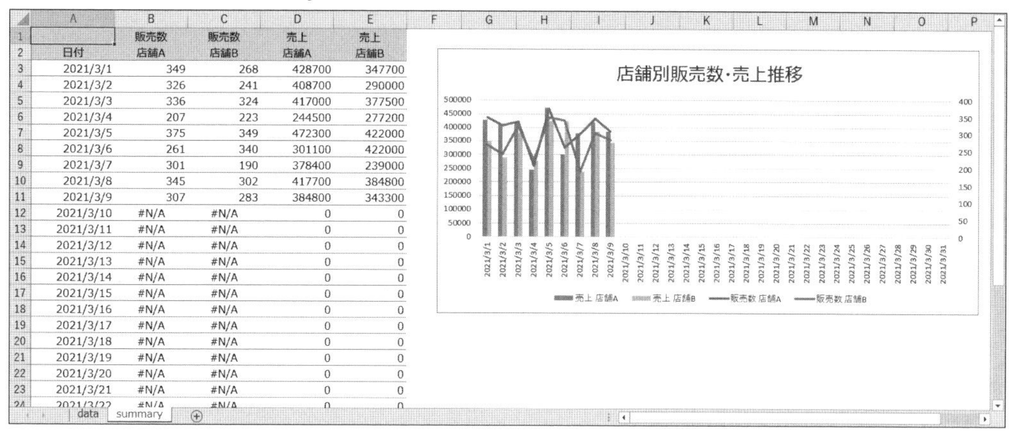

日付	販売数 店舗A	販売数 店舗B	売上 店舗A	売上 店舗B
2021/3/1	349	268	428700	347700
2021/3/2	326	241	408700	290000
2021/3/3	336	324	417000	377500
2021/3/4	207	223	244500	277200
2021/3/5	375	349	472300	422000
2021/3/6	261	340	301100	422000
2021/3/7	301	190	378400	239000
2021/3/8	345	302	417700	384800
2021/3/9	307	283	384800	343300
2021/3/10	#N/A	#N/A	0	0
2021/3/11	#N/A	#N/A	0	0
2021/3/12	#N/A	#N/A	0	0
2021/3/13	#N/A	#N/A	0	0
2021/3/14	#N/A	#N/A	0	0
2021/3/15	#N/A	#N/A	0	0
2021/3/16	#N/A	#N/A	0	0
2021/3/17	#N/A	#N/A	0	0
2021/3/18	#N/A	#N/A	0	0
2021/3/19	#N/A	#N/A	0	0
2021/3/20	#N/A	#N/A	0	0
2021/3/21	#N/A	#N/A	0	0

フォルダの構成は、以下のようにプロジェクトフォルダ「nonpro-python」→章を表すフォルダ「08」→データフォルダ「data」としています。

```
nonpro-python
 └08
   └売上集計.xlsx
   └data
     └20210310店舗A.xlsx
     └20210310店舗B.xlsx
```

各店舗の売上を毎日レポートするのであれば、各店舗からのExcelファイルのデータを「売上集計.xlsx」の「data」シートに蓄積する作業を毎日行う必要があります。その作業を、Pythonで自動化するのが本章での目標となります。

では、レポートを更新するツールのコードを**sample08_final.py**に掲載しておきます。

sample08_final.py レポートを更新するツール

```
1  import pathlib
2  from openpyxl import load_workbook
3  
4  my_path = pathlib.Path(r'08\data')
5  data = tuple()
6  for p in my_path.glob('*.xlsx'):
7      wb = load_workbook(p)
8      ws = wb.active
9      values = ws.values
```

```
10        data += tuple(values)
11
12    filename = r'08\売上集計.xlsx'
13    wb_summary = load_workbook(filename)
14    ws_data = wb_summary['data']
15
16    for row in data:
17        ws_data.append(row)
18
19    wb_summary.save(filename)
```

なお、この例ですが、集計表の作成やグラフの作成は事前準備としてExcelの機能だけで完結させています。Pythonではそれらの操作は行わずに、データの追加をするのみです。

openpyxlでは、集計表の作成、書式設定、グラフの作成などの豊富な機能が提供されています。しかし、それらを使うことでプログラムは複雑になり、開発と運用管理の難易度も上がっていきます。グラフの作成や集計表の作成は、Excelの基本機能で作っておき、それを使いまわしたほうがよいのです。

豊富なライブラリがあり、できることが多いというのはPythonの強みです。かといって、すべてのことをPythonだけで実現するのがベストというわけではありません。柔軟によい選択をしていくようにしましょう。

8.2 Excelファイルを操作する：openpyxl

8.2.1 openpyxlとワークブックの取得

「openpyxl[注1]」は、Excelファイルの操作を提供するライブラリです。具体的には、Excel 2010以降のxlsx/xlsm/xltx/xltmの拡張子を持つExcelファイルの操作を行うことができます。openpyxlはAnacondaに同梱されていますので、インポートをすれば使用できます。

たくさんのクラスが提供されていますが、その中でも基本となるクラスは**表8-1**に表すWorkbook、Worksheet、Cellの3つのクラスです。

表8-1 openpyxlの主なクラス

クラス	説明
Workbook	ワークブックを表す
Worksheet	ワークシートを表す
Cell	セルを表す

Excelファイルの操作の多くは、セルの値の取得や設定が最終的な目標になります。openpyxlでいうと、それはCellオブジェクトの操作となります。

目標とするCellオブジェクトを操作するまでの手順としては、まず最初に、ワークブックを表すWorkbookオブジェクトの作成または取得をし、次にその配下のWorksheetオブジェクト、そしてさらにその配下のCellオブジェクトを取得し、処理を施すという手順になります。

Workbookオブジェクトを取得するには、**表8-2**に挙げる2種類のどちらかを使用するのが一般的です。

注1）　openpyxl公式サイト：https://openpyxl.readthedocs.io/en/stable/index.html

表8-2 Workbookオブジェクトを取得する関数

関数	説明
openpyxl.Workbook()	ワークブックを作成してWorkbookオブジェクトを返す
openpyxl.load_workbook(filename, read_only=False, data_only=False)	ワークブックを開きWorkbookオブジェクトとして返す ・filename: ファイルパスやfileオブジェクト ・read_only: 読み取り専用で開くかどうかを表すブール値 ・data_only: 値のみを取得するかどうかを表すブール値

ワークブックを新たに作成するのであれば、openpyxlを以下のようにインポートします。

```
from openpyxl import Workbook
```

その上で、以下のようにWorkbookクラスのインスタンスを生成します。

```
Workbook()
```

例として、sample08_02.pyをご覧ください。

sample08_02.py ワークブックを作成

```
1  from openpyxl import Workbook
2
3  wb = Workbook()
4  print(type(wb))
```

■ 実行結果

```
<class 'openpyxl.workbook.workbook.Workbook'>
```

Workbookクラスのインスタンスを作成し、その型を表示するというものです。ただし、Excelファイル自体が作成されるわけではなく、そのためにはsaveメソッドで保存をする必要があります。保存については、次節で解説します。

一方で、既存のExcelファイルを開いてWorkbookオブジェクトとして取り扱うのであれば、以下のようにload_workbook関数をインポートします。

```
from openpyxl import load_workbook
```

その上で、以下のload_workbook関数を用いて既存のExcelファイルを開いてWorkbookオブジェクトとして操作をします。

```
load_workbook(filename, read_only=False, data_only=False)
```

パラメータfilenameには、開くExcelファイルを表すパスまたはfileオブジェクトを指定します。パラメータread_onlyは読み取り専用として開くかどうかをブール値で指定します。また、デフォルトでは、Excelに数式が含まれている場合、その数式自体が操作の対象となりますが、パラメータdata_onlyをTrueにすることで、その計算結果の値を操作の対象とします。

では、例として**sample08_03.py**を実行してみましょう。

sample08_03.py 既存のワークブックを開く

```
1  from openpyxl import load_workbook
2
3  filename = r'08\売上集計.xlsx'
4  wb_summary = load_workbook(filename)
5  print(wb_summary.sheetnames) #['data', 'summary']
```

「08\売上集計.xlsx」をWorkbookオブジェクトとして取得し、それに含まれるワークシート名のリストを出力します。なお、sheetnames属性は、Workbook含まれるワークシート名のリストを表す属性です。

8.2.2 ワークブックの操作

ワークブックを操作するWorkbookクラスの主な属性を**表8-3**にまとめます。配下のワークシートまたはその情報を取得する、ワークシートを新たに作成する、ワークブックを保存するといった機能が提供されています。

表8-3 Workbookクラスの主な属性

属性	説明
wb.active	ワークブックwbのアクティブなWorksheetオブジェクト
wb.sheetnames	ワークブックwbに含まれるワークシート名のリスト
wb.create_sheet(title=None, index=None)	ワークブックwbにワークシートを追加し、Worksheetオブジェクトとして返す ・title: ワークシート名を表す文字列 ・index: ワークシートを追加する場所を表すインデックス
wb.copy_worksheet(from_worksheet)	ワークブックwb内のワークシートfrom_worksheetをコピーし、Worksheetオブジェクトとして返す
wb.save(filename)	ワークブックwbを保存する ・filename: 保存する際のワークブック名

ワークブックwbのアクティブなワークシートを取得するのであれば、以下のactive属性を使うとシンプルです。

```
wb.active
```

ただ、ワークシートが複数存在する場合、状況によっては目的とは別のワークシートが「アクティブ」と判定される可能性があります。ワークブックにワークシートが1枚のみの場合であれば、常にアクティブとなりますので、そのような場合にのみ使用したほうがよいかもしれません。

ワークシートを取得するもうひとつの方法として、ワークシート名を指定して取得する方法があります。そのために、ワークブックwbに対して、角かっこ内にワークシート名sheetnameを指定する以下のような記法が用意されています。

```
wb[sheetname]
```

では、ワークシートの取得について**sample08_04.py**を実行してみましょう。なお、title属性はワークシートのシート名を表すものです。

sample08_04.py 既存のワークブックを開く

```
1  from openpyxl import load_workbook
2  
3  filename = r'08\売上集計.xlsx'
4  wb_summary = load_workbook(filename)
5  print(wb_summary.active.title)      #保存時にアクティブだったシート名
6  print(wb_summary['summary'].title) #summary
```

ワークシート名を指定すれば常に「summary」シートが取得できますが、active属性では保存時にアクティブだったワークシートが取得されます。保存時のアクティブシートを変更して試してみましょう。

また、ワークブックwbのすべてのワークシートについて何らかの処理を行いたい場合は、以下のようにfor文を使って、ワークブックに含まれるワークシートに対してループ処理を行うことができます。

```
for 変数 in wb:
    スイート
```

sample08_05.pyを実行して、ワークブックを対象としたループ処理について、その動作を確認しましょう。

sample08_05.py ワークブックのループ処理

```
1  from openpyxl import load_workbook
2
3  filename = r'08\売上集計.xlsx'
4  wb_summary = load_workbook(filename)
5
6  for sheet in wb_summary:
7      print(sheet.title)
```

■ 実行結果

```
1  data
2  summary
```

さて、WorkbookコンストラクタでWorkbookクラスのインスタンスを生成しただけでは、実ファイルとして作成されるわけではありません。Excelファイルを作成するには保存をする必要があります。また、load_workbook関数で既存のExcelファイルを開き、それに対して何らかの処理を施したとしても、それを保存しないとその変更は失われてしまいます。

Workbookオブジェクトwbの保存をするには、以下のsaveメソッドを用います。

```
wb.save(filename)
```

パラメータfilenameに指定したファイル名でWorkbookオブジェクトをExcelファイルとして保存します。

sample08_06.pyを実行すると、フォルダ「08」内に新たなExcelファイル「test.xlsx」が作成されますので、確認してみてください。

sample08_06.py ワークブックを保存する

```
1  from openpyxl import Workbook
2
3  wb = Workbook()
4  wb.save(r'08\test.xlsx')
```

8.2.3 ワークシートの操作

ワークシートを操作するWorksheetクラスの主な属性を**表8-4**にまとめています。ワークシート上のセルまたはセル範囲についての情報やオブジェクトを取得するものが中心となっています。

表8-4 Worksheetクラスの主な属性

属性	説明
ws.title	ワークシートwsのシート名
ws.rows	Worksheetオブジェクトws上の行単位のセル範囲のジェネレータ
ws.columns	Worksheetオブジェクトws上の列単位のセル範囲のジェネレータ
ws.values	Worksheetオブジェクトws上の行単位のタプルのジェネレータ
ws.row_dimensions	Worksheetオブジェクトws上の行の表示プロパティを表すRowDimensionオブジェクト
ws.column_dimensions	Worksheetオブジェクトws上の列の表示プロパティを表すColumnDimensionオブジェクト
ws.cell(row, column, value=None)	Worksheetオブジェクトws上のCellオブジェクトを返す ・row: 行を表すインデックス ・column: 列を表すインデックス ・value: セルの値
ws.iter_rows(min_row=None, max_row=None, min_col=None, max_col=None, values_only=False)	Worksheetオブジェクトws上の行単位のセル範囲のジェネレータを返す ・min_col: 範囲の開始列を表すインデックス ・min_row: 範囲の開始行を表すインデックス ・max_col: 範囲の最終列を表すインデックス ・max_row: 範囲の最終行を表すインデックス ・values_only: 値のみを返すかどうか
ws.iter_cols(min_row=None, max_row=None, min_col=None, max_col=None, values_only=False)	Worksheetオブジェクトws上の列単位のセル範囲のジェネレータを返す ・min_col: 範囲の開始列を表すインデックス ・min_row: 範囲の開始行を表すインデックス ・max_col: 範囲の最終列を表すインデックス ・max_row: 範囲の最終行を表すインデックス ・values_only: 値のみを返すかどうか
ws.append(iterable)	Worksheetオブジェクトwsの最後に値のグループを追加する ・iterable: リストや辞書などのイテラブル
ws.add_image(img, anchor=None)	Worksheetオブジェクトwsに画像を挿入する ・img: 画像を表すImageオブジェクト ・anchor: 貼り付けるセルのアドレスを表す文字列

ワークシートws上のセルを取得するには、角かっこ内にセル範囲を表す文字列rangeを指定する、以下のような記法が用意されています。

```
ws[range]
```

文字列rangeには「A1」や「A1:B2」さらに「1:1」「A:A」といったセルまたはセル範囲のアドレスを表す文字列を指定します。単体のセルを表すのであればCellオブジェクト、セル範囲を表すのであればCellオブジェクトを含む2次元のタプルを取得します。

sample08_07.pyを実行して確認してみましょう。

sample08_07.py セル・セル範囲の取得

```
1  from openpyxl import load_workbook
2  
3  filename = r'08\data\20210310店舗A.xlsx'
4  wb = load_workbook(filename)
5  ws = wb.active
6  
7  c = ws['A1']
8  print(c, type(c))
9  
10 rng = ws['A1:B2']
11 print(rng, type(rng))
```

■ 実行結果

```
1  <Cell 'data'.A1> <class 'openpyxl.cell.cell.Cell'>
2  ((<Cell 'data'.A1>, <Cell 'data'.B1>), (<Cell 'data'.A2>, <Cell 'data'.B2>))
   <class 'tuple'>
```

Cellオブジェクトはprint関数で出力すると「<Cell 'data'.B1>」と表現されます。角かっこ内にセル範囲を表す文字列を指定した場合、2次元のタプルになっていることが確認できます。

ワークシートwsから単体のセルをCellオブジェクトとして取得するのであれば、cellメソッドを使用することもできます。cellメソッドでは、セルの位置を行番号row、列番号columnで表すことができます。

```
ws.cell(row, column, value=None)
```

パラメータrowとパラメータcolumnには1以上の整数を指定します。また、パラメータvalueは省略可能ですが、指定すると対象のセルに値を設定できます。

sample08_08.pyを実行して、cellメソッドの動作を確認してみましょう。なお、value属性はセルの値を表す属性です。

sample08_08.py cellメソッド

```
1  from openpyxl import load_workbook
2  
3  filename = r'08\data\20210310店舗A.xlsx'
4  wb = load_workbook(filename)
5  ws = wb.active
6  
```

```
c = ws.cell(1, 3)
print(c.value) #商品1

c = ws.cell(4, 4, value=100)
print(c.value) #100

wb.save(filename)
```

実行後にExcelファイル「20210310店舗A.xlsx」を開いたものが**図8-7**です。D4セルに「100」と入力されていますね。

図8-7 cellメソッドによるセルの値の設定

	A	B	C	D	E	F	G	H	I
1	2021/3/10	店舗A	商品1	66	66000				
2	2021/3/10	店舗A	商品2	142	170400				
3	2021/3/10	店舗A	商品3	124	186000				
4				100					
5									
6									
7									
8									
9									

data

❶ D4セルに「100」が設定された

8.2.4 セル範囲のループ

Worksheetクラスでは、ワークシート上のセル範囲についてループをするいくつかの選択肢が用意されています。

まず、ワークシートwsに対してiter_rowsメソッドおよびiter_colsメソッドを使う方法があります。これらは指定したセル範囲について行方向または列方向へのループを実現するジェネレータを返します。ループ処理において取り出せる要素は行または列を表すタプルとなります。

```
ws.iter_rows(min_row=None, max_row=None, min_col=None, max_col=None,
values_only=False)
```

```
ws.iter_cols(min_row=None, max_row=None, min_col=None, max_col=None,
values_only=False)
```

パラメータはそれぞれ以下を表します。

- min_row: 範囲の開始行を表す1以上の整数。既定値は1
- max_row: 範囲の最終行を表す1以上の整数。既定値は使用されている最終行番号
- min_col: 範囲の開始列を表す1以上の整数。既定値は1
- max_col: 範囲の最終列を表す1以上の整数。既定値は使用されている最終列番号

また、パラメータvalues_onlyをTrueにすると、ループで取り出されるタプルの要素はCellオブジェクトではなく、セルに設定されている値となります。

iter_rowsメソッドおよびiter_colsメソッドで行番号、列番号に関するパラメータをすべて省略した場合は、ワークシートws上のデータのある範囲すべてが取得の対象になります。その場合は代わりに以下のrows属性、columns属性を使うことができます。

```
ws.rows
```

```
ws.columns
```

では、これらの属性の動作を確認するために、**sample08_09.py**を実行してみましょう。

sample08_09.py セル範囲のループ

```
1  from openpyxl import load_workbook
2  
3  filename = r'08\data\20210310店舗A.xlsx'
4  wb = load_workbook(filename)
5  ws = wb.active
6  
7  for row in ws.rows:
8      print(row)
9  
10 print()
11 for row in ws.iter_rows(min_row=1, max_row=2, min_col=3, max_col=4):
12     print(row)
13 
14 print()
15 for col in ws.columns:
16     print(col)
17 
18 print()
19 for col in ws.iter_cols(min_row=1, max_row=2, min_col=3, max_col=4):
20     print(col)
```

■ 実行結果

```
(<Cell 'data'.A1>, <Cell 'data'.B1>, <Cell 'data'.C1>, <Cell 'data'.D1>, <Cell 'data'.E1>)
(<Cell 'data'.A2>, <Cell 'data'.B2>, <Cell 'data'.C2>, <Cell 'data'.D2>, <Cell 'data'.E2>)
(<Cell 'data'.A3>, <Cell 'data'.B3>, <Cell 'data'.C3>, <Cell 'data'.D3>, <Cell 'data'.E3>)

(<Cell 'data'.C1>, <Cell 'data'.D1>)
(<Cell 'data'.C2>, <Cell 'data'.D2>)

(<Cell 'data'.A1>, <Cell 'data'.A2>, <Cell 'data'.A3>)
(<Cell 'data'.B1>, <Cell 'data'.B2>, <Cell 'data'.B3>)
(<Cell 'data'.C1>, <Cell 'data'.C2>, <Cell 'data'.C3>)
(<Cell 'data'.D1>, <Cell 'data'.D2>, <Cell 'data'.D3>)
(<Cell 'data'.E1>, <Cell 'data'.E2>, <Cell 'data'.E3>)

(<Cell 'data'.C1>, <Cell 'data'.C2>)
(<Cell 'data'.D1>, <Cell 'data'.D2>)
```

それぞれの属性とその設定に応じた範囲、方向でイテレーションが行われていることを確認しましょう。

セルの書式設定などの操作が不要なのであれば、多くの場合はCellオブジェクトではなく値のみを取得できればよいわけです。iter_rowsメソッドやiter_colsメソッドで、パラメータvalues_onlyをTrueに設定することでも実現できますが、ワークシートのデータのある範囲すべてが対象なら、シンプルに以下のvalues属性を使用できます。

```
ws.values
```

では、values属性によるループについて見てみましょう。sample08_10.pyをご覧ください。

sample08_10.py values属性

```python
from openpyxl import load_workbook

filename = r'08\data\20210310店舗A.xlsx'
wb = load_workbook(filename)
ws = wb.active

for row in ws.values:
    print(row)
```

■ 実行結果

```
1  (datetime.datetime(2021, 3, 10, 0, 0), '店舗A', '商品1', 66, 66000)
2  (datetime.datetime(2021, 3, 10, 0, 0), '店舗A', '商品2', 142, 170400)
3  (datetime.datetime(2021, 3, 10, 0, 0), '店舗A', '商品3', 124, 186000)
```

このように、行ごとにタプルが生成されますので、「row[3]」というようにインデックスを指定することで欲しい値を取り出すことができるわけです。

MEMO

「datetime.datetime(2020, 3, 10, 0, 0)」は、datetimeモジュールのdatetimeオブジェクトで、日時を表すことができます。datetimeモジュールについては9章で詳しく解説します。

さて、これらの属性を使用するにあたり、対象となるExcelファイルのデータの持ち方はとても重要です。たとえば、対象となるExcelファイルについて、以下のようなつくりにしているとします。

- 1行目に空行、A列に空列
- B2:B4とC2:C4のセルが結合
- E5とF5に合計を求める計算式

つまり、図8-8のような状態です。

図8-8 Excelファイルのデータの持ち方

	A	B	C	D	E	F	G	H	I	J
1										
2		2020/3/11	店舗A	商品1	66	66000				
3				商品2	142	170400				
4				商品3	124	186000				
5					332	422400				
6										
7										
8										
9										
10										

data

このExcelファイルを対象として、sample08_10.pyを実行すると、以下のような結果が得られます。

■ 実行結果

```
1  (None, None, None, None, None, None)
2  (None, datetime.datetime(2021, 3, 10, 0, 0), '店舗A', '商品1', 66, 66000)
3  (None, None, None, '商品2', 142, 170400)
```

```
4  (None, None, None, '商品3', 124, 186000)
5  (None, None, None, None, '=SUM(E2:E4)', '=SUM(F2:F4)')
```

空行、空列、セル結合の基点以外のセル、データ範囲内の空欄セルにはすべて「None」が設定されています。このデータをPythonで扱うためには、余計なNoneを取り除いたり、商品2や商品3の行に日付や店舗のデータを再設定したりといった、複雑な処理が必要になってしまいます。

このような手間を削減するために、取り込むデータの持ち方には注意を払う必要があります。具体的には、以下のようなことに気をつけておくとよいでしょう。

- 空行、空列は入れない
- セル結合は使わない
- 隙間なくデータを入力する
- 計算式による集計は別シートで行う

8.2.5 セルの操作

Cellオブジェクトは単体のセルを表します。Cellクラスの主な属性を**表8-5**にまとめています。

表8-5 Cellクラスの主な属性

属性	説明
c.value	Cellオブジェクトcの値
c.row	Cellオブジェクトcの行インデックス
c.column	Cellオブジェクトcの列インデックス

openpyxlのCellオブジェクトが表すのは常に単体のCellオブジェクトです。セル範囲を表現するときには、Cellオブジェクトの2次元タプルとなります。

簡単な例ですが、**sample08_11.py**を実行して、各属性の出力を見てみましょう。

sample08_11.py Cellクラスの属性

```
1  from openpyxl import load_workbook
2  
3  filename = r'08\data\20210310店舗A.xlsx'
4  wb = load_workbook(filename)
5  ws = wb.active
6  c = ws['C2']
```

```
7 print(c.value)  #商品2
8 print(c.row)    #2
9 print(c.column) #3
```

なお、Cellクラスの配下には、例として以下のようなオブジェクトが存在していて、それによりさまざまな書式設定を行うことができます。

- Font: サイズ、色、下線などフォントに関する設定をするオブジェクト
- Fill: セルの塗りつぶしの設定をするオブジェクト
- Border: セルの枠線を設定するオブジェクト
- Alignment: セルの配置を設定するオブジェクト

ただし、Pythonをはじめプログラミングは、これらの書式設定をうまくこなし「よい見た目」を作るのは、あまり得意ではありません。Excelの基本機能を使って、人間の目で確認しながら作業をしたほうが、多くの場合でよいものが早くできます。

人間とコンピュータのそれぞれの得意分野をいかして、うまくツールを構成するようにしましょう。

8.2.6 セルに値を設定する

セルに値を設定する場合、単体セルであればCellオブジェクトのvalue属性を使用できます。Cellオブジェクトcに値を設定するのであれば、以下構文を左辺として値を代入します。

```
c.value
```

しかし、多くの場合は、単体セルではなく、範囲でまとめて値を設定したいことでしょう。その場合は、Worksheetクラスのappendメソッドを使用します。

```
ws.append(iterable)
```

Worksheetオブジェクトのデータ範囲の最後尾に、イテラブルiterableを追加するというものです。

では、例として**sample08_12.py**を実行してみましょう。Excelファイル「08\data\20210310店舗A.xlsx」のアクティブシートの最後尾に1行分のデータを追加しつつ、C4セルの値を設定して書き換えるというものです。

sample08_12.py セルに値を設定する

```
1  from openpyxl import load_workbook
2  
3  filename = r'08\data\20210310店舗A.xlsx'
4  wb = load_workbook(filename)
5  ws = wb.active
6  
7  record = ['2020/03/10', '店舗A', '商品1', 66, 66000]
8  ws.append(record)
9  
10 c = ws['C4']
11 c.value = '商品4'
12 
13 wb.save(filename)
```

実行後にExcelファイル「08\data\20210310店舗A.xlsx」を開くと、**図8-9**のようにデータの追加と変更がされていることを確認できます。

図8-9 セルの値の設定と変更

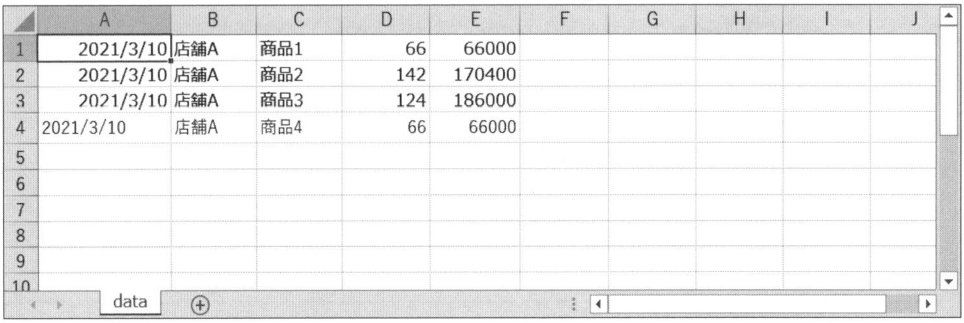

	A	B	C	D	E	F	G	H	I	J
1	2021/3/10	店舗A	商品1	66	66000					
2	2021/3/10	店舗A	商品2	142	170400					
3	2021/3/10	店舗A	商品3	124	186000					
4	2021/3/10	店舗A	商品4	66	66000					
5										
6										
7										
8										
9										
10										

data

MEMO

次節の準備として、sample08_12.pyで追加した4行目のデータは削除しておきましょう。その際、[Delete] キーでセルの値をクリアするのではなく、行全体を削除するようにしてください。セルをクリアしたとしても、openpyxlはそのセルを未だ「使用している」と認識するので、value属性などの取得範囲に含まれてしまうのです。

8.3

Excelレポートを更新するツール

では、openpyxlを用いて、Excelファイルのレポートを更新するツールを作成していきましょう。

フォルダ構成は以下のようになっていて、「data」フォルダ配下Excelファイルのデータを、「売上集計.xlsx」にまとめていくというものです。

```
nonpro-python
└08
  └売上集計.xlsx
  └data
    └20210310店舗A.xlsx
    └20210310店舗B.xlsx
```

「売上集計.xlsx」には、データを追加するシート「data」と、それをもとに表やグラフで集計しているシート「summery」の2つがあります。「summery」シートは「data」シートを元に自動で更新されるもので、Pythonで実際に操作をするのは「data」シートのみとなることに注意しておいてください。

まず、「data」フォルダ配下Excelファイルのデータを集める処理から考えていきましょう。7章と同様に、pathlibモジュールのglobメソッドを使用できますね。各Excelファイルをopenpyxlのload_workbook関数で開き、そのアクティブシートをactive属性で取得します。アクティブシートの値をvalues属性で取得し、2次元タプルとしてまとめていきます。

ここまでをコード化したものが、**sample08_13.py**です。

sample08_13.py フォルダ内のExcelファイルからデータを集める

```
1  import pathlib
2  from openpyxl import load_workbook
3  
4  my_path = pathlib.Path(r'08\data')
5  data = tuple()
6  for p in my_path.glob('*.xlsx'):
7      wb = load_workbook(p)
8      ws = wb.active
9      values = ws.values
```

```
10      data += tuple(values)
11
12  for record in data:
13      print(record)
```

■ 実行結果

```
1  (datetime.datetime(2021, 3, 10, 0, 0), '店舗A', '商品1', 66, 66000)
2  (datetime.datetime(2021, 3, 10, 0, 0), '店舗A', '商品2', 142, 170400)
3  (datetime.datetime(2021, 3, 10, 0, 0), '店舗A', '商品3', 124, 186000)
4  (datetime.datetime(2021, 3, 10, 0, 0), '店舗B', '商品1', 78, 78000)
5  (datetime.datetime(2021, 3, 10, 0, 0), '店舗B', '商品2', 66, 79200)
6  (datetime.datetime(2021, 3, 10, 0, 0), '店舗B', '商品3', 90, 135000)
```

Worksheetオブジェクトのvalues属性は2次元タプルですから、その結合により生成されるものも2次元タプルになります。for文のループにより、その要素を取り出して出力すると、行単位のデータのタプルであることがわかります。

では、「売上集計.xlsx」の「data」シートに、これらのデータを追加していく処理を作成していきましょう。

load_workbook関数で「売上集計.xlsx」を開き、「data」シートを取得します。追加データの変数dataは2次元タプルですから、for文により1行ずつループさせてappendメソッドで追加します。そして、最後にsaveメソッドで保存をすれば完了です。

この部分を追加したものが、**sample08_14.py**となります。

sample08_14.py Excelファイルのレポートを更新する

```
1   import pathlib
2   from openpyxl import load_workbook
3
4   my_path = pathlib.Path(r'08\data')
5   data = tuple()
6   for p in my_path.glob('*.xlsx'):
7       wb = load_workbook(p)
8       ws = wb.active
9       values = ws.values
10      data += tuple(values)
11
12  filename = r'08\売上集計.xlsx'
13  wb_summary = load_workbook(filename)
14  ws_data = wb_summary['data']
15
16  for row in data:
17      ws_data.append(row)
18
19  wb_summary.save(filename)
```

このプログラムを実行後、「売上集計.xlsx」を開いてみましょう。「data」シートが図8-10、「summary」シートが図8-11です。

図8-10 openpyxlによるデータの追加

	A	B	C	D	E
1	日付	店舗	商品	個数	売上
49	2021-03-08 0:00:00	店舗B	商品3	134	201000
50	2021-03-09 0:00:00	店舗A	商品1	86	86000
51	2021-03-09 0:00:00	店舗A	商品2	109	130800
52	2021-03-09 0:00:00	店舗A	商品3	112	168000
53	2021-03-09 0:00:00	店舗B	商品1	127	127000
54	2021-03-09 0:00:00	店舗B	商品2	59	70800
55	2021-03-09 0:00:00	店舗B	商品3	97	145500
56	2021-03-10 0:00:00	店舗A	商品1	66	66000
57	2021-03-10 0:00:00	店舗A	商品2	142	170400
58	2021-03-10 0:00:00	店舗A	商品3	124	186000
59	2021-03-10 0:00:00	店舗B	商品1	78	78000
60	2021-03-10 0:00:00	店舗B	商品2	66	79200
61	2021-03-10 0:00:00	店舗B	商品3	90	135000
62					
63					

data　summary

図8-11 表とグラフによるレポートの更新

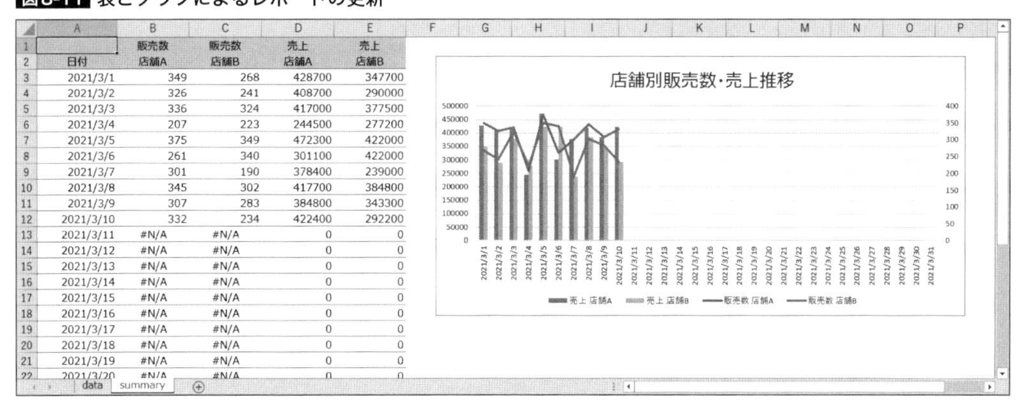

	A	B	C	D	E
1		販売数	販売数	売上	売上
2	日付	店舗A	店舗B	店舗A	店舗B
3	2021/3/1	349	268	428700	347700
4	2021/3/2	326	241	408700	290000
5	2021/3/3	336	324	417000	377500
6	2021/3/4	207	223	244500	277200
7	2021/3/5	375	349	472300	422000
8	2021/3/6	261	340	301100	422000
9	2021/3/7	301	190	378400	239000
10	2021/3/8	345	302	417700	384800
11	2021/3/9	307	283	384800	343300
12	2021/3/10	332	234	422400	292200
13	2021/3/11	#N/A	#N/A	0	0
14	2021/3/12	#N/A	#N/A	0	0
15	2021/3/13	#N/A	#N/A	0	0
16	2021/3/14	#N/A	#N/A	0	0
17	2021/3/15	#N/A	#N/A	0	0
18	2021/3/16	#N/A	#N/A	0	0
19	2021/3/17	#N/A	#N/A	0	0
20	2021/3/18	#N/A	#N/A	0	0
21	2021/3/19	#N/A	#N/A	0	0
22	2021/3/20	#N/A	#N/A	0	0

「data」シートには「2021-03-10」分のデータが追加されており、「summary」シートにはその結果が表とグラフに反映されていることが確認できます。

なお、sample08_14.pyのExcelファイルからのデータの読み取りとデータの結合については、pandasのread_excel関数とデータフレームを使うこともできます。**sample08_15.py**に、pandasを用いた例を掲載していますので、比較してみましょう。

sample08_15.py pandasを用いたExcelファイルのレポート更新

```
import pathlib
import pandas as pd
from openpyxl import load_workbook

my_path = pathlib.Path(r'08\data')
df = pd.DataFrame()
for p in my_path.glob('*.xlsx'):
    df_current = pd.read_excel(p, header=None)
    df = df.append(df_current, ignore_index=True)

filename = r'08\売上集計.xlsx'
wb_summary = load_workbook(filename)
ws_data = wb_summary['data']

for row in df.values:
    ws_data.append(tuple(row))

wb_summary.save(filename)
```

8章では、Excelファイルのデータをもとに、レポートを更新するツールを作成しました。また、そのためにExcelファイルを操作するopenpyxlとその使い方について学びました。

ここではまた、すべての処理をPythonでやればよいというわけではなく、人間がExcelの基本機能を用いて行ったほうが効果的な部分もあるということも強調しました。ぜひ、最適な分担について柔軟に考えるようにしていきましょう。

さて、9章ではインターフェースを作成していきます。これにより、Pythonプログラムの起動や操作をUIから行えるようになります。

Chapter

09

Pythonを動かすインターフェースを作ろう

9.1 出退勤ツールの概要

9.1.1 Pythonでインターフェースを作成する

Pythonのプログラムは VS Code上で実行できますが、ふだん使うツールを実行するのに毎回VS Codeを開くのは少し面倒です。

多くの文献では、コマンドプロンプトやPowerShell、ターミナルなどでコマンドを打ち込んでPythonプログラムを実行する方法が紹介されています。このような、文字入力により操作するインターフェースを「CUI (Character User Interface)」といいます。しかし、ふだんからCUIに慣れ親しんでいないノンプログラマーからすると、Pythonの実行のためだけにCUIを導入するのは抵抗があるかもしれません。

一方で、ボタンや入力ボックスなどのインターフェースを用いて、Pythonプログラムを実行するというアイデアがあります。そのような、グラフィカルなインターフェースを用いて操作できるインターフェースを「GUI (Graphical User Interface)」といいます。GUIを用いることで、わかりやすい慣れ親しんだインターフェースでPythonプログラムの操作が可能となります。

ここでは、PythonでGUIによるインターフェースを作成するための機能を提供するパッケージ「tkinter (ティーケイインター)」とその使い方について紹介します。また、日時を操作する「datetime (デイトタイム)」モジュールについても学ぶことができます。

9.1.2 出退勤ツール

この章で題材となる、出退勤ツールの概要についてお伝えしておきましょう。出退勤ツールのインターフェースは、図9-1のように「出勤」ボタン、「退勤」ボタン、そして入力用のテキストボックスで構成されています。

図9-1 出退勤ツールのインターフェース

出退勤ツール

出勤	退勤	Hello!

このインターフェースを操作することにより、プロジェクト内の「09\出退勤記録.xlsx」ファイルに対して出勤日時、退勤時刻、またそれぞれについてメモを記録することができます。「09\出退勤記録.xlsx」ファイルのシートは、図9-2のようになります。

図9-2 「出退勤記録.xlsx」ファイル

	A	B	C	D	E	F	G	H
1	日付	出勤	出勤メモ	退勤	退勤メモ			
2	2021-03-27	12:26:16	Hello	13:15:34	good bye			
3	2021-03-28	13:17:49		13:17:50				
4	2021-03-30	10:56:11	おはようございます	10:56:18	さようなら			
5								
6								
7								
8								

Sheet1

出退勤ツールは、以下のような動作をします。

1. 「出勤」ボタンをクリックするとアクティブシートの最終行の次の行に、以下を記録する
   a. A列「日付」: クリック時の日付
   b. B列「出勤」: クリック時の時刻
   c. C列「出勤メモ」: クリック時のテキストボックスの入力内容
2. 「退勤」ボタンをクリックするとアクティブシートの最終行(出勤記録がある)に以下を記録する
   a. D列「退勤」: クリック時の時刻
   b. E列「退勤メモ」: クリック時のテキストボックスの入力内容

この出退勤ツールのコードをsample09_final.pyに掲載しておきます。

sample09_final.py 出退勤ツール

```
1  import tkinter as tk
2  from tkinter import ttk
3  from datetime import datetime
4  from openpyxl import load_workbook
5
6  filename = r'C:\Users\ntaka\nonpro-python\09\出退勤記録.xlsx'
```

```
 7
 8  def openWorkbook():
 9      wb = load_workbook(filename)
10      ws = wb.active
11      return (wb, ws)
12
13  def closeWorkbook(wb):
14      wb.save(filename)
15      variable.set('')
16
17  def begin():
18      now = datetime.now()
19      wb, ws = openWorkbook()
20      ws.append([now.date(), now.time(), variable.get()])
21      button_begin['state'] = tk.DISABLED
22      button_finish['state'] = tk.NORMAL
23      closeWorkbook(wb)
24
25  def finish():
26      now = datetime.now()
27      wb, ws = openWorkbook()
28      max_row = ws.max_row
29      ws.cell(max_row, 4).value = now.time()
30      ws.cell(max_row, 5).value = variable.get()
31      button_begin['state'] = tk.NORMAL
32      button_finish['state'] = tk.DISABLED
33      closeWorkbook(wb)
34
35  root = tk.Tk()
36  root.title('出退勤ツール')
37
38  button_begin = ttk.Button(text='出勤', command=begin)
39  button_begin.pack(side='left')
40
41  button_finish = ttk.Button(text='退勤', command=finish, state=tk.DISABLED)
42  button_finish.pack(side='left')
43
44  variable = tk.StringVar()
45  entry = ttk.Entry(textvariable=variable)
46  entry.pack(side='left')
47
48  root.mainloop()
```

このコードで使用しているtkinterパッケージ、datetimeモジュールとその使い方について以降で学んでいくことにしましょう。

9.2 インターフェースを作る：tkinter

9.2.1 tkinterパッケージ

ウィンドウ、ボタン、テキストボックスなどといった部品を組み合わせたインターフェースを作るためのパッケージが「tkinter[注1]」です。

tkinterパッケージにはいくつかのモジュールが含まれていますが、その中心となるのは「tkinter」モジュールです。また、その配下に「ttk」や「messagebox」といったいくつかのモジュールを含んでいます。これらのように、あるモジュールの配下に位置するモジュールを「サブモジュール」といいます。tkinterパッケージに含まれるモジュールの一部について、**表9-1**にまとめていますのでご覧ください。

表9-1 tkinterパッケージに含まれるモジュールの一部

モジュール	説明
tkinter	インターフェースを作成する基本のモジュール
ttk	テーマ付きウィジェットの機能を提供するモジュール
messagebox	メッセージダイアログを使用する機能を提供するモジュール
filedialog	ファイルダイアログを使用する機能を提供するモジュール
colorchooser	色選択ダイアログを使用する機能を提供するモジュール

独自のインターフェースを作成するのであれば、tkinterモジュールとttkモジュールを主に使用します。これら2つのモジュールにより、さまざまな種類のウィジェットを部品としてインターフェースに配置し、操作をすることができます。

また、OS等であらかじめ用意されているダイアログを操作するのであれば、messageboxモジュール、filedialogモジュール、colorchooserモジュールといったモジュールを使用します。

tkinterパッケージはPythonに組み込まれていますので、これらのモジュールのうち、必要なモジュールをインポートすることで使用できます。

注1) 公式ドキュメントページ：https://docs.python.org/ja/3/library/tkinter.html

tkinterパッケージは多彩な機能を提供しますが、一方でその構造はやや複雑です。インターフェースの機能や見た目にこだわるほど、プログラムも複雑になり、より高度な知識が必要となります。本当にその機能やこだわりが必要なのか、よく吟味して使用するようにしましょう。

9.2.2 tkinterモジュールとメインウィンドウ

インターフェース作成の基本となるtkinterモジュールについて見ていきましょう。tkinterモジュールに定義されている一部のクラスについて**表9-2**にまとめています。

表9-2 tkinterモジュールのクラスの一部

クラス	コンストラクタ	説明
Tk	Tk()	トップレベルウィジェットを表す
StringVar	StringVar()	文字列値のホルダーを表す

最も重要なのがTkクラスで、これは「トップレベルウィジェット（toplevel widget）」を表すクラスです。トップレベルウィジェットは、インターフェースのメインウィンドウになります。その上に、ボタンやテキストボックスなどのウィジェットを配置することで、インターフェースを作成していきます。

StringVarクラス[注2)]は、ウィジェットの入力内容の文字列を格納する「ホルダー（holder）」の役割を果たします。

では、tkinterモジュールを用いて最も簡単なインターフェースを作成してみましょう。まず、以下構文でtkinterモジュールをインポートします。

```
import tkinter as tk
```

続いて、以下構文による、Tkコンストラクタを用いてメインウィンドウとなるトップレベルウィジェットを生成します。

```
tk.Tk()
```

トップレベルウィジェットを生成しただけでは、インターフェースは表示されません。インターフェースを表示するには、トップレベルウィジェットrootに対して、以下のmainloopメソッドを使用します。

注2) ホルダーを表すクラスとして、他にIntVarクラス、DoubleVarクラス、BooleanVarクラスなどがあります。

```
root.mainloop()
```

では、以下のsample09_01.pyを実行して、もっとも簡単なインターフェースを表示してみましょう。

sample09_01.py メインウィンドウの表示

```
1 import tkinter as tk
2
3 root = tk.Tk()
4 root.mainloop()
```

実行すると図9-3のように、何もウィジェットが配置されていないシンプルなウィンドウが表示されます。

図9-3 メインウィンドウの表示

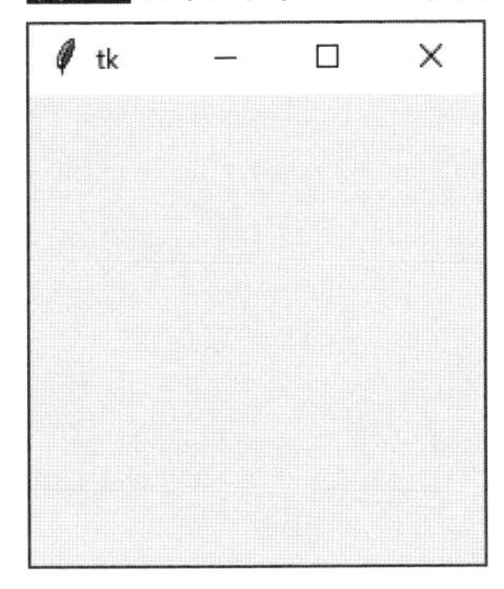

メインウィンドウに対して使用できるメソッドのいくつかを表9-3にまとめていますのでご覧ください。

表9-3 メインウィンドウに使用できるメソッドの一部

メソッド	説明
root.title(string=None)	メインウィンドウrootのタイトルに文字列stringを設定する
root.geometry(newGeometry=None)	メインウィンドウrootのサイズと位置をジオメトリ文字列newGeometryで指定する
root.mainloop()	メインウィンドウrootの処理を実行する

geometryメソッドには、ウィンドウのサイズと表示位置を表す「ジオメトリ文字列」と呼ばれる文字列を指定します。たとえば、ウィンドウの幅が300ピクセル、ウィンドウの高さが150ピクセル、表示位置のx座標が50ピクセルおよびy座標が100ピクセルといった設定情報を

「300x150+50+100」という形式の文字列で表現するものです。ここで「x」はアルファベットのエックスの小文字ですので注意してください。

sample09_02.pyを実行して、これらのメソッドの動作を確認しましょう。

sample09_02.py メインウィンドウに使用できるメソッド

```
1 import tkinter as tk
2 
3 root = tk.Tk()
4 root.title('タイトル')
5 root.geometry('300x150+50+100')
6 root.mainloop()
```

実行すると、画面のx座標50、y座標100の位置に以下のようなウィンドウが表示されます。

図9-4 メインウィンドウに使用できるメソッド

9.2.3 ttkモジュールとウィジェット

インターフェースを作成するには、メインウィンドウにボタン、テキストボックスなどの部品を配置します。それらの部品を「ウィジェット (widget)」といいます。

tkinterモジュールと、そのサブモジュールである「ttk[注3)]」モジュールで、さまざまな種類のウィジェットがクラスとして定義されています。それらのクラスからインスタンスを生成することでウィジェットを作成します。

tkinterモジュールだけでもウィジェットの作成は可能ですが、ttkモジュールのウィジェット群はそれよりも優れた機能を提供しています。具体的には、以下の2点でより拡張されています。

- Styleクラスと、そのテーマの設定によりウィジェットの見栄えを指定することができる
- tkinterモジュールの12種類のウィジェットに加えて、6種類のウィジェットを使用できる

注3) 公式ドキュメント:https://docs.python.org/ja/3/library/tkinter.ttk.html

これらの理由から、本書ではウィジェットの作成には、ttkモジュールを用いた方法を紹介します。

さて、ttkモジュールではスタイルを表すStyleクラスと、18種類のウィジェットを表すクラスが提供されています。それらのクラスの一部について、**表9-4**にまとめていますのでご覧ください。

表9-4 ttkモジュールのクラスの一部

クラス	コンストラクタ	説明
Style	Style()	スタイルを表す
Frame	Frame(master=None, **kw)	他のウィジェットをグループ化するフレームウィジェットを表す
LabelFrame	LabelFrame(master=None, **kw)	他のウィジェットをグループ化するラベル付きフレームウィジェットを表す
Label	Label(master=None, **kw)	ラベルウィジェットを表す
Button	Button(master=None, **kw)	ボタンウィジェットを表す
Entry	Entry(master=None, **kw)	1行テキスト入力ウィジェットを表す

MEMO

tkinterモジュールとttkモジュールでは、これらの他にCheckbutton, Menubutton, PanedWindow, Radiobutton, Scale, Scrollbar, Spinboxといったウィジェットが提供されています。また、ttkモジュールではそれに加えてCombobox, Notebook, Progressbar, Separator, Sizegrip, Treeviewといったウィジェットが提供されています。

では、実際にインターフェースにウィジェットを配置してみましょう。まず、ttkモジュールをインポートする必要があります。ttkモジュールはtkinterのサブモジュールです。サブモジュールをインポートするときには、以下のようにfromキーワードを用いたインポートを行います。

```
from tkinter import ttk
```

続いて、文字列を表示するラベルウィジェットを生成しましょう。以下に示す、ttkモジュールのLabelコンストラクタを用いることができます。

```
Label(master=None, **kw)
```

ここで、パラメータmasterは配置する親ウィジェットを表します。つまり、フレームウィジェットやラベル付きフレームウィジェットといった、他のウィジェットをグルーピングする機能を持つウィジェットを指定します。メインウィンドウに直接配置するのであれば省略可能です。

パラメータ**kwには、可変キーワード引数を渡すことができます。ウィジェットの種類ごとに指定できるオプションが用意されているので、必要に応じて指定をします。たとえば、ラベルウィジェットの場合は「text」オプションに表示する文字列を指定できます。

では、sample09_03.pyを実行してラベルウィジェットを配置したインターフェースを作ってみましょう。なお、packメソッドはウィジェットを配置するメソッドですが、詳しくは次節で紹介します。

sample09_03.py ラベルウィジェット

```
1  import tkinter as tk
2  from tkinter import ttk
3
4  root = tk.Tk()
5  label = ttk.Label(text='Hello tkinter!')
6  label.pack()
7  root.mainloop()
```

実行すると、図9-5のようなインターフェースが表示されます。

図9-5 ラベルウィジェット

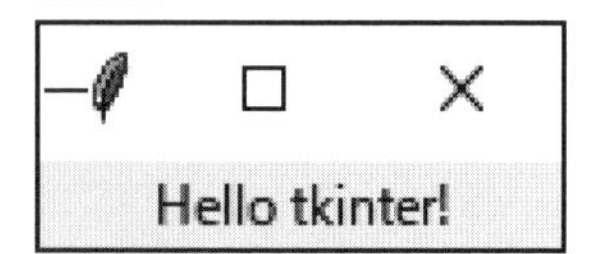

9.2.4 ウィジェットの配置

ウィジェットは生成しただけではインターフェース上に配置することはできません。ウィジェットを配置するメソッドを実行する必要があるのです。tkinterでは、ウィジェットの配置のしかたについて、表9-5に挙げる3つの方法が用意されています。

表9-5 ウィジェットを配置するメソッド[注4)]

メソッド	説明
w.pack(**kw)	ウィジェットwを一列に配置する ・side: 位置詰めの方向を表す文字列 ('top'/'bottom'/'left'/'right')
w.grid(**kw)	ウィジェットwをグリッド上に配置する ・row: 配置するグリッドの行数 ・column: 配置するグリッドの列数
w.place(**kw)	ウィジェットwを座標上に配置する ・x: マスターに対するx座標 ・y: マスターに対するy座標

まず、packメソッドですが、ウィジェットを一方向に並べます。配置するウィジェットをwとした場合、構文は以下のとおりです。

```
w.pack(**kw)
```

オプションsideを指定すると、ウィジェットを並べる方向を文字列で指定します。デフォルトはtopで、親ウィジェットの上から順に一列に並べます。その他、bottom/left/rightを指定することができます。

次に、gridメソッドは、親ウィジェットに格子状にウィジェットを配置するものです。その格子を「グリッド」といいます。ウィジェットをグリッドのどこに配置するかを行数と列数で指定します。ウィジェットをwとすると、gridメソッドの構文は以下のとおりです。

```
w.grid(**kw)
```

オプションrowと、オプションcolumnに、ウィジェットを配置する行数と列数を0以上の整数で指定します。

では、これらウィジェットの配置をするメソッドの使い方の例として、sample09_04.pyを実行してみましょう。

注4) 各メソッドのパラメータ**kwには、ウィジェットの余白や引き伸ばしなど、配置に関するさまざまなオプションを指定することができます。本書での詳しい解説は割愛しますが、必要に応じて調べてみてください。

sample09_04.py ウィジェットの配置

```
import tkinter as tk
from tkinter import ttk

root = tk.Tk()

frame_pack = ttk.LabelFrame(text='pack')
frame_pack.pack()

label1 = ttk.Label(frame_pack, text='Hello')
label1.pack(side='right')

label2 = ttk.Label(frame_pack, text='tkinter!')
label2.pack()

frame_grid = ttk.LabelFrame(text='grid')
frame_grid.pack()

label3 = ttk.Label(frame_grid, text='Hello')
label3.grid(row=0, column=0)

label4 = ttk.Label(frame_grid, text='tkinter!')
label4.grid(row=1, column=1)

root.mainloop()
```

実行すると、図9-6のようなインターフェースが表示されます。

図9-6 ウィジェットの配置

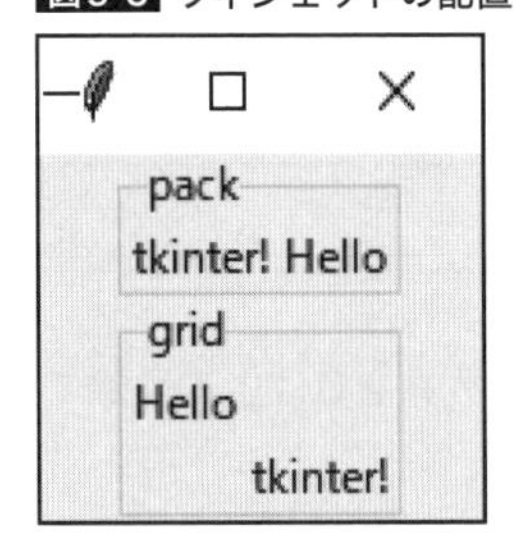

親ウィジェットとして2つのラベル付きフレームウィジェットを配置し、その中にそれぞれ2つのラベルウィジェットを、packメソッドおよびgridメソッドで配置するというものです。

簡易的なインターフェースであればpackメソッドを用いてメインウィンドウに直接配置するのが最も簡単な方法です。ウィジェットの数が多くなってきたらフレームウィジェットやgridメソッドの使用を検討するとよいでしょう。

9.2.5 ボタン

インターフェース上にボタンを配置し、そのクリックをきっかけとして、あらかじめ定義している関数を実行させることが可能です。

ボタンウィジェットを生成するには、以下ttkモジュールのButtonコンストラクタを使用します。

```
Button(master=None, **kw)
```

パラメータmasterは配置する親ウィジェットです。パラメータ**kwに指定するオプションとして、ボタンに表示するテキストを指定するtextオプションと、ボタンをクリックしたときに呼び出す関数を指定するcommandオプションを指定できます。

簡単な例として**sample09_05.py**を実行してみましょう。

sample09_05.py ボタンウィジェット

```
1  import tkinter as tk
2  from tkinter import ttk
3
4  def say_hello():
5      print('Hello tkinter!')
6
7  root = tk.Tk()
8  button = ttk.Button(text='Hello', command=say_hello)
9  button.pack()
10 root.mainloop()
```

実行すると、**図9-7**のようなインターフェースが表示されます。また、ボタン「Hello」をクリックするたびに、ターミナルに「Hello tkinter!」と出力されるのを確認できます。

図9-7 ボタンウィジェット

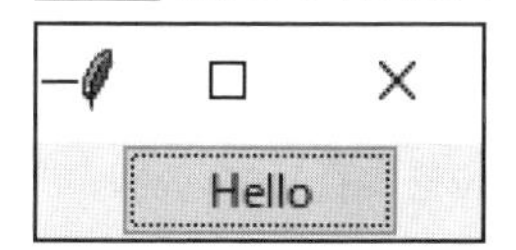

9.2.6 テキストボックス

インターフェースで文字入力を受け付けたい場合には、テキストボックスウィジェットを用います。

テキストボックスウィジェットを生成するには、以下ttkモジュールのEntryコンストラクタを使用します。

```
Entry(master=None, **kw)
```

パラメータmasterは配置する親ウィジェットです。パラメータ**kwの「textvariable」オプションに、「ホルダー(holder)」と呼ばれるオブジェクトを指定します。ホルダーはウィジェットの入力内容などを格納する役割を果たします。

文字列を格納するホルダーを用意するのであれば、tkinterモジュールのStringVarコンストラクタを使用します。

```
StringVar()
```

生成したホルダーを、テキストボックスウィジェットのtextvariableオプションに設定することで、ホルダーを通してテキストボックスウィジェットの内容を出し入れすることができるようになります。**表9-6**に示すメソッドで、ホルダーの値の取得と設定をします。

表9-6 ホルダーに使用できるメソッド

メソッド	説明
v.get()	ホルダーvに格納されている値を取得する
v.set(value)	ホルダーvに値valueを設定する

ホルダーをvとしたときのgetメソッド、setメソッドの構文は以下になります。

```
v.get()
```

```
v.set(value)
```

なお、パラメータvalueはホルダーに設定する値を表します。

では、テキストボックスウィジェットの使い方について、**sample09_06.py**を実行して確認していきましょう。

sample09_06.py テキストボックスウィジェット

```
1  import tkinter as tk
2  from tkinter import ttk
3
```

```
4  def print_Entry():
5      print(entry_variable.get())
6
7  root = tk.Tk()
8
9  entry_variable = tk.StringVar()
10 entry_variable.set('Hello tkinter!')
11
12 entry = ttk.Entry(textvariable=entry_variable)
13 entry.pack()
14
15 button = ttk.Button(text='Entry', command=print_Entry)
16 button.pack()
17
18 root.mainloop()
```

実行すると、図9-8のようなインターフェースが表示されます。

図9-8 テキストボックスウィジェット

初期状態ではテキストボックスウィジェットには「Hello tinker!」と入力されています。この状態で「Entry」ボタンをクリックすると、ターミナルに「Hello tinker!」と出力されます。また、テキストボックスウィジェットに別の文字列を入力し、ボタンをクリックすると、その文字列が出力されますので、試してみましょう。

9.2.7 テーマの変更

tkinterモジュールではなく、ttkモジュールのウィジェットを使用するメリットのひとつとして、「テーマ（theme）」があります。テーマを変更することで、インターフェース全体の見栄えを簡単に変更できるのです。

テーマの操作をするには、まず以下構文のttkモジュールのStyleコンストラクタを用いてスタイルを生成します。

```
Style()
```

生成したスタイルに対して使用できるメソッドの一部を、**表9-7**にまとめています。

表9-7 スタイルに使用できるメソッドの一部

メソッド	説明
style.theme_use(themename=None)	styleで使用するテーマをthemenameで指定した文字列が表すテーマとする 省略時は現在使用しているテーマを表す文字列を返す
style.theme_names()	使用できるテーマのタプルを返す

sample09_07.pyを実行すると、使用できるテーマの一覧を確認できます。

sample09_07.py テーマの一覧

```
1  from tkinter import ttk
2  
3  style = ttk.Style()
4  print(style.theme_names())
```

■ 実行結果

```
('winnative', 'clam', 'alt', 'default', 'classic', 'vista', 'xpnative')
```

実行結果は、Windows 10で実行した際の出力です。7つのテーマを選択できることがわかります。

sample09_06.pyで表示されるインターフェースについて、テーマによってどのような表示になるか見てみましょう。**sample09_08.py**をご覧ください。

sample09_08.py テーマの変更

```
1  import tkinter as tk
2  from tkinter import ttk
3  
4  def print_Entry():
5      print(entry_variable.get())
6  
7  root = tk.Tk()
8  
9  style = ttk.Style()
10 style.theme_use('winnative') #テーマを設定
11 
12 entry_variable = tk.StringVar()
13 entry_variable.set('Hello tkinter!')
14 
15 entry = ttk.Entry(textvariable=entry_variable)
16 entry.pack()
17 
18 button = ttk.Button(text='Entry', command=print_Entry)
```

```
19  button.pack()
20
21  root.mainloop()
```

theme_useメソッドの設定値について、別のテーマを表す文字列に変更して実行してみましょう。設定値により、インターフェースは**表9-8**のような表示になります。

表9-8 テーマとその表示

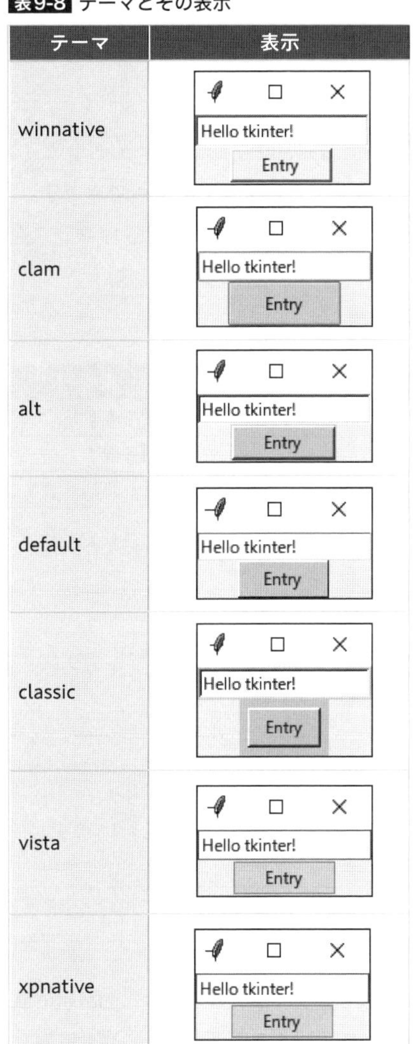

テーマ	表示
winnative	Hello tkinter! Entry
clam	Hello tkinter! Entry
alt	Hello tkinter! Entry
default	Hello tkinter! Entry
classic	Hello tkinter! Entry
vista	Hello tkinter! Entry
xpnative	Hello tkinter! Entry

このように、ttkモジュールを使えば、好みのテーマを簡単に適用したインターフェースを作ることができます。お気に入りのテーマを使っていきましょう。

9.3

日時を取り扱う：datetimeモジュール

9.3.1 datetimeモジュール

Pythonで日時に関するデータを取り扱う際に使用するのが「datetime[注5)]」モジュールです。datetimeモジュールは組み込みモジュールなので、インポートをするだけですぐに使用できます。

datetimeモジュールでは、日付や時刻、時間差を表すクラスが用意されています。主なクラスを表9-9にまとめていますのでご覧ください。

表9-9 datetimeモジュールのクラスの一部

クラス	コンストラクタ	説明
date	date(year, month, day)	日付を表す
time	time(hour=0, minute=0, second=0, microsecond=0)	時刻を表す
datetime	datetime(year, month, day, hour=0, minute=0, second=0, microsecond=0)	日付と時刻を表す
timedelta	timedelta(days=0, seconds=0, microseconds=0, milliseconds=0, minutes=0, hours=0, weeks=0)	時間差を表す

本書では、日付も時刻を合わせて取り扱うことができるdatetimeクラスを中心に解説します。

9.3.2 日時を扱う

datetimeモジュールのdatetimeクラスを使用するには、以下のようにインポートを行います。

```
from datetime import datetime
```

fromキーワードを使わずに「import datetime」とすることもできますが、その場合、「datetime.datetime.now()」というように、モジュール名とクラス名の両方を記述する必要があり、やや冗長になります。fromキーワードを使って、datetimeクラスから記述できるようにしたほうがよいでしょ

注5) 公式ドキュメント：https://docs.python.org/ja/3/library/datetime.html#

う（モジュール名とクラス名が同じなのでややこしいですが注意してください）。

datetimeクラスの主な属性について**表9-10**にまとめました。現在の日時や日付を取得するクラスメソッド、日時の各要素を表す属性、日時の操作をするメソッドが提供されています。

表9-10 datetimeクラスの主な属性

属性	説明
datetime.now()	現在の日時をdatetimeオブジェクトとして取得する
dt.year	日時dtの年
dt.month	日時dtの月
dt.day	日時dtの日
dt.hour	日時dtの時
dt.minute	日時dtの分
dt.second	日時dtの秒
dt.microsecond	日時dtのマイクロ秒
dt.weekday()	日時dtの曜日を取得する(月:0～日:6)
dt.date()	日時dtの日付（年、月、日）を取得する
dt.time()	日時dtの時刻（時、分、秒、マイクロ秒）を取得する

sample09_09.pyを実行して、これらの属性のいくつかについて動作を確認しましょう。なお、実行結果は、著者が実行した時点でのものです。

sample09_09.py datetimeクラスの属性

```
1  from datetime import datetime
2  
3  dt = datetime.now()
4  print(dt)
5  print('年', dt.year)
6  print('月', dt.month)
7  print('日', dt.day)
8  print('時', dt.hour)
9  print('分', dt.minute)
10 print('秒', dt.second)
11 print('マイクロ秒', dt.microsecond)
12 print('曜日', dt.weekday())
```

■ 実行結果

```
1  2021-04-03 12:10:15.420996
2  年 2021
3  月 4
4  日 3
5  時 12
```

```
6  分 10
7  秒 15
8  マイクロ秒 420996
9  曜日 5
```

現在の日時を取得する、以下のnowメソッドはとてもよく使います。

```
datetime.now()
```

nowメソッドは、インスタンスメソッドではなく、クラスメソッドになりますので、クラス名datetimeに続いて使用します。

出退勤ツールを作る

9.4.1 インターフェースの見栄えを作る

では、tkinterとdatetimeを用いて出退勤ツールを作っていきましょう。再度、図9-9にインターフェースを掲載しますので確認していきます。

図9-9 出退勤ツールのインターフェース

インターフェースのタイトルが「出退勤ツール」、配置するウィジェットは「出勤」ボタン、「退勤」ボタン、そしてテキストボックスですね。まず、それらの生成と配置をして、見栄えの部分を作っていきましょう。

tkinterモジュール、ttkモジュールを使って、メインウィンドウの作成と各ウィジェットの配置をするまでのプログラムがsample09_10.pyとなります。

sample09_10.py メインウィンドウとウィジェット

```
1  import tkinter as tk
2  from tkinter import ttk
3
4  root = tk.Tk()
5  root.title('出退勤ツール')
6
7  button_begin = ttk.Button(text='出勤')
8  button_begin.pack(side='left')
9
10 button_finish = ttk.Button(text='退勤')
11 button_finish.pack(side='left')
12
13 entry = ttk.Entry()
14 entry.pack(side='left')
15
16 root.mainloop()
```

このプログラムを実行して表示したインターフェースが図9-10です。

図9-10 メインウィンドウとウィジェット

ウィジェットは、sideオプションをleftとしたpackメソッドで左から一列に並べました。

9.4.2 ボタンとテキストボックスの動作を作る

続いて、ボタンとテキストボックスの動作部分を作っていきます。ボタンの動作をさせるためには、Buttonコンストラクタのcommandオプションで呼び出す関数を指定する必要がありました。また、テキストボックスには、Entryコンストラクタのtextvariableオプションにその値を格納するホルダーを設定するのでしたね。

この部分を追加で実装したものが、sample09_11.pyです。

sample09_11.py ボタンとテキストウィジェットの動作

```
1  import tkinter as tk
2  from tkinter import ttk
3  
4  def begin():
5      print('出勤', variable.get())
6  
7  def finish():
8      print('退勤', variable.get())
9  
10 root = tk.Tk()
11 root.title('出退勤ツール')
12 
13 button_begin = ttk.Button(text='出勤', command=begin)
14 button_begin.pack(side='left')
15 
16 button_finish = ttk.Button(text='退勤', command=finish)
17 button_finish.pack(side='left')
18 
19 variable = tk.StringVar()
20 entry = ttk.Entry(textvariable=variable)
21 entry.pack(side='left')
22 
23 root.mainloop()
```

「出勤」ボタンのクリックにbegin関数を、「退勤」ボタンのクリックにfinish関数を割り当てました。

それぞれのボタンをクリックすると「出勤」または「退勤」の文字列とテキストボックスの内容が出力されますので、確認してみましょう。

さて、ボタンとテキストボックスですが、もう少し使い勝手をよくしましょう。

まずボタンですが、プログラムの実行時は「出勤」ボタンだけ押せればよいですから、「退勤」ボタンは押せないように無効化しておくと親切です。また、「出勤」ボタンを押したら、次は「退勤」ボタンだけ押せるようにしておくとよいですね。

ボタンウィジェットの有効と無効を切り替えるには、stateオプションを使用します。それぞれ、以下の値の設定が、有効と無効の状態を表します 。

- 有効: tk.NORMAL
- 無効: tk.DISABLED

生成時であれば、Buttonコンストラクタのstateオプションに設定できます。また、生成後であれば、以下sample09_12.pyのように、その設定を行うことができます。

sample09_12.py ボタンウィジェットの有効化と無効化

```
1  button_begin['state'] = tk.DISABLED #「出勤」ボタンを無効にする
2  button_finish['state'] = tk.NORMAL  #「退勤」ボタンを有効にする
```


また、各ボタンを押した際に、テキストボックスの内容をクリアしておくと、次回の入力がしやすくなり親切です。ですから、ホルダーvariableに対してsetメソッドで空文字をセットするようにします。

以上を反映させたものが、sample09_13.pyです。

sample09_13.py ボタンの切り替えとテキストボックスのクリア

```
1  import tkinter as tk
2  from tkinter import ttk
3  
4  def begin():
5      print('出勤', variable.get())
6      button_begin['state'] = tk.DISABLED
7      button_finish['state'] = tk.NORMAL
8      variable.set('')
9  
10 def finish():
11     print('退勤', variable.get())
12     button_begin['state'] = tk.NORMAL
```

```
13        button_finish['state'] = tk.DISABLED
14        variable.set('')
15
16    root = tk.Tk()
17    root.title('出退勤ツール')
18
19    button_begin = ttk.Button(text='出勤', command=begin)
20    button_begin.pack(side='left')
21
22    button_finish = ttk.Button(text='退勤', command=finish, state=tk.DISABLED)
23    button_finish.pack(side='left')
24
25    variable = tk.StringVar()
26    entry = ttk.Entry(textvariable=variable)
27    entry.pack(side='left')
28
29    root.mainloop()
```

実行すると、**図9-11**のように「退勤」ボタンが無効化された状態で表示されます。「出勤」ボタンのクリックにより、2つのボタンの有効と無効が切り替わります。また、テキストボックスの内容もクリアされますので、合わせて確認してみましょう。

図9-11 ボタンウィジェットの有効化と無効化

出退勤ツール
出勤 退勤

9.4.3 Excelファイルに出退勤を入力する

インターフェースの動きはだいぶ完成してきました。続いて、Excelファイルへの書き込みに関する処理を追加していきましょう。

操作するExcelファイルは「09\出退勤記録.xlsx」です。すでにデータが存在しているシートに追記していくことになります。今回はopenpyxlを使用してその部分を実装してきましょう。

まず、インポートとしてはopenpyxlのload_workbook関数が必要です。また、日付や時刻について記録をする必要がありますので、datetimeモジュールのdatetimeクラスをインポートしておきましょう。

ワークブックを開く処理と、保存して閉じる処理は、「出勤」「退勤」いずれの際も呼び出す必要があるので、それぞれopenWorkbook関数、closeWorkbook関数として定義します。

その部分を表すのが**sample09_14.py**です。

sample09_14.py ワークブックを開く・閉じる

```
1  from datetime import datetime
2  from openpyxl import load_workbook
3
4  filename = r'C:\Users\ntaka\nonpro-python\09\出退勤記録.xlsx' #ファイルパス
5
6  def openWorkbook():
7      wb = load_workbook(filename)
8      ws = wb.active
9      return (wb, ws)
10
11 def closeWorkbook(wb):
12     wb.save(filename)
13     variable.set('')
```

今回、Pythonファイルをダブルクリックして起動することも想定していますので、Excelファイルのファイルパスは絶対パスにしておきましょう。というのも、VS Codeでの実行時は、カレントディレクトリはプロジェクトのあるフォルダ「nonpro-python」になりますが、ダブルクリックでPythonファイルを起動したときは、そのファイルがあるフォルダ、たとえば「nonpro-python\09」がカレントフォルダになります。

どちらでも実行できるように、絶対パスにしておくとよいわけです。皆さんの環境での絶対パスを指定しておきましょう。

なお、ホルダーvariableをクリアする処理も共通処理なので、closeWorkbook関数に入れています。

続いて、各ボタンがクリックされたときに、データをシートに追記していく処理を考えます。おさらいとして、操作するExcelファイル「出退勤記録.xlsx」について再度そのシートのようすを確認しておきます。図9-12をご覧ください。

図9-12「出退勤記録.xlsx」ファイル

	A	B	C	D	E	F	G	H
1	日付	出勤	出勤メモ	退勤	退勤メモ			
2	2021-03-27	12:26:16	Hello	13:15:34	good bye			
3	2021-03-28	13:17:49		13:17:50				
4	2021-03-30	10:56:11	おはようございます	10:56:18	さようなら			
5								
6								
7								
8								

Sheet1

このシートに対して、以下のような処理を実装します。

1. 「出勤」ボタンをクリックするとアクティブシートの最終行の次の行に、以下を記録する
    a. A列「日付」: クリック時の日付
    b. B列「出勤」: クリック時の時刻
    c. C列「出勤メモ」: クリック時のテキストボックスの入力内容
2. 「退勤」ボタンをクリックするとアクティブシートの最終行(出勤記録がある)に以下を記録する
    a. D列「退勤」: クリック時の時刻
    b. E列「退勤メモ」: クリック時のテキストボックスの入力内容

「出勤」ボタンをクリックした際に呼び出される関数beginについて、sample09_15.pyに示します。

sample09_15.py 「出勤」ボタンクリックによる処理

```
1  def begin():
2      now = datetime.now()
3      wb, ws = openWorkbook()
4      ws.append([now.date(), now.time(), variable.get()])
5      button_begin['state'] = tk.DISABLED
6      button_finish['state'] = tk.NORMAL
7      closeWorkbook(wb)
```

nowメソッドで現在の日時を取得し、dateメソッドで取得した日付、timeメソッドで取得した時刻、そしてgetメソッドで取得したホルダーvariableの値をappendメソッドでワークシートの最終行に追加するというものです。

続いて、「退勤」ボタンをクリックした際に呼び出される関数finishです。sample09_16.pyになります。

sample09_16.py 「退勤」ボタンクリックによる処理

```
1  def finish():
2      now = datetime.now()
3      wb, ws = openWorkbook()
4      max_row = ws.max_row
5      ws.cell(max_row, 4).value = now.time()
6      ws.cell(max_row, 5).value = variable.get()
7      button_begin['state'] = tk.NORMAL
8      button_finish['state'] = tk.DISABLED
9      closeWorkbook(wb)
```

ワークシートのmax_row属性で最終行数を求めて、その4列目と5列目に、現在の時刻とホルダーvariableの値を設定します。

sample09_13.pyにsample09_16.pyまでの処理をまとめたものが、**sample09_17.py**となります。

sample09_17.py 出退勤ツール

```
import tkinter as tk
from tkinter import ttk
from datetime import datetime
from openpyxl import load_workbook

filename = r'C:\Users\ntaka\nonpro-python\09\出退勤記録.xlsx' #ファイルパス

def openWorkbook():
    wb = load_workbook(filename)
    ws = wb.active
    return (wb, ws)

def closeWorkbook(wb):
    wb.save(filename)
    variable.set('')

def begin():
    now = datetime.now()
    wb, ws = openWorkbook()
    ws.append([now.date(), now.time(), variable.get()])
    button_begin['state'] = tk.DISABLED
    button_finish['state'] = tk.NORMAL
    closeWorkbook(wb)

def finish():
    now = datetime.now()
    wb, ws = openWorkbook()
    max_row = ws.max_row
    ws.cell(max_row, 4).value = now.time()
    ws.cell(max_row, 5).value = variable.get()
    button_begin['state'] = tk.NORMAL
    button_finish['state'] = tk.DISABLED
    closeWorkbook(wb)

root = tk.Tk()
root.title('出退勤ツール')

button_begin = ttk.Button(text='出勤', command=begin)
button_begin.pack(side='left')

```

Chapter 09

```
41 button_finish = ttk.Button(text='退勤', command=finish, state=tk.DISABLED)
42 button_finish.pack(side='left')
43
44 variable = tk.StringVar()
45 entry = ttk.Entry(textvariable=variable)
46 entry.pack(side='left')
47
48 root.mainloop()
```

実行すると、前述の図9-10に示すインターフェースが表示されます。インターフェースの動作と、それによるExcelファイルへの書き込みについて確認してみましょう。正しく動作していれば、図9-13のように、新たに出勤と退勤に関する情報が追加されるはずです。

図9-13 出退勤データの追加

	A	B	C	D	E	F	G	H
1	日付	出勤	出勤メモ	退勤	退勤メモ			
2	2021-03-27	12:26:16	Hello	13:15:34	good bye			
3	2021-03-28	13:17:49		13:17:50				
4	2021-03-30	10:56:11	おはようございます	10:56:18	さようなら			
5	2021-04-03	21:59:33	Hello	21:59:39	Good Bye			
6								
7								
8								

Sheet1

9.4.4 ダブルクリックでインターフェースを起動する

tkinterを用いて作成したインターフェースですが、わざわざVS Codeから起動するのは少し面倒です。たとえば、ダブルクリック操作で起動できるようになれば便利です。ここで、Windowsにおいて、pyファイルをダブルクリックで動作させるための方法についてお伝えします。

ダブルクリックで起動できるようにするには、拡張子「.py」のファイルと、それを開くプログラムファイルの「関連付け」という作業を行います。具体的には「pythonw.exe」というプログラムファイルに関連付けを行います。その手順は以下のとおりです。

まず、完成したpyファイルをエクスプローラーで表示させます。ここでは、起動させたいpyファイルを「sample09_final.py」とします。pyファイルを右クリックしメニューを開き「プログラムから開く」→「別のプログラムを選択」とたどります（図9-14）。

図9-14 pyファイルをプログラムから開く

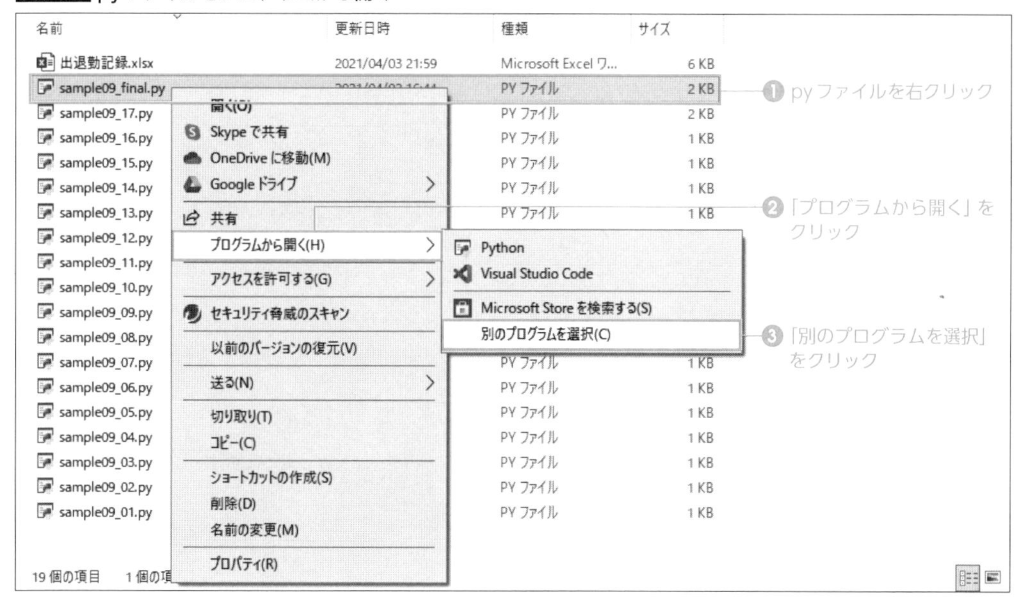

すると「このファイルを開く方法を選んでください。」というウィンドウが表示されますので、スクロールして「その他のアプリ」をクリックします（図9-15）。

図9-15 ファイルを開く方法を選択

続く画面でも最下部までスクロールして「このPCで別のアプリを探す」をクリックします。

図9-16 このPCで別のアプリを探す

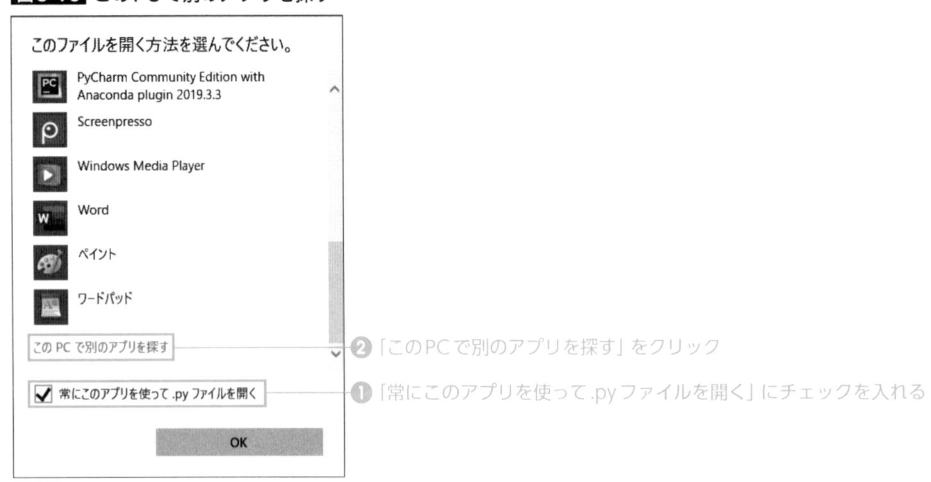

「プログラムから開く…」ダイアログで、開くプログラムのファイルが選択できますので、Anacondaをインストールしたフォルダを開きます。インストール時に変更をしていなければ、以下のパスになります。

```
C:\Users\ユーザー名\Anaconda3
```

フォルダ内から「pythonw.exe」を選択し、「開く」をクリックします（図9-17）。

図9-17 pythonw.exeを選択

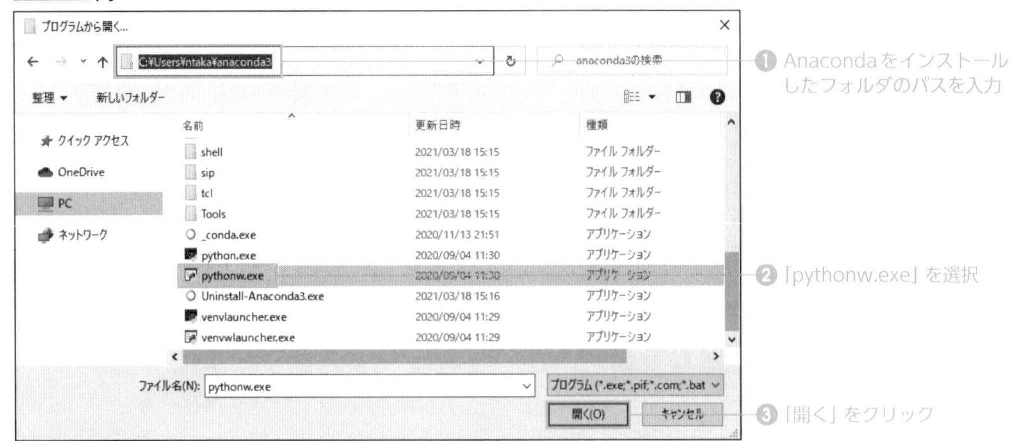

　これで、「sample09_final.py」が起動するとともに、拡張子「.py」のファイルが「pythonw.exe」に関連付けられ、アイコン表示も変更になっていることがわかります（図9-18）。

図9-18 pyファイルをpythonw.exeに関連付け

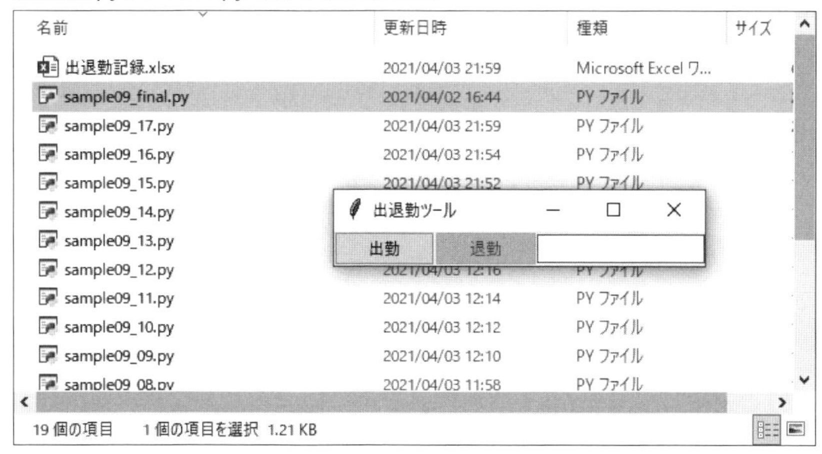

　以降、pyファイルはダブルクリック操作で「pythonw.exe」によって起動することができます。
　なお、同じくAnacondaのインストールフォルダにある「python.exe」に関連付けることでも、ダブルクリックによる実行が可能です。こちらの場合は、図9-19のようにコンソール画面も同時に表示されます。

図9-19 python.exeによるpyファイルの実行

コンソールを表示せずにバックグラウンドで実行させたいときは「pythonw.exe」、コンソールを使って入力や表示などを行いたい場合は「python.exe」という使い分けをするとよいでしょう。

9章では、tkinterを用いたインターフェースの作成の方法を学びました。
このような簡易なインターフェースでも、思いのほか、たくさんのコードを記述する必要があるということを感じられたかもしれません。ユーザーとしては扱いやすいGUIを使いたいという要望は当然ですが、一方で開発や保守を考えた場合に、それとは引き換えにそれなりの労力がかかるということも意識する必要があります。メリットとデメリットを考えた上で、最適な選択をとるようにしましょう。

10章ではPythonの得意分野のひとつともいえるスクレイピングについて学んでいきましょう。

Chapter 10

スクレイピングツールを作ろう

10.1 スクレイピングツールの概要

10.1.1 スクレイピングとその基礎知識

私たちが仕事をする上でインターネットからの情報取得はもはや欠かせないものとなりました。ブラウザを通して欲しいデータのあるページのURLを入力することで、すぐさま目的の情報にたどりつき、そのデータを取得できます。

Webサイトから大量のデータを取得したいとき、日々変化する情報を定期的に取得したいときなど、手作業で行うにはたいへん面倒に感じるならば、それらの作業をプログラミング化するという選択肢があります。そのような、プログラムによってWebページからデータを収集することを「スクレイピング（scraping）」といいます。

そして、スクレイピングはPythonの最も得意とする処理のひとつです。スクレイピングを行うための優秀なライブラリが整っているからです。

しかし、スクレイピングを行うためには、Pythonのプログラミング能力だけでは不十分です。加えて、Webの知識も必要です。

いくらPythonが優秀とはいえ、どのWebページから、どの部分を取得するのかについては、明確な指示がないことには、目的のデータを取得することはできません。その指示をするためには、Webページがどのようなしくみで提供されていて、どのようなつくりをしているのかを知る必要があるのです。

具体的には、インターネットの通信が行われるしくみであるHTTP通信について、Webページをつくるための HTML や CSS についての一定の知識が必要となります。

つまり、Pythonでスクレイピングを行うプログラムを作るには、以下の知識とスキルが必要となります。

- Python
- HTTP通信
- HTML・CSS

しかし、これらの知識をある程度持ち得ていたとしても、必ずスクレイピングが成功するとは限りません。というのも、そもそもWebサイトはスクレイピングをしてもらうことを前提に作られてはいませんし、その作りは千差万別です。それぞれに合わせたスクレイピングのしかたを見出す必要があります。ときには、スクレイピングがしづらいしくみのサイトや、むしろスクレイピングがしづらくなるように作られているサイトもあります。スクレイピングツールは万能ではありませんので、その点を留意しておきましょう。

また、スクレイピングツールを作る際には、もうひとつ注意すべき点があります。それは「法的に正しいツールを作る」ということです。

Webページに公開されているデータの多くには著作権などで保護されているものが多く含まれます。それら保護されているデータは当然ながら商用利用をすることは法令違反となります。また、そうでなくてもWebサイト自体が利用規約としてスクレイピングを禁止としている場合もあります。特に、ログインをしないと見られない範囲など、一般的に公開されていないページからの収集は注意が必要です。

別の観点として、サーバー負荷の問題もあります。スクレイピングツールから短期的にたくさんのアクセスをすることで、Webサイトのサーバーに通常以上の負荷がかかってしまう可能性があります。過度なアクセスは業務妨害となってしまうかもしれません。

基本的にスクレイピングは「人によるデータ収集作業の代替」なので、それと同じような公開情報についての節度を持ったスクレイピングであれば問題になることはないと考えられます。

しかし、そうでない場合は、法的にグレーな部分も多いのが事実です。「絶対大丈夫」ということはありませんが、以下のような指針を念頭において慎重に使用するようにしましょう。

- 得られるものであれば対象のWebサイトから許可を得る
- 対象のWebサイトの利用条件を確認する
- 公開情報に限定する
- 大規模または高頻度のアクセスをしない
- 取得したデータについて商用利用をしない
- 専門家に相談する

対象となるWebサイトの立場で考えた場合に、されたくないスクレイピングはしないように、節度を持った活用をするようにしましょう。

10.1.2 スクレイピングツール

さて、本章ではスクレイピングツールの作成を通して、それに必要となる知識とモジュールの使いかたを学びます。

題材として、ブログサイト「いつも隣にITのお仕事」(https://tonari-it.com) から、特定のキーワードで検索した結果についてのデータを収集するツールを作ります。具体的には以下のような動作をするものです。

1. 「いつも隣にITのお仕事」でキーワード検索をする
2. 結果一覧ページから記事タイトル、URLを取得する
3. Excelファイルに一覧する

たとえば、ブラウザで対象のサイトを開き、キーワード「python 初心者」と検索をかけると、以下のような検索結果ページが表示されます。

図10-1 「いつも隣にITのお仕事」の検索結果

1ページあたり20件の検索結果が表示されています。記事ごとのサムネイル、記事タイトル、概要などが一覧されます。また、記事のサムネイルやタイトルなどをクリックするとそのページに遷移

します。

この検索結果ページから、20件の記事タイトルとURLを取得してExcelファイルに一覧するというのが本ツールの目的となります。コードを**sample10_final.py**に掲載しておきます。

sample10_final.py スクレイピングツール

```
 1  import requests
 2  from bs4 import BeautifulSoup
 3  import pandas as pd
 4
 5  url = 'https://tonari-it.com'
 6  query = 'Python 初心者'
 7  params = {'s': query}
 8  r = requests.get(url, params=params)
 9  r.raise_for_status()
10
11  soup = BeautifulSoup(r.text, 'html.parser')
12  h2s = soup.find_all('h2')
13  anchors = soup.find_all('a', attrs={'class': 'entry-card-wrap a-wrap border-
    element cf'})
14
15  values = []
16  for h2, anchor in zip(h2s, anchors):
17      values.append([h2.text, anchor.attrs['href']])
18
19  filename = rf'10\tonari-it_{query}.xlsx'
20  df = pd.DataFrame(values, columns=['タイトル', 'URL'])
21  df.index = df.index + 1
22  df.to_excel(filename)
```

10.2 HTTP通信を行う: requests

10.2.1 HTTP通信とは

ブラウザにURLを入力すると、そのWebページが表示されます。しかし、そのWebページはどこに存在しているかというと、ブラウザがインストールされているPCの中ではなく、離れた別の場所に存在するサーバー内です。それは、場合によってはとても遠い場所にあります。

では、どうやってその離れた場所からデータを取得しているかというと、インターネットを経由して行います。そして、そのインターネット上でのWebページに関するデータのやり取りをするために使用しているのが、「HTTP (Hypertext Transfer Protocol)」という通信方式、すなわち「HTTP通信」です。

ブラウザでURLを入力したときのHTTP通信のようすを例に詳しく説明していきましょう。図10-2をご覧ください。

図10-2 HTTP通信のしくみ

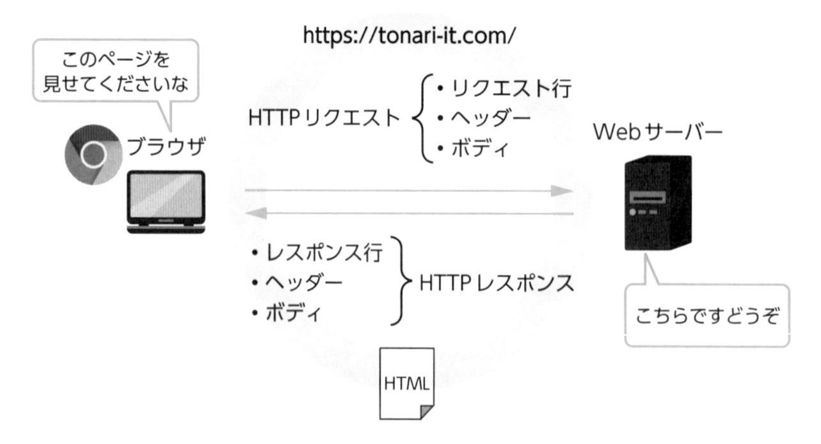

まず、ブラウザでURLを入力すると、そのURLをたよりに、Webページのデータがある Webサーバーを探し当てます。そして、その探し当てたWebサーバーに「このページのデータをください」と

いう依頼をします。その依頼を「HTTPリクエスト（HTTP request）」といいます。

Webサーバーは HTTPリクエストを受け取って処理をして、それに対して返事をします。その返事を「HTTPレスポンス（HTTP response）」といいます。

その HTTPレスポンスの中に Webページを構成するデータである「HTML（HyperText Markup Language）」データなどが含まれています。ブラウザはこれらの受け取ったデータを解析して、Webページとして表示します。

まとめると、ふだん私たちがブラウザを使ってページを開く際に行われている通信は以下のようになります。

1. WebサーバーにHTTPリクエストをする
2. WebサーバーからHTTPレスポンスを受け取る
3. HTTPレスポンス内のHTMLを解析して表示する

これがHTTP通信の基本になります。

さて、HTTPリクエストには、「何をリクエストするか」によっていくつかの種類があります。前述のブラウザであるページを開く際のリクエストは「GETリクエスト」という種類のリクエストで、データが欲しいときに使用するものです。

一方で、たとえばWebフォームなどにデータを入力してデータを送りたいというときもあります。このときに、よく使用されるリクエストは「POSTリクエスト」と呼ばれるものです。

このようなHTTPリクエストの種類のことを「HTTPメソッド（HTTP method）」といいます。HTTPメソッドの主なものについて**表10-1**にまとめていますのでご覧ください。

表10-1 主なHTTPメソッド[注1)]

HTTPメソッド	説明
GET	データを取得する
POST	データを送信する（主に新規）
PUT	データを送信する（主に更新）
DELETE	データを削除する

スクレイピングではデータを取得するわけですから、もっともよく使用するのはGETリクエストです。

注1） ほかにHEAD、CONNECT、OPTIONS、TRACE、PATCHというメソッドがありますが、ノンプログラマーであれば使用する機会はほとんどないかもしれません。

このHTTP通信をPythonで行うためのモジュールが「requests（リクエスツ）」です。つまり、HTTPリクエストを送り、それによる返答であるHTTPレスポンスを受け取る機能を有しています。

また、HTTPレスポンスから取り出したデータを解析して、必要なデータを取り出すのを手助けするモジュールが「beautifulsoup4（ビューティフルスープ4）」です。

これらの2つを組み合わせることで、スクレイピングを実装することができるのです。

10.2.2 requestsモジュールとHTTPリクエスト

「requests[注2)]」は、PythonでHTTP通信を行うためのモジュールです。Anacondaに同梱されていますので、インポートをするだけですぐに使用可能です。

requestsを使用する場合、以下のimport文によりインポートを行います。

```
import requests
```

requestsでHTTPリクエストを行うために、いくつかのメソッドが用意されています。主なものを**表10-2**にまとめていますのでご覧ください。

表10-2 HTTPリクエストを行うrequestsモジュールのメソッド

メソッド	説明
requests.get(url, **kwargs)	・url: リクエストURL ・kwargs: リクエストに必要なパラメータ
requests.post(url, data=None, **kwargs)	・url: リクエストURL ・data: リクエストボディに含めるデータを表し辞書 ・kwargs: リクエストに必要なパラメータ
requests.put(url, data=None, **kwargs)	・url: リクエストURL ・data: リクエストボディに含めるデータを表し辞書 ・kwargs: リクエストに必要なパラメータ
requests.delete(url, **kwargs)	・url: リクエストURL ・kwargs: リクエストに必要なパラメータ

これらメソッドを使い、指定したURLに対して、各HTTPメソッドによるリクエストを行うことができます。戻り値は、HTTPレスポンスを表すResponseクラスのオブジェクトとなります。

requestsでは、HTTP通信に関するいくつかのクラスが用意されていますが、主に意識して使用するのはResponseクラスのみでよいでしょう（**表10-3**）。

注2） requests公式サイト：https://requests-docs-ja.readthedocs.io/

表10-3 requestsの主なクラス

クラス	説明
Response	HTTPレスポンスを表す

10.2.3 GETリクエスト

では、GETリクエストによるWebページの取得についてより詳しく見ていきましょう。GETリクエストを行う場合は、以下構文のgetメソッドを使用します。

```
requests.get(url)
```

パラメータurlに取得したいWebページのURLを指定します。これ以外にさまざまなパラメータが用意されていますが、単純なWebページの取得であれば、すべて省略で問題ありません。

戻り値は、HTTPレスポンスを表すResponseオブジェクトです。その内部に、Webページの情報が含まれているということになります。

では、サンプルとして**sample10_01.py**を実行してみましょう。

sample10_01.py getメソッドによるGETリクエスト

```
1  import requests
2
3  url = 'https://tonari-it.com'
4  r = requests.get(url)
5  print(r.text[:3000])
```

■ 実行結果

```
1  <!doctype html>
2  <html lang="ja"
3          prefix="og: https://ogp.me/ns#" >
4
5  <head>
6  <meta charset="utf-8">
7  <meta http-equiv="X-UA-Compatible" content="IE=edge">
8  <meta name="viewport" content="width=device-width, initial-scale=1.0, viewport-
   fit=cover"/>
9  # 中略
10 <title>いつも隣にITのお仕事 | 毎日の業務が楽チンに!</title>
11 # 省略
```

「https://tonari-it.com」にGETリクエストを行い、その結果であるHTTPレスポンスが変数rに

Responseオブジェクトとして代入されます。
text属性は、Responseオブジェクトrに含まれる文字列を表します。

```
r.text
```

つまり、text属性はWebページのデータを表すHTML文字列で、これを「HTMLドキュメント(HTML document)」といいます。このHTMLドキュメントから欲しいデータを抽出することがスクレイピングの目的となるわけです。
実行結果を見ると「<!doctype html>」からはじまる文字列が実行結果として表示されていることが確認できます。

ところで、ブラウザでWebページを閲覧する際に、以下のような形式のURLを見たことはないでしょうか。

```
https://tonari-it.com/?s=python
```

本来のWebページのURLに加えて、クエスチョンマーク「?」やイコール記号「=」を含む文字列が追加されているものです。ときにはアンパサンド記号「&」を含むこともあります。このクエスチョンマーク以降の文字列を「クエリ文字列(query string)」といいます。上記の例では「?s=python」の部分がクエリ文字列となります。
クエリ文字列は、リクエストの際に追加のデータを渡したいときに用いられ、以下のように記述します。

```
?パラメータ1=値1&パラメータ2=値2&...
```

このようにすることで、パラメータ1に値1を、パラメータ2に値2を……というようにリクエストの際にパラメータ名を付与してデータを渡すことができるのです。今回の例では「s」がパラメータ名、「python」がデータとなります。
どのようなパラメータを渡せるか、また渡したときにどのような動作をするかは、リクエスト先によります。今回の例では、パラメータ「s」はあるキーワードで検索結果ページを表示する際に使用することができるもので、実際に上記のURLをブラウザで開くと以下のページが表示されます。

図10-3 クエリ文字列の例

これが何のページかというと、このサイトの検索窓で「python」というキーワード検索を行った際の検索結果のページです。

requestsモジュールでは、このようなクエリ文字列を渡す方法も用意されています。getリクエスト時に、パラメータを渡すには以下のように記述します。

```
requests.get(url, params=params)
```

パラメータparamsには辞書paramsを指定します。キーがクエリ文字列のパラメータ名、バリューがその値になります。では、例として**sample10_02.py**を実行してみましょう。

sample10_02.py getリクエストでクエリ文字列を渡す

```
1  import requests
2  
3  url = 'https://tonari-it.com'
4  params = {'s': 'python'}
5  r = requests.get(url, params=params)
6  print(r.text[:3000])
```

■ 実行結果

```
1  <!doctype html>
2  <html lang="ja"
3          prefix="og: https://ogp.me/ns#" >
4
5  <head>
6  <meta charset="utf-8">
7  <meta http-equiv="X-UA-Compatible" content="IE=edge">
8  <meta name="viewport" content="width=device-width, initial-scale=1.0, viewport-
   fit=cover"/>
9  # 中略
10 <title>「python」の検索結果 | いつも隣にITのお仕事</title>
11 # 省略
```

getメソッドでは、パラメータparamsのほかに、多数のパラメータを指定できます。必要に応じて調べてみてください。

10.2.4 レスポンス

requestsでリクエストを行った結果、その戻り値としてレスポンスを受け取ります。レスポンスはResponseオブジェクトとして取り扱うことができ、その属性を使って、レスポンスの内容を取り出したり、レスポンスの情報を調べたりします。

Responseクラスの主な属性について、**表10-4**にまとめていますのでご覧ください。

表10-4 Responseクラスの主な属性

属性	説明
r.text	レスポンスrの内容（テキスト）
r.content	レスポンスrの内容（バイト）
r.url	レスポンスrの最終的なURL
r.headers	レスポンスrのヘッダーを表す辞書
r.encoding	レスポンスrのテキストをtext属性で取り出すときの文字コード
r.status_code	レスポンスrのステータスコード
r.json()	レスポンスrのJSONから辞書を生成して返す
r.raise_for_status()	レスポンスrのステータスが200番台以外なら例外を発生させる

スクレイピングをするのであれば、これまでの例でも登場してきたtext属性を使うことがもっとも多いでしょう。

その他の属性のいくつかについて、sample10_03.pyを実行してその内容を確認してみましょう。

sample10_03.py Responseクラスの属性

```
1  import requests
2
3  url = 'https://tonari-it.com'
4  r = requests.get(url)
5  print(r.headers)
6  print(r.url)
7  print(r.encoding)
8  print(r.status_code)
```

■ 実行結果

```
1  {'Server': 'nginx', 'Date': 'Wed, 08 Apr 2020 02:24:57 GMT', 'Content-Type':
   'text/html; charset=UTF-8', 'Transfer-Encoding': 'chunked', 'Connection': 'keep
   -alive', 'Vary': 'Accept-Encoding', 'Expires': 'Thu, 19 Nov 1981 08:52:00 GMT',
   'Cache-Control': 'no-store, no-cache, must-revalidate', 'Pragma': 'no-cache',
   'Link': '<https://tonari-it.com/wp-json/>; rel="https://api.w.org/"', 'Set-
   Cookie': 'PHPSESSID=c33b3ddb529bd3c0d3321a188c10d498; path=/', 'Content-Encoding
   ': 'gzip'}
2  https://tonari-it.com/
3  UTF-8
4  200
```

headers属性は、レスポンスの「ヘッダー(header)」を表します。レスポンスのヘッダーは「HTTPレスポンスヘッダー」ともいいます。ヘッダーにはレスポンスに関するさまざまな情報が含まれています。

ヘッダーはリクエストにも含まれていて、リクエストに関する情報を持ちます。こちらは「HTTPリクエストヘッダー」ともいいます。

10.2.5 ステータスコード

getメソッドによるGETリクエストですが、もし間違えたURLを指定してしまった場合はどうなるでしょうか。たとえば、存在しないURL「https://tonari-it.com/not-exists」にGETリクエストをしてみましょう。**sample10_04.py**を実行してみてください。

sample10_04.py 存在しないURLへのGETリクエスト

```
1  import requests
2
3  url = 'https://tonari-it.com/not-exists'
4  r = requests.get(url)
5  print(r.text[:3000])
```

■ 実行結果

```
<!doctype html>
<html lang="ja"
        prefix="og: https://ogp.me/ns#" >

<head>
<meta charset="utf-8">
<meta http-equiv="X-UA-Compatible" content="IE=edge">
<meta name="viewport" content="width=device-width, initial-scale=1.0, viewport-fit=cover"/>
# 中略
<title>404 NOT FOUND |  Not Exists</title>
# 省略
```

無事に実行が完了して、HTMLがターミナルに出力されます。しかし、「404 NOT FOUND」というテキストが含まれていることが確認できますね。実際に、このページをブラウザで開いてみましょう。図10-4のような「404 NOT FOUND」というページが表示されます。

図10-4 404 NOT FOUND

ドメイン内で存在しないURLにアクセスがあったとき、多くのサイトでは、そのレスポンスとしてそのページが存在していないことを表すページを返すように作られていて、sample10_04.pyではそれが返されたわけです。

しかし、本来スクレイピングの対象として取得したいのは「404 NOT FOUND」ページではありません。リクエスト時に、想定と異なる「404 NOT FOUND」が返ってきてしまっていることを知る方法はあるでしょうか。

HTTPレスポンスでは、そのレスポンスの状態を判定するために「ステータスコード(status code)」とよばれる3桁の数字によるコードが含まれています。これを用いることで、正しいレスポンスが得られたかどうかを判定できます。ステータスコードとその内容について、**表10-5**にまとめていますのでご覧ください。

表10-5 ステータスコード

コード	レスポンス	説明
100番台	情報レスポンス	処理が継続されていることを表す
200番台	成功レスポンス	リクエストが正しく処理されたことを表す
300番台	リダイレクト	他のURLに転送する処理がされたことを表す
400番台	クライアントエラー	クライアント側に問題があり正しく処理されなかったことを表す
500番台	サーバーエラー	サーバー側に問題があり正しく処理されなかったことを表す

Responseオブジェクトrのstatus_code属性がそのステータスコードを表します。この内容を確認すればレスポンスの状態がわかります。

```
r.status_code
```

また、別の方法としてraise_for_statusメソッドを使用する方法もあります。これは、正常でなかった場合、つまりレスポンスrのステータスコードが200番台でなかった場合に例外を発生させます。

```
r.raise_for_status()
```

では、これらの例を見てみましょう。**sample10_05.py**を実行して、その動作を確認してみてください。

sample10_05.py ステータスコードとHTTPError

```
1  import requests
2  
3  url = 'https://tonari-it.com'
4  r = requests.get(url)
5  print(r.status_code) # 200
6  r.raise_for_status()
7  
8  url = 'https://tonari-it.com/not-exists'
9  r = requests.get(url)
10 print(r.status_code) # 404
11 r.raise_for_status()
```

「https://tonari-it.com」へのリクエストに対するレスポンスについては、raise_for_statusメソッドの実行時は何も起きません。一方で、「https://tonari-it.com/not-exists」へのリクエストに対するレスポンスについては、図10-5のように例外「HTTPError」が発生します。

図10-5 raise_for_statusメソッドによる例外

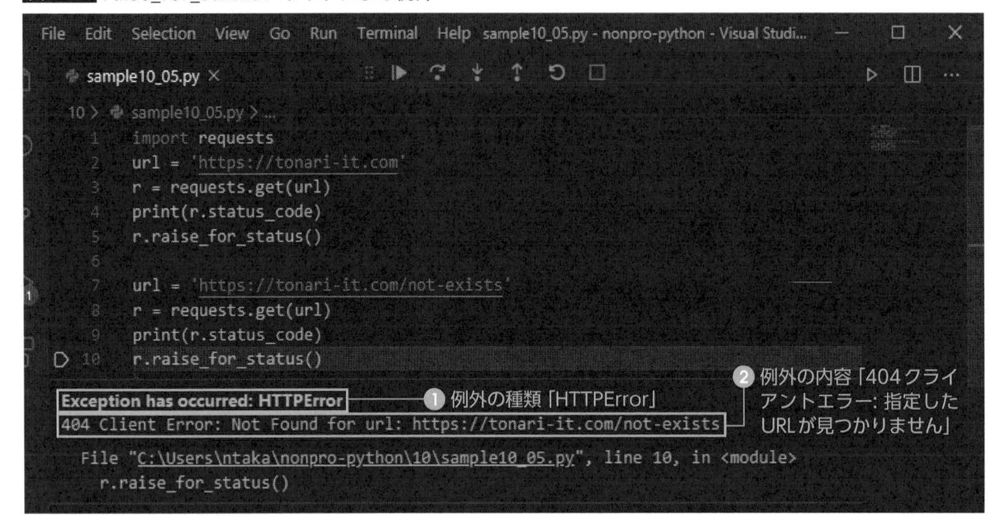

このように、例外を発生させることによりエラーを検知することができます。また、今回の例では、存在していないページのURLを指定したわけですが、たとえばサーバーエラーが発生しているときなども使用できます。確実に例外を検知したいときに活用していきましょう。

10.3 HTMLを解析する: beautifulsoup4

10.3.1 HTML

スクレイピングの手順について、再度おさらいをしておきましょう。

1. WebサーバーにHTTPリクエストをする
2. WebサーバーからHTTPレスポンスを受け取る
3. HTTPレスポンス内のHTMLドキュメントを解析して必要なデータを抽出する

1、2についてはrequestsモジュールで実現をすることができました。また、それにより取得したレスポンスを表すResponseオブジェクトから、text属性を使うことで、HTMLドキュメントを取り出すことができます。

しかし、これまでターミナルに表示してきたHTMLドキュメントはとても長く、複雑で、その中から欲しいデータを探し出し、抽出するのは、とてもたいへんな作業に思えます。

その作業を大きく軽減するのが「beautifulsoup4（ビューティフルスープ4）」です。beautifulsoup4を活用するためには、ある程度のHTMLの知識が必要になりますので、ここで学んでおくことにしましょう。

HTMLとはWebページを構成するための言語です。「HyperText Markup Language」の頭文字をとってHTMLと呼ばれています。

「HyperText」というのは、「ハイパーリンク（hyperlink）」という相互にリンクするしくみを持ったテキストのことです。ブラウザでリンクをクリックすると他のページに遷移することができるのは、このハイパーリンクのしくみがあるからです。

「Markup Language」というのは、マークつきの言語という意味ですね。HTMLでは、どのようにマークをつけるかというと、以下のように表記される「タグ（tag）」を使います。

```
<tag>内容</tag>
```

タグの役割は「tag」の部分のタグ名により決定されます。「<tag>」を「開始タグ」、「</tag>」を「終了タグ」といい、この間に挟まれた内容に対してタグの種類に応じたマークが付与されます。また、このタグで囲まれた単位を「要素（element）」といいます。要素は、他の要素を含む、つまり入れ子状態にできます。

タグはとてもたくさんの種類があり、そのタグ名により役割が規定されます。スクレイピングをする際に知っておいたほうがよい主なタグについて、**表10-5**にまとめていますのでご覧ください。

表10-6 スクレイピングで使用する主なタグ

タグ	説明
html	HTMLドキュメント
head	HTMLのヘッダー
body	HTMLの本文
title	ページタイトル
h1～h6	見出し
p	段落
a	リンク
ul	箇条書きブロック
li	箇条書きリスト
ol	箇条書き番号付きリスト
div	ブロック要素
span	インライン要素
table	表全体
thaed	表のヘッダー
tbody	表のボディ
tfoot	表のフッター
tr	表の行
th	表の見出しセル
td	表のセル

また、タグの種類によっては、以下のように開始タグのみで使用することもあります。

```
<tag>
```

では、実際にHTMLドキュメントを作成し、Webページとして表示することで、理解を深めることにしましょう。VS Codeで「**sample10_06.html**」というファイルを作成し、以下を入力します。

sample10_06.html HTMLの例

```
<html>

<head>
    <title>ページタイトル</title>
</head>

<body>
    <h1>見出し1</h1>
    <p>段落</p>
    <a href='https://google.com'>Googleへのリンク</a>
    <h2>見出し2</h2>
    <ul>
        <li>リスト1</li>
        <li>リスト2</li>
    </ul>
</body>

</html>
```

作成したhtmlファイルを、ブラウザの新規タブにドラッグしてみてください。すると、図10-6のように表示されるはずです。

図10-6 HTMLによるページ

見出し1

段落

Googleへのリンク

見出し2

- リスト1
- リスト2

さて、sample10_06.htmlで、リンクを表すaタグの開始タグが「<a href='https://google.com'>」と表記されていたことをお気づきでしょうか。開始タグの中には「属性（attribute）」と呼ばれるものを記述し、その要素に対するさまざまな設定をするためのものです。

```
<tag attribute="属性の設定値">～</tag>
```

Chapter 10

「href（エイチレフ）属性」[注3] は、aタグが表すリンクのリンク先のURLを設定するための属性です。

属性は、タグの種類に固有のものと、すべてのタグに記述できるものとがあります。すべてのタグに記述できる属性のうち、「id属性」と「class属性」はスクレイピングを学ぶ上でとても重要な役割を果たします。これについて、次節で詳しく解説をします。

10.3.2 CSS

beautifulsoup4を使いこなすためには、もうひとつ別の技術に関する知識を持っておく必要があります。それは「CSS（Cascading Style Sheets）」と呼ばれるものです。

前述のsample10_06.htmlによるページはとても質素なものでしたよね？　世に公開されているWebページは、もっと見栄えがよいものです。Webページを構成する要素に対して、そのレイアウトや色、フォントなどの指定することで、見栄えを整えています。それを行うための技術がCSSで、装飾などを設定するための書式を「スタイル（style）」といいます。

実際に例を見てみましょう。**sample10_07.html**を作成してください。

sample10_07.html スタイルを付与したページ

```
1  <html>
2  
3  <head>
4      <title>ページタイトル</title>
5      <style>
6          #hoge {
7              color: orange;
8          }
9  
10         .fuga {
11             font-weight: bold;
12         }
13     </style>
14 </head>
15 
16 <body>
17     <h1 id="hoge">見出し1</h1>
18     <p>段<span class="fuga">落</span></p>
19     <a href='https://google.com'>Googleへのリンク</a>
20     <h2>見出し2</h2>
21     <ul>
22         <li class="fuga">リスト1</li>
23         <li>リスト2</li>
24     </ul>
25 </body>
```

注3）「href」は「Hypertext Reference」の略です。

```
26
27 </html>
28
```

作成したhtmlファイルをブラウザにドラッグして確認してみてください。すると、図10-7のように表示されます。

図10-7 スタイルを付与したページ

> **見出し1**
>
> 段**落**
>
> Googleへのリンク
>
> **見出し2**
>
> - **リスト1**
> - リスト2

「見出し1」の文字色がオレンジに、段落の「落」と「リスト1」が太字に変更されていることを確認できます。

これらの装飾を担っているのがCSSです。CSSのスタイルはstyleタグ内に記述することができ注4)、以下のような書式で記述します。

```
セレクタ {
    プロパティ: 値;
}
```

「セレクタ(selector)」は、どの要素にスタイルを適用するかを指定するものです。セレクタによる対象要素の指定方法は多岐に渡りますが、基本としてまず知っておきたいのは、表10-7に挙げる3つです。

表10-7 主なCSSセレクタ

項目	セレクタ	例
タグ	タグ名	h1 a
id属性	#id名	#hoge
class属性	.class名	.fuga

注4) 他にタグ内のstyle属性で指定する方法、CSSファイルを読み込む方法があります。

タグでスタイルを指定するのがシンプルですが、ページ上の同じ種類のタグすべてにスタイルが適用されてしまいます。そこで、特定の要素だけに目印をつけるために、そのタグ内に「id属性」「class属性」を付与します。CSSセレクタでは、ハッシュ記号（#）でid属性に設定したid名を、ドット記号（.）でclass属性に設定したclass名を指定することで、それらの要素を特定します。

なお、id名はページ上で唯一の要素にのみ付与するものです。一方でclass名は、ページ上で複数の要素に同じものを付与できます。

さて、スクレイピングをする際にもこれらタグ名、id名、class名を頼りにできます。HTMLから特定の要素に含まれるデータを抽出する際に、id名が付与されているのであれば、直接的に特定可能です。そうでなくても、タグ名やclass名などを組み合わせることで、対象の要素を特定できます。

10.3.3 デベロッパーツール

Webページを構成するHTMLドキュメントですが、一般的にはその量は膨大です。たとえば、Google Chromeであるページを開いて、右クリックメニューの「ページのソースを表示」を選択してみてください（図10-8）。

図10-8 Google Chromeでページのソースを表示

すると、図10-9のように、そのページの「ソース（source）」つまりその構成をしているHTMLドキュメントのソースを見ることができます。

図10-9 Webページのソース

行を折り返す ☐

```
1  <!doctype html>
2  <html lang="ja"
3      prefix="og: https://ogp.me/ns#" >
4
5  <head>
6  <meta charset="utf-8">
7  <meta http-equiv="X-UA-Compatible" content="IE=edge">
8  <meta name="viewport" content="width=device-width, initial-scale=1.0, viewport-fit=cover"/>
9  <meta name="referrer" content="no-referrer-when-downgrade"/>
10
11
12   <!-- Other Analytics -->
13 <!-- ヘッダー用_<head>のすぐ下に設置してください -->
14 <script async src="https://securepubads.g.doubleclick.net/tag/js/gpt.js"></script>
15 <script>
16   window.googletag = window.googletag || {cmd: []};
17   googletag.cmd.push(function() {
18     googletag.defineSlot('/9176203/1707127', [[300, 250], [336, 280]], 'div-gpt-ad-1592541102354-0').addService(googletag.pubads());
19     googletag.defineSlot('/9176203/1707128', [300, 600], 'div-gpt-ad-1592541137520-0').addService(googletag.pubads());
20     googletag.pubads().enableSingleRequest();
21     googletag.pubads().collapseEmptyDivs(); //空のdivを閉じる
22     googletag.enableServices();
23   });
24 </script>
25
26 <script data-ad-client="ca-pub-6521876139520400" async src="https://pagead2.googlesyndication.com/pagead/js/adsbygoogle.js"></script>
27 <!-- /Other Analytics -->
28 <!-- preconnect dns-prefetch -->
29 <link rel="preconnect dns-prefetch" href="//www.googletagmanager.com">
30 <link rel="preconnect dns-prefetch" href="//www.google-analytics.com">
31 <link rel="preconnect dns-prefetch" href="//ajax.googleapis.com">
32 <link rel="preconnect dns-prefetch" href="//cdnjs.cloudflare.com">
33 <link rel="preconnect dns-prefetch" href="//pagead2.googlesyndication.com">
34 <link rel="preconnect dns-prefetch" href="//googleads.g.doubleclick.net">
35 <link rel="preconnect dns-prefetch" href="//tpc.googlesyndication.com">
36 <link rel="preconnect dns-prefetch" href="//ad.doubleclick.net">
37 <link rel="preconnect dns-prefetch" href="//www.gstatic.com">
38 <link rel="preconnect dns-prefetch" href="//cse.google.com">
39 <link rel="preconnect dns-prefetch" href="//fonts.gstatic.com">
40 <link rel="preconnect dns-prefetch" href="//fonts.googleapis.com">
41 <link rel="preconnect dns-prefetch" href="//cms.quantserve.com">
42 <link rel="preconnect dns-prefetch" href="//secure.gravatar.com">
43 <link rel="preconnect dns-prefetch" href="//cdn.syndication.twimg.com">
44 <link rel="preconnect dns-prefetch" href="//cdn.jsdelivr.net">
45 <link rel="preconnect dns-prefetch" href="//images-fe.ssl-images-amazon.com">
46 <link rel="preconnect dns-prefetch" href="//completion.amazon.com">
47 <link rel="preconnect dns-prefetch" href="//m.media-amazon.com">
48 <link rel="preconnect dns-prefetch" href="//i.moshimo.com">
49 <link rel="preconnect dns-prefetch" href="//aml.valuecommerce.com">
50 <link rel="preconnect dns-prefetch" href="//dalc.valuecommerce.com">
51 <link rel="preconnect dns-prefetch" href="//dalb.valuecommerce.com">
```

これは、「https://tonari-it.com」の例ですが、全部で1343行ありました。そして、その内容はかなり複雑です。このHTMLの中から、対象となる要素がどれなのか、またその要素を特定するために、どのようにタグ名、id名、class名を組み合わせればよいのかといったことを、人力で調べるのは気が遠くなるような作業となります。

その作業負荷を大きく軽減してくれるのが、Google Chromeに搭載されている「デベロッパーツール (Developer Tools)」です。デベロッパーツールを使用することで、表示されている要素がHTMLドキュメントのどの部分でどのように記述されているのか、またHTMLドキュメント全体や各要素についての情報について調べることができます注5)。

では、デベロッパーツールを開いてみましょう。「Google Chromeの設定」アイコンから「その他のツール」→「デベロッパーツール」とたどります。ショートカットキー [Ctrl] + [Shift] + [I] または [⌘] + [option] + [I] でも開くことができます。

注5) FirefoxやMicrosoft Edgeなどの他のブラウザでも同様の機能が提供されています。

図10-10 デベロッパーツールを開く

すると、画面右側に図10-11のように、デベロッパーツールの領域が表示されます。この領域を「ペイン（pain）」といいます。

図10-11 デベロッパーツール

デベロッパーツールペインでは実に豊富な機能が提供されていて、上部のタブで各機能を切り替えることができます。スクレイピングの際に主に使用するのは「Elements」タブです。

Elementsタブを選択すると、ペインの上半分にツリー構造に整えられたHTMLドキュメントが表示されます。これにより、HTMLドキュメントの全体や、各要素の親子関係を視覚的に把握できます。三角形をクリックすることで、各要素の内容の展開と折りたたみを切り替えることができます。

目的の要素が、HTMLドキュメントのどの部分で表されているかを素早く調べるには、デベロッパーツールペインの左上に配置されている「Select an element in the page to inspect it」アイコンを使うのが便利です。アイコンをクリックした後、左側の画面の各要素をクリックすると、右側のツリーにその部分を表すHTMLコードが強調表示されます(図10-12)。

図10-12 ページ内の要素を選択して検査する

なお、デベロッパーツールを表示していない場合、画面上の目的の要素を右クリックし、表示されたメニューから「検証」を選択することでも、同様の操作を行うことができます。

さらに、ツリー上のHTMLコードを右クリックして表示されるメニューから「Copy」を選択すると、その要素を表すHTMLコードや、CSSセレクタなどをコピーできます。

図10-13 HTMLコードのコピーメニュー

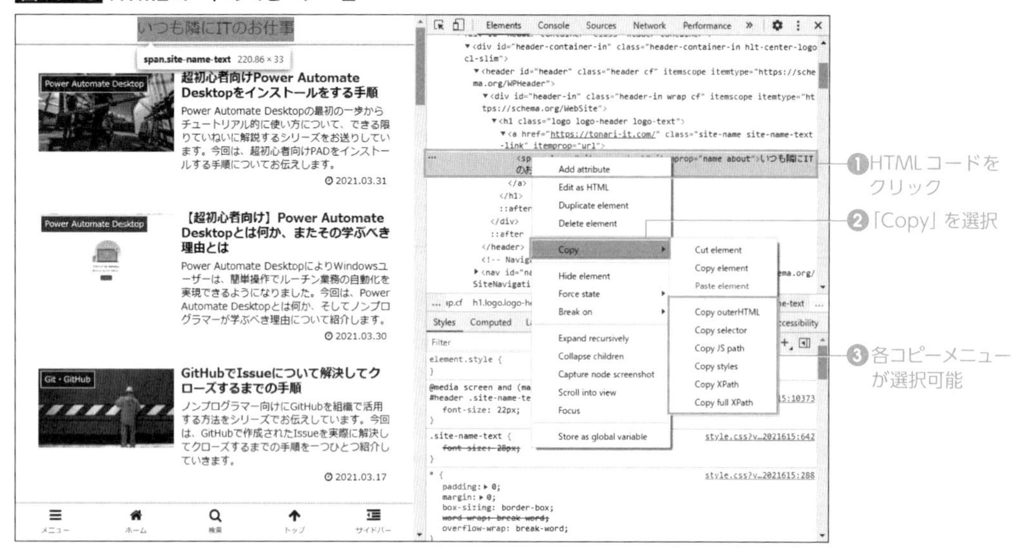

以下が、**図10-13**で「Copy outerHTML」によりコピーしたものです。

```
<span class="site-name-text" itemprop="name about">いつも隣にITのお仕事</span>
```

また、「Copy selector」をしたものが以下になります。

```
#header-in > h1 > a > span
```

とくに「Copy selector」はスクレイピングにおいて強力です。目的の要素にたどりつくセレクタがわかれば、その要素をほぼ絞り込むことができるわけですが、セレクタの高度な知識を持っていなくとも、デベロッパツールがそれを教えてくれるからです。

もうひとつ便利な機能を紹介しておきましょう。検索機能です。デベロッパーツールペインを表示している状態で [Ctrl] + [F] または [⌘] + [F] により、**図10-14**のような検索窓を表示できます。

図10-14 文字列やセレクタによる検索

ここには、キーワードはもちろん、CSSセレクタなども入力して検索が可能です。たとえば、ページ上のテキストやタグ名やclass名、セレクタなどを検索して存在するかどうか、または、それが含まれるHTMLコードを見つけることができます。さらに、検索結果には「1 of 20」というように、マッチした件数も確認できますから、その検索した内容が唯一かどうかもわかるのです。唯一であれば、その検索内容で対象の要素を特定できたということになります。

このように、デベロッパーツールはスクレイピングをする上で、必要不可欠といってもよい有用なツールです。ぜひ活用していきましょう。

10.3.4 beautifulsoup4とBeautifulSoupオブジェクト

では、実際に「beautifulsoup4[注6]」を使ってHTMLドキュメントから目的のデータを抽出する方法を見ていきましょう。

beautifulsoup4は、HTMLを解析してデータの検索と抽出を行うためのライブラリです。Anacondaに同梱されていますので、インポートをすることですぐに使用できます。

beautifulsoup4で提供されている主なクラスは**表10-8**に挙げる、2つのクラスです。

表10-8 beautifulsoup4の主なクラス

クラス	説明
BeautifulSoup	HTMLドキュメント全体を表す
Tag	HTMLタグを表す

注6) beautifulsoup4公式ドキュメント: https://www.crummy.com/software/BeautifulSoup/bs4/doc/

BeautifulSoupオブジェクトは、解析されたHTMLドキュメント全体を表します。Tagオブジェクトは個々のHTMLタグを表します。いずれももともとはHTMLによる文字列ですが、BeautifulSoupオブジェクト化またはTagオブジェクト化することで、各クラスで提供されている属性を使用して、配下の要素の検索や、データの抽出を容易にします。

beautifulsoup4を用いる場合、一般的に以下のimport文を使用します。

```
from bs4 import BeautifulSoup
```

BeautifulSoupオブジェクトを生成するBeautifulSoupコンストラクタの構文は以下のとおりです。

```
BeautifulSoup(html_doc, 'html.parser')
```

これにより、パラメータhtml_docに指定したHTMLドキュメントを解析して、BeautifulSoupオブジェクトを生成して返します。

「html.parser」はPythonに同梱されているHTMLなどの構文解析を行うツール（「パーサー(parser)」です。使用できるパーサーは他にいくつかの種類がありますが、一般的には「html.parser」を指定しておけば問題ありません。

では、例として**sample10_08.py**を実行してみましょう。

sample10_08.py BeautifulSoupオブジェクトの生成

```
1 import requests
2 from bs4 import BeautifulSoup
3 
4 url = 'https://tonari-it.com'
5 r = requests.get(url)
6 
7 soup = BeautifulSoup(r.text, 'html.parser')
8 print(soup)
```

■ 実行結果

```
1 <!DOCTYPE html>
2 
3 <html lang="ja" prefix="og: https://ogp.me/ns#">
4 <head>
5 <meta charset="utf-8"/>
6 <meta content="IE=edge" http-equiv="X-UA-Compatible"/>
7 <meta content="width=device-width, initial-scale=1.0, viewport-fit=cover" name=
  "viewport">
8 # 省略
```

実行すると、HTMLドキュメントがターミナルに出力されます。BeautifulSoupオブジェクトをprint関数に渡すと、そのHTMLドキュメントを出力します。Tagオブジェクトをprint関数に渡したときも同様に、そのHTMLコードを出力します。動作確認などで便利に使えますので覚えておくとよいでしょう。

10.3.5 HTML要素の検索

HTMLドキュメントをBeautifulSoupオブジェクト化することで、その内部から以下の条件またはその組み合わせにより要素を検索することができます。

- タグ名
- id、classなどの属性
- 文字列
- CSSセレクタ

そのために、**表10-9**に示すメソッドが用意されています。

表10-9 BeautifulSoupクラスの主なメソッド

メソッド	説明
soup.find(name, attrs, recursive, string)	BeautifulSoupオブジェクトsoupからマッチする要素を検索してTabオブジェクトとして返す ・name: タグ名を表す文字列またはそのリスト ・attrs: 属性に関する辞書 ・recursive: 配下をすべて探索する(True)か、直下の要素だけを探索する(False)かを表すブール値 ・string: 要素に含まれる文字列またはそのリスト
soup.find_all(name, attrs, recursive, string, limit)	BeautifulSoupオブジェクトsoupからマッチする要素を検索してTabオブジェクトのリストとして返す ・name: タグ名を表す文字列またはそのリスト ・attrs: 属性に関する辞書 ・recursive: 配下をすべて探索する(True)か、直下の要素だけを探索する(False)かを表すブール値 ・string: 要素に含まれる文字列またはそのリスト ・limit: 取得する要素数を表す整数
soup.select(selector)	BeautifulSoupオブジェクトsoupからCSSセレクタselectorで要素を検索してTagオブジェクトのリストとして返す

タグ名、idやclassなどの属性、文字列の組み合わせで検索を行う場合は、findメソッドまたはfind_allメソッドを用います。BeautifulSoupオブジェクトsoupとした場合、それぞれ構文は以下のとおりです。

```
soup.find(name, attrs, recursive)
```

```
soup.find_all(name, attrs, recursive, limit)
```

これにより、soupについて指定した条件で検索し、findメソッドであれば最初に発見したTagオブジェクトを、find_allメソッドはマッチしたすべてのTagオブジェクトをリストで返します。

パラメータnameにはタグ名を表す文字列、またはそのリストを指定します。リストを指定した場合は、リストの含む複数のタグ名を対象として検索します。タグ名を条件に加えたくない場合には、空文字を指定します。

パラメータattrsは、条件とする属性名をキー、その値をバリューとした辞書を指定します。

soupオブジェクトの直下の要素だけ検索を行う場合はパラメータrecursiveをFalseに指定します。デフォルトでこの値はTrueで、soupオブジェクト内のすべての深さを探索対象とします。

パラメータstring[注7]は、要素に含まれる文字列で検索する場合に、それと完全一致する文字列を指定します。パラメータnameと同様に、そのリストを指定することもできます。

パラメータlimitは、find_allメソッドのみのパラメータで、検索の結果取得する要素数を指定します。デフォルトでは、発見したすべての要素を取得します。

さて、スクレイピングのテスト用として以下のページを用意しました。

```
https://tonari-it.com/scraping-test/
```

図10-15は、このテスト用ページをブラウザで表示したものです。

注7) パラメータstringには関数や正規表現を指定することも可能です。本書では紹介しませんが、必要に応じてbeautifulsoup4のドキュメントなどをご覧ください。

図10-15 スクレイピングテスト用ページ

このスクレイピングテスト用ページのHTMLドキュメントの一部を簡易的に抽出したものが、sample10_09.htmlです注8)。

Chapter 10

sample10_09.html スクレイピング用ページのHTMLドキュメント（一部）

```
1  <h2><span id="toc1">id属性</span></h2>
2  <div id="hoge">これはid属性「hoge」のdivタグの中にあります。</div>
3  <h2><span id="toc2">class属性</span></h2>
4  <p>
5      この段落のいくつかのワードは<span class="fuga">class属性</span><br>
6      「fuga」の<span class="fuga">spanタグ</span>で囲まれてます。
7  </p>
8  <h2><span id="toc3">リンク</span></h2>
9  <p><a href="https://tonari-it.com">いつも隣にITのお仕事へのリンク</a></p>
10 <h2><span id="toc4">表</span></h2>
11 <table>
12     <thead>
13         <tr><th>メンバー</th><th>説明</th></tr>
14     </thead>
15     <tbody>
16         <tr><td>find</td><td>タグ名、属性名等で要素を抽出</td></tr>
```

注8) ページ上にはここに記載したほか、たくさんの要素があります。また、各要素のHTMLコードは必ずしも完全に一致しているわけではないので注意してください。

```
17          <tr><td>find_all</td><td>タグ名、属性名等で要素のリストを抽出</td></tr>
18          <tr><td>select</td><td>CSSセレクタselectorで要素を抽出</td></tr>
19      </tbody>
20  </table>
```

このテスト用ページに対して、いくつかの要素を抽出してみましょう。まずは、findメソッドの例としてsample10_10.pyを実行してみてください。

sample10_10.py findメソッド

```
1  import requests
2  from bs4 import BeautifulSoup
3
4  url = 'https://tonari-it.com/scraping-test/'
5  r = requests.get(url)
6
7  soup = BeautifulSoup(r.text, 'html.parser')
8  print(soup.find('title'))
9  print(soup.find('h2'))
10 print(soup.find(attrs={'id': 'hoge'}))
```

■実行結果

```
1  <title>スクレイピング用テストページ | いつも隣にITのお仕事</title>
2  <h2><span id="toc1">id属性</span></h2>
3  <div id="hoge">これはid属性「hoge」のdivタグの中にあります。</div>
```

実行すると、titleタグ、h2タグそしてid属性が「hoge」のdivタグについてが、出力されます。

titleタグはページのタイトルであり、基本的に1つのHTMLドキュメントに対して1つしか存在しません。また、id属性は唯一の要素にのみ付与するのみですので、id属性が付与されている要素はピンポイントで抽出可能です。

一般的にh2要素はページ内に複数存在し得ますので、findメソッドでは最初に発見した要素のみを抽出します。

続いて、find_allメソッドの例を見てみましょう。sample10_11.pyをご覧ください。

sample10_11.py find_allメソッド

```
1  import requests
2  from bs4 import BeautifulSoup
3
4  url = 'https://tonari-it.com/scraping-test/'
5  r = requests.get(url)
6
```

```
7  soup = BeautifulSoup(r.text, 'html.parser')
8  print(soup.find_all('h2', limit=2))
9  print(soup.find_all(attrs={'class': 'fuga'}))
```

■ 実行結果

```
1  [<h2><span id="toc1">id属性</span></h2>, <h2><span id="toc2">class属性</span></h2>]
2  [<span class="fuga">class属性</span>, <span class="fuga">spanタグ</span>]
```

実行すると、各find_allメソッドの結果として、要素のリストが出力されます。Tagオブジェクトとして扱うには、リストから取り出す必要がありますので注意しましょう。

タグ名やclass属性は一般的に複数存在しますので、find_allメソッドを使った上で、さらに必要に応じて絞り込んだり、ループ処理を施したりすることになります。

さて、もうひとつの検索の方法として、CSSセレクタによる方法を見ていきましょう。CSSセレクタで要素を検索するには、selectメソッドを用います。構文は以下のとおりです。

```
soup.select(selector)
```

これにより、BeautifulSoupオブジェクトsoupに対して、CSSセレクタselectorにより要素を検索します。CSSセレクタによる結果は複数になり得ますので、戻り値はTagオブジェクトのリストとなります。

では、例としてsample10_12.pyを実行してみましょう。

sample10_12.py selectメソッド

```
1  import requests
2  from bs4 import BeautifulSoup
3
4  url = 'https://tonari-it.com/scraping-test/'
5  r = requests.get(url)
6
7  soup = BeautifulSoup(r.text, 'html.parser')
8  print(soup.select('h2'))
9  print(soup.select('#hoge'))
10 print(soup.select('.fuga'))
```

■ 実行結果

```
1  [<h2><span id="toc1">id属性</span></h2>, <h2><span id="toc2">class属性</span>
   </h2>, <h2><span id="toc3">リンク</span></h2>, <h2><span id="toc4">表</span></h2>]
2  [<div id="hoge">これはid属性「hoge」のdivタグの中にあります。</div>]
3  [<span class="fuga">class属性</span>, <span class="fuga">spanタグ</span>]
```

CSSセレクタはデベロッパーツールを用いることでコピーできますので、いくつかの要素についてCSSセレクタをコピーしたものを用いて検索をしてみてください。その際、その要素に対して、CSSセレクタが一意に決まっているのであれば、それを用いてピンポイントで要素を抽出することが可能です。

たとえば、**図10-16**でホバーしているp要素のCSSセレクタは以下になりました。

```
#post-32150 > div > p:nth-child(5)
```

このCSSセレクタについて、デベロッパーツールのペインで [Ctrl] + [F] または [⌘] + [F] による検索をかけてみると、検索窓の右側に「1 of 1」と表示され、そのセレクタにより検索された要素が1つであるということがわかります。

図10-16 CSSセレクタの取得と検索

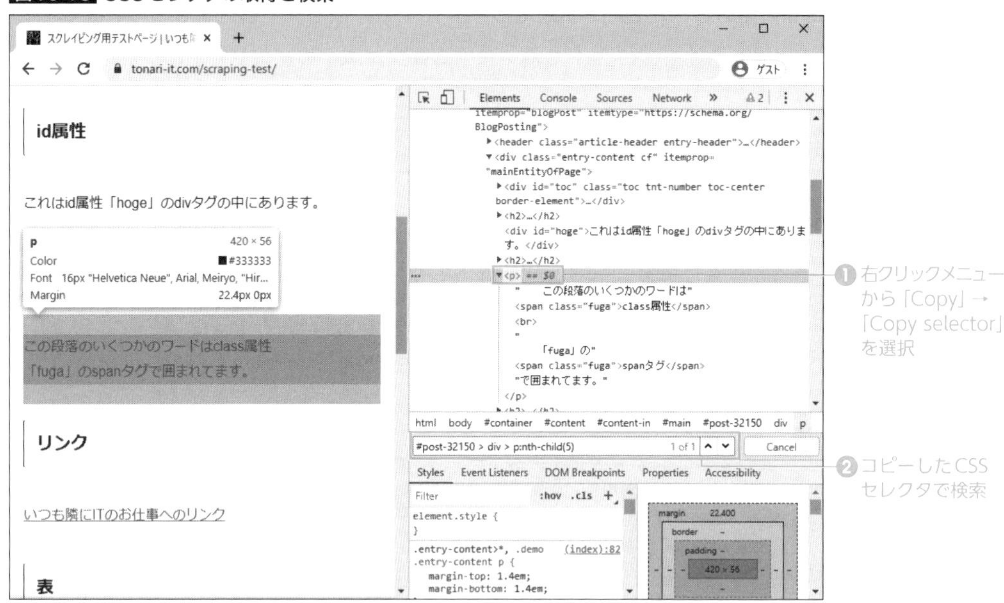

id属性などでシンプルにしぼり込めるのが理想ですが、それが難しい場合にはCSSセレクタとselectメソッドが強力な武器になります。

10.3.6 Tagオブジェクト

beautifulsoup4ではHTMLドキュメントの各要素をTagオブジェクトとして扱います。Tagオブジェクトはその属性を用いて、そのタグ名、属性を表す辞書、含まれる文字列、親要素および子要素などを取り出せます。また、BeautifulSoupオブジェクトと同様にfindメソッドや、find_allメソッドが用意されており、さらにその配下の要素について検索を行うことも可能です。

Tagオブジェクトの主な属性について**表10-10**にまとめていますのでご覧ください。

表10-10 Tagオブジェクトの主な属性

属性	説明
tag.name	要素tagのタグ名を表す文字列
tag.attrs	要素tagの属性を表す辞書
tag.text	要素tagに含まれる文字列
tag.parent	要素tagの親要素となるTagオブジェクト
tag.children	要素tagの子要素であるTagオブジェクトのイテレータ
tag.contents	要素tagの子要素であるTagオブジェクトのリスト
tag.find(name, attrs, recursive, string)	Tagオブジェクトtagからマッチする要素を検索してTabオブジェクトとして返す ・name: タグ名を表す文字列またはそのリスト ・attrs: 属性に関する辞書 ・recursive: 配下をすべて探索する（True）か、直下の要素だけを探索する（False）かを表すブール値 ・string: 要素に含まれる文字列またはそのリスト
tag.find_all(name, attrs, recursive, string, limit)	Tagオブジェクトtagからマッチする要素を検索してTabオブジェクトのリストとして返す ・name: タグ名を表す文字列またはそのリスト ・attrs: 属性に関する辞書 ・recursive: 配下をすべて探索する（True）か、直下の要素だけを探索する（False）かを表すブール値 ・string: 要素に含まれる文字列またはそのリスト ・limit: 取得する要素数を表す整数
tag.clear()	Tagオブジェクトの子要素を削除する
tag.extract()	Tagオブジェクトを取り除く

では、これらの属性のいくつかについて動作を確認してみましょう。前述のテスト用ページを題材として**sample10_13.py**を実行してみてください。

sample10_13.py Tagオブジェクトの属性

```
1  import requests
2  from bs4 import BeautifulSoup
3
4  url = 'https://tonari-it.com/scraping-test/'
5  r = requests.get(url)
6
7  soup = BeautifulSoup(r.text, 'html.parser')
8  tag = soup.find(attrs={'id': 'hoge'})
9  print(tag.name)  #div
```

```
10 print(tag.attrs) #{'id': 'hoge'}
11 print(tag.text)  #これはid属性「hoge」のdivタグの中にあります。
12
13 ths = soup.find('thead').find('tr').find_all('th')
14 print(ths) #[<th>メンバー</th>, <th>説明</th>]
```

これらの中でも要素に含まれる文字列を取り出すために、以下のtext属性は頻繁に使うことになります[注9]。

```
tag.text
```

また、Tagオブジェクトについてfindメソッドや、find_allメソッドを用いて、その配下の要素を絞り込みながら検索することが可能です。

なお、beautifulsoup4では、sample10_13.pyでth要素を取得している以下のステートメント

```
ths = soup.find('thead').find('tr').find_all('th')
```

を以下のように、簡易的な記法で記述することも可能です。

```
ths = soup.thead.tr('th')
```

これらの記法は一見、短く記述できるためよいように思えます。しかし、HTMLタグ名に詳しくないのであれば読み解くことが難しくなりますし、慣れるまでは戻り値がTagオブジェクトなのかリストなのか判断しづらいでしょう。したがって、本書ではメソッド名は省略せずに記述することをおすすめします。

いずれにしても、Tagオブジェクトを何回もたどる記述は読みづらくなりがちですから、少ない回数のfindメソッド、find_allメソッド、selectメソッドで目的の要素にたどりつくことが理想です。

Tagオブジェクトの他の属性についての使用例として、**sample10_14.py**をご覧ください。

sample10_14.py parent属性とchildren属性

```
1 import requests
2 from bs4 import BeautifulSoup
3
4 url = 'https://tonari-it.com/scraping-test/'
```

注9) 同じく要素から文字列を取り出すstring属性がありますが、こちらは対象の要素が他のHTMLタグを含む場合はNoneを返します。文字列を取り出す際はtext属性を使うほうがわかりやすいでしょう。

```
5  r = requests.get(url)
6
7  soup = BeautifulSoup(r.text, 'html.parser')
8  [tag.extract() for tag in soup.find_all(string='\n')]
9
10 tr = soup.find('tr')
11 print(tr.parent.name)
12 print(tr.contents)
13 for child in tr.children:
14     print(child)
15
16 tr.clear()
17 print(tr)
```

■ 実行結果

```
1 thead
2 [<th>メンバー</th>, <th>説明</th>]
3 <th>メンバー</th>
4 <th>説明</th>
5 <tr></tr>
```

実行結果と照らし合わせながら、extractメソッド、clearメソッド、parent属性、contensts属性、children属性の機能を確認しておきましょう。

ここで、extractメソッドを含むリスト内包表記ですが、これはsoupに要素として含まれる改行コード「\n」をすべて削除するという処理を行っています。beautifulsoup4での要素検索をする際に、どうしても改行コードが要素として含まれてしまう場合があり、これがスクレイピングの邪魔者になることがあります。たとえば、今回の例では、とくに何もしなければtrの出力は以下のようになります。

```
['\n', <th>メンバー</th>, '\n', <th>説明</th>, '\n']
```

改行コードを事前に取り除くことで、後のcontents属性やchildren属性の出力にそれらが含まれずに済むのです。

10.3.7 tableタグからのデータ抽出

Webページからのスクレイピングで、「表 (table)」がその対象となることも多いでしょう。表はtable、thead、tbody、tfoot、tr、th、tdなどといったタグの組み合わせで実現されています。beautifulsoup4の機能で、これらの要素を取得して、ループ処理などをすることで、データを抽出することも可能ですが、pandasを使ったほうがスマートにスクレイピングできます。ここでは、その方法を紹介します。

Webページの表を取得するには、pandasのread_html関数を使います。構文は以下のとおりです。

```
pandas.read_html(io, header=None, index_col=None, encoding=None)
```

パラメータioに、対象とするWebページのURLを指定します。これにより、そのページ上にある表をデータフレームとして取得します。ページ上には複数の表が存在し得るため、read_html関数の戻り値は、データフレームのリストとなります。

パラメータheaderおよびindex_colは、それぞれカラムとして使用する行またはインデックスとして使用する列表す整数を指定します。パラメータencodingには使用する文字コードを指定します。これらのパラメータはread_csv関数のものと同様ですね。

では、使用例としてsample10_15.pyをご覧ください。

sample10_15.py pandasによる表のスクレイピング

```
1  import pandas as pd
2
3  url = 'https://tonari-it.com/scraping-test/'
4  dfs = pd.read_html(url)
5  print(dfs[0])
```

■ 実行結果

```
1           メンバー                    説明
2  0        find          タグ名、属性名等で要素を抽出
3  1    find_all      タグ名、属性名等で要素のリストを抽出
4  2      select  CSSセレクタselectorで要素を抽出
```

とても簡単に表データの取得ができますね。ぜひご活用ください。

10.4 スクレイピングツールを作る

10.4.1 検索結果ページのHTMLドキュメントを取得する

では、「いつも隣にITのお仕事」の検索結果ページから記事タイトルとURLを取得するスクレイピングツールを作成していきましょう。このサイトの検索結果ページは、検索キーワードを「query」とすると、以下のURLでアクセスできます。

```
https://tonari-it.com/?s=query
```

ですから、まずはrequestsを使ってこのURLにリクエストを行い、そのレスポンスからHTMLドキュメントを取り出すのが最初のステップとなります。sample10_02.pyとほぼ同様のコードになりますが、改めて**sample10_16.py**として作成しました。

実行して、取得したHTMLドキュメントのtitleタグが『「Python 初心者」の検索結果 | いつも隣にITのお仕事』となっていることを確認しておきましょう。

sample10_16.py requestsによるHTMLドキュメントの取得

```python
1  import requests
2  
3  url = 'https://tonari-it.com'
4  query = 'Python 初心者'
5  params = {'s': query}
6  r = requests.get(url, params=params)
7  r.raise_for_status()
8  
9  print(r.text[0:3000])
```

■ 実行結果

```
1  <!doctype html>
2  <html lang="ja"
3          prefix="og: https://ogp.me/ns#" >
4  
5  <head>
6  <meta charset="utf-8">
```

```
7   <meta http-equiv="X-UA-Compatible" content="IE=edge">
8   <meta name="viewport" content="width=device-width, initial-scale=1.0, viewport-
    fit=cover"/>
9   # 中略
10  <title>「Python 初心者」の検索結果 | いつも隣にITのお仕事</title>
11  # 省略
```

10.4.2 検索結果ページのHTMLドキュメントを取得する

続いて、デベロッパーツールを用いて、検索結果ページから記事タイトルとURLをどのように抽出すべきかを検討します。

まず、記事タイトルですが、検索結果ページのいくつかについて「Select an element in the page to inspect it」を使ってクリックすると、h2タグが該当していると推測できます。実際にデベロッパーツールペインで「<h2」による検索を行ってみると、その件数は20件で、記事一覧の掲載数と一致します（図10-17）。

図10-17 記事タイトルを含む要素を調べる

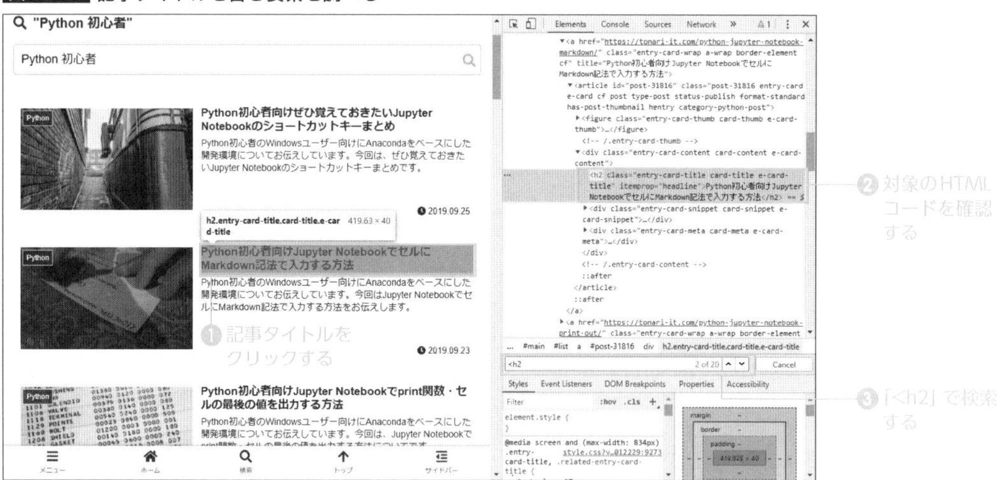

矢印アイコンで、検索結果を順番に確認していくと、h2要素が記事タイトルであることを確認できます。つまり、h2タグを抽出すればよいということになります。

続いて、URLについて見ていきましょう。URLはa要素のhref属性に含まれています。今度は「Select an element in the page to inspect it」の状態で、ペインの検索に任意の記事のURLを入力してみましょう。すると、**図10-18**のように該当のa要素がヒットし、比較的広い範囲がaタグで囲まれている範囲であることが確認できました。

図10-18 URLを含むa要素を調べる

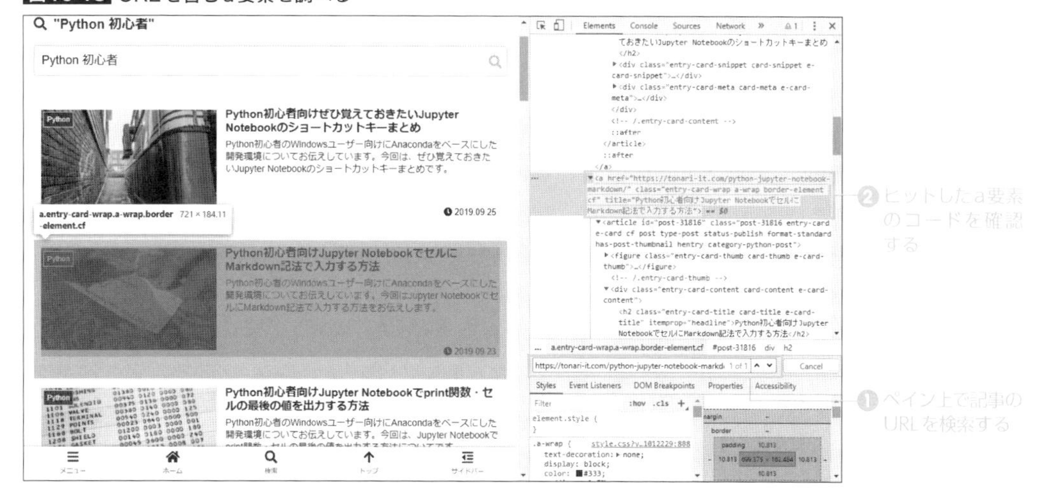

続いて、このa要素をいかに抽出するかを考えます。a要素はページ上にたくさんありますので抽出条件としては弱いですし、id属性も使用することができません。そこで、class属性を見ていくことにしましょう。対象のa要素のclass属性は「entry-card-wrap a-wrap border-element cf」となっています。ダブルクリックすると属性の値が選択状態になりますので、コピーします。そして、それをペインの検索にペーストして検索してみたところ、20件のヒットとなりました（図10-19）。

図10-19 class属性のコピーと検索

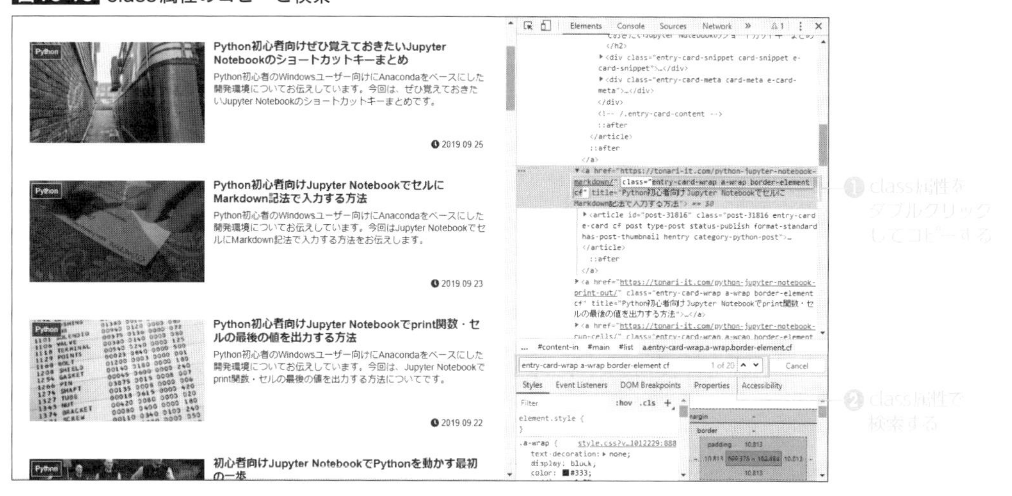

こちらも矢印アイコンで他の要素も確認すると、このclass属性による抽出でよさそうということがわかります。

では、これらの抽出条件により記事タイトルとURLを取り出してみましょう。sample10_17.pyをご覧ください。

sample10_17.py 記事タイトルとURLを抽出する

```
1  import requests
2  from bs4 import BeautifulSoup
3  
4  url = 'https://tonari-it.com'
5  query = 'Python 初心者'
6  params = {'s': query}
7  r = requests.get(url, params=params)
8  r.raise_for_status()
9  
10 soup = BeautifulSoup(r.text, 'html.parser')
11 h2s = soup.find_all('h2')
12 anchors = soup.find_all('a', attrs={'class': 'entry-card-wrap a-wrap border-
   element cf'})
13 
14 for h2, anchor in zip(h2s, anchors):
15     print(h2.text, anchor.attrs['href'])
```

■ 実行結果

```
1  Python初心者向けぜひ覚えておきたいJupyter Notebookのショートカットキーまとめ https://tonari
   -it.com/python-jupyter-notebook-shortcut-key/
2  Python初心者向けJupyter NotebookでセルにMarkdown記法で入力する方法 https://tonari-it.
   com/python-jupyter-notebook-markdown/
3  Python初心者向けJupyter Notebookでprint関数・セルの最後の値を出力する方法 https://tonari-
   it.com/python-jupyter-notebook-print-out/
4  初心者向けJupyter NotebookでPythonを動かす最初の一歩 https://tonari-it.com/python-
   jupyter-notebook-run-cells/
5  # 以下省略
```

記事タイトルはh2タグを、URLはaタグかつ先ほど調べたclass属性を条件に、find_allメソッドで取得します。いずれもリストになりますので、for文でそれぞれテキストとhref属性を取り出して出力表示をしました。

10.4.3 Excelファイルに書き出す

あとは、これら抽出したデータをExcelファイルに書き出していきます。今回は、とくに書式などは必要ありませんので、pandasのto_excelメソッドを使うことにしましょう。

sample10_18.pyをご覧ください。

sample10_18.py スクレイピングしたデータをExcelファイルに書き出す

```
1  import requests
2  from bs4 import BeautifulSoup
3  import pandas as pd
4
5  url = 'https://tonari-it.com'
6  query = 'Python 初心者'
7  params = {'s': query}
8  r = requests.get(url, params=params)
9  r.raise_for_status()
10
11 soup = BeautifulSoup(r.text, 'html.parser')
12 h2s = soup.find_all('h2')
13 anchors = soup.find_all('a', attrs={'class': 'entry-card-wrap a-wrap border-
   element cf'})
14
15 values = []
16 for h2, anchor in zip(h2s, anchors):
17     values.append([h2.text, anchor.attrs['href']])
18
19 filename = rf'10\tonari-it_{query}.xlsx'
20 df = pd.DataFrame(values, columns=['タイトル', 'URL'])
21 df.index = df.index + 1
22 df.to_excel(filename)
```

beautifulsoup4で抽出したh2要素のリストh2s、a要素のリストanchorsをレコードとした二次元リストvaluesを作ります。その二次元リストをpandasでデータフレーム化し、to_excelメソッドで書き出します。なお、df.indexに1を加えているのは、インデックスを、1はじまりに変更をするためです。

また、ファイル名はクエリ文字列の値を使用しています。これにより生成されたExcelファイルが図10-20です。

図10-20 スクレイピングデータを書き出したExcelファイル

	A	B	C
1		タイトル	URL
2	1	Python初心者向けぜひ覚えておきたいJupyter Notebookのショートカットキーまとめ	https://tonari-it.com/python-jupyter-notebook-shortcut-key/
3	2	Python初心者向けJupyter NotebookでセルにMarkdown記法で入力する方法	https://tonari-it.com/python-jupyter-notebook-markdown/
4	3	Python初心者向けJupyter Notebookでprint関数・セルの最後の値を出力する方法	https://tonari-it.com/python-jupyter-notebook-print-out/
5	4	初心者向けJupyter NotebookでPythonを動かす最初の一歩	https://tonari-it.com/python-jupyter-notebook-run-cells/
6	5	Python初心者&Windowsユーザー向けJupyter Notebookとそのはじめかた	https://tonari-it.com/python-jupyter-notebook/
7	6	Python初心者に知ってもらいたいVS Codeのコマンドパレットとその使い方	https://tonari-it.com/python-vscode-command-palette/
8	7	Python初心者のための覚えておきたいVS Codeの編集機能とショートカットキーまとめ	https://tonari-it.com/python-vscode-edit-shortcut/
9	8	Python初心者を強力にサポートするVS Codeのインテリセンスの機能について	https://tonari-it.com/python-vscode-intellisense/
10	9	Python初心者がVS Codeを使うときに最初にしておくとよい設定	https://tonari-it.com/python-vscode-settings/
11	10	【初心者向けPython】VS Codeを最初に立ち上げたWelcome画面と画面構成について	https://tonari-it.com/python-vscode-windows/
12	11	初心者でも簡単！PythonでファイルをZIP形式に圧縮する基本のプログラム	https://tonari-it.com/python-zipfile-write/
13	12	【初心者向けPython】既定のブラウザでWebページを開くツールの作り方	https://tonari-it.com/python-webbrowser-open/
14	13	初心者でも簡単！PythonでWindowsのアプリケーションを起動する方法	https://tonari-it.com/python-popen-program/
15	14	【保存版】実務でPythonを使いこなすための初心者向け完全マニュアル	https://tonari-it.com/python-manual/
16	15	初心者でも簡単！Pythonでデータを加工してクリップボードにコピーをする方法	https://tonari-it.com/python-clipboard-pyperclip-copy/
17	16	初心者向けPythonでパッケージ管理をしてくれるツールpipのはじめての使い方	https://tonari-it.com/python-pip/
18	17	Python初心者向けIDLEのウィンドウサイズ・フォント・配色のおすすめ設定	https://tonari-it.com/python-idle-settings/
19	18	【初心者向け】IDLEを使ってPythonプログラムを作成して実行する一連の流れ	https://tonari-it.com/python-idle-editor/
20	19	【初心者向け】IDLEを使ってはじめてのPythonプログラムを対話モードで実行する	https://tonari-it.com/python-idle/
21	20	【超初心者向け】Power Automate Desktopとは何か、またその学ぶべき理由とは	https://tonari-it.com/power-automate-desktop-start/

Sheet1

10章では、requestsとbeautifulsoup4を用いたスクレイピングツールの作り方について学びました。また、それを通してHTMLやCSS、デベロッパーツールといった前提知識についても紹介しました。

さて、本章で紹介したものとは別のスクレイピング手法として、ブラウザ操作による方法があります。次の11章で学んでいくことにしましょう。

Chapter

11

ブラウザを操作して
スクレイピングをしよう

11.1 ブラウザ操作による スクレイピングツールの概要

11.1.1 requestsでスクレイピングができないケース

11章では、以下のWebページをスクレイピングの対象とします。

```
https://tonari-it.com/omikuji/
```

図11-1のように、「おみくじ」というボタンがあり、それをクリックすると「大吉」「吉」などのおみくじの結果のテキストが都度更新されて表示されるというものです。今回は、このおみくじの結果をスクレイピングすることを考えていきます。

図11-1 おみくじページ

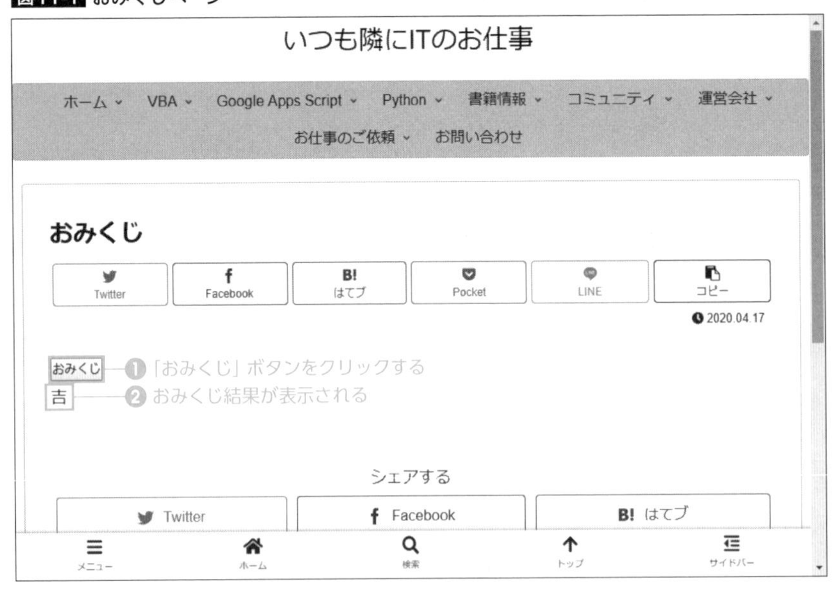

まず、10章で学んだrequestsとbeautifulsoup4による方法で試してみましょう。デベロッパーツールを使うと、おみくじの結果にはちょうどid属性に「msg」というid名が与えられているので、find

メソッドで簡単に抽出することができるはずです。

sample11_01.pyでその値を出力することができるか、確認してみましょう。

sample11_01.py requestsによるおみくじ結果のスクレイピング

```
1  import requests
2  from bs4 import BeautifulSoup
3
4  url = 'https://tonari-it.com/omikuji/'
5  r = requests.get(url)
6
7  soup = BeautifulSoup(r.text, 'html.parser')
8  omikuji = soup.find(attrs={'id': 'msg'})
9  print(omikuji.text)
10 print(omikuji)
```

■ 実行結果

```
1
2  <span id="msg"></span>
```

実行結果をみると、おみくじ結果のテキストは取得できていません。また、対象となるspan要素には何のテキストも含まれていないようです。

なぜこのようになるかというと、おみくじの結果は、「おみくじ」のボタンを押した時点で、はじめてspan要素のテキストとして生成されて表示されるからです。実際、おみくじページはボタンを押さない限りは、図11-2の状態です。

図11-2 おみくじページの初期状態

requestsのgetメソッドでは、この初期状態のHTMLドキュメントを取得しているため、そこにはおみくじの結果は含まれていないのです。

この点について、より詳しく見ていきましょう。ブラウザの操作をするユーザーと、ブラウザ、そしてそのリクエストを受けるサーバーの動作について**図11-3**にまとめていますのでご覧ください。

まず、ユーザーがブラウザにURLを入力すると、ブラウザがサーバーにリクエストを送り、サーバーはその内容に応じてレスポンスを返します。ブラウザはそのHTMLドキュメントを受け取り、解釈してWebページを表示します。このときのHTMLドキュメントを❶としましょう。requestsのリクエストによって受け取るのは、このHTMLドキュメントと同じものになります。

なお、この際にブラウザは、HTMLと同時に「JavaScript（ジャバスクリプト）」というプログラミング言語で記述されたスクリプトも同時に受け取ることがあります。JavaScriptは、ブラウザ上で動作するスクリプトを記述する言語です。そして、今回の題材となっているWebページは、ボタンのクリックをきっかけとして、そのJavaScriptによるスクリプトが動作するように作られていたのです。その動作は、おみくじの結果である文字列を生成して、HTMLドキュメント内に挿入するというものです。つまり、HTMLドキュメントには変化が加えられるのです。

最終的に、おみくじの結果がほしいわけですから、ボタンをクリックしたあとのHTMLドキュメント❷を取得し、そこから目的のデータを抽出する必要があるのです。

図11-3 JavaScriptで動作するWebページ

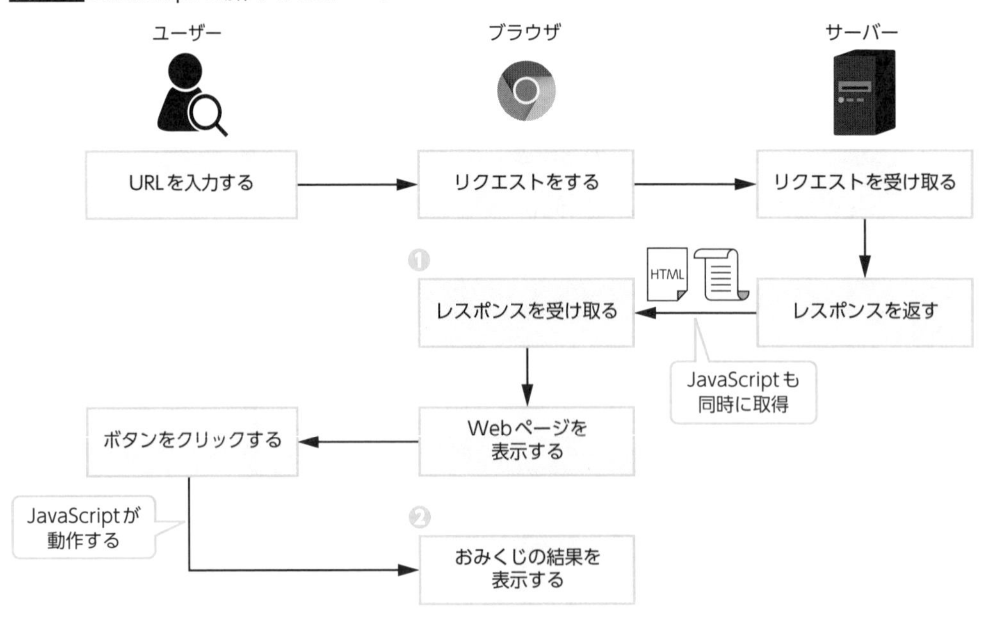

図11-3のように、サーバーから受け取ったJavaScriptがブラウザ上で動作することにより、事後にHTMLドキュメントが変更されるように作られているWebページも多く存在しています。そして、requestsの機能では、その変更後のHTMLドキュメントを取得することができません。

では、どのようにして取得すればよいでしょうか？

11.1.2 ブラウザを操作するツール

このようなケースでは、PC内にインストールされているブラウザを操作するという方法をとることができます。Pythonを使って、ブラウザに以下のような操作をするように命令します。

1. Webサーバーにhttpリクエストをしなさい
2. 表示されたWebページ上のボタンをクリックしなさい
3. 変更されたHTMLドキュメントを取得しなさい

つまり、ボタンクリックなど人間がブラウザでしているような操作をプログラムによって行うことで、JavaScriptを動作させ、その変更されたあとのHTMLドキュメントを取得するのです。

このようなブラウザ操作を実現するライブラリが「selenium（セレニウム）」です。本章では、前述のおみくじページのおみくじ結果をスクレイピングするツールの作成を通して、ブラウザを操作するライブラリseleniumと、その使い方を学びます。

具体的には、実行するたびに、以下のように、取得日時と、おみくじの結果をcsvファイルのレコードとして都度追加するというものです。

```
2020-04-20 11:21:10.930490,中吉
2020-04-20 11:21:32.219993,凶
2020-04-20 11:24:19.325376,吉
```

これを実現するツールのコードを、**sample11_final.py**に掲載しておきます。

sample11_final.py おみくじスクレイピングツール

```
1  from datetime import datetime
2  import pandas as pd
3  from selenium import webdriver
4
5  driver_file = r'C:\Users\ntaka\Documents\webdriver\chromedriver.exe' #ドライバーの
   パスを入力
```

```
6  driver = webdriver.Chrome(driver_file)
7  url = 'https://tonari-it.com/omikuji/'
8  driver.get(url)
9
10 button = driver.find_element_by_id('omikuji')
11 button.click()
12 msg = driver.find_element_by_id('msg')
13
14 data = {
15     '日付': [datetime.now()],
16     'おみくじ結果': [msg.text]
17 }
18 df = pd.DataFrame(data)
19 df.to_csv(r'11\omikuji.csv', header=False, index=False, mode='a')
20
21 driver.quit()
```

では、このコードで使用しているseleniumの導入方法と使い方について以降で学んでいきましょう。

11.2 ブラウザを操作する : selenium

11.2.1 ドライバーをダウンロードする

「selenium[注1]」は、Pythonでブラウザを操作するためのライブラリで、PCにインストールされているブラウザを操作できます。以下のような主要なブラウザに対応しています。

- Google Chrome
- Microsoft Edge
- Firefox
- Safari

seleniumを使用するには、PC内のブラウザアプリケーションとやり取りをするインターフェースの役割を果たす「ドライバー(driver)」と呼ばれるソフトウェアが別途必要になります。ですから、その準備から進めていきましょう。なお、本書では、Google Chromeを操作するブラウザとして使用します。

まず、使用するドライバーは、Chromeのバージョンに合わせたものをインストールする必要があります。したがって、今使用しているChromeのバージョンを確認しておきましょう。右上の三点リーダー「Google Chromeの設定」アイコンをクリックし、「ヘルプ」→「Google Chromeについて」とたどります(図11-4)。

注1) selenium公式サイト : https://selenium-python.readthedocs.io/

図11-4 「Google Chromeについて」を開く

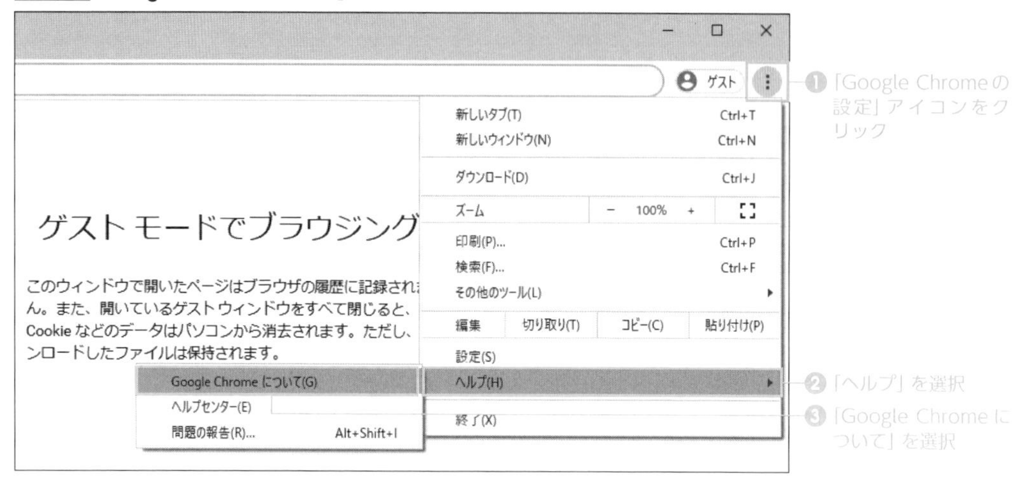

すると、図11-5のように「Chromeについて」の画面が開きますので、現在のGoogle Chromeのバージョンをメモしておきましょう。

図11-5 Google Chromeのバージョン

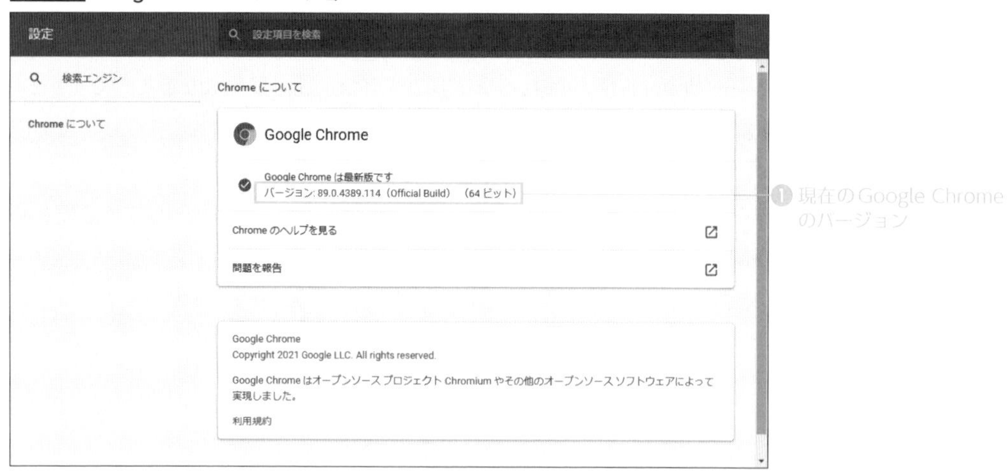

続いて、ドライバーを入手しましょう。以下の「ChromeDriver - WebDriver for Chrome」のダウンロードページを開きます。

Downloads - ChromeDriver - WebDriver for Chrome
https://sites.google.com/a/chromium.org/chromedriver/downloads

MEMO

Macであればhomebrewを用いてドライバーをインストール可能です。まず、ターミナルで以下コマンドを実行してCask拡張を使えるようにします。

```
brew tap homebrew/cask
```

つづいて、以下コマンドでドライバーをインストールできます。

```
brew install --cask chromedriver
```

homebrewでドライバーをインストールした場合、seleniumのChromeメソッドのドライバーのパスの指定は省略可能となります。

ページをスクロールして、先ほど確認したGoogle Chromeのものと同じバージョンを見つけて、クリックしてください。

図11-6 WebDriver for Chromeのダウンロード

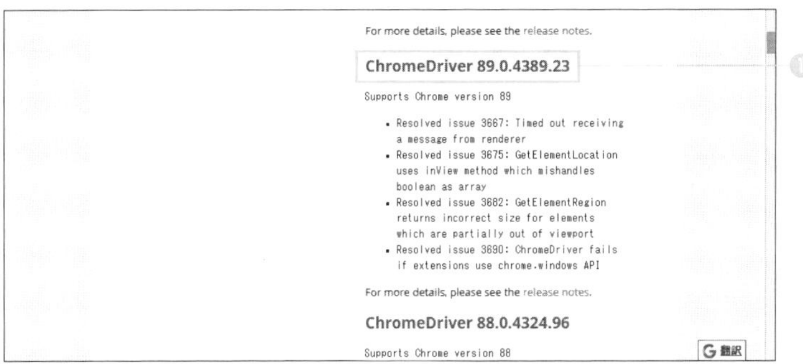

続いて**図11-7**の画面が開くので、使用しているOSのZIPファイルをクリックしてダウンロードします。

図11-7 chromedriverをダウンロード

Index of /89.0.4389.23/

Name	Last modified	Size	ETag
Parent Directory		-	
chromedriver_linux64.zip	2021-01-28 17:30:52	5.57MB	24686a3cc3ccf8cbc60cf744baa47692
chromedriver_mac64.zip	2021-01-28 17:30:53	7.97MB	a6620c6a6804fa08365dfc6e8c8724e6
chromedriver_mac64_m1.zip	2021-01-28 17:30:55	7.17MB	1544d2a1b1a0fbdd55ff5dac0b40d09f
chromedriver_win32.zip	2021-01-28 17:30:57	5.68MB	0bf4bc39f34cee67f5f95afd8a24c191
notes.txt	2021-01-28 17:31:00	0.00MB	4e3ff6354a7462edfe5d95ab8690f7c8

❶ OSに合わせてZIPファイルをダウンロード

ZIPファイルを展開すると「chromedriver.exe」という実行ファイルが格納されています。これが、Google Chromeを操作するために必要なドライバーです。このファイルを、任意のフォルダに保存してください。このドライバーのファイルパスは、ブラウザ操作のプログラムに使用しますので、保存場所を忘れないようにしましょう。たとえば、著者の環境であれば、ドライバーファイルのパスは以下としています。

```
C:\Users\ntaka\Documents\webdriver\chromedriver.exe
```

Google Chromeがバージョンアップした場合、そのバージョンに対応したドライバーを使用しないと正しく動作しません。

本節の手順を参考に、新しいバージョンのドライバーを取得し、使用するようにしましょう。

11.2.2 パッケージをインストールする

さて、もうひとつ準備すべきことがあります。それは、seleniumパッケージのインストールです。seleniumはとてもよく使用されているライブラリですが、残念ながらPython標準ライブラリでも、Anacondaに同梱されているライブラリでもありません。したがって、事前準備としてパッケージをインストールする必要があります。

Anacondaではパッケージを管理するのに使用する「conda（コンダ）」というツールを含んでおり、これを用いてパッケージのインストールやアンインストールを行うことができます。このようなパッケージを管理するツールを「パッケージマネージャ（package manager）」といいます。

Anacondaでは「Anaconda repositories（https://repo.anaconda.com/pkgs/）」に掲載されているパッケージを管理していて、condaを用いてそれらをインストールできます。

MEMO

パッケージマネージャとしては、Python標準で同梱されている「pip（ピップ）」というパッケージマネージャも使用できます。pipを用いることでPyPIで管理されているパッケージをインストール可能です。

Anacondaを使用している場合は、原則としてcondaでパッケージをインストールしますが、もしAnaconda repositoriesに存在しないパッケージをインストールするのであれば、pipを用いてパッケージをインストールできます。

condaはコマンドを入力して使用する「コマンドラインツール（command line tool）」です。VS Codeを用いているのであれば、ターミナルで使用できます。

VS Codeのターミナルをフォーカスすると「C:\Users\ntaka\nonpro-python>」などと表示さ

れているあとに、コマンドを入力できますので、以下のコマンドを入力して [Enter] キーにより実行してみましょう。

```
conda list
```

すると、図11-8のようにパッケージの名前とバージョンなどがリスト表示されます。つまり、「conda list」コマンドは、インストール済みのパッケージ一覧を表示するコマンドです。

図11-8 conda listコマンド

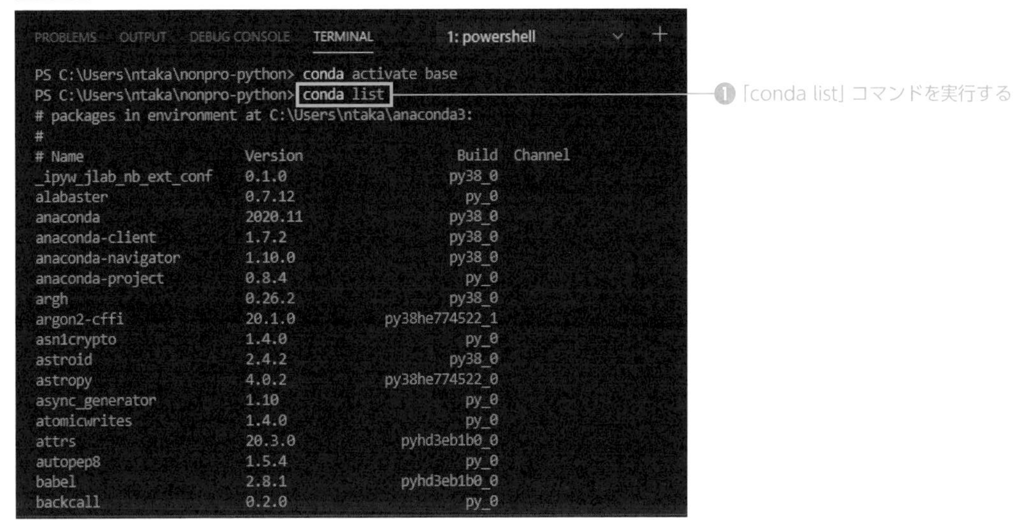

では、condaを用いてseleniumのパッケージをインストールしていきましょう。condaでパッケージをインストールするには、以下の「conda install」コマンドを使用します。

```
conda install パッケージ名
```

今回はパッケージ名を「selenium」として、以下コマンドを実行すればよいですね。

```
conda install selenium
```

途中で「Proceed ([y]/n)?」と問われますので、「y」を入力して [Enter] キーで続行します（図11-9）。

図11-9 「conda install」コマンドを実行する

PROBLEMS OUTPUT DEBUG CONSOLE TERMINAL 1: powershell
PS C:\Users\ntaka\nonpro-python> conda install selenium
Collecting package metadata (current_repodata.json): done
Solving environment: done
Package Plan
environment location: C:\Users\ntaka\anaconda3
added / updated specs:
- selenium
The following packages will be downloaded:
package | build
selenium-3.141.0 |py38h2bbff1b_1000 816 KB
Total: 816 KB
The following NEW packages will be INSTALLED:
selenium pkgs/main/win-64::selenium-3.141.0-py38h2bbff1b_1000
Proceed ([y]/n)? y
Downloading and Extracting Packages
selenium-3.141.0 | 816 KB | ##
Preparing transaction: done
Verifying transaction: done
Executing transaction: done
PS C:\Users\ntaka\nonpro-python>
❶「conda install selenium」コマンドを実行する
❷「Proceed ([y]/n)?」で「y」として続行する

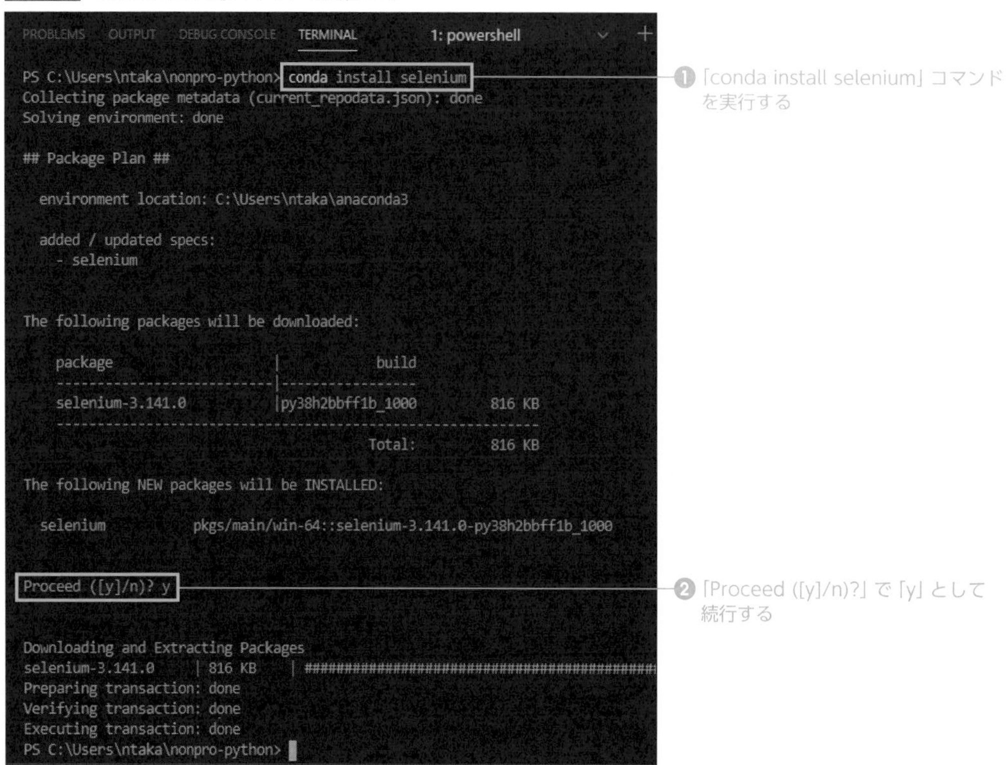

再度、「conda list」コマンドを実行して「selenium」がインストールされたかを確認しましょう（図11-10）。

図11-10 seleniumのインストールを確認

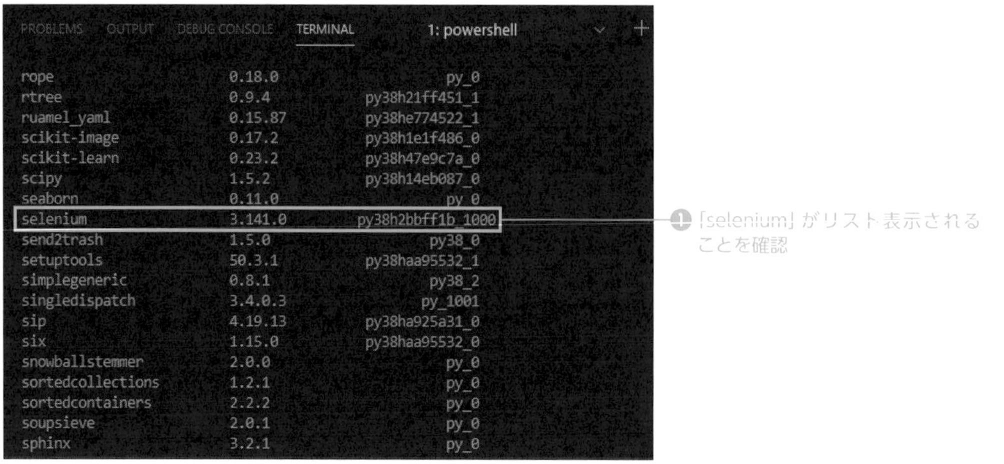

PROBLEMS OUTPUT DEBUG CONSOLE TERMINAL 1: powershell
rope 0.18.0 py_0
rtree 0.9.4 py38h21ff451_1
ruamel_yaml 0.15.87 py38he774522_1
scikit-image 0.17.2 py38h1e1f486_0
scikit-learn 0.23.2 py38h47e9c7a_0
scipy 1.5.2 py38h14eb087_0
seaborn 0.11.0 py_0
selenium 3.141.0 py38h2bbff1b_1000
send2trash 1.5.0 py38_0
setuptools 50.3.1 py38haa95532_1
simplegeneric 0.8.1 py38_2
singledispatch 3.4.0.3 py_1001
sip 4.19.13 py38ha925a31_0
six 1.15.0 py38haa95532_0
snowballstemmer 2.0.0 py_0
sortedcollections 1.2.1 py_0
sortedcontainers 2.2.2 py_0
soupsieve 2.0.1 py_0
sphinx 3.2.1 py_0
❶「selenium」がリスト表示されることを確認

condaの基本的なコマンドを**表11-1**にまとめています。ノンプログラマーの場合、Anacondaに同梱されているライブラリを使うことが多いため、conda自体の使用頻度もそこまで高くないかもしれません。これ以外にもcondaコマンドはいくつかありますので、必要に応じて調べて活用するようにしてください。

表11-1 基本的なcondaコマンド

コマンド	説明
conda list	インストール済みパッケージの一覧を表示する
conda install パッケージ名	パッケージ名で指定したパッケージをインストールする
conda uninstall パッケージ名	パッケージ名で指定したパッケージをアンインストールする
conda update パッケージ名	パッケージ名で指定したパッケージを最新バージョンにアップデートする

では、seleniumが無事にインストールされているか確認してみましょう。**sample11_02.py**を実行して、**図11-11**のようにGoogle Chromeブラウザが起動するかを確認してみてください。すぐに閉じてしまいますが、それで問題ありません。なお、driver_fileに指定するファイルパスは、皆さんが保存したドライバーのパスを指定するようご注意ください。

sample11_02.py Google Chromeブラウザの起動を確認

```
1  from selenium import webdriver
2
3  driver_file = r'C:\Users\ntaka\Documents\webdriver\chromedriver.exe' #ドライバーパス
4  driver = webdriver.Chrome(driver_file)
```

図11-11 seleniumで起動したGoogle Chromeブラウザ

これにて、ドライバーのダウンロードとseleniumのインストールについて準備完了です。次節から、seleniumの使い方について、具体的に学んでいくことにしましょう。

11.2.3 webdriverモジュールとWebDriverオブジェクト

seleniumでは主に**表11-2**に挙げるクラスを用います。

表11-2 seleniumの主なクラス

クラス	説明
WebDriver	ブラウザのドライバーを表す
WebElement	HTML要素を表す

WebDriverオブジェクトはブラウザを操作する役割を果たすドライバーを表し、ブラウザに対して何らかの操作を行いたいときに使用します。WebElementオブジェクトはHTML要素を表し、その情報を取得したり、操作をしたりできます。

seleniumを使用する場合、一般的に以下のimport文でwebdriverモジュールをインポートします。

```
from selenium import webdriver
```

ブラウザを操作するには、対象となるドライバーを表すWebDriverオブジェクトを生成して、その属性を使用します。Google Chromeのドライバーであれば、webdriverモジュールのChromeコンストラクタで、そのWebDriverオブジェクトを生成できます。

```
webdriver.Chrome(executable_path='chromedriver')
```

ここで、パラメータexecutable_pathは保存したドライバーのフルパスを表す文字列です。ドライバーの実行ファイルchromedriver.exeが、パスの通っているフォルダに存在するなら省略可能です。

Chromeコンストラクタを実行すると、Chromeブラウザが起動します。前述のsample11_02.pyの実行結果が、そのことを示していましたね。

そして、その戻り値は、起動したブラウザを操作するためのWebDriverオブジェクトになります。

生成したWebDriverオブジェクトに対して**表11-3**に示す属性を用いることで、ブラウザの情報を得たり、ブラウザを操作したりすることができます。

表11-3 WebDriverクラスの主な属性

属性	説明
driver.name	ブラウザ名
driver.title	現在のページタイトル
driver.current_url	現在のページのURL
driver.page_source	現在のページソース
driver.get(url)	ブラウザでurlの示すページを開く
driver.forward()	履歴を1つ進む
driver.back()	履歴を1つ戻る
driver.refresh()	ページを再読み込みする
driver.save_screenshot_as_file(filename)	PNG形式のスクリーンショットをfilenameで示すパスに保存する
driver.maximize_window()	ウィンドウを最大化する
driver.minimize_window()	ウィンドウを最小化する
driver.quit()	ウィンドウを閉じる
driver.find_element_by_id(id)	id名で要素を検索してWebElementオブジェクトを返す
driver.find_element_by_class_name(class)	class名で要素を検索してWebElementオブジェクトを返す
driver.find_element_by_tag_name(tag)	タグ名tagで要素を検索してWebElementオブジェクトを返す
driver.find_element_by_name(name)	name属性で要素を検索してWebElementオブジェクトを返す
driver.find_element_by_css_selector(selector)	CSSセレクタselectorで要素を検索してWebElementオブジェクトを返す
driver.find_elements_by_class_name(class)	class名で要素を検索してWebElementオブジェクトのリストを返す
driver.find_elements_by_tag_name(tag)	タグ名tagで要素を検索してWebElementオブジェクトのリストを返す
driver.find_elements_by_name(name)	name属性で要素を検索してWebElementオブジェクトのリストを返す
driver.find_elements_by_css_selector(selector)	CSSセレクタselectorで要素を検索してWebElementオブジェクトのリストを返す

WebDriverオブジェクトを生成した時点では、起動したブラウザにはどのページも表示されていません。したがって、まず以下のgetメソッドを用いてブラウザにページを表示する必要があります。

```
driver.get(url)
```

パラメータurlはブラウザで開くページのURLです。

では、getメソッドや他のいくつかの属性の使用例として、**sample11_03.py**を実行してみましょう。

sample11_03.py ドライバーの操作

```
from selenium import webdriver
from bs4 import BeautifulSoup

driver_file = r'C:\Users\ntaka\Documents\webdriver\chromedriver.exe' #ドライバーのパスを入力
driver = webdriver.Chrome(driver_file)
url = 'https://tonari-it.com'
driver.maximize_window()
driver.get(url)

print(driver.name)
print(driver.title)
print(driver.current_url)

soup = BeautifulSoup(driver.page_source, 'html.parser')
print(soup.title)

driver.quit()
```

■ 実行結果

```
chrome
いつも隣にITのお仕事 | 毎日の業務が楽チンに！
https://tonari-it.com/
<title>いつも隣にITのお仕事 | 毎日の業務が楽チンに！</title>
```

実行すると、ブラウザが起動しURL「https://tonari-it.com」のページが開きます。また、ブラウザ名、ページタイトル、ページURLそしてtitle要素がターミナルに出力され、ブラウザが最大化するのを確認できます。

page_source属性はブラウザで開いているページのHTMLドキュメントを表しますので、それをBeautifulSoupコンストラクタに渡すことでBeautifulSoupオブジェクト化できます。HTML要素の抽出なら、より使い勝手のよいbeautifulsoup4にその役割をバトンタッチしてもよいでしょう。

なお、ブラウザに対する操作がすべて終了したら、以下のquitメソッドを実行するようにしましょう。

```
driver.quit()
```

getメソッド実行時にブラウザがWebページを読み込むまで次の処理を待つ「読み込み待ち」の処理は、デフォルトで処理されますので記述する必要はありません。

一部のWebページでは、ページの読み込みのあとにさまざまなタイミングで要素を追加することがあり、その場合はその要素の出現をさせたり、その存在を判定するなどの処理が必要です。本書では詳しく解説しませんが、必要に応じて公式ドキュメントなどを参照ください。

11.2.4 HTML要素の検索

seleniumのWebDriverクラスでは、現在表示されているWebページ上のHTML要素を検索するメソッドが用意されています。

まず、以下のfind_element_by〜ではじまるメソッド群は、それぞれid名、class名、タグ名tag、name属性、CSSセレクタselectorでHTML要素を検索し、最初に見つかったHTML要素をWebElementオブジェクトとして返します。

```
driver.find_element_by_id(id)
driver.find_element_by_class_name(class)
driver.find_element_by_tag_name(tag)
driver.find_element_by_name(name)
driver.find_element_by_css_selector(selector)
```

メソッド名は異なりますが、その使用方法はbeautifulsoup4のfindメソッドと類似しています。ただし、seleniumでは検索の方法により、使用するメソッド自体が異なりますので注意してください。

では、これらの使用例として**sample11_04.py**を実行して動作を確認してみましょう。

sample11_04.py 単一のHTML要素の検索

```
1  from selenium import webdriver
2
3  driver_file = r'C:\Users\ntaka\Documents\webdriver\chromedriver.exe' #ドライバーの
   パスを入力
4  driver = webdriver.Chrome(driver_file)
5  url = 'https://tonari-it.com/scraping-test/'
6  driver.get(url)
7
8  print(driver.find_element_by_tag_name('h2').text)
9  print(driver.find_element_by_id('hoge').text)
10
11 driver.quit()
```

■ 実行結果

```
1  id属性
2  これはid属性「hoge」のdivタグの中にあります。
```

この例は、10章のsample10_10.pyと同じWebページを題材としていますので、比べてみてください。

また、複数のHTML要素をまとめて検索したい場合には、以下のfind_elements_by〜ではじまるメソッド群を使用します。

```
driver.find_elements_by_class_name(class)
driver.find_elements_by_tag_name(tag)
driver.find_elements_by_name(name)
driver.find_elements_by_css_selector(selector)
```

メソッド名に「elements」と複数の要素を表すワードが入っているとおり、複数のHTML要素を検索可能で、それぞれclass名、タグ名tag、name属性、CSSセレクタselectorでHTML要素を検索した結果を、WebElementオブジェクトのリストとして返します。なお、id属性はページ上で1つのみ存在しうるので、find_elements_by_idメソッドというメソッドは存在しません。

では、これらのメソッドの使用例として、**sample11_05.py**を実行してみましょう。

sample11_05.py HTML要素の検索

```
1  from selenium import webdriver
2  
3  def print_elements(elements):
4      for element in elements:
5          print(element.text)
6  
7  driver_file = r'C:\Users\ntaka\Documents\webdriver\chromedriver.exe' #ドライバーのパスを入力
8  driver = webdriver.Chrome(driver_file)
9  url = 'https://tonari-it.com/scraping-test/'
10 driver.get(url)
11 
12 print_elements(driver.find_elements_by_tag_name('h2'))
13 print_elements(driver.find_elements_by_class_name('fuga'))
14 
15 driver.quit()
```

■ 実行結果

```
1  id属性
2  class属性
3  リンク 表
4  class属性
5  spanタグ
```

この例は、10章のsample10_11.pyに類似した題材となりますので、コードと結果を見比べてみてください。

11.2.5 WebElementオブジェクト

単純にHTMLドキュメントを検索して、HTML要素を特定し、そのテキストなどの情報を取り出すのであれば、beautifulsoup4のほうが優秀です。一方で、seleniumでは、検索した結果のHTML要素について、単純に情報を取り出すこともできますが、それに加えて「クリックする」「テキストを入力する」など、ブラウザ上で行う操作を実行することが可能です。

それらの機能を提供するのが、HTML要素を表すWebElementクラスです。提供されている主な属性について**表11-4**にまとめていますのでご覧ください。

表11-4 WebElementクラスの主な属性

属性	説明
element.tag_name	要素のタグ名を取得する
element.text	要素の内容をテキストで取得する
element.get_attribute(name)	要素が持つ属性nameの値を取得する
('outerHTML'でHTMLを取得可)	
element.click()	要素をクリックする
element.send_keys(*value)	要素のフィールドにvalueを入力または設定する
element.clear()	要素の内容をクリアする
element.submit()	要素のフォームを送信する
element.find_element_by_id(id)	id名で要素を検索してWebElementオブジェクトを返す
element.find_element_by_class_name(class)	class名で要素を検索してWebElementオブジェクトを返す
element.find_element_by_tag_name(tag)	タグ名tagで要素を検索してWebElementオブジェクトを返す
element.find_element_by_name(name)	name属性で要素を検索してWebElementオブジェクトを返す
element.find_element_by_css_selector(selector)	CSSセレクタselectorで要素を検索してWebElementオブジェクトを返す
element.find_elements_by_class_name(class)	class名で要素を検索してWebElementオブジェクトのリストを返す
element.find_elements_by_tag_name(tag)	タグ名tagで要素を検索してWebElementオブジェクトのリストを返す
element.find_elements_by_name(name)	name属性で要素を検索してWebElementオブジェクトのリストを返す
element.find_elements_by_css_selector(selector)	CSSセレクタselectorで要素を検索してWebElementオブジェクトのリストを返す

ご覧のとおり、WebElementクラスでもfind～ではじまるメソッド群が提供されていて、その配下のHTML要素の検索が可能です。

では、これらの属性のいくつかについて動作を確認してみましょう。sample11_06.pyをご覧ください。

sample11_06.py HTML要素の属性

```
1  from selenium import webdriver
2
3  driver_file = r'C:\Users\ntaka\Documents\webdriver\chromedriver.exe' #ドライバーの
   パスを入力
4  driver = webdriver.Chrome(driver_file)
5  url = 'https://tonari-it.com/scraping-test/'
6  driver.get(url)
7
8  element = driver.find_element_by_id('hoge')
9  print(element.tag_name)
10 print(element.text)
11 print(element.get_attribute('id'))
12 print(element.get_attribute('outerHTML'))
13
14 ths = driver.find_element_by_tag_name('thead') \
15             .find_element_by_tag_name('tr') \
16             .find_elements_by_tag_name('th')
17
18 print(ths[0].text, ths[1].text)
19
20 driver.quit()
```

■実行結果

```
1  div
2  これはid属性「hoge」のdivタグの中にあります。
3  hoge
4  <div id="hoge">これはid属性「hoge」のdivタグの中にあります。</div>
5  メンバー 説明
```

この例は、sample10_13.pyで紹介したbeautifulsoup4のTagクラスの属性の使用例と類似していますので、比較をしてみてください。HTML属性の情報を取り出したり、その配下の要素を検索したりする場合は、beautifulsoup4のほうが使いやすいというのがわかりますね。

ところで、seleniumでHTML要素の検索をした際に、該当の要素が存在しなかった場合には、図11-12のように「NoSuchElementException」という例外が発生します。

図11-12 例外メッセージ「NoSuchElementException」

❶ 例外のタイプ「NoSuchElementException」

```
9    button = driver.find_element_by_id('non-exists')

Exception has occurred: NoSuchElementException
Message: no such element: Unable to locate element: {"method":"css
selector","selector":"[id="non-exists"]"}
  (Session info: chrome=81.0.4044.122)
  File "C:\Users\ntaka\nonpro-python\11\sample11_07.py", line 9, in <module>
    button = driver.find_element_by_id('non-exists')
```

❷ 例外の内容「要素が見つかりません」

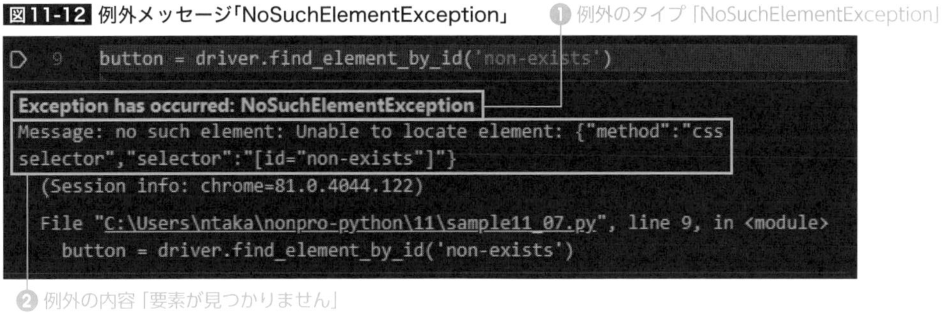

しかし、例外による中断の場合、ブラウザを手動で閉じても、ドライバーのプロセスが残ってしまうという問題が起きてしまいます。それを避けるために、try文で例外をキャッチし、確実にquitメソッドが実行されるようにするという方法があります。その例として、sample11_07.pyをご覧ください。

sample11_07.py 要素検索時の例外処理

```
1  from selenium import webdriver
2  from selenium.common.exceptions import NoSuchElementException
3  
4  driver_file = r'C:\Users\ntaka\Documents\webdriver\chromedriver.exe' #ドライバーの
   パスを入力
5  driver = webdriver.Chrome(driver_file)
6  url = 'https://tonari-it.com/omikuji/'
7  driver.get(url)
8  
9  try:
10     button = driver.find_element_by_id('non-exists')
11 except NoSuchElementException:
12     print('要素が見つかりませんでした')
13 else:
14     button.click()
15 finally:
16     driver.quit()
```

例外NoSuchElementExceptionを例外ハンドラーとして設定するために「selenium.common.exceptions」からのインポートを忘れずにしておきましょう。try文のfinally節でquitメソッドを実行していますので、いずれにしてもドライバーのプロセスを確実に終了できるようになります。

seleniumでは正しい検索条件であったとしても、Webページのつくりや読み込みの状況などにより、要素を発見できないときが起こり得ます。エラーが発生しやすい状況であれば、このような対応をするとよいでしょう。

11.2.6 HTML要素の操作

seleniumでは、WebElementオブジェクトに対して、HTML要素をクリックしたり、文字入力をしたり、フォームの送信をしたりといった操作をブラウザに指示できます。これにより、ブラウザに何らかの操作を加えた後のWebページのスクレイピングが可能となり、それがseleniumを使用する大きな理由のひとつとなります。

WebElementオブジェクトとして、その操作の対象となる主なタグについて、**表11-5**にまとめていますのでご覧ください。

表11-5 ブラウザ操作の対象となる主なタグ

タグ	説明
form	フォーム
input type="text"	テキスト入力欄
input type="password"	パスワード入力欄
input type="radio"	ラジオボタン
input type="checkbox"	チェックボックス
input type="file"	ファイル選択
input type="submit"	送信ボタン
input type="reset"	リセットボタン
input type="button"	ボタン
button	ボタン
textarea	テキストエリア
select	セレクトボックス
option	セレクトボックスの要素

まず、簡単な例として、ボタンのクリックを見ていきましょう。WebElementオブジェクトelementをクリックするには、以下のclickメソッドを使用します。

```
element.click()
```

図11-1および**図11-2**で紹介した以下の「おみくじ」のページではボタンが配置されているので、このページをサンプルとしてみましょう。

https://tonari-it.com/omikuji/

「おみくじ」のボタンはid名「omikuji」が振られていますので、簡単にWebElementオブジェクトとして取得できますね。例として、**sample11_08.py**をご覧ください。

sample11_08.py ボタンのクリック

```
from selenium import webdriver

driver_file = r'C:\Users\ntaka\Documents\webdriver\chromedriver.exe' #ドライバーのパスを入力
driver = webdriver.Chrome(driver_file)
url = 'https://tonari-it.com/omikuji/'
driver.get(url)

button = driver.find_element_by_id('omikuji')
button.click()

driver.quit()
```

実行すると、Webページを開き、ボタンクリックによりおみくじの結果が表示されます（**図11-13**）。

図11-13 ボタンクリックによる表示

ただ、この例を、そのまま実行するとボタンクリック後にすぐにブラウザのウィンドウが閉じてしまい、その動作が確認しづらいかもしれません。その場合は、VS Codeの「ブレークポイント」の機能を使うと便利です。**図11-14**のように、行番号の左側をクリックすることで、ステートメントにブレークポイントを置くことができます。すると、実行時に、その箇所で実行が一時停止するようになります。続行をするには、[F5] キーを押下します。これにより、ブラウザの表示の変化を好みのタイミングで、ゆっくり確認ができます。

図11-14 ブレークポイント

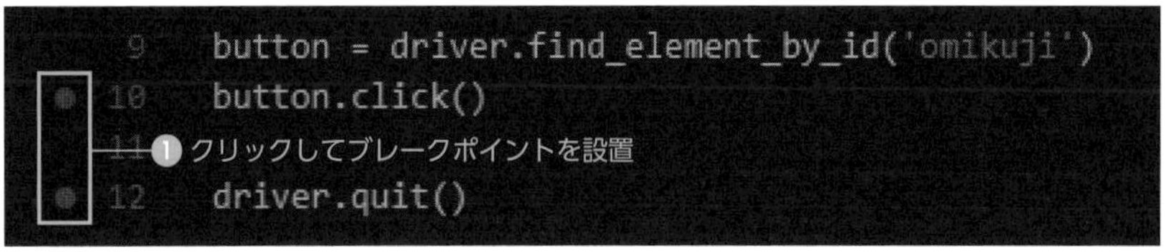

```
 9   button = driver.find_element_by_id('omikuji')
10   button.click()
11
12   driver.quit()
```

❶ クリックしてブレークポイントを設置

clickメソッドはボタンのクリックだけでなく、ラジオボタンおよびチェックボックスの切り替えをするときにも使用できます。

次は、テキストボックスに文字列の入力をしてみましょう。WebElementオブジェクトelementに文字列を入力するには、以下のsend_keysメソッドを用います。

```
element.send_keys(*value)
```

入力が可能な要素elementに、valueで指定した文字列を入力します。複数の引数を設定した場合は、連結した文字列が入力されます。

しかし、send_keysメソッドは、文字を入力するだけです。たとえば、サイト内検索をするのであれば、入力したあとに、その内容をWebサーバーに送信するという手順が必要です。要素elementについて送信を行うには、以下のsubmitメソッドを使用します。

```
element.submit()
```

では、テキストボックスの入力と送信について、**sample11_09.py**を用いてその動作を確認してみましょう。

sample11_09.py テキストボックスの入力と送信

```
1  from selenium import webdriver
2  
3  driver_file = r'C:\Users\ntaka\Documents\webdriver\chromedriver.exe' #ドライバーの
   パスを入力
4  driver = webdriver.Chrome(driver_file)
5  url = 'https://tonari-it.com/omikuji/'
6  driver.get(url)
7  
8  textbox = driver.find_element_by_name('s')
9  driver. maximize_window() #サイズを大きくしないと検索窓が表示されない
10 
11 textbox.send_keys('python', '初心者')
12 textbox.submit()
13 
14 driver.quit()
```

実行すると、**図11-15**のように「Python初心者」による検索結果のページが表示されます。なお、maxmize_windowメソッドを用いているのは、ブラウザの表示サイズを広げないと目的のテキストボックスが表示されずに、send_keysメソッドによる入力ができないという理由によるものです。

図11-15 検索結果ページの表示

もうお気づきと思いますが、この例で検索結果ページのスクレイピングを行うだけであれば、requestsモジュールのgetメソッドを使うほうがスマートに、かつ確実に行うことができます。どうしても、ブラウザ操作を伴わないといけない場合にのみ、seleniumの使用をすることにしましょう。

11.3 ブラウザ操作による スクレイピングツールを作る

では、「おみくじ」ページでの、ボタン押下により表示されるおみくじの結果をcsvファイルに書き出すツールを作成していきましょう。再掲しますと、目的のページのURLは以下になります。

https://tonari-it.com/omikuji/

ボタンクリック後のHTMLドキュメントがスクレイピング対象になりますので、ブラウザ操作を行えるseleniumを使うのでしたね。sample11_08.pyで、Webページの表示から「おみくじ」ボタンクリックまでは実現できていましたので、そこからスタートしましょう。

加えて、ボタンクリック後の結果のテキストと、現在時刻を辞書として作成するところまでの処理を追加したのが、**sample11_10.py**です。

sample11_10.py 現在時刻とおみくじの結果による辞書を作成

```
1  from datetime import datetime
2  from selenium import webdriver
3  
4  driver_file = r'C:\Users\ntaka\Documents\webdriver\chromedriver.exe' #ドライバーの
   パスを入力
5  driver = webdriver.Chrome(driver_file)
6  url = 'https://tonari-it.com/omikuji/'
7  driver.get(url)
8  
9  button = driver.find_element_by_id('omikuji')
10 button.click()
11 msg = driver.find_element_by_id('msg')
12 
13 data = {
14     '日付': [datetime.now()],
15     'おみくじ結果': [msg.text]
16 }
17 print(data)
18 
19 driver.quit()
```

■ 実行結果

```
{'日付': [datetime.datetime(2020, 4, 30, 10, 55, 4, 161044)], 'おみくじ結果': ['中吉']}
```

作成した辞書は、pandasのデータフレームを作成する元となるデータとして使用します。キーである「日付」「おみくじ結果」をカラムとする、データ行数が1のデータソースを作るのです。それを、DataFrameクラスのto_csvメソッドにより、csvファイルに追加します。

なお、日時を使用するので、datetimeモジュールのdatetimeクラスのインポートも追加しています。

データフレームの作成と、csvファイルへの追加書き込みについての処理を加えたものが、sample11_11.pyです。

sample11_11.py スクレイピング結果のcsvファイルへの出力

```
 1  from datetime import datetime
 2  import pandas as pd
 3  from selenium import webdriver
 4
 5  driver_file = r'C:\Users\ntaka\Documents\webdriver\chromedriver.exe' #ドライバーの
    パスを入力
 6  driver = webdriver.Chrome(driver_file)
 7  url = 'https://tonari-it.com/omikuji/'
 8  driver.get(url)
 9
10  button = driver.find_element_by_id('omikuji')
11  button.click()
12  msg = driver.find_element_by_id('msg')
13
14  data = {
15      '日付': [datetime.now()],
16      'おみくじ結果': [msg.text]
17  }
18  df = pd.DataFrame(data)
19  df.to_csv(r'11\omikuji.csv', header=False, index=False, mode='a')
20
21  driver.quit()
```

作成した辞書からデータフレームを作成し、to_csvメソッドで目的のcsvファイルに書き込みます。この際に、パラメータmodeを「a」にすることで追記モードになります。パラメータheaderをFalseにしていますので、csvファイルには見出しは書き込まれません。見出しが必要ならば、初期状態のcsvファイルに見出しを入力しておくとよいでしょう。

実行するたびに、**図11-16**のようにプロジェクト内の「11\omikuji.csv」に、その日時とおみくじの結果が追加されていきます。

図11-16 スクレイピング結果を記録したcsvファイル

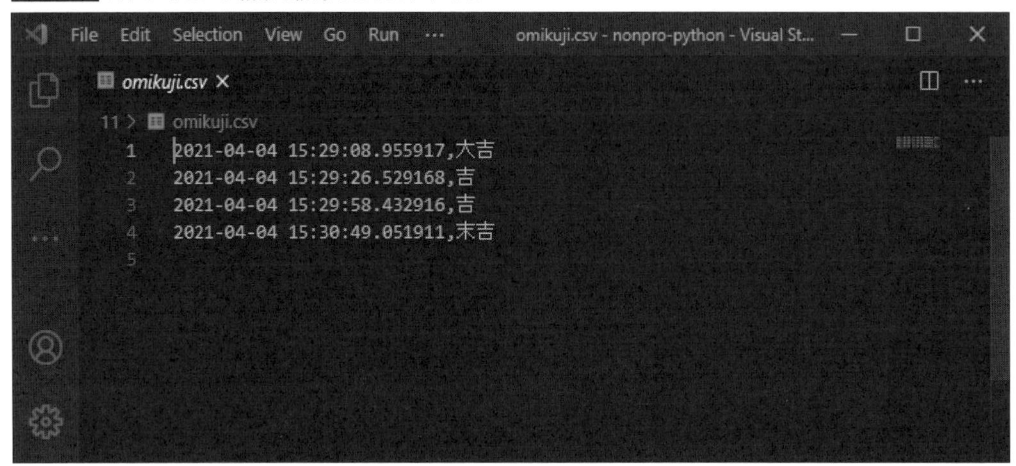

11章では、seleniumを用いたブラウザの操作と、それによるスクレイピングのしかたについて学びました。繰り返しになりますが、ブラウザの操作が不要であれば、requestsモジュールを使用できますし、HTML解析はbeautifulsoup4のほうが得意ですから、ケースバイケースで選択するようにしましょう。その際の判断基準は、スクレイピングがより確実に行えるか、コードがよりシンプルに書けるかです。

また、10章と11章とでは、比較的簡単な例を用いています。おそらく、実際に実務でWebページを対象とする場合は、これより高度な知識とスキルを要することが多いはずです。ぜひ、経験と学習を重ねて、それらの知識とスキルを身につけていってください。

続く12章では画像を加工するツールについて学んでいきましょう。

Chapter 12

画像を加工するツールを作ろう

12.1 画像を加工するツールの概要

12.1.1 Pythonで画像処理を行う

オフィスでは、画像のサイズを変更したり、コピーライトを書き込んだりといった画像を加工する作業が発生することもあります。

専用の画像処理ソフトウェアを使えば、それらの作業を含め、さまざまな画像処理を行うことができます。しかし、それらのソフトウェアの多くは高機能かつ高価なことが少なくありません。画像処理を本職としないのであれば、頻繁には使用しないそれらのソフトウェアを購入し、その操作方法を習得することは割に合わないことも十分に想定できます。

一方で、無料のソフトウェアは機能が不十分であったり、使い勝手がよくなかったりといったこともあるでしょう。その場合、不慣れな作業に多大な時間を要してしまうこともあるかもしれません。

そのようなときは、Pythonでそれらの画像処理を行うという選択肢を検討してみましょう。「Pillow」というライブラリを使用することで、画像に関する作業を自動化できます。Pillowはとても多機能なライブラリですが、その基本的な使い方と、よく使用するメソッドをマスターするだけで、一般的に必要となるような画像処理はカバーできます。必要であれば、ドキュメントや文献を参考に、できることを増やしていくことも可能です。

Pythonを経由して他のライブラリと連携することも可能ですし、何より無料です。

本章では、簡単な画像加工ツールの作ることを題材として、Pillowとその基本的な使い方について学んでいきます。

12.1.2 画像を加工するツール

今回作成する画像加工ツールは、複数の画像について統一されたサイズに縮小をしつつ、「Sample」というテキストを重ねて、見本用の画像を自動で作成するというものです。

フォルダの構成は、以下のようになっています。

```
nonpro-python
└12
  └source
    └photo1.jpg
    └photo2.JPG
    └...
  └target
  └watermark.png
```

プロジェクトフォルダ「nonpro-python」→章を表すフォルダ「12」の配下に素材となる複数の画像を格納するフォルダ「source」と、加工した画像ファイルを保存する先となるフォルダ「target」を作ります。また、透かし画像として重ねる「watermark.png」を用意しておきました。

フォルダ「source」には、**図12-1**のように、さまざまなサイズのJPEG形式の画像が格納されています。なお、縦横比は「1:1.5」で揃えられているものとします。

図12-1 sourceフォルダ内の素材画像

Pythonによるプログラムを実行することで、これらの画像について加工を施し、フォルダ「target」に格納するというものです。施す加工は、具体的には以下の2つです。

1. 幅300×高さ200のサイズに縮小する
2. 「Sample」という文字を透かし画像として重ねる

「透かし画像（watermark）」とは、対象の画像に透過させて重ねる文字や画像のことで、Webページなどに掲載したサンプル画像を、そのまま流用されることを防ぐなどの目的で用いられます。今回は、フォルダ「12」配下に、**図12-2**で示す「watermark.png」として用意しました。

図12-2 透かし画像

この条件下で、前述の２つ画像加工をまとめて行うツールを作成します。最終的なコードについて、sample12_final.pyとして掲載しておきます。

sample12_final.py 画像加工ツール

```
1  import pathlib
2  from PIL import Image
3
4  width_w, height_w  = 250, 130  #透かし画像の幅、高さ
5  width_im, height_im = 300, 200 #サムネイルの幅、高さ
6  x, y = int((width_im - width_w) / 2), int((height_im - height_w) / 2) # ペースト位置
7
8  watermark = Image.open(r'12\watermark.png').resize((width_w, height_w))
9  source = r'12\source'
10 target = r'12\target'
11
12 for p in pathlib.Path(source).glob('*.jpg'):
13     im = Image.open(p).resize(((width_im, height_im)))
14     im.paste(watermark, (x, y), watermark)
15     im.save(fr'{target}\{p.stem}.jpg')
```

このプログラムを実行したあとのフォルダ「target」は**図12-3**のようになります。

図12-3 targetフォルダ内の加工後の画像

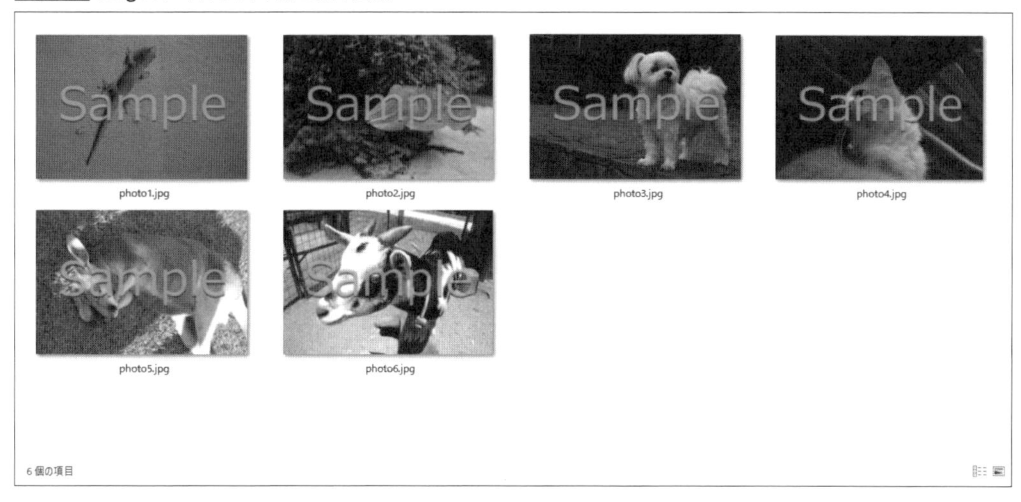

もし、このような作業が、画像100枚分存在していたり、定期的に発生したりするのであれば、このツールを作っておくととても楽ができますよね。

では、Pillowについて実際に学んでいくことにしましょう。

12.2 画像の加工：Pillow

12.2.1 PillowとImageモジュール

「Pillow[注1)]」は、画像の加工をする機能を提供するライブラリです。BMP、GIF、JPEG、PNGといった主要なファイル形式はもちろん、多くの形式をサポートしています[注2)]。PillowはAnacondaに同梱されていますので、インポートをすればすぐに使用できます。

Pillowは、メインのモジュールである「PIL」と、その配下のたくさんのサブモジュールで構成されています。そのうちの主なモジュールを**表12-1**にまとめています。

表12-1 Pillowに含まれる主なモジュール

モジュール	説明
PIL	Pillowの基本となるモジュール
Image	画像を表すImageクラスを提供するモジュール
ImageDraw	Imageクラスに対する画像描画機能を提供するモジュール
ImageFont	フォントを取り扱う機能を提供するモジュール

MEMO

Pillowは「PIL(Python Imaging Library)」というライブラリの後継として作られたライブラリという経緯があります。その影響で、基本のモジュール名が「PIL」と命名されています。

Pillowでは、画像を「Image」オブジェクトとして操作します。「Image」クラスで提供されている、変換、切り取り、リサイズ、回転、反転、貼り付けなどを行うメソッドを使用することで、さまざまな加工を施すことができるのです。

Imageクラスは、Imageモジュールで提供されていますから、Pillowを使うのであれば、ほとんどの場合でImageモジュールのインポートをすることになるでしょう。Imageモジュールは、PILモジュールの配下にありますから、インポートするには以下のように記述します。

注1) 公式ドキュメント：https://pillow.readthedocs.io/
注2) サポートしている画像形式については以下の「Fully supported formats」をご覧ください。
https://pillow.readthedocs.io/en/stable/handbook/image-file-formats.html

```
from PIL import Image
```

12.2.2 Imageオブジェクトの生成

Imageオブジェクトを生成するには、既存の画像ファイルを開く、新たな画像を生成する、または Imageオブジェクトを合成するなどの方法があります（表12-2）。

表12-2 Imageモジュールの主な関数

関数	説明
Image.open(fp)	画像ファイルを開いてImageオブジェクトを返す ・fp: ファイルパス
Image.new(mode, size, color=0)	新しいImageオブジェクトを生成して返す ・mode: モード ・size: サイズをピクセル単位で表す(width, height)形式のタプル ・color: 色を表す整数、ImageColorモジュールで定義されている文字列、またはタプル
Image.merge(mode, bands)	複数のシングルバンドのImageオブジェクトを合成したImageオブジェクトを返す ・mode: モードを表す文字列 ・bands: シングルバンドのImageオブジェクトのタプル

既存の画像ファイルに加工をすることは多くあるでしょう。その場合は、以下のopen関数で対象の画像ファイルをImageオブジェクトとして開きます。

```
Image.open(fp)
```

パラメータfpは、開く画像ファイルのパスを表す文字列や、pathlibのPathオブジェクトなどを指定できます。

では、**sample12_01.py**を実行して、open関数の動作を確認してみましょう。

sample12_01.py open関数でImageオブジェクトを開く

```
1  from PIL import Image
2
3  im = Image.open(r'12\source\photo1.jpg')
4  im.show()
```

open関数の引数にパスを指定した画像ファイルをImageオブジェクトとして生成します。showメソッドはImageオブジェクトimを表示するものです。

```
im.show()
```

WindowsではPNG形式の標準ビューワーアプリケーションで、Macではネイティブのプレビューアプリケーションで表示されます。著者の環境では図12-4のように「フォト」で対象の画像が表示されました。

図12-4 Imageオブジェクトの表示

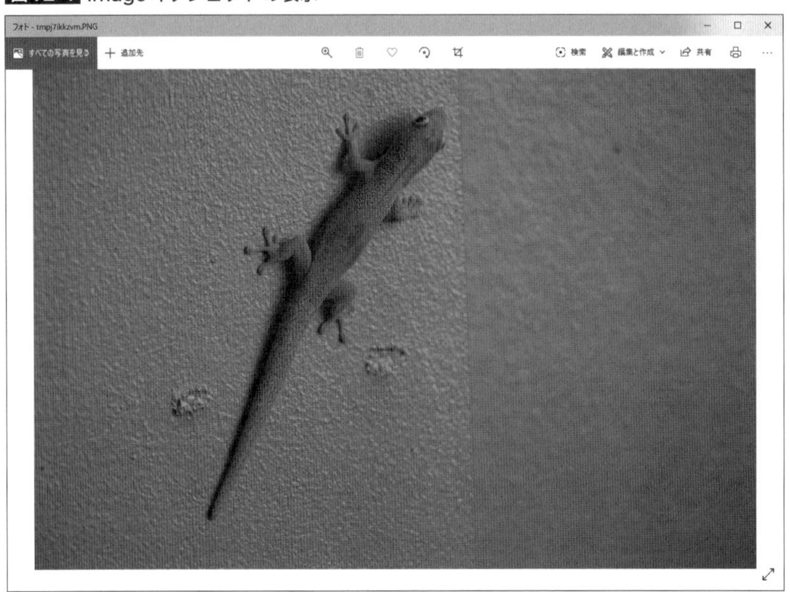

MEMO

画像ファイルのサイズが大きすぎる場合showメソッドで表示できないことがあります。その際は、サイズを縮小した上で再度試してみてください。

Imageモジュールのnew関数を使用すると、新たな画像をImageオブジェクトとして生成します。その前に、前提知識として画像の「モード（mode）」について解説しておきましょう。

モードとは、画像の最小単位である「画素（pixel）」がどのように色を表現するかを表す方式のことで、Pillowでは表12-3に挙げるようなモードが用意されています。

表12-3 Pillowで扱える主なモード

モード	説明
1	1-bit 黒または白
L	8-bit グレースケール
LA	8-bit グレースケール+アルファ
P	8-bit カラーパレット
PA	8-bit カラーパレット+アルファ
RGB	3x8-bit トゥルーカラー
RGBA	4x8-bit トゥルーカラー+アルファ
CMYK	4x8-bit 色分解
HSV	3x8-bit 色相、彩度、明度

たとえば、モード「L」であれば、画像を構成する画素は、白と黒の間の度合いを8桁の2進数（つまり0〜255の整数）の範囲で持ちます。したがって、グレースケールの画像を扱うモードとなります。

モード「RGB」であれば、各画素は「赤（red）」「緑（green）」「青（blue）」の3種類について、それぞれ8桁の2進数で表したものを組み合わせた色を表現できます。それは、人間の目で識別できるほとんどの色を表現できるとされているので、「トゥルーカラー(true color)」などとも呼ばれます。

また、この組み合わせることができる要素のことを「バンド（band）[注3]」といいます。モードLなど、バンドが1つのことをシングルバンド、モードRGBのようにバンドが複数あることをマルチバンドといいます。

モードRGBに加えて、もうひとつの要素として「アルファ値（alpha value）」を持つのが、モード「RGBA」です。アルファ値とは、その画素が表す色の透過度を8桁の2進数で持ちます。

new関数は、新たな画像としてImageオブジェクトを生成しますが、そのサイズとともに、モードと、そのモードに応じた色の指定をする必要があります。以下がその書式です。

```
Image.new(mode, size, color=0)
```

パラメータmodeは、**表12-3**に対応する画像のモードを表す文字列を指定します。パラメータsizeは、画像の横幅と高さを、ピクセル数を表す整数をタプルで指定します。

パラメータcolorに、モードに応じた色の指定をします。モードLであれば単一の整数で、RGBやRGBAなど複数の要素をもつモードであればタプルで指定します。または、「red」「gold」「aqua」などといった「HTMLカラー名（HTML color names）[注4]」で定義されている140種類の色名を表す

注3）「チャンネル（channel）」ともいいます。
注4）「HTML color names」でWeb検索をするとたくさんの該当のサイトを見つけられますのでご覧ください。

文字列を指定することも可能です。

new関数の使用例として、sample12_02.pyを実行してみましょう。

sample12_02.py new関数でImageオブジェクトの生成

```
1 from PIL import Image
2
3 size = 300, 200
4 color = 0, 164, 233
5 im = Image.new('RGB', size, color)
6 im.show()
```

実行すると、図12-5のように生成された画像が表示されます。

図12-5 new関数で生成した画像

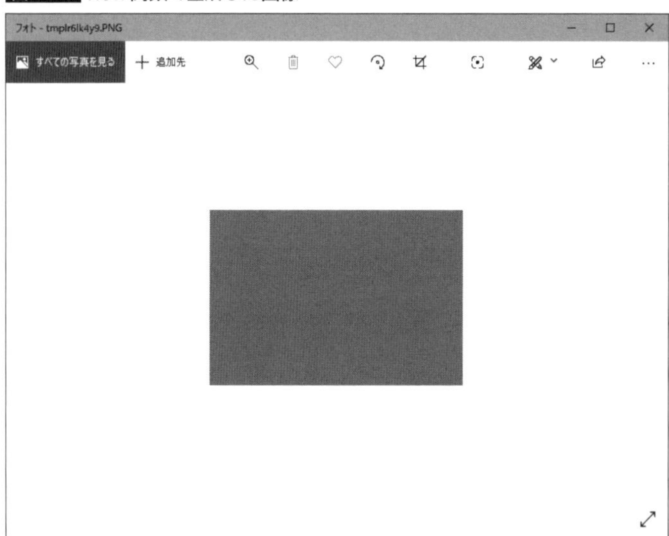

12.2.3 Imageオブジェクトの属性

Imageクラスで提供されている属性を用いて、画像の情報を取得したり、画像にさまざまな加工を施したりすることが可能です。前述のshowメソッドもImageクラスの属性です。

主な属性について表12-4にまとめていますので、ご覧ください。

表12-4 Imageオブジェクトの主な属性

属性	説明
im.filename	画像ファイルのパス
im.format	画像ファイルのファイル形式
im.mode	画像のモード
im.size	画像のサイズをピクセル単位で表すタプル(width, height)
im.width	画像のピクセル単位の横幅
im.height	画像のピクセル単位の高さ
im.save(fp)	画像imを保存する ・fp: ファイルパス
im.convert(mode=None)	画像imを変換したImageオブジェクトを返す ・mode: モードを表す文字列
im.point(lut)	画像imをルックアップテーブルまたは関数で変換をしたImageオブジェクトを返す ・lut: ルックアップテーブルまたは関数
im.split()	画像imをバンドごとに分割したImageオブジェクトのタプルを返す
im.crop(box=None)	画像imを矩形に切り抜いた領域をImageオブジェクトとして返す ・box: 切り抜く領域をピクセル単位で表す(left, top, right, bottom)形式のタプル
im.rotate(angle, expand=0, center=None)	画像imを回転したImageオブジェクトを返す ・angle: 反時計回りの回転角度を表す数値 ・expand: 回転後にサイズを拡張するかどうかを表すブール値 ・center: 回転の中心位置をピクセル単位で表す(left, top)形式のタプル。既定値は画像の中心
im.transpose(method)	画像imを転置したImageオブジェクトを返す ・method: 転置の方法を表す以下のいずれかの値 ・Image.FLIP_LEFT_RIGHT: 左右反転 ・Image.FLIP_TOP_BOTTOM: 上下反転 ・Image.ROTATE_90: 反時計回りに90度回転 ・Image.ROTATE_180: 反時計回りに180度回転 ・Image.ROTATE_270: 反時計回りに270度回転
im.resize(size)	画像imをリサイズしたImageオブジェクトを返す ・size: リサイズ後のサイズをピクセル単位で表す(width, height)形式のタプル
im.thumbnail(size)	画像imをサムネイルに加工する。戻り値はなく、元の画像imを加工するので注意 ・size: サムネイルのサイズをピクセル単位で表す(width, height)形式のタプル
im.copy()	画像imをコピーしたImageオブジェクトを返す
im.paste(im2, box=None, mask=None)	画像imに画像im2を貼り付ける ・im2: 貼り付ける画像を表すImageオブジェクト ・box: 貼り付ける領域を表すピクセル単位の(left, top, right, bottom)形式のタプル。左辺と上辺のみの指定も可 ・mask: マスク画像を表すImageオブジェクト
im.show()	画像imを表示する

これらのうち、情報を取得する属性の使い方について、sample12_03.pyを実行して確認してみましょう。

sample12_03.py Imageオブジェクトの情報を取得する

```
1  from PIL import Image
2
3  im = Image.open(r'12\watermark.png')
4  print(im.filename) #12\watermark.png
5  print(im.format) #PNG
6  print(im.mode)   #RGBA
7  print(im.size)   #(501, 266)
8  print(im.width)  #501
9  print(im.height) #266
```

これらの属性を用いて、ファイル形式、モード、サイズなどの情報を取得できます。

MEMO

JPEG形式のImageオブジェクトのformat属性を確認すると「MPO」と表示されることがあります。MPO形式は、JPEG形式の画像を複数格納しているものです。PillowはMPO形式もサポートしていますので、そのように認識されているとしても基本的な画像処理は同様に行うことができます。

さて、Imageオブジェクトとしてさまざまな加工を施すことができますが、加工後の画像は保存をしなければ失われてしまいます。Imageオブジェクトを画像ファイルとして保存をするには、以下のsaveメソッドを用います。

```
im.save(fp)
```

パラメータfpには、保存する画像ファイルのパス、またはPathオブジェクトなどを指定します。ここで保存される画像形式は、ファイルパスに含まれる拡張子により決定されます。

例として、sample12_04.pyを実行して、画像の保存について確認してみましょう。

sample12_04.py saveメソッドで画像を保存する

```
1  from PIL import Image
2
3  size = 300, 200
4  color = 0, 164, 233
5  im = Image.new('RGB', size, color)
6  im.save(r'12\sample.png')
```

実行すると、フォルダ「12」の配下に「sample.png」が作成されます。VS CodeのExplorerからクリックすると、図12-6のようにその内容が表示されます。

図12-6 saveメソッドで保存した画像

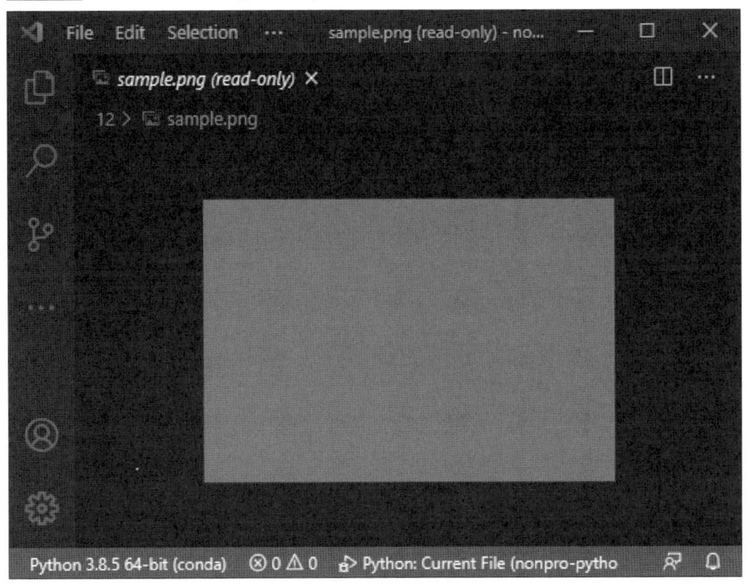

12.2.4 画像の変換

ここではImageクラスで提供されている、画像の変換に関する3つのメソッドについて紹介していきましょう。

まず、convertメソッドは画像imのモードを変更するメソッドです。

```
im.convert(mode=None)
```

パラメータmodeには、**表12-3**で示すモードを表す文字列を指定します。たとえば「'L'」を指定すると、画像をグレースケールに変換します。

pointメソッドは、画像imの画素ごとに変換を加えた画像を返すメソッドです。

```
im.point(lut)
```

パラメータlutには、関数を指定します。関数にはすべての画素の各バンドの値が引数として渡されますので、それに対して何らかの処理をしたものをリターンします。たとえば、受け取った引数に1.5を乗算して返す関数を指定した場合、全体を1.5倍に明るく変換したImageオブジェクトを返します。

splitメソッドは、マルチバンドの画像imをシングルバンドに分割するメソッドです。

```
im.split()
```

画像imに含まれる、各バンドをシングルバンドのImage画像に分割して、そのタプルを返します。たとえば、モードRGBの画像から、Rだけを取り出したいということができます。取り出した画像はそれぞれシングルバンドですから、モードLになります。

convertメソッド／pointメソッド／splitメソッドの使用例として、**sample12_05.py**をご覧ください。

sample12_05.py convertメソッド・pointメソッド・splitメソッド

```
1  from PIL import Image
2  
3  im = Image.open(r'12\source\photo1.jpg')
4  im.save(r'12\target\01元画像.jpg')
5  
6  im.convert('L').save(r'12\target\02グレースケール.jpg')
7  
8  def multiply(x):
9      return x * 1.5
10 
11 im.point(multiply).save(r'12\target\03明るく.jpg')
12 
13 r, g, b = im.split()
14 r.save(r'12\target\04Redバンド.jpg')
```

実行すると、「12\target」フォルダに**図12-7のような**4枚の画像が保存されます。それぞれのメソッドの結果を見比べてみましょう。

図12-7 convertメソッド・pointメソッド・splitメソッド

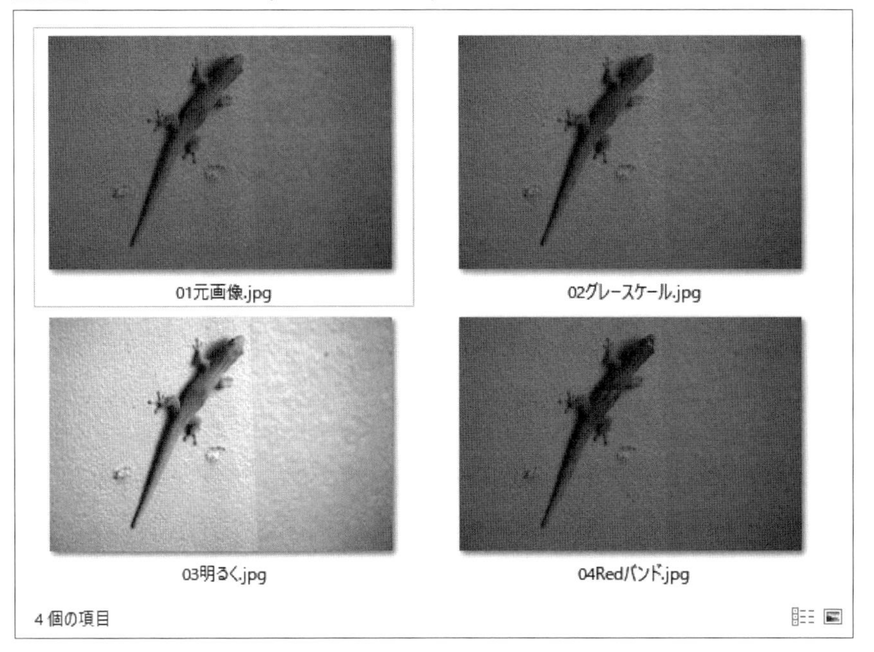

12.2.5 画像の切り抜き、リサイズ、回転、反転

ここでは、画像の切り抜き、リサイズ、回転および反転といった加工の方法についてみていきましょう。まず、cropメソッドは画像imを切り抜いた画像をImageオブジェクトとして返します。

```
im.crop(box=None)
```

パラメータboxには、切り抜く領域をleft, top, right, bottomの4つの整数からなるタプルを指定します。これらのパラメータについて理解を深めるために図12-8をご覧ください。

まず、元の画像imのもっとも左上の点を「原点」といいます。また、画像上の任意の点の位置を「座標」といいます。座標は、原点からの横方向のピクセル数「x座標」と、縦方向のピクセル数「y座標」で表されます。

パラメータboxの要素は、それぞれ以下のように切り抜く領域の左上端の座標と、右下端の座標を指定するものです。

- left: 左上端のx座標
- top: 左上端のy座標

- right: 右下端のx座標
- bottom: 右下端のy座標

図12-8 画像の座標

このように、Pillowでは座標を2つの値のタプル、領域を4つの値のタプルで表現することが多いので、この表現に慣れておくとよいでしょう。

なお、パラメータboxを省略すると、画像im全体の切り抜き（つまり画像imのコピー）を返します。

画像のサイズを変更するには、resizeメソッドまたはthumnailメソッドを使用できます。

```
im.resize(size)
```

```
im.thumbnail(size)
```

いずれも、パラメータsizeには、ピクセル単位で変更後の横幅と高さを要素として持つタプルを指定します。これらのメソッドは、いくつかの点で動作が異なりますので、表12-5にまとめました。

表12-5 resizeメソッドとthumbnailメソッド

属性	拡大	縮小	縦横比	戻り値
im.resize(size)	○	○	可変	Imageオブジェクト
im.thumbnail(size)	×	○	固定	None

「サムネイル（thumbnail）」とは、縮小した見本画像のことです。ですから、thumbnailメソッドは元の画像の縦横比を変えずに縮小するという限定的な機能として提供されています。

cropメソッド、resizeメソッドそしてthumbnailメソッドの使用例を見てみましょう。**sample12_06.py**です。

sample12_06.py 画像の切り抜きとリサイズ

```
from PIL import Image

def save_and_print_size(im, stem):
    im.save(rf'12\target\{stem}.jpg')
    print(im.size)

width, height = 600, 400 #オリジナルサイズ
im = Image.open(r'12\source\photo2.jpg').resize((width, height))
save_and_print_size(im, '01元画像') #(600, 400)

save_and_print_size(im.crop((250, 100, 550, 300)), '02切り取り') #(300, 200)

save_and_print_size(im.resize((width * 2, int(height / 2))), '03リサイズ') #(1200, 200)

im.thumbnail((width * 2, int(height / 2)))
save_and_print_size(im, '04サムネイル') #(300, 200)
# save_and_print_size(im.thumbnail((width * 2, int(height / 2))), '04サムネイル')
```

元の画像として横幅600、高さ400の画像を用意し、その切り抜き、リサイズそしてサムネイル化をしています。実行すると、**図12-9**のような４枚の画像が「12\target」フォルダに保存されます。thumbnailメソッドで縦横比が異なるように引数を与えていますが、その結果は縦横比が固定されて縮小されていることが確認できます。

図12-9 画像の切り抜きとリサイズ

また、コード内のコメントアウトしているステートメントを実行すると、図12-10のような例外「AttributeError」が発生します。thumbnailメソッドの戻り値はImageオブジェクトではなく、NoneTypeですから、変数im_thumbnailはNoneTypeとなります。当然、save_and_print_size関数内のsaveメソッドは実行することができません。

図12-10 例外メッセージ「AttributeError」

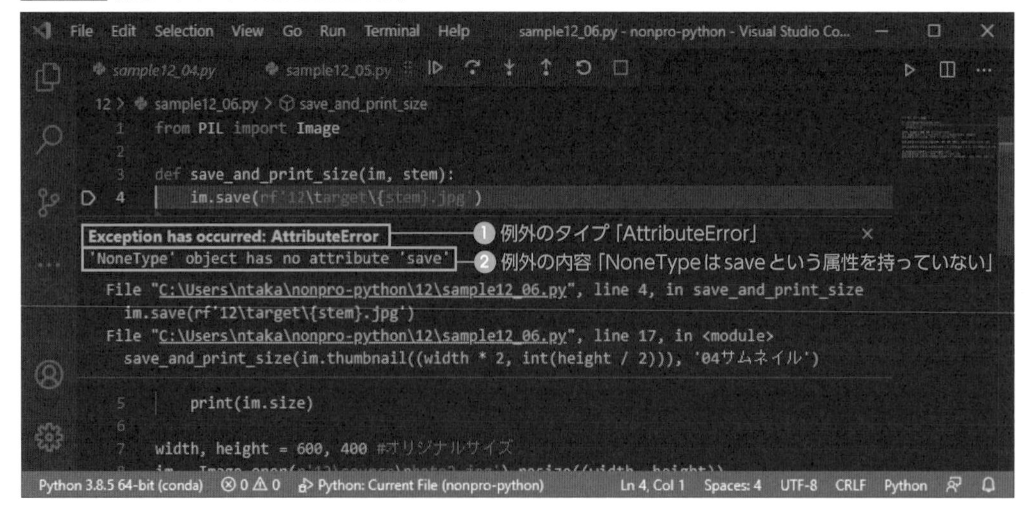

さらに、thumbnailメソッドはImageオブジェクトを返すのではなく、対象となるImageオブジェクト自体に変更を加える、つまり破壊的操作を行います。元の画像を変更せずにおきたい場合は、次節で紹介するcopyメソッドにより複製を作成し、それに対してthumbnailメソッドを使うようにしましょう。

続いて、画像の回転と反転について見ていきましょう。画像を回転するには、画像imに対してrotateメソッドを用います。

```
im.rotate(angle, expand=0, center=None)
```

パラメータangleに回転角度を表す数値を指定することで、画像を反時計回りに回転したImageオブジェクトを返します。ところで、縦と横の長さが異なる場合、回転した結果として元のサイズから画像がはみ出てしまうことがあります。デフォルトでは、その部分は失われてしまいますが、パラメータexpandをTrueにすると、はみ出た領域まで画像サイズを拡張します。

パラメータcenterは回転の中心位置の座標位置を表すタプルを指定します。デフォルトでは、画像の中心となります。

画像を反転するには、画像imに対してtransposeメソッドを用います。

```
im.transpose(method)
```

パラメータmethodに「Image.FLIP_LEFT_RIGHT」を指定することで左右反転、「Image.FLIP_TOP_BOTTOM」を指定することで上下反転したImageオブジェクトを返します。

回転と反転の例として、sample12_07.pyをご覧ください。

sample12_07.py 画像の回転と反転

```
1  from PIL import Image
2  
3  def save_and_print_size(im, stem):
4      im.save(rf'12\target\{stem}.jpg')
5      print(im.size)
6  
7  width, height = 600, 400 #オリジナルサイズ
8  im = Image.open(r'12\source\photo5.jpg').resize((width, height))
9  save_and_print_size(im, '01元画像') #(600, 400)
10 
```

```
11 save_and_print_size(im.rotate(90), '02回転90度')                          #(600, 400)
12 save_and_print_size(im.rotate(90, expand=True), '03回転90度（拡張）') #(400, 600)
13 save_and_print_size(im.rotate(180), '04回転180度')                        #(600, 400)
14
15 save_and_print_size(im.transpose(Image.FLIP_LEFT_RIGHT), '05左右反転') #(600, 400)
16 save_and_print_size(im.transpose(Image.FLIP_TOP_BOTTOM), '06上下反転') #(600, 400)
```

実行すると、**図12-11**のように、6枚の画像が「12\target」フォルダに保存されます。rotateメソッドでパラメータexpandをTrueに設定した場合のみ、画像サイズの変更が発生していることも確認できますね。

図12-11 画像の回転と反転

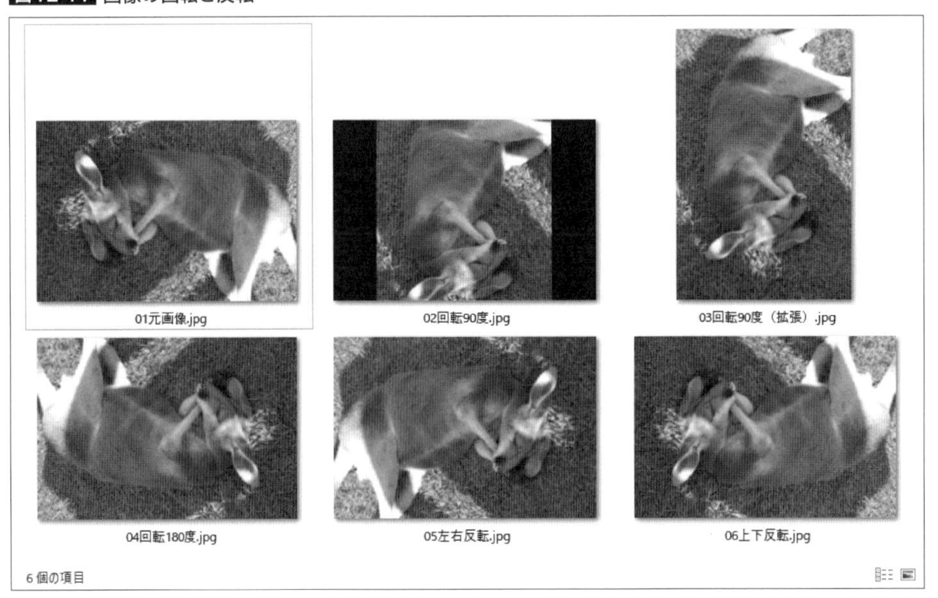

MEMO

transposeメソッドは、以下の値を設定することで、画像の回転を行うこともできます。

- Image.ROTATE_90: 反時計回りに90度回転
- Image.ROTATE_180: 反時計回りに180度回転
- Image.ROTATE_270: 反時計回りに270度回転

ただし、読み取りやすいコードとするのであれば、文字どおりのrotateメソッドを使ったほうがよいでしょう。

12.2.6 画像のコピーと貼り付け

前提として、Imageクラスで提供されている画像の変換や加工をするためのメソッドの多くは、新たなImageオブジェクトを戻り値として返します。しかし、前述のthumbnailメソッドや、画像の貼り付けを行うpasteメソッドは、対象となるImageオブジェクト自体に変更を加える破壊的操作を行います。ですから、それらのメソッドの使用時に、元の画像に変更を加えずにおきたい場合には、その複製を作成しておき、複製に対して操作をします。

Imageオブジェクトの複製を作成するには、以下copyメソッドを使用します。

```
im.copy()
```

戻り値として、画像imの複製をImageオブジェクトとして返します。

pasteメソッドを使うと、ある画像を別の画像に貼り付けることができます。書式は以下のとおりです。

```
im.paste(im2, box=None, mask=None)
```

これにより、元の画像imのパラメータboxが示す領域に、別の画像im2を貼り付けます。戻り値はNoneとなり、元の画像に操作を加える破壊的操作を行います。

パラメータboxは貼り付ける領域をleft, top, right, bottomの４つの要素で表すタプル、または貼り付ける始点の座標をleft, topの２つの要素で表すタプルを指定します。省略した場合は、画像imの原点を始点として貼り付けを行います。

また、パラメータmaskにマスク画像とするImageオブジェクトを指定することで、元画像imに「マスク（mask）」処理を施すことができます。マスク画像は、貼り付ける画像im2と同じサイズであり、各ピクセルについてどれだけ元の画像imを隠すかどうかを決めるものです。完全に隠せばそのピクセルは画像im2のものが表示されますし、完全に隠さない場合は元の画像imのものが表示されます。その中間も可能です。これにより、矩形以外の貼り付けや、一定の透過をさせた貼り付けなどが可能となります。

マスク画像は、「1」「L」「RGBA」のいずれかのモードである必要があり、それぞれどのようにマスクするかについて、**表12-6**にまとめています。

表12-6 マスク画像のモードとマスクの方法

モード	説明
1	0: 透過, 1: マスク
L	0: 透過 ~ 255: マスク
RGBA	アルファバンドの値について 0: 透過 ~ 255: マスク

図12-2として紹介した透かし画像「watermark.png」を例にとりましょう。図12-12として再掲します。

図12-12 透かし画像

この画像はRGBAモードであり、透過度を表すアルファ値を持っています。文字「Sample」以外の背景部分はアルファ値が0であり、完全に透過となります。

では、実際にプログラムを動作させて確認してみましょう。sample12_08.pyをご覧ください。

sample12_08.py 画像の複製と貼り付け

```
 1  from PIL import Image
 2
 3  def save_and_print_size(im, stem):
 4      im.save(rf'12\target\{stem}.jpg')
 5      print(im.size)
 6
 7  width, height = 600, 400 #オリジナルサイズ
 8  im = Image.open(r'12\source\photo3.jpg').resize((width, height))
 9  save_and_print_size(im, '01元画像') #(600, 400)
10
11  im_paste = im.copy()
12  im_paste.paste(im.crop((300, 0, 500, 300)), (50, 50))
13  save_and_print_size(im_paste, '02矩形貼り付け') #(600, 400)
14
15  watermark = Image.open(r'12\watermark.png')
16  im_watermark = im.copy()
```

```
17  im_watermark.paste(watermark, (0, 0), watermark)
18  save_and_print_size(im_watermark, '03透かし貼り付け') #(600, 400)
```

実行すると、フォルダ「12\target」に**図12-13**に3つの画像が保存されます。矩形画像の貼り付けと、マスク画像を用いた透かし画像の貼り付けについて、その方法を確認しておきましょう。

図12-13 画像の複製と貼り付け

01元画像.jpg

02矩形貼り付け.jpg

03透かし貼り付け.jpg

3 個の項目

12.3

画像を加工するツールを作る

では、Pillowを用いて、画像を加工するツールを作成していきましょう。フォルダ構成は以下のようになっています。

```
nonpro-python
└12
  └source
    └photo1.jpg
    └photo2.JPG
    └…
  └target
  └watermark.png
```

「12\source」フォルダ内のJPEG画像について、幅300×高さ200に縮小して、透かし画像「watermark.png」を重ねたものを「12\target」フォルダに保存するというものです。

まず、「12\source」フォルダ内の単一のJPEG画像に透かし画像を重ねる処理を先に作っていきましょう。**sample12_09.py**をご覧ください。

sample12_09.py 単一の画像に透かし画像を重ねる

```
1  from PIL import Image
2  
3  watermark = Image.open(r'12\watermark.png')
4  im = Image.open(r'12\source\photo4.JPG').resize((300, 200))
5  im.paste(watermark, (0, 0), watermark)
6  print(im.size) #(300, 200)
7  im.show()
```

「photo4.JPG」を幅300×高さ200にリサイズをし、それに透かし画像「watermark.png」を重ねるというものです。実行すると、**図12-14**の画像が表示されます。

図12-14 単一の画像に透かし画像を重ねる

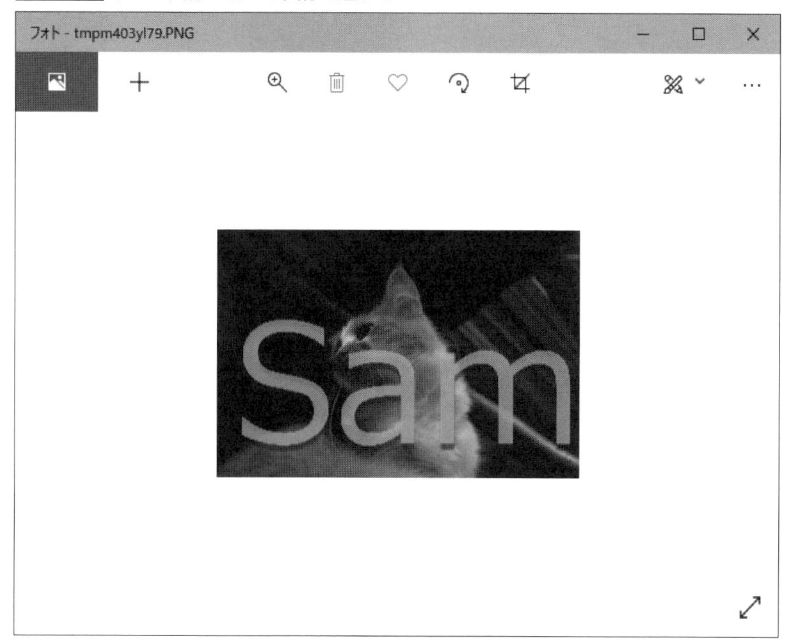

しかし、透かし画像が大きすぎるため文字全体が表示されていません。透かし画像のサイズを幅250×高さ130にリサイズをし、さらに画像の中央に貼り付けるように調整してみましょう。

sample12_10.pyをご覧ください。

sample12_10.py 透かし画像を画像の中央に貼り付ける

```
1  from PIL import Image
2
3  width_w, height_w  = 250, 130  #透かし画像の幅、高さ
4  width_im, height_im = 300, 200 #サムネイルの幅、高さ
5  x, y = int((width_im - width_w) / 2), int((height_im - height_w) / 2) # ペースト位置
6
7  watermark = Image.open(r'12\watermark.png').resize((width_w, height_w))
8  im = Image.open(r'12\source\photo4.JPG').resize(((width_im, height_im)))
9  im.paste(watermark, (x, y), watermark)
10 im.show()
```

変数x、変数yは透かし画像を貼り付ける始点となる座標です。元画像と透かし画像の横幅、高さの差分を半分にしたものが、その座標となることを確認しておきましょう。実行すると、図12-15のようにリサイズした透かし画像が中央に配置されます。

図12-15 透かし画像を画像の中央に貼り付ける

あとはこの処理をフォルダ内のすべてのJPEG画像に対して行います。pathlibモジュールのglobメソッドを使うことができますね。sample12_11.pyを実行して、すべての画像について透かし画像を重ねたものが表示されることを確認しましょう。

sample12_11.py フォルダ内の画像に透かし画像を重ねる

```
1  import pathlib
2  from PIL import Image
3
4  width_w, height_w  = 250, 130  #透かし画像の幅、高さ
5  width_im, height_im = 300, 200 #サムネイルの幅、高さ
6  x, y = int((width_im - width_w) / 2), int((height_im - height_w) / 2) # ペースト位置
7
8  watermark = Image.open(r'12\watermark.png').resize((width_w, height_w))
9  source = r'12\source'
10
11 for p in pathlib.Path(source).glob('*.jpg'):
12     im = Image.open(p).resize(((width_im, height_im)))
13     im.paste(watermark, (x, y), watermark)
14     im.show()
```

MEMO

Macでは、globメソッドで大文字の拡張子「JPG」を拾いませんので、引数を「'*.[jJ][pP][gG]'」と設定してどちらも拾うようにするとよいでしょう。

あとは、for文内のスイートのshowメソッドを、saveメソッドに差し替えれば保存ができるようになります。その処理を加えたものが**sample12_12.py**となります。

sample12_12.py フォルダの画像に透かし画像を重ねて保存する

```
1  import pathlib
2  from PIL import Image
3
4  width_w, height_w  = 250, 130  #透かし画像の幅、高さ
5  width_im, height_im = 300, 200 #サムネイルの幅、高さ
6  x, y = int((width_im - width_w) / 2), int((height_im - height_w) / 2) # ペースト位置
7
8  watermark = Image.open(r'12\watermark.png').resize((width_w, height_w))
9  source = r'12\source'
10 target = r'12\target'
11
12 for p in pathlib.Path(source).glob('*.jpg'):
13     im = Image.open(p).resize(((width_im, height_im)))
14     im.paste(watermark, (x, y), watermark)
15     im.save(fr'{target}\{p.stem}.jpg')
```

実行すると、「12\target」フォルダに**図12-16**のように、加工後の画像が保存されることを確認できます。

図12-16 targetフォルダ内の加工後の画像

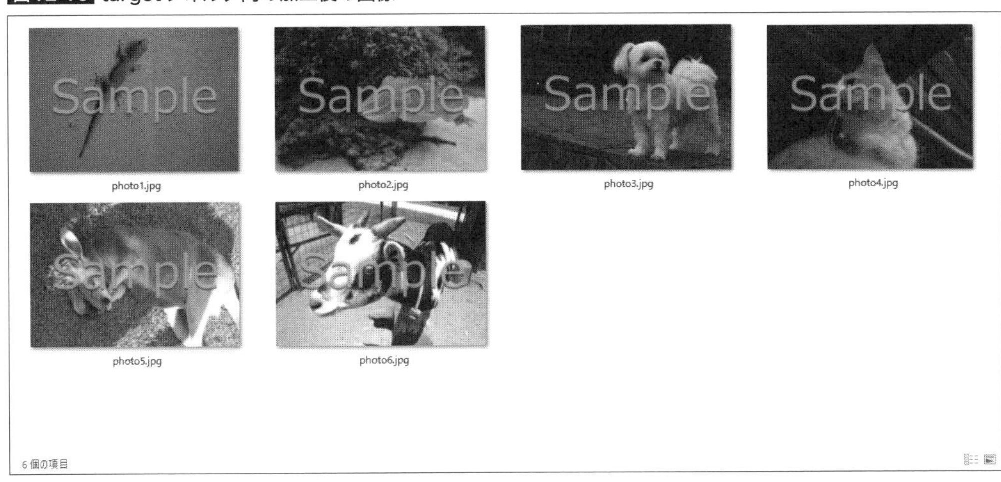

12章では、Pillowとそれを用いた画像の加工の方法について学びました。これにより、画像の変換、切り抜き、リサイズ、回転、反転、コピー、貼り付けといった簡単な操作を組み合わせた加工をプログラミングできるようになりました。

しかし、より高度な加工になってくると、画像処理の深い知識が必要になってきますし、Pillowでそれを実現できるかどうかも調べる必要が出てきます。また、書くべきコードも長く、複雑になります。場合によっては「餅は餅屋」で画像処理の専門的スキルを持つ方に、専用のソフトウェアを活用していただくほうがよい場合もあります。Pythonは万能ではありませんので、常に「これは本当にPythonで実現すべきか」を正しく判断して活用していきましょう。

13章では、別の種類の画像としてQRコードを扱う方法を見ていくことにしましょう。

Chapter

13

QRコード生成ツールを作ろう

13.1 QRコード生成ツールの概要

Excelファイルの商品や書籍などのリストに、関連情報のURLについての「QRコード[注1)]」が画像として添付されていると便利です。しかし、それを作るには、1つひとつQRコードの生成、Excelファイルへの貼り付けといった、たいへん手間のかかる作業が必要です。

たとえば、**図13-1**のようなブログ記事の一覧をまとめたExcelファイル「記事一覧.xlsx」が、フォルダ「13」の配下にあるとします。

図13-1 記事一覧をリストしたExcelファイル

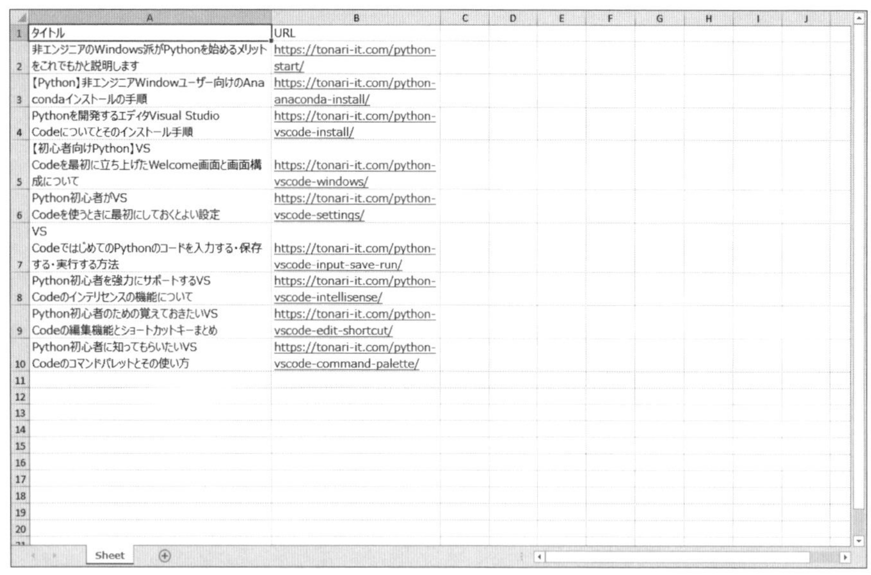

	A	B
1	タイトル	URL
2	非エンジニアのWindows派がPythonを始めるメリットをこれでもかと説明します	https://tonari-it.com/python-start/
3	【Python】非エンジニアWindowユーザー向けのAnacondaインストールの手順	https://tonari-it.com/python-anaconda-install/
4	Pythonを開発するエディタVisual Studio Codeについてとそのインストール手順	https://tonari-it.com/python-vscode-install/
5	【初心者向けPython】VS Codeを最初に立ち上げたWelcome画面と画面構成について	https://tonari-it.com/python-vscode-windows/
6	Python初心者がVS Codeを使うときに最初にしておくとよい設定	https://tonari-it.com/python-vscode-settings/
7	VS CodeではじめてのPythonのコードを入力する・保存する・実行する方法	https://tonari-it.com/python-vscode-input-save-run/
8	Python初心者を強力にサポートするVS Codeのインテリセンスの機能について	https://tonari-it.com/python-vscode-intellisense/
9	Python初心者のための覚えておきたいVS Codeの編集機能とショートカットキーまとめ	https://tonari-it.com/python-vscode-edit-shortcut/
10	Python初心者に知ってもらいたいVS Codeのコマンドパレットとその使い方	https://tonari-it.com/python-vscode-command-palette/

これについて**図13-2**のように、記事1つひとつにリンクするQRコードを生成して、C列に添付をしたいと考えています。

注1) 「QRコード」「QRCode」は デンソーウェーブの登録商標です。

図13-2 QRコード画像を含む記事一覧

	A	B	C
1	タイトル	URL	
2	非エンジニアのWindows派がPythonを始めるメリットをこれでもかと説明します	https://tonari-it.com/python-start/	
3	【Python】非エンジニアWindowユーザー向けのAnacondaインストールの手順	https://tonari-it.com/python-anaconda-install/	
4	Pythonを開発するエディタVisual Studio Codeについてとそのインストール手順	https://tonari-it.com/python-vscode-install/	
5	【初心者向けPython】VS Codeを最初に立ち上げたWelcome画面と画面構成について	https://tonari-it.com/python-vscode-windows/	
6	Python初心者がVS Codeを使うときに最初にしておくとよい設定	https://tonari-it.com/python-vscode-settings/	
7	VS Codeではじめてのpythonのコードを入力する・保存する・実行する方法	https://tonari-it.com/python-vscode-input-save-run/	

　この処理もPythonで実現できます。具体的には、8章で紹介したopenpyxl、12章で紹介したPillow、そして本章で紹介するqrcodeを使用します。

　ここでは、QRコードの生成とExcelファイルへの挿入をするツールを通して、qrcodeモジュールの使い方とともに、openpyxlに関する画像挿入とセルの大きさの調整方法について学んでいきましょう。

　ここでQRコードを作成するツールの最終的なコードを**sample13_final.py**として掲載しておきます。

sample13_final.py QRコード生成ツール

```
1  import pathlib
2  from openpyxl import load_workbook
3  from openpyxl.drawing.image import Image
4  import qrcode
5  
6  fp_xlsx = r'13\記事一覧.xlsx'
7  wb = load_workbook(fp_xlsx)
8  ws = wb.active
9  
10 fp = pathlib.Path(r'13\qr.png')
11 size = (100, 100)
12 height, width = 75, 14.5
13 
14 for i, record in enumerate(ws.values):
15     if i == 0: continue
```

```
16
17        url = record[1] #B列
18        im = qrcode.make(url).resize(size)
19        im.save(fp)
20
21        img = Image(fp)
22        row = i + 1
23        ws.add_image(img, f'C{row}')
24        ws.row_dimensions[row].height = height
25
26    ws.column_dimensions['C'].width = width
27    wb.save(fp_xlsx)
28    fp.unlink()
```

13.2 QRコードの生成：qrcode

13.2.1 qrcodeのインストール

「qrcode[注2]」はQRコードを作成するためのライブラリで、とても簡単にQRコードを作成できます。

qrcodeはサードパーティ製のライブラリになりますので、使用する前にインストールする必要があります。しかし、このライブラリはAnacondaの「Anaconda repositories」には含まれておらず、Python公式の「The Python Package Index (https://pypi.org/)」で管理されているものです。

このような場合、condaコマンドでのインストールを行うことができませんので、代わりに「pip（ピップ）」というツールを用いることになります。

pipもcondaと同様、ターミナル上で使用するコマンドラインツールで、コマンドを用いてパッケージの閲覧、インストールまたはアンインストールといったパッケージ管理操作を行うものです。

pipを用いてパッケージをインストールするには、以下のinstallコマンドを使用します。

```
pip install パッケージ名
```

では、実際に以下のコマンドを実行して、パッケージ「qrcode」をインストールしてみましょう。

```
pip install qrcode
```

実行すると、インストールが行われ「Successfully installed qrcode-6.1」と表示されます（図13-3）。

注2) GitHubページ：https://github.com/lincolnloop/python-qrcode

図13-3 pip installコマンド

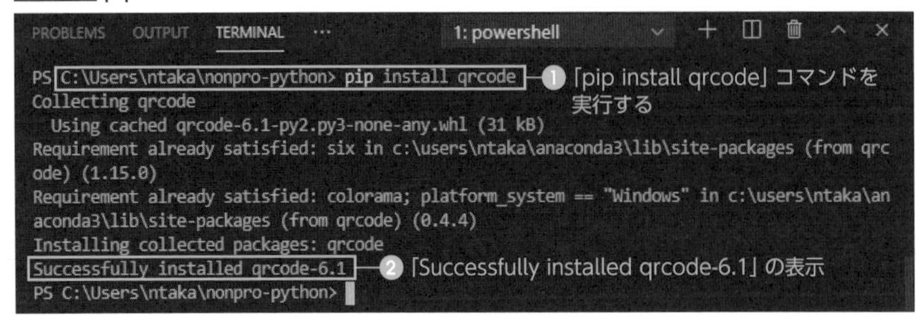

「conda list」コマンドを実行すると、以下**図13-4**のように「qrcode」が「pypi」からインストールされていることが確認できますね。

図13-4 conda listコマンドでqrcodeのインストールを確認

```
PROBLEMS   OUTPUT   TERMINAL   ···          1: powershell

pywin32-ctypes        0.2.0           py38_1000
pywinpty              0.5.7             py38_0
pyyaml                5.3.1       py38he774522_1
pyzmq                 19.0.2      py38ha925a31_1
qdarkstyle            2.8.1               py_0
qrcode                6.1               pypi_0    pypi
qt                    5.9.7       vc14h73c81de_0
qtawesome             1.0.1               py_0
qtconsole             4.7.7               py_0
qtpy                  1.9.0               py_0
regex                 2020.10.15  py38he774522_0
requests              2.24.0              py_0
rope                  0.18.0              py_0
```

❶ qrcodeのインストールを確認

Anacondaを使用しているのであればパッケージ管理はできる限りcondaで統一したいところです。したがって、基本的にはcondaを使用するようにして、Anacondaで管理されていないパッケージの操作についてのみ、pipを使用するようにしましょう。

13.2.2 qrcodeとそのインポート

QRコードを作成するために使用するクラスは、主に**表13-1**にあげる2つのクラスです。

表13-1 QRコード作成で使用するクラス

パッケージ	クラス	説明
qrcode	QRCode	QRコードを表す
Pillow	Image	画像を表す

ひとつはqrcodeで提供されているQRコードを表すQRCodeクラス、もうひとつはPillowで提供されているImageクラスです。qrcodeでは、画像の操作にPillowの機能を流用しており、作成した

QRコードの画像はImageオブジェクトとして、12章で紹介したメソッドを用いた加工が可能となっています。

qrcodeを使用する際には、以下を用いてqrcodeモジュールをインポートします。

```
import qrcode
```

なお、qrcodeモジュールをインポートすれば、必要なPillowの機能も使用できるようになりますので、別途PILモジュールについてのインポートをする必要はありません。

QRコードを作成する際に使用する、qrcodeモジュールの2つの関数を**表13-2**に掲載します。

表13-2 qrcodeモジュールの関数

関数	説明
QRCode(version=None, error_correction=constants.ERROR_CORRECT_M, box_size=10, border=4)	QRCodeオブジェクトを生成して返す ・version: QRコードのボックスの数を表す1～40の整数（バージョン1は21×21のマトリクス）。 ・error_correction: 誤り訂正能力を表す整数で以下の定数が使用可能 　・qrcode.constants.ERROR_CORRECT_L（約7%） 　・qrcode.constants.ERROR_CORRECT_M（約15%, デフォルト） 　・qrcode.constants.ERROR_CORRECT_Q（約25%） 　・qrcode.constants.ERROR_CORRECT_H（約30%） ・box_size: 各ボックスのピクセル数を表す整数。デフォルトは10 ・border: 余白に使用するボックス数を表す整数。デフォルトは最小の4
make(data=None)	Imageオブジェクトとして QRコード画像を生成して返す ・data: QRコードに含む文字列などのデータ

単純にQRコードを作成するだけであればmake関数を使い、細かい設定を行いたいのであればQRCodeコンストラクタを使うという使い分けになります。

まず、make関数の使い方から見ていきましょう。その引数に、QRコードに含めるデータdataを指定するだけで、QRコードの画像を表すImageオブジェクトを生成して返します。

```
qrcode.make(data=None)
```

データdataは多くの場合、URLなどの文字列です。
では、さっそく**sample13_01.py**を実行してその動作を確認してみましょう。

sample13_01.py make関数によるQRコードの作成

```
1  import qrcode
2
3  im = qrcode.make('https://tonari-it.com')
4  im.show()
```

実行すると、図13-5のようにQRコード画像が表示されます。

図13-5 make関数で作成したQRコード

スマートフォンのQRコード読み取り機能などで読み取ってみましょう。「https://tonari-it.com」のURLを表すQRコードが作成できたことを確認できるでしょう。

なお、sample13_01.pyのshowメソッドは、QRCodeオブジェクトのメソッドではなく、PillowのImageオブジェクトのメソッドであることに注目しましょう。同様に、Imageクラスのsaveメソッドを使えば、QRコード画像の保存ができるというわけです。

13.2.3 QRCodeオブジェクト

make関数では、QRコードを表すQRCodeオブジェクトの存在はほとんど意識せずに、QRコードの画像をImageオブジェクトとして作成することができました。QRコードについて、より細かい設定を行いたい場合は、QRCodeコンストラクタにより、QRCodeオブジェクトを生成し、それに対して設定情報を加えた上でQRコードを生成するという方法をとります。

QRCodeコンストラクタの構文は以下のとおりです。

```
qrcode.QRCode(version=None, error_correction=constants.ERROR_CORRECT_M, box_size=10, border=4)
```

パラメータversionは、QRコードの「ボックス（box）[注3]」の数を制御する1〜40の整数です。ボックスというのは、マス目の1つひとつのことです。たとえば、最小のバージョン1は21×21のマトリックスになります。デフォルトのNoneでは、後ほど組み合わせて使用するmakeメソッドで自動決定されます。

パラメータerror_correctionは、誤り訂正能力を表します。QRコードは破損や汚れがあったときに、その読み取りの誤りを訂正できるように作られており、誤り訂正能力はその精度を指定するものです。デフォルトでは、約15%の訂正が可能なqrcode.constants.ERROR_CORRECT_Mに設定されています。設定値により、さらに訂正能力を高めることができますが、より多くのボックス数が必要になります。

パラメータbox_sizeには、ボックスのピクセル数を指定します。また、パラメータborderには枠線として使用するボックス数を指定します。たとえば、box_sizeが10ピクセルで、borderが4であれば、枠線のピクセル数は40ピクセルとなります。

MEMO

QRコードに関する技術仕様などの詳細は、「QRコードドットコム（https://www.qrcode.com/）で紹介されていますので、ご参考ください。

QRCodeコンストラクタで生成されたQRCodeオブジェクトが持つ主な属性について、**表13-3**にまとめましたのでご覧ください。

表13-3 QRCodeクラスの主な属性

属性	説明
qr.border	QRCodeオブジェクトqrの余白に使用されるボックス数
qr.box_size	QRCodeオブジェクトqrのボックスのピクセル数
data_list	QRCodeオブジェクトqrが含むデータのリスト
qr.add_data(data)	QRCodeオブジェクトにデータを追加する ・data: QRコードに含む文字列などのデータ
qr.make(fit=True)	QRCodeオブジェクトをコンパイルする ・fit: versionを設定していないときにTrueであればデータにあわせて自動で決定する
qr.make_image(fill_color="black", back_color="white")	QRCodeオブジェクトからImageオブジェクトを作成して返す ・fill_color: 前景色を表す文字列 ・back_color: 背景色を表す文字列

QRCodeオブジェクトの情報を表す属性のほか、いくつかのメソッドが提供されています。

注3) QRコードドットコムでは「セル」と表現されていますが、本書ではqrcodeモジュールのドキュメントの表現を採用し「ボックス」と表現しています。

QRCodeオブジェクトは、その生成された時点ではデータも含まれておらず、またそれを画像化するには、コンパイルとImageオブジェクトの作成という手順が必要となります。

まず、QRCodeオブジェクトにデータを追加するには、以下のadd_dataメソッドを用います。

```
qr.add_data(data)
```

これにより、QRCodeオブジェクトqrにデータdataを追加できます。

続いて、makeメソッドでQRCodeオブジェクトqrをコンパイルします。

```
qr.make(fit=True)
```

QRCodeコンストラクタの呼び出し時にバージョンの設定を省略した場合、makeメソッドのパラメータfitがTrueであれば、ここで含むデータのサイズや、誤り訂正能力などをもとに、適切なバージョンが決定されます。

コンパイルしたQRCodeオブジェクトをImageオブジェクトとして画像化するには、以下のmake_imageメソッドを用います。

```
qr.make_image(fill_color="black", back_color="white")
```

ここで、パラメータfill_colorおよびback_colorにより、QRコード画像の塗りつぶし色と背景色を設定できます。デフォルトでは、塗りつぶし色は黒（black）、背景色は白（white）です。

では、QRCodeクラスの各属性の動作を確認するために、sample13_02.pyを実行してみましょう。

sample13_02.py QRCodeオブジェクトの生成と操作

```
1   import qrcode
2
3   qr = qrcode.QRCode(
4       error_correction=qrcode.constants.ERROR_CORRECT_H,
5       box_size=5,
6       border=8
7   )
8
9   qr.add_data('https://tonari-it.com')
10  qr.make()
11  im = qr.make_image(fill_color="blue", back_color="gray")
12  im.show()
13
14  print(qr.box_size) #5
15  print(qr.border)   #8
16  print(qr.data_list) #[b'https://tonari-it.com']
```

QRCodeコンストラクタによりQRCodeオブジェクトを生成し、それに対してデータの追加、コンパイルそしてImageオブジェクトの生成を行うものです。作成したQRコード画像は**図13-6**のように表示されます。

QRコードの色の設定、ボックスの大きさが変更されており、またerror_correctionの設定を最大にしていることによりボックス数が増えていることを確認しておきましょう。

図13-6 QRCodeコンストラクタにより作成したQRコード

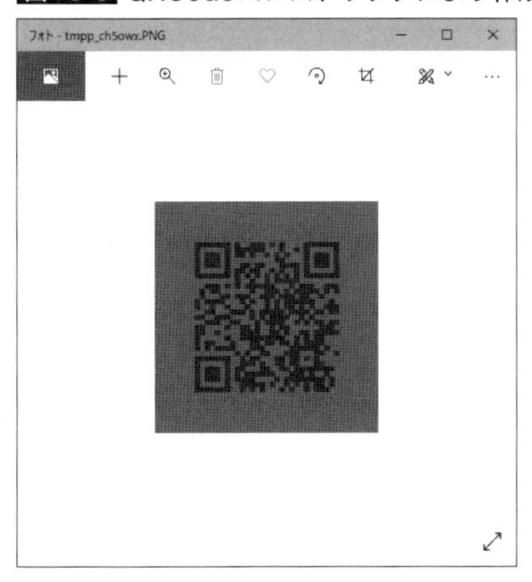

また、print関数による各属性の出力も確認しておきましょう。ここで、data_list属性の出力値として文字列リテラルの前に「b」が出力されています。これは、「バイト列リテラル」であることを表すものです。

バイト列リテラルには、常に 'b' や 'B' が接頭します。これらによって、str型ではなくbytes型のインスタンスが作成されます。バイト列リテラルは 半角英数字、記号、制御記号（空白等）等のASCII文字のみを含むことができるものです。QRCodeオブジェクトには、ひらがなや漢字などの2バイト文字は直接的に含むことはできず、ASCII文字にエスケープされた状態で格納されています。

なお、box_size属性とborder属性は代入して設定することも可能です。

13.3 openpyxlによる画像の挿入と行・列の操作

13.3.1 ワークシートへの画像の挿入

ここでは、openpyxlでワークシートに画像を挿入する方法について解説していきましょう。

openpyxlでは8章で紹介した基本的な機能のほか、**表13-4**に挙げるようにグラフの操作、書式設定、ピボットテーブルの操作などの目的別に実にさまざまな「サブパッケージ（subpackages）」が用意されています。追加でインポートをすることで、それらの機能を使用できます。

表13-4 openpyxlの主なサブパッケージ

サブパッケージ	説明
chart	グラフに関する機能を提供
drawing	図形・画像に関する機能を提供
formatting	書式に関する機能を提供
pivot	ピボットに関する機能を提供
styles	フォント、塗りつぶし、罫線、配置などの機能を提供

画像や図形に関連した機能を提供しているのが「drawing」というサブパッケージです。画像を取り扱うのは、さらにその配下にある「image」というモジュールで、そこに定義されている「Image」というクラスを使用することで、シート上の画像を取り扱うことができます。

openpyxlのImageクラスを使用するには、以下のimport文でImageクラスをインポートします。

```
from openpyxl.drawing.image import Image
```

その上で、以下のImageコンストラクタで画像ファイルをImageオブジェクトとして開きます。

```
Image(fp)
```

ここで、パラメータfpは画像ファイルのファイルパスです。文字列やPathオブジェクトで指定可能です。

なお、ここでいうImageクラスは、PillowのImageクラスとは別物であることに注意ください。**表13-5**のように、いくつかの属性は持っていますが、加工などを施すメソッドは用意されていません。

表13-5 Imageオブジェクト(openpyxl)の属性

属性	説明
img.anchor	Imageオブジェクトimgのセル位置のアドレス
img.format	Imageオブジェクトimgのファイル形式
img.ref	Imageオブジェクトimgのファイルパス

このようにして開いたImageオブジェクトは、Worksheetオブジェクトのadd_imageメソッドでワークシートに挿入できます。

```
ws.add_image(img, anchor=None)
```

パラメータanchorは、挿入するセルのアドレスを表す文字列です。デフォルトでは「A1」セルが対象となります。

たとえば、**sample13_03.py**をご覧ください。「13」フォルダ内の「photo6.jpg」をExcelファイルのシートに挿入します。

sample13_03.py Excelシートへの画像の挿入

```
1  from openpyxl import Workbook
2  from openpyxl.drawing.image import Image
3
4  img = Image(r'13/photo6.jpg')
5  print(img.format) #jpeg
6  print(img.anchor) #A1
7  print(img.ref)    #13/photo6.jpg
8
9  wb = Workbook()
10 ws = wb.active
11 ws.add_image(img)
12 wb.save(r'13/photo6.xlsx')
```

「13」フォルダに「photo6.xlsx」というExcelファイルが作成されますので、開いてみましょう。**図13-7**のように画像が挿入されていることを確認できます。

図13-7 画像を挿入したExcelシート

13.3.2 ワークシートの行の高さと列幅

ワークシートに画像を挿入するとき、画像サイズがセルのサイズと同一であるとは限りません。画像サイズにぴったりとはまるように、挿入した位置のセルの行の高さと列幅を変更してみましょう。

シートの行の高さおよび列幅に関する設定は、Worksheetオブジェクトの配下にあるRowDimensionオブジェクト、ColumnDimensionオブジェクトがそれぞれ保有しており、以下の構文で個々の行の高さ、および列幅について設定することで変更可能です。

```
ws.row_dimensions[行を表す整数].height
ws.column_dimensions[列を表す文字].width
```

RowDimensionオブジェクトはシート上のすべての行の情報を持っており、行を表す整数を指定して対象の行を特定し、そのheight属性で高さを設定します。高さの単位は「ポイント (point)」であり、0.75ポイントが1ピクセルにあたります。

一方で、列幅についてはColumnDimensionオブジェクトから、列を表すアルファベット文字を指定して列を特定、そのwidth属性で幅を指定します。ここで、列幅の単位は文字数です。文字あたりのピクセル数はExcelの使用環境によります。

では、例として**sample13_04.py**をご覧ください。新規のワークブックを作成して、そのA1セルのサイズを「100 × 100」に設定するものです。横幅を算出するための係数については、Excelを開いて、列幅を100ピクセルに調整した際の値を使用しました。

sample13_04.py シートの行の高さと列幅の変更

```
from openpyxl import Workbook

px = 100
height, width = px * 0.75, px * 11.88 / 100

wb = Workbook()
ws = wb.active
ws.row_dimensions[1].height = height
ws.column_dimensions['A'].width = width
wb.save(r'13/dimension.xlsx')
```

実行してフォルダ「13」に作成されたExcelファイルを開いてみると、**図13-8**のようになっていました。

図13-8 行の高さと列幅を変更したシート

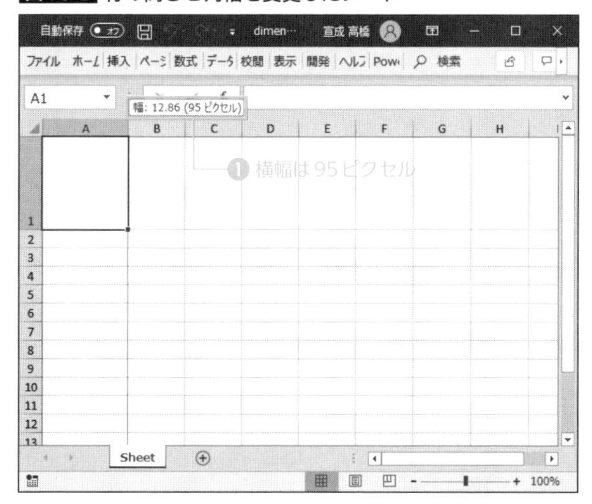

行の高さはちょうど100ピクセルになっていましたが、なぜか列幅は100ピクセルとはならずに、95ピクセルとなっていました。環境にもよると想定されますが、横幅を完全に合わせるのは難しいという前提で使用したほうがよいかもしれません。

13.4 QRコード生成ツールを作る

では、qrcodeとopenpyxlを使用して、QRコードを作成するツールを作っていきましょう。

対象となるExcelファイル「記事一覧.xlsx」を図13-9に再掲しています。この記事リストのB列のURLを使用して、各記事のQRコード画像を作成し、C列のセルに挿入します。

図13-9 Excelファイル「記事一覧.xlsx」

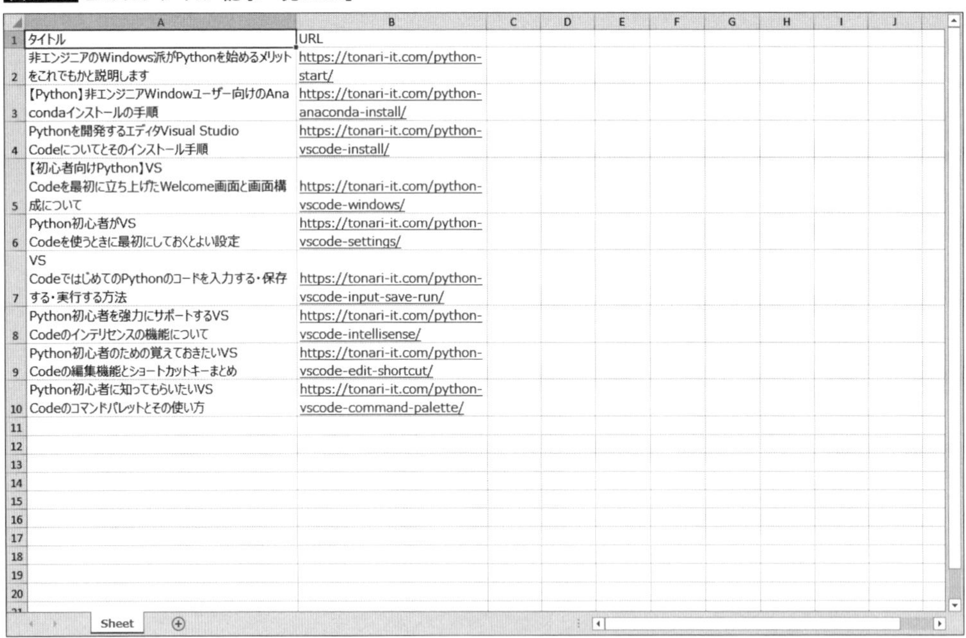

	A	B
1	タイトル	URL
2	非エンジニアのWindows派がPythonを始めるメリットをこれでもかと説明します	https://tonari-it.com/python-start/
3	【Python】非エンジニアWindowユーザー向けのAnacondaインストールの手順	https://tonari-it.com/python-anaconda-install/
4	Pythonを開発するエディタVisual Studio Codeについてとそのインストール手順	https://tonari-it.com/python-vscode-install/
5	【初心者向けPython】VS Codeを最初に立ち上げたWelcome画面と画面構成について	https://tonari-it.com/python-vscode-windows/
6	Python初心者がVS Codeを使うときに最初にしておくとよい設定	https://tonari-it.com/python-vscode-settings/
7	VS CodeではじめてのPythonのコードを入力する・保存する・実行する方法	https://tonari-it.com/python-vscode-input-save-run/
8	Python初心者を強力にサポートするVS Codeのインテリセンスの機能について	https://tonari-it.com/python-vscode-intellisense/
9	Python初心者のための覚えておきたいVS Codeの編集機能とショートカットキーまとめ	https://tonari-it.com/python-vscode-edit-shortcut/
10	Python初心者に知ってもらいたいVS Codeのコマンドパレットとその使い方	https://tonari-it.com/python-vscode-command-palette/

まず、1つの記事について、QRコードの作成とExcelシートへの挿入をするコードを作成しました。sample13_05.pyをご覧ください。

sample13_05.py QRコードの作成とシートへの挿入

```
1  import pathlib
2  from openpyxl import load_workbook
3  from openpyxl.drawing.image import Image
4  import qrcode
```

```
fp_xlsx = r'13\記事一覧.xlsx'
wb = load_workbook(fp_xlsx)
ws = wb.active

fp = pathlib.Path(r'13\qr.png')
size = (100, 100)

url = ws['B2'].value

im = qrcode.make(url).resize(size)
im.save(fp)

img = Image(fp)
ws.add_image(img, 'C2')

wb.save(fp_xlsx)
fp.unlink()
```

シートのB2セルの値を変数urlに取得し、それをデータとしたQRコード画像を作成します。また、その際に、resizeメソッドで100×100にリサイズしています。そのQRコード画像をC2セルに挿入し、Excelファイルを保存しました。Excelファイルを開くと、図13-10のようにQRコード画像が挿入されていることを確認できます。

図13-10 QRコード画像を挿入したシート

	A	B	C	D	E	F	G
1	タイトル	URL					
2	非エンジニアのWindows派がPythonを始めるメリットをこれでもかと説明します	https://tonari-it.com/python-start/					
3	【Python】非エンジニアWindowユーザー向けのAnacondaインストールの手順	https://tonari-it.com/python-anaconda-install/					
4	Pythonを開発するエディタVisual Studio Codeについてとそのインストール手順	https://tonari-it.com/python-vscode-install/					
5	【初心者向けPython】VS Codeを最初に立ち上げたWelcome画面と画面構成について	https://tonari-it.com/python-vscode-windows/					
6	Python初心者がVS Codeを使うときに最初にしておくとよい設定	https://tonari-it.com/python-vscode-settings/					
	VS Codeではじめてのpythonのコードを入力する・保存	https://tonari-it.com/python-					

なお、処理の途中で、一時的に画像ファイル「13\qr.png」を作成しています。qrcodeで作成したImageオブジェクトを、そのままopenpyxlのImageコンストラクタに渡せればよいのですが、残念ながらそれは許されていないからです[注4]。一時的に使用するファイルですので、最終的にPathオブジェクトのunlinkメソッドで削除をするようにしています。

注4) 保存時にシート上のImageオブジェクトにはファイルパスが属性として含まれている必要があります。もし、含まれていない場合、Workbookオブジェクトの保存時に例外「AttributeError」が発生し、以降Excelファイルが破損して開けなくなりますので注意してください。

続いて、反復処理を追加してシート上のすべての記事についてQRコードを作成するようにしましょう。sample13_06.pyです。

sample13_06.py 記事ごとのQRコードを作成する

```
import pathlib
from openpyxl import load_workbook
from openpyxl.drawing.image import Image
import qrcode

fp_xlsx = r'13\記事一覧.xlsx'
wb = load_workbook(fp_xlsx)
ws = wb.active

fp = pathlib.Path(r'13\qr.png')
size = (100, 100)

for i, record in enumerate(ws.values):
    if i == 0: continue

    url = record[1] #B列
    im = qrcode.make(url).resize(size)
    im.save(fp)

    img = Image(fp)
    row = i + 1
    ws.add_image(img, f'C{row}')

wb.save(fp_xlsx)
fp.unlink()
```

ワークシートwsのvalues属性を用いて、行単位のタプルを取り出す反復を行います。その際、行数を算出するためにenumerate関数を用いてインデックスを付与します。インデックスは0からはじまりますから、実際の行数rowはインデックスに1を加算した数となります。

また、見出し行についてはQRコードを作成する必要はありませんので、インデックスが0のときはcontinue文でスイートの以降の処理をスキップしています。

このプログラムを実行した後に、「記事一覧.xlsx」を開くと、**図13-11**のように各記事のQRコードが作成されていることを確認できます。

図13-11 記事ごとのQRコード画像を挿入したシート

	A	B	C
1	タイトル	URL	
2	非エンジニアのWindows派がPythonを始めるメリットをこれでもかと説明します	https://tonari-it.com/python-start/	
3	【Python】非エンジニアWindowユーザー向けのAnacondaインストールの手順	https://tonari-it.com/python-anaconda-install/	
4	Pythonを開発するエディタVisual Studio Codeについてとそのインストール手順	https://tonari-it.com/python-vscode-install/	
5	【初心者向けPython】VS Codeを最初に立ち上げたWelcome画面と画面構成について	https://tonari-it.com/python-vscode-windows/	
6	Python初心者がVS Codeを使うときに最初にしておくとよい設定	https://tonari-it.com/python-vscode-settings/	
7	VS CodeではじめてのPythonのコードを入力する・保存する・実行する方法	https://tonari-it.com/python-vscode-input-save-run/	
8	Python初心者を強力にサポートするVS Codeのインテリセンスの機能について	https://tonari-it.com/python-vscode-intellisense/	
9	Python初心者のための覚えておきたいVS Codeの編集機能とショートカットキーまとめ	https://tonari-it.com/python-vscode-edit-shortcut/	
10	Python初心者に知ってもらいたいVS Codeのコマンドパレットとその使い方	https://tonari-it.com/python-vscode-command-palette/	
11			

あとは、QRコードのサイズに合わせて、行の高さと列の幅を調整すればよいですね。sample13_07.pyにその処理を追加しました。

sample13_07.py QRコードのサイズに行の高さと列幅を変更

```
import pathlib
from openpyxl import load_workbook
from openpyxl.drawing.image import Image
import qrcode

fp_xlsx = r'13\記事一覧.xlsx'
wb = load_workbook(fp_xlsx)
ws = wb.active

fp = pathlib.Path(r'13\qr.png')
size = (100, 100)
height, width = 75, 14.5

for i, record in enumerate(ws.values):
    if i == 0: continue

    url = record[1] #B列
    im = qrcode.make(url).resize(size)
    im.save(fp)

    img = Image(fp)
    row = i + 1
    ws.add_image(img, f'C{row}')
    ws.row_dimensions[row].height = height
```

```
25
26 ws.column_dimensions['C'].width = width
27 wb.save(fp_xlsx)
28 fp.unlink()
```

列の高さは75ポイント（=100ピクセル）、列幅については調整しながら14.5文字と設定をしました。これにより、**図13-12**のように、行の高さと列幅が変更されます。

図13-12 QRコード画像に合わせて行の高さと列幅を変更したシート

	A	B	C	D	E	F
1	タイトル	URL				
2	非エンジニアのWindows派がPythonを始めるメリットをこれでもかと説明します	https://tonari-it.com/python-start/				
3	【Python】非エンジニアWindowユーザー向けのAnacondaインストールの手順	https://tonari-it.com/python-anaconda-install/				
4	Pythonを開発するエディタVisual Studio Codeについてとそのインストール手順	https://tonari-it.com/python-vscode-install/				
5	【初心者向けPython】VS Codeを最初に立ち上げたWelcome画面と画面構成について	https://tonari-it.com/python-vscode-windows/				
6	Python初心者がVS Codeを使うときに最初にしておくとよい設定	https://tonari-it.com/python-vscode-settings/				
7	VS Codeではじめてのpythonのコードを入力する・保存する・実行する方法	https://tonari-it.com/python-vscode-input-save-run/				

Sheet

13章では、qrcodeによるQRコード画像の作成にについて学びました。また、openpyxlによるシートへの画像の挿入や、行や列のサイズの調整方法についても触れました。

さて、qrcodeは比較的シンプルなライブラリでしたが、openpyxlでできることはとても膨大です。8章および本章で紹介したのは、提供されている機能のほんの一部です。かといって、Excelに関してあらゆることをopenpyxlで実現しようとするのは早計です。Excelファイルの操作であれば、そのために作られたプログラミング言語であるVBAのほうが得意ですし、日本語による書籍やWebサイトなどの文献もたくさん存在しています。また、実現したいことによっては、Excelアプリケーションにすでに搭載されている機能を使ったほうがスマートに実現することも多くあります。

「この作業はPythonでやるべきかどうか」という問いについて、常に確認しながら、ベストの選択肢をとるようにしましょう。

さて、続く14章では「PDF」を操作する方法について学んでいくことにしましょう。

Chapter 14

PDFを操作するツールを作ろう

14.1 PDFを操作するツールの概要

14.1.1 PythonでPDFを操作する

PDFは、Excelファイルやcsvファイルなどと並び、実務でよく使用されるファイルフォーマットのひとつです。その拡張子は「.pdf」です。

「PDF」とは「Portable Document Format」の略で、どのような環境であったとしても、印刷したときと同様のレイアウトで文書の閲覧ができることを目的に作られた文書フォーマットです。その閲覧性の高さから、広範囲に配布することを目的とした文書や資料、マニュアルなどによく使われています。

PDFは、「Acrobat Reader」や各種ブラウザなど、無料のソフトウェアで閲覧、印刷をすることができ、そのために専用のソフトウェアをインストールする必要はありません。また、ExcelやWordをはじめ、多くのアプリケーションで、PDF形式の文書を作成できます。

しかし、PDFの加工や編集を行いたい場合には、困ることが多いかもしれません。いくつかの無料のサービスも提供されていますが、その機能が実現したいこととマッチしていないことも少なくありませんし、十分な機能を有しているPDF編集ソフトウェアは有償となります。

そのような場合、別の選択肢としてPythonが候補に挙がります。PDFの操作をするためのいくつかのライブラリが提供されていますから、目的にマッチしたライブラリを見つけることができるかもしれません。

この章ではその中でよく使用されている「PyPDF2」を用いて、簡単なPDF操作を行うことを学びます。

また、PDFの操作の際にPythonの組み込み型である「ファイルオブジェクト」についての理解をしておく必要がありますので、その扱い方についても触れていきます。

本章では、A4サイズのPDFについて、その2ページを並べてA3サイズに変換するツールの作成を目指してみましょう。いわゆる「2 in 1」と呼ばれる作業ですね。

以下の2つのツールを作成し、それらを連携して作業を進めることを想定しました。

1. PDFファイルのリストアップ：あるフォルダ内のPDFファイルについて、ファイルパス、タイトル、

作成日時、ページ数を抽出しExcelファイルにリストアップする

2. PDFファイルの2 in 1: ExcelファイルのPDFファイルをそのリスト順に「2 in 1化」をし、1つのPDFファイルを生成する

次節以降、それぞれのツールについて詳しく説明をしていきます。

MEMO

Pythonによる PDF 操作のひとつとして、PDFファイルからのテキスト抽出を期待することも多いでしょう。本章で紹介する PyPDF2 や、pdfminer.six といったライブラリでも、そのような機能が提供されていますが、残念ながらうまくいかないことが多いという事実があります。

そもそも PyPDF2 では日本語のテキスト抽出はサポートされていませんし、どのライブラリを使うとしても、テキストを抽出できるか、またその精度が高いかどうかは、元のPDFファイルのつくりに大きく依存するからです。うまくいく場合もありますが、その可能性は高くないという想定で取り組まざるを得ないのです。

本書ではそのような経緯により、テキスト抽出についての解説は省いています。

14.1.2 PDFファイルのリストアップをするツール

まず、フォルダ内のPDFファイルをExcelファイルにリストアップするツールの概要を見ていきましょう。作業の対象となるフォルダ構成としては、以下のようになっているとします。

```
nonpro-python
└14
  └pdf
    └フロー制御について学ぼう.pdf
    └プログラムの基本を知ろう.pdf
    └学び始める前の準備をしよう.pdf
    └学ぶ環境を作ろう.pdf
```

フォルダ「pdf」内には複数のPDFファイルが格納されています。最終的には、これらをすべて結合して1つのPDFにしたいのですが、そのファイル名からは、どの順番で結合すればよいかが分かりかねているとします。

ですから、**図14-1**のように、Excelファイル「14\PDFリスト.xlsx」に、タイトルや作成日時といった情報を抜き出してリストアップをします。このリストをたよりに、PDFを2 in 1化する順番を決めようという考えです。

図14-1 PDFファイルのリスト

	A	B	C	D	E	F
1	ファイル名	タイトル	作成日時	ページ数		
2	14\pdf\フロー制御について学ぼう.pdf	04章：フロー制御について学ぼう	D:20200520120735+09'00'	4		
3	14\pdf\プログラムの基本を知ろう.pdf	03章：Pythonプログラムの基本を知ろう	D:20200520120720+09'00'	5		
4	14\pdf\学び始める前の準備をしよう.pdf	01章：Pythonを学び始める前の準備をしよう	D:20200520120633+09'00'	5		
5	14\pdf\学ぶ環境を作ろう.pdf	02章：Pythonを学ぶ環境を作ろう	D:20200520120652+09'00'	11		
6						
7						
8						
9						
10						
11						
12						
13						
14						

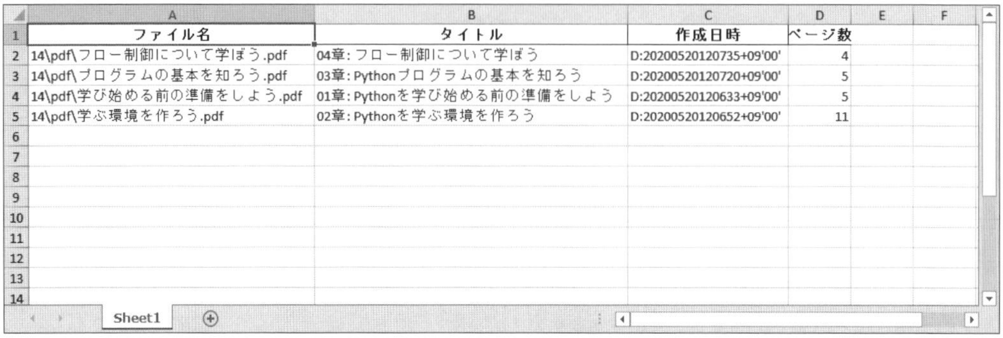

Sheet1

なお、このツールには、PyPDF2で提供されている、PDFに含まれる「メタデータ」と呼ばれる情報を抽出する機能を利用します。

sample14_final1.pyは、このPDFファイルのリストアップツールについての最終的なコードとなります。

sample14_final1.py PDFファイルをリストアップするツール

```
1  import pathlib
2  import pandas as pd
3  from PyPDF2 import PdfFileReader
4  
5  my_path = pathlib.Path(r'14\pdf')
6  
7  values = []
8  for p in my_path.glob('*.pdf'):
9      reader = PdfFileReader(str(p))
10     title = reader.documentInfo['/Title']
11     create_date = reader.documentInfo['/CreationDate']
12     numPages = reader.numPages
13     values.append([str(p), title, create_date, numPages])
14 
15 columns = ['ファイル名', 'タイトル', '作成日時', 'ページ数']
16 df = pd.DataFrame(values, columns=columns)
17 df.to_excel(r'14\PDFリスト.xlsx', index=False)
```

14.1.3 PDFファイルを2 in 1化するツール

続いて、PDFファイルを2 in 1化するツールを紹介します。Excelファイル「14\PDFリスト.xlsx」にリストされている順番どおりに、PDFファイルをA3サイズに2 in 1をしながらまとめ、新たなPDFファイル「14\2in1.pdf」を作成するというものです。

このツールを使用する前に、Excelファイル「14\PDFリスト.xlsx」の行の並び替えを行っておきます。この例では、B列「タイトル」について昇順で並び替えればよいと判断し、**図14-2**のように並び替えを行いました。ちなみに、今回の例では、C列「作成日時」についての昇順の並び替えでも同様の順番になりました。

図14-2 並び替え後のPDFファイルのリスト

	A	B	C	D	E	F
1	ファイル名	タイトル	作成日時	ページ数		
2	14\pdf\学び始める前の準備をしよう.pdf	01章：Pythonを学び始める前の準備をしよう	D:20200520120633+09'00'	5		
3	14\pdf\学ぶ環境を作ろう.pdf	02章：Pythonを学ぶ環境を作ろう	D:20200520120652+09'00'	11		
4	14\pdf\プログラムの基本を知ろう.pdf	03章：Pythonプログラムの基本を知ろう	D:20200520120720+09'00'	5		
5	14\pdf\フロー制御について学ぼう.pdf	04章：フロー制御について学ぼう	D:20200520120735+09'00'	4		
6						
7						
8						
9						
10						
11						
12						
13						
14						

Sheet1

Excelファイルを保存し、PDFファイルの2 in 1化ツールを使用することで、その順番にしたがってA3ファイルに2 in 1でまとめられた新たなPDFファイルを作成します。**図14-3**が、作成したPDFファイルを表示したところです。

図14-3 2 in 1化したPDFファイル

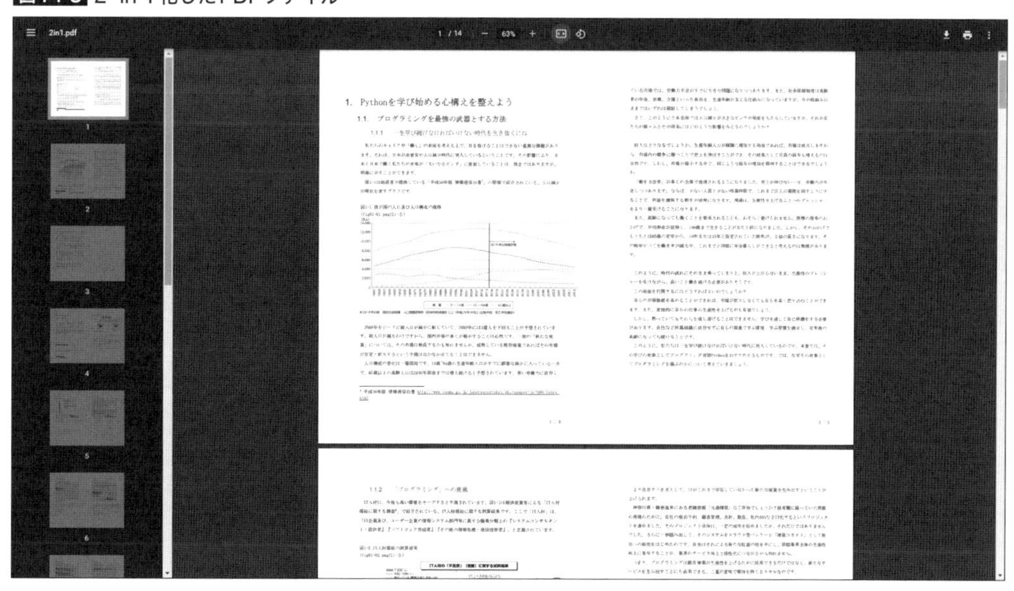

sample14_final2.pyが、最終的なPDFファイルを2 in 1化するツールのコードです。

sample14_final2.py PDFファイルを2 in 1化するツール

```
import pandas as pd
from PyPDF2 import PdfFileReader, PdfFileWriter
from PyPDF2.pdf import PageObject

writer = PdfFileWriter()

df = pd.read_excel(r'14\PDFリスト.xlsx')
for record in df.values:

    reader = PdfFileReader(record[0])
    numPages = reader.numPages
    box = reader.getPage(0).mediaBox
    width, height = box.getWidth(), box.getHeight()
    print(record[1], numPages, width, height)

    for i in range(0, numPages, 2):
        new_page = PageObject.createBlankPage(width=width*2, height=height)

        page1 = reader.getPage(i)
        new_page.mergePage(page1)

        if i <= reader.numPages - 2:
            page2 = reader.getPage(i + 1)
            new_page.mergeRotatedScaledTranslatedPage(
                page2, rotation=0, scale=1, tx=width, ty=0
            )

        writer.addPage(new_page)

with open(r'14\2in1.pdf', 'wb') as f:
    writer.write(f)
```

14.2 ファイルオブジェクトによるファイルの読み書き

14.2.1 ファイルを開く

PDFの操作について学ぶ前に、ファイルオブジェクトとその読み書きについて学んでおきましょう。

これまでお伝えしてきたとおり、ファイルの読み書きについてはさまざまな方法があります。pandasのread_csv関数、read_excel関数およびto_csvメソッド、to_excelメソッドや、Pillowのopen関数やsaveメソッドなどのように、各ライブラリで提供されている関数やメソッドを使用することで、その目的を実現できます。

しかし、使用しているライブラリによっては、ファイルの読み書きの際に、Pythonの組み込み型として用意されている「ファイルオブジェクト(file object)」を使う必要があります。PDFの操作を行うライブラリPyPDF2もそのひとつです。

ここでは、組み込み型のファイルオブジェクトとその使い方について見ていきましょう。

ファイルをファイルオブジェクトとして開くには、組み込み関数のopen関数を使用します。書式はこちらです。

```
open(file, mode='r', encoding=None, newline=None)
```

パラメータfileには開くファイルのパスを指定します。open関数は、そのファイルを開き、ファイルオブジェクトとして返します。

パラメータmodeには、ファイルを開くモード、すなわちどのような目的で開くかを文字列で指定します。モードは、**表14-1**で示す文字を組み合わせて作成します。先頭文字はr, w, x, aのいずれかを指定し、更新が必要であれば+を追加、そしてバイナリモードで開くのであればbを追加します。

たとえば、デフォルト値の「r」は、読み取り専用のテキストモードで開くことを表し、これは「rt」と同じです。すでに存在しているファイルに対して完全に上書きでバイナリデータを書き込みたいのであればopen関数のモードは「wb」と指定します。

表14-1 open関数のモード

文字	説明
r	読み取り専用（デフォルト）
w	書き込み専用。すでに存在しているファイルを開くとその内容を消去し最初から書き込みをする
x	排他的書き込み専用。すでに存在しているファイルを開こうとすると、例外FileExistsErrorをスローする
a	追記書き込み専用。すでに存在しているファイルの末尾に書き込みをする
+	「r+」「w+」「a+」のように他の文字と組み合わせて読み取りと書き込みの両方を行えるようにする
t	テキストモード（デフォルト）
b	バイナリモード

なお、「バイナリ（binary）」というのは、本来は「2進数の」という意味ですが、今回も含めて多くの場合に「テキストではない」という意味で用いられます。テキストデータは、utf-8やcp932といった文字コードによる変換がされています。一方で、画像や音声、動画、PDFといったデータは、文字コードによる変換は施されていません。それらをテキストデータに対して「バイナリデータ」といいます。

パラメータencodingには、テキストモードでファイルを開いた場合の読み書きに使用する文字コードを指定します。この際、デフォルト値は実行環境に依存するので注意が必要です。Windowsの場合は「cp932」になるので、UTF-8で読み書きをする場合には「utf-8」を指定するようにしましょう。そして、当然ながらバイナリモードでファイルを開く場合に、パラメータencodingの指定は不要です。

パラメータnewlineはテキストモードの際に有効なもので、詳細は以下のMemoをご覧ください。

MEMO

パラメータnewlineは、「ユニバーサル改行モード（universal newlines mode）」を制御するためのものです。組み込みのcsvモジュールを用いて、CSVファイルをファイルオブジェクトとして開くのであれば、パラメータnewlineに空文字「''」を指定するようにしましょう。

Windowsでは改行コードに「\r\n」を用いますが、csvモジュールによる書き込みを行う場合、これに余計な「\r」が追加されてしまい、必要以上に改行が出力されてしまうという仕様になっています。パラメータnewlineに空文字「''」を指定することで、これを避けることができます。

もし、pathlibモジュールを使用しているのであれば、以下のPathオブジェクトpに対するopenメソッドを使用してファイルオブジェクトを開くことも可能です。

```
p.open(mode='r', encoding=None, newline=None)
```

ここで、各パラメータの役割は、前述のopen関数のものと同様です。

14.2.2 ファイルオブジェクトの属性

open関数またはopenメソッドで開いたファイルオブジェクトに対して、その提供されているメソッドを使用することで、ファイルの読み書きを行うことができます。その一部を**表14-2**にまとめていますので、ご覧ください。

表14-2 ファイルオブジェクトの主なメソッド

属性	説明
file.read()	ファイルオブジェクトfileの全体を読み込んで返す
file.write(s) file.write(b)	ファイルオブジェクトfileに文字列sまたはバイト列bを書き込む
file.close()	ファイルオブジェクトfileを閉じる

ファイルオブジェクトを用いたファイルの読み書きの流れは、以下のようになります。

1. open関数またはopenメソッドで、ファイルをファイルオブジェクトとして開く
2. ファイルオブジェクトに対して読み書きを行う
3. closeメソッドでファイルオブジェクトを閉じる

ファイルオブジェクトからすべてのデータを読み取るにはreadメソッドを用います。

```
file.read()
```

ファイルオブジェクトがテキストモードであれば文字列、バイナリモードであればバイト型が返ります。

また、ファイルオブジェクトに書き込むにはwriteメソッドを用います。

```
file.write(s)
file.write(b)
```

文字列sまたはバイト列bを、open関数で開いたモードに応じて書き込みます。「w」であれば上書き、「a」であれば追記となります。「x」であれば排他的書き込みとなり、ファイルが存在している場合は例外が発生します。

ファイルオブジェクトはその操作の終了後に閉じることが推奨されています。以下のcloseメソッドによりファイルオブジェクトを閉じることができます。

```
file.close()
```

MEMO

ファイルオブジェクトは、プログラム終了後などに暗黙的に自動で閉じられますが、closeメソッドなどにより明示的に閉じることが推奨されています。明示的かつ、よりスマートなファイルオブジェクトのクローズの方法として、with文を使う方法があります。これについては、次節で解説をします。

では、例としてファイルオブジェクトを用いたテキストデータの読み書きについて見てみましょう。**sample14_01.py**をご覧ください。

sample14_01.py テキストファイルの読み書き

```
1  csv = ''',名前,単価,個数
2  0,スパム,500,3
3  1,卵,168,8
4  2,ベーコン,1250,1'''
5  
6  f = open(r'14\food.csv', 'w', encoding='utf-8')
7  f.write(csv)
8  f.close()
9  
10 f = open(r'14\food.csv', 'r', encoding='utf-8')
11 print(f.read())
12 f.close()
```

■ 実行結果

```
1  ,名前,単価,個数
2  0,スパム,500,3
3  1,卵,168,8
4  2,ベーコン,1250,1
```

実行すると、print関数によるターミナルへの出力がされるのと同時に、フォルダ「14」の配下に「food.csv」というファイルが作成されるのを確認できます。作成されたファイルをVS Code上で開くと**図14-4**のようになります。

図14-4 作成したテキストファイル

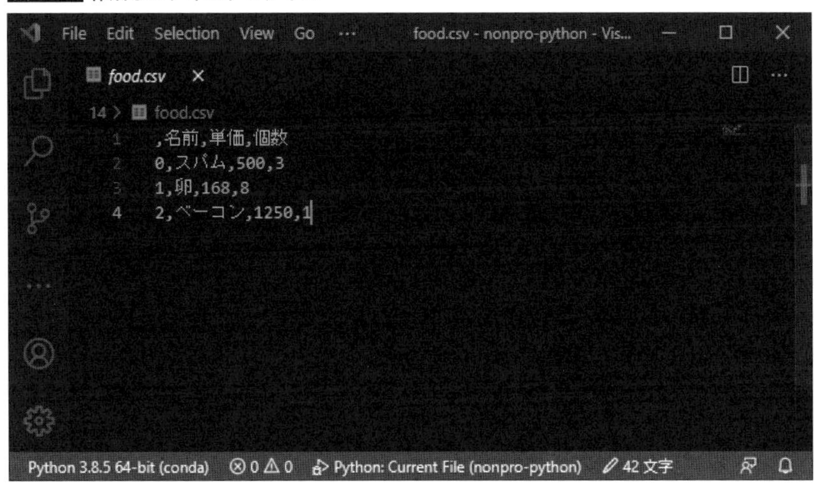

なお、Windowsをご使用の場合、open関数の引数としてパラメータencodingを「utf-8」に指定しないと、この表示が文字化けとなってしまいます。書き込み時のエンコードが「cp932」なのに対して、VS Codeは「utf-8」でデコードして開こうとするからです。

では、別の例として**sample14_02.py**も実行してみましょう。こちらは、Pathオブジェクトのopenメソッドを使用していますが、基本的な用法はopen関数と同様です。

sample14_02.py バイナリファイルの読み書き

```
1  from pathlib import Path
2  
3  p = Path(r'14\pdf\学び始める前の準備をしよう.pdf')
4  f = p.open('rb')
5  binary = f.read()
6  print(type(binary)) #<class 'bytes'>
7  f.close()
8  
9  p = Path(r'14\test.pdf')
10 f = p.open('wb')
11 f.write(binary)
12 f.close()
```

結果としてフォルダ「14」の配下に「test.pdf」というファイルが作成され、開くと「学び始める前の準備をしよう.pdf」の複製になっていることが確認できるはずです。また、ターミナルには「<class 'bytes'>」と出力されますから、readメソッドで取得したものが、バイト型であることがわかります。

14.2.3 with文によるオープンとクローズ

ファイルオブジェクトを開いた場合、その操作後には明示的にファイルオブジェクトを閉じることが推奨されています。また、例外などで処理が中断するということもあり得ますが、そのようなときも確実にファイルオブジェクトを閉じたいものです。

そのために、ファイルオブジェクトのオープンとクローズに、with文という構文を使用可能です。with文の書式は以下のとおりです。

```
with 式 as 変数:
    スイート
```

まず、with文では「式」が実行され、その戻り値が変数に格納されます。その後、スイートが実行されますが、スイートのあと、または例外発生時に、定められた「終了処理」が自動で実行されます。終了処理の内容は、式の戻り値のオブジェクトごとに定められています。

たとえば、式の戻り値がファイルオブジェクトであれば、closeメソッドが終了処理として実行されます。したがって、スイートのあと、または例外発生時に、ファイルオブジェクトを閉じることが保証されるのです。

具体的なサンプルをご覧いただくほうがわかりやすいでしょう。sample14_03.pyをご覧ください。

sample14_03.py with文を用いたファイルオブジェクトの操作

```
1  from pathlib import Path
2  
3  with open(r'14\food.csv', 'r', encoding='utf-8') as f:
4      print(f.read())
5  
6  with Path(r'14\pdf\学び始める前の準備をしよう.pdf').open('rb') as f:
7      binary = f.read()
8      print(type(binary))
```

■実行結果

```
1  ,名前,単価,個数
2  0,スパム,500,3
3  1,卵,168,8
4  2,ベーコン,1250,1
5  <class 'bytes'>
```

with文を使うことで安全にファイルオブジェクトを扱うことができるのはもちろん、コードとしても読みやすくスマートになっていますね。ファイルオブジェクトのオープンおよびクローズには、with文を使用しない理由はありません。

14.3 PDFの操作：PyPDF2

14.3.1 PyPDF2とそのインストール

では「PyPDF2[注1)]」を用いたPDFの操作について見ていくことにしましょう。PyPDF2は、PDFを操作するための機能を提供するライブラリです。PDFの読み取り、書き込み、結合といった機能が提供されています。

PyPDF2は、サードパーティ製のライブラリですが、「Anaconda repositories」には含まれていませんので、pipを用いてインストールを行う必要があります。以下のinstallコマンドでインストールを行いましょう。

```
pip install pypdf2
```

図14-5 pypdf2のインストール

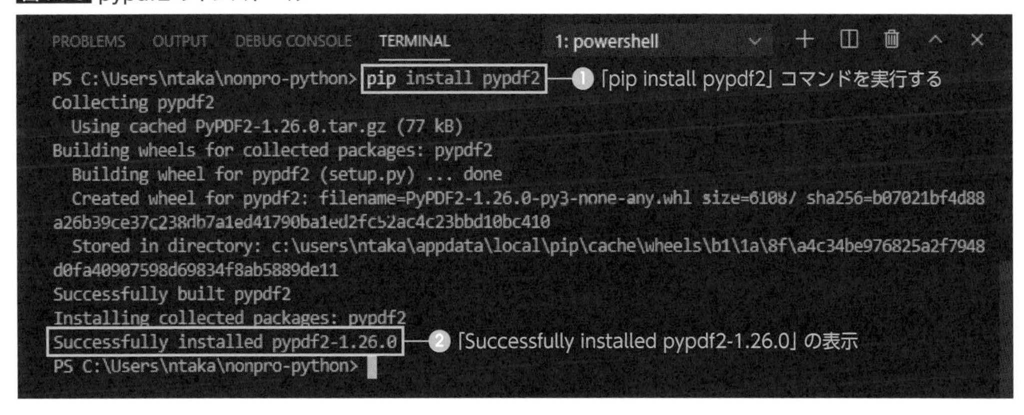

PyPDF2で提供されている主なクラスは**表14-3**にまとめました。操作内容ごとに使用するクラスが存在しているので、わかりやすいですね。

注1) 公式ドキュメント：https://pythonhosted.org/PyPDF2/

表14-3 PyPDF2で提供されている主なクラス

モジュール	クラス	説明
PyPDF2	PdfFileReader	PDFを読み取る機能を提供する
PyPDF2	PdfFileMerger	PDFを単一のPDFにマージする機能を提供する
PyPDF2	PdfFileWriter	PDFを書き込む機能を提供する
PyPDF2.pdf	PageObject	PDFの単一ページを表す
PyPDF2.pdf	DocumentInformation	PDFのメタデータを表す
PyPDF2.pagerange	PageRange	スライスのような表現でページ範囲を表す機能を提供する

それらのクラスの機能を使って、読み取り、書き込み、結合をするのであれば、それぞれの機能を持つインスタンスを生成する必要がありますが、そのために用意されているコンストラクタを**表14-4**にまとめています。

表14-4 PyPDF2モジュールのコンストラクタ

コンストラクタ	説明
PdfFileReader(stream)	PdfFileReaderオブジェクトを生成して返す ・stream: ファイルオブジェクトまたはファイルパス
PdfFileMerger()	PdfFileMergerオブジェクトを生成して返す
PdfFileWriter()	PdfFileWriterオブジェクトを生成して返す

14.3.2 PDFの読み取り

PyPDF2を用いた、PDFの読み取りの方法から見ていきましょう。PDFの読み取りを行う機能は、PdfFileReaderクラスで提供されています。

まず、PyPDF2のインポートが必要となりますが、コード内で使用するのがPdfFileReaderクラスだけであれば、以下のようにインポートすることもできます。

```
from PyPDF2 import PdfFileReader
```

その上で、PdfFileReaderクラスのインスタンスを生成する、以下のPdfFileReaderコンストラクタを用います。

```
PdfFileReader(stream)
```

ここで、パラメータstreamは読み取るPDFファイルのファイルパスを表す文字列か、ファイルオブジェクトです。しかし、ここではPathオブジェクトは指定できませんので注意してください。

戻り値としてPdfFileReaderオブジェクトが返りますが、これに対して**表14-5**に挙げる属性を用いて、ページを表すPageObjectオブジェクト、またはPDFについての情報を取得することができます。

表14-5 PdfFileReaderクラスの主な属性

属性	説明
reader.documentInfo	PDFのメタデータを表すDocumentInformationオブジェクト
reader.numPages	PDFのページ数
reader.getPage(pageNumber)	PDFの指定したページをPageObjectオブジェクトとして返す ・pageNumber: ページ番号を表す整数（0はじまり）

MEMO

getPageメソッドでページをPageObjectオブジェクトとして取得することで、ページに対する操作を行うことができます。これについては、14.3.6で解説します。

では、例として**sample14_04.py**を実行して、PdfFileReaderオブジェクトの生成について確認してみましょう。

sample14_04.py PdfFileReaderオブジェクト

```
1 from PyPDF2 import PdfFileReader
2
3 reader = PdfFileReader(r'14\pdf\フロー制御について学ぼう.pdf')
4 print(reader.numPages)
5 print(type(reader.documentInfo))
```

■ 実行結果

```
1 4
2 <class 'PyPDF2.pdf.DocumentInformation'>
```

ここで、DocumentInformationオブジェクトは、タイトル、作成者、作成日時といったPDFに関する基本的なデータを含みます。これらのデータを「メタデータ（metadata）」といいます。メタデータというのは、「データについてのデータ」を表すキーワードで、ここではPDFについてのデータになります。

DocumentInformationオブジェクトは、いくつかの属性を持っていて、それにより各データを取り出すことができます。また、辞書の機能も有していて、辞書のようにキーを指定して対応するデータを取り出すことも可能です。DocumentInformationオブジェクトが持つデータと、その取り出すための属性およびキーについて**表14-6**にまとめていますのでご覧ください。

表14-6 DocumentInformationオブジェクトに含まれるデータ

データ	キー	属性	例
タイトル	/Title	title	01章:Pythonを学び始める前の準備をしよう
作成者	/Author	author	Noriaki Takahashi
件名	/Subject	subject	1.1. プログラミングを最強の武器とする方法
キーワード	/Keywords	-	Python
作成したアプリケーション	/Creator	creator	Microsoft® Word for Office 365
変換したアプリケーション	/Producer	producer	Microsoft® Word for Office 365
作成日	/CreationDate	-	D:20200519114907+09'00'
更新日	/ModDate	-	D:20200519114907+09'00'

属性では取得できるデータが限られるので、その場合はキーを使用します。キーはすべてスラッシュ記号(/)からはじまることを確認しておきましょう。

では、sample14_05.pyを実行して、メタデータの取得について確認してみましょう。

sample14_05.py メタデータの取得

```
1  from PyPDF2 import PdfFileReader
2  
3  reader = PdfFileReader(r'14\pdf\学び始める前の準備をしよう.pdf')
4  doc_info = reader.documentInfo
5  
6  print(doc_info.title)
7  print(doc_info.author)
8  print(doc_info.subject)
9  print(doc_info.creator)
10 print(doc_info.producer)
11 print()
12 
13 for key in doc_info.keys():
14     print(key, ':', doc_info[key])
```

■ 実行結果

```
1  01章: Pythonを学び始める前の準備をしよう
2  Noriaki Takahashi
3  1.1.     プログラミングを最強の武器とする方法
4  Microsoft® Word for Office 365
5  Microsoft® Word for Office 365
6  
7  /Title : 01章: Pythonを学び始める前の準備をしよう
8  /Author : Noriaki Takahashi
9  /Subject : 1.1. プログラミングを最強の武器とする方法
10 /Keywords : Python
11 /Creator : Microsoft® Word for Office 365
12 /CreationDate : D:20200522114934+09'00'
```

```
13  /ModDate : D:20200522114934+09'00'
14  /Producer : Microsoft® Word for Office 365
```

14.3.3 PDFの結合

複数のPDFをシンプルに結合をするのが目的であれば、PDFの結合を行うPdfFileMergerクラスを使うと便利です。PDFを結合するためには、実際にはPDFの読み取りと書き出しという手順も含む必要があります。しかし、PdfFileMergerクラスはファイルの読み取りと書き出しの機能も含んでおり、PDFの結合をスマートに実現できます。

PdfFileMergerクラスを使用する場合は、以下のようにインポートをします。

```
from PyPDF2 import PdfFileMerger
```

その上で、以下のPdfFileMerger関数を用いて、PdfFileMergerクラスのインスタンスを生成します。

```
PdfFileMerger()
```

PdfFileMergerクラスの属性について**表14-7**にまとめていますのでご覧ください。

表14-7 PdfFileMergerクラスの主な属性

属性	説明
merger.append(fileobj, pages=None)	PDFデータの最後尾にページを追加する ・fileobj: ファイルオブジェクトまたはファイルパス ・pages: ページ範囲を表す(start, stop[, step])形式のタプルまたはPageRangeオブジェクト　※stopは含まれない
merger.merge(position, fileobj, pages=None)	PDFデータにページを挿入する ・position: 挿入する位置を表す整数（0はじまり） ・fileobj: ファイルオブジェクトまたはファイルパス ・pages: ページ範囲を表す(start, stop[, step])形式のタプルまたはPageRangeオブジェクト　※stopは含まれない
merger.write(fileobj)	PDFデータを書き出す ・fileobj: 出力するファイルパス
merger.close()	PdfFileMergerオブジェクトmergerを閉じる

PdfFileMergerオブジェクトは、生成した時点では、いわば空のPDFのようなものとイメージしてください。これに対して、appendメソッドまたはmergeメソッドでPDFのページを追加または挿入して、PDFを結合していきます。

PdfFileMergerオブジェクトをmergerとすると、appendメソッド、mergeメソッドは以下のように書きます。

```
merger.append(fileobj, pages=None)
```

```
merger.merge(position, fileobj, pages=None)
```

パラメータfileobjにはファイルオブジェクトまたはファイルパスを指定します。Pathオブジェクトは直接指定できませんので、str関数などで文字列化して渡す必要があります。

パラメータpagesは、ページ範囲を表す(start, stop[, step])形式のタプルを指定します。これらの指定の仕方はrange関数と類似しています。ページを表す整数は0はじまりで、startが開始ページ、stopは終了ページを表します。stopが表すページは範囲には含まれません。stepは間隔をいくつずつ刻むかを指定するもので、省略時は1です。

mergeメソッドにのみ存在するパラメータpositionは、どのページ位置挿入するかを表す整数を指定します。

PdfFileMergerオブジェクトmergerへの結合が完了したら、以下のwriteメソッドで書き出し、結合したPDFをファイル化します。

```
merger.write(fileobj)
```

パラメータfileobjはファイルオブジェクト、またはファイルパスを表す文字列です。

そして、作業が終わったら、以下のcloseメソッドでPdfFileMergerオブジェクトを閉じるという流れになります。

```
merger.close()
```

ここで、with文が使えたらよいのですが、残念ながらPdfFileMergerクラスはwith文を使えるようには作られていないようです。

では、PDFの結合の例を見てみましょう。**sample14_06.py**をご覧ください。

sample14_06.py PDFの結合

```
1  from PyPDF2 import PdfFileMerger
2  
3  merger = PdfFileMerger()
4  merger.append(r'14\pdf\学び始める前の準備をしよう.pdf')
5  merger.append(r'14\pdf\学ぶ環境を作ろう.pdf')
6  merger.write(r'14\merge.pdf')
7  merger.close()
```

実行すると、図14-6に示す「merge.pdf」が生成されます。

図14-6 結合したPDF

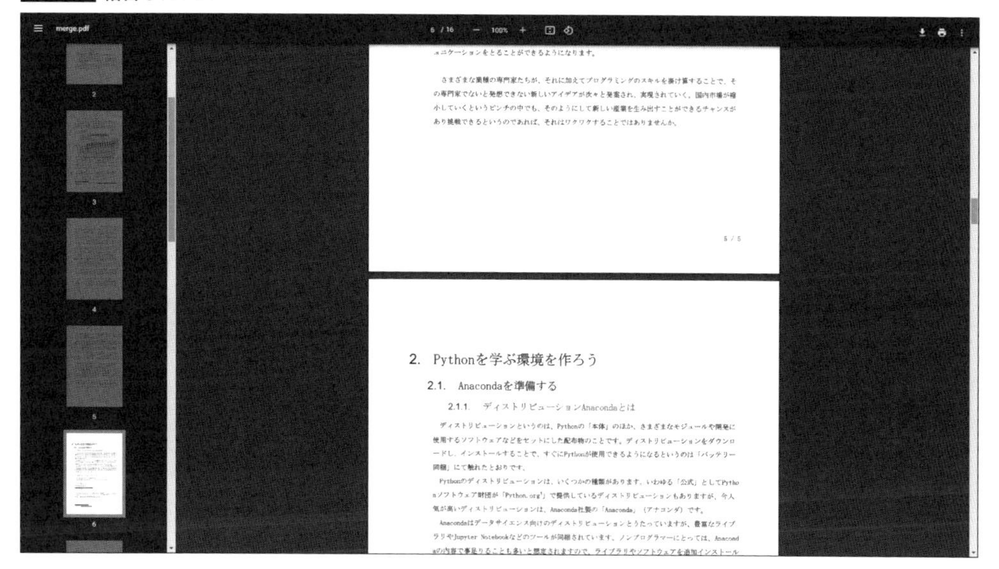

14.3.4 PageRangeクラスとPDFの分割

さて、実はPdfFileMergerクラスはPDFの分割を行うことも可能です。appendメソッドやmergeメソッドは、パラメータpagesでその結合するページ範囲を指定できますので、その特性を利用するのです。

このときのページ範囲の指定には、PageRangeクラスを用いると便利です。PageRangeオブジェクトはページ範囲を表すオブジェクトです。スライスのような文字列を用いて生成することができ、appendメソッドやmergeメソッドのページ範囲を指定するパラメータpagesに指定できます。

PageRangeクラスは、PyPDF2のサブモジュールであるpagerangeモジュールで提供されているので、以下のようにインポートをします。

```
from PyPDF2.pagerange import PageRange
```

PageRangeオブジェクトは、以下のPageRangeコンストラクタにより生成することがきます。

```
PageRange(arg)
```

ここで、パラメータargには、ページ範囲をスライスのように表す文字列を指定することができます。たとえば、最終ページstopの数値がわからないときなどは「2:」などと文字列を指定すればよいわけです。

では、PDFの分割をする例として、**sample14_07.py**をご覧ください。

sample14_07.py PDFの分割

```
1  from PyPDF2 import PdfFileMerger
2  from PyPDF2.pagerange import PageRange
3  
4  def split_pdf(source_file, pages, splited_file):
5      merger = PdfFileMerger()
6      merger.append(source_file, pages=pages)
7      merger.write(splited_file)
8      merger.close()
9  
10 source = r'14\pdf\学び始める前の準備をしよう.pdf'
11 split_pdf(source, PageRange(':2'), r'14\split_1.pdf')
12 split_pdf(source, PageRange('2:'), r'14\split_2.pdf')
```

実行すると、**図14-7**のようにPDFを2つに分割できます。

図14-7 分割したPDF

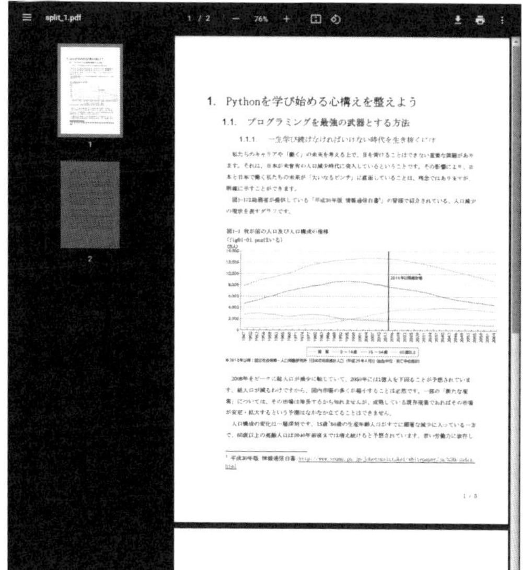

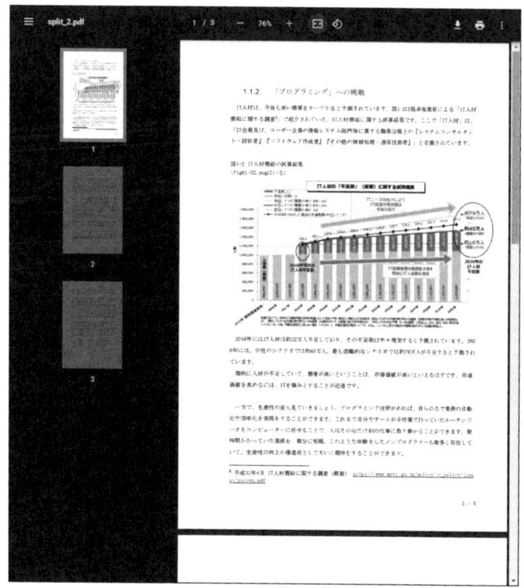

14.3.5 PDFの書き出し

PDFのシンプルな結合や分割であればPdfFileMergerクラスの機能で実現可能です。しかし、本章で目標としている2 in 1では、PDFのページ自体の生成および操作が必要になり、そのためにPDFのページを表すPageObjectオブジェクトを使用します。さらに、PageObjectオブジェクトをPDFに追加して書き出すには、PdfFileWriterオブジェクトを使用する必要が出てきます。

まず、PdfFileWriterクラスから見ていきましょう。

PdfFileWriterクラスは、PDFを書き出す機能を提供するもので、以下のようにインポートをして用います。

```
from PyPDF2 import PdfFileWriter
```

その上で、以下のPdfFileWriter関数を用いて、PdfFileWriterオブジェクトを生成します。

```
PdfFileWriter()
```

生成したPdfFileWriterオブジェクトに対して、任意のページを追加し、ファイルに書き出すことができます。そのときに使用するメソッドを**表14-8**にまとめています。

表14-8 PdfFileWriterクラスの主なメソッド

属性	説明
writer.addPage(page)	PdfFileWriterオブジェクトwriterの最後尾にページを追加する ・page: Pageオブジェクトオブジェクト
writer.write(stream)	PdfFileWriterオブジェクトwriterをファイルに書き出す ・stream: ファイルオブジェクト

addPageメソッドは、PdfFileWriterオブジェクトwriterの最後尾にページを追加します。書式は以下のとおりです。

```
writer.addPage(page)
```

ここで、パラメータpageには、単体のページを表すPageObjectオブジェクトを渡します。PageObjectオブジェクトについては、追って紹介をしていきます。

PdfFileWriterオブジェクトwriterにすべてのページが追加されたのであれば、以下のwriteメソッドでファイルに書き出します。

```
writer.write(stream)
```

パラメータstreamにはファイルオブジェクトを指定します。ここで、ファイルオブジェクトの代わりに、ファイルパスを表す文字列や、Pathオブジェクトは指定することができません。ですから、open関数などでモード「wb」によりファイルオブジェクトを開いて渡します。

では、PdfFileWriterオブジェクトの使用例を見てみましょう。sample14_08.pyを実行してみてください。

sample14_08.py PdfFileWriterオブジェクト

```
1  from PyPDF2 import PdfFileReader, PdfFileWriter
2
3  writer = PdfFileWriter()
4  reader = PdfFileReader(r'14\pdf\学び始める前の準備をしよう.pdf')
5  numPages = reader.numPages
6
7  for i in range(0, numPages, 2):
8      page = reader.getPage(i)
9      writer.addPage(page)
10
```

```
with open(r'14\write.pdf', 'wb') as f:
    writer.write(f)
```

この例は、PdfFileReaderオブジェクトとして開いたPDFの奇数番号のページを、PdfFileWriterオブジェクトに追加しファイル「14\write.pdf」に書き出すというものです。

ここで、getPageメソッドはPdfFileReaderオブジェクトreaderの指定番号のページをPageObjectオブジェクトして取得するメソッドですが、詳しくは次節で解説します。

実行すると、**図14-8**に示すPDFが「write.pdf」としてファイルに書き出されます。書き出されたファイルは、PdfFileReader関数で開いたPDFの奇数ページのみで構成されていることを確認しましょう。

図14-8 PdfFileWriterオブジェクトにより作成したPDF

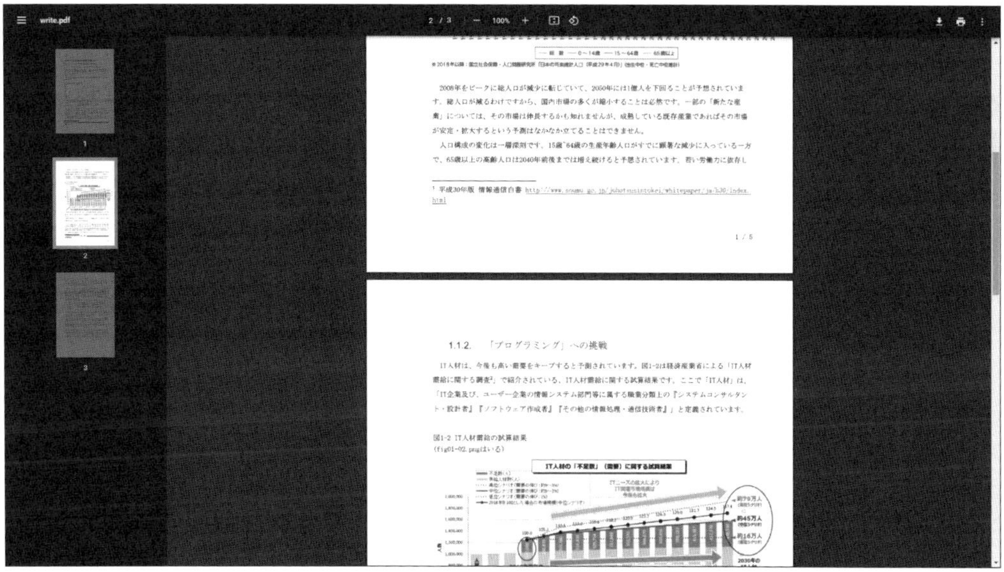

なお、sample14_08.pyの処理はPdfFileMergerクラスを用いて、**sample14_09.py**のように実現することもできます。

sample14_09.py PdfFileMergerオブジェクトによる書き出し

```
from PyPDF2 import PdfFileMerger
from PyPDF2.pagerange import PageRange

source = r'14\pdf\学び始める前の準備をしよう.pdf'
pages = PageRange('::2')
merger = PdfFileMerger()
```

```
7 merger.append(source, pages=pages)
8 merger.write(r'14\write_2.pdf')
9 merger.close()
```

PdfFileWriterオブジェクトを使用する理由は、ページとしてPageObjectオブジェクトを追加できるという点にあります。では、そのPageObjectオブジェクトがどのようなものなのか、次節で見ていきましょう。

14.3.6 ページとその取得

PyPDF2ではPDFの個々のページに対していくつかの操作を行うことができます。その操作を行う機能を提供しているのが、PageObjectクラスです。

表14-9にPageObjectクラスの主な属性についてまとめていますのでご覧ください。

表14-9 PageObjectクラスの主な属性

属性	説明
PageObject.createBlankPage(width=None, height=None)	空のページを作成してPageObjectオブジェクトを返す ・width: ページの横幅を表す数値 ・height: ページの高さを表す数値
page.mediaBox	ページpageの表示・印刷される領域を表すRectangleObjectオブジェクト
page.extractText()	ページpageのテキストを抽出して返す
page.mergePage(page2)	ページpageにPageObjectオブジェクトpage2をマージする ・page2: PageObjectオブジェクト
page.mergeRotatedScaledTranslatedPage(page2, rotation, scale, tx, ty, expand=False)	ページpageにPageObjectオブジェクトpage2を回転、拡縮、移動をした上でマージする ・page2: PageObjectオブジェクト ・rotation: 反時計回りの回転角度を表す数値 ・scale: 拡縮の倍率を表す数値 ・tx: マージする位置の左端を表すx座標 ・ty: マージする位置の上端を表すy座標 ・expand: ページpageのサイズに合わせて拡大するかどうかを表すブール値

既存のページであれば、以下に示すPdfFileReaderオブジェクトのgetPageメソッドを使うことで、PageObjectオブジェクトとして取得できます。

```
reader.getPage(pageNumber)
```

ここでreaderはPdfFileReaderオブジェクト、pageNumberはページ番号を表す整数で、0からはじまるものです。このメソッドは、sample14_08.pyで先んじて使用しましたね。

一方で、PageObjectクラスのクラスメソッドである、createBlankPageメソッドを使用することで、新たな空白ページをPageObjectオブジェクトとして作成できます。この場合、PageObjectクラスは、PyPDF2のサブモジュールpdfで提供されていますので、以下のようにインポートをしておきましょう。

```
from PyPDF2.pdf import PageObject
```

その上で、createBlankPageメソッドは以下のように記述します。

```
PageObject.createBlankPage(width=None, height=None)
```

これにより空白のPDFのページを作成し、PageObjectオブジェクトとして返します。

パラメータwidthおよびheightには、それぞれ作成するページの横幅と高さを表すピクセル数を指定します。

これらは直接的に値を指定してもよいですが、PageObjectクラスのmediaBox属性およびgetWidthメソッド、getHeightメソッドを使うことで、既存のページのものを取得できますので、それらを流用すると便利です。ページをpageとした場合、それぞれ以下のように記述します。

```
page.mediaBox.getWidth()
page.mediaBox.getHeight()
```

mediaBox属性は、ページpageの表示・印刷される領域を表すRectangleObjectオブジェクトを表します。getWidthメソッドとgetHeightメソッドにより、そのRectangleObjectオブジェクトの幅と高さを求めることができるというわけです。

では、実際にサンプルコードを使用して、PageObjectオブジェクトの取得と新規作成について試してみましょう。sample14_10.pyをご覧ください。

sample14_10.py PageObjectオブジェクトの取得と新規作成

```
from PyPDF2 import PdfFileReader, PdfFileWriter
from PyPDF2.pdf import PageObject

writer = PdfFileWriter()
reader = PdfFileReader(r'14\pdf\学び始める前の準備をしよう.pdf')

page1 = reader.getPage(0)
writer.addPage(page1)

width = page1.mediaBox.getWidth()
height = page1.mediaBox.getHeight()
page2 = PageObject.createBlankPage(width=width, height=height)
writer.addPage(page2)

with open(r'14\page_obj.pdf', 'wb') as f:
    writer.write(f)
```

ここで、page1は既存のPDFファイル「14\pdf\学び始める前の準備をしよう.pdf」の1ページ目をPageObjectオブジェクトとして取得したもの、page2はpage1の幅と高さを用いてcreateBlankPageメソッドにより新規作成したPageObjectオブジェクトとなります。

そして、それをPdfFileWriterオブジェクトに追加して、書き出したものが図14-9に示す「page_obj.pdf」です。

図14-9 PageObjectオブジェクトから書き出したPDF

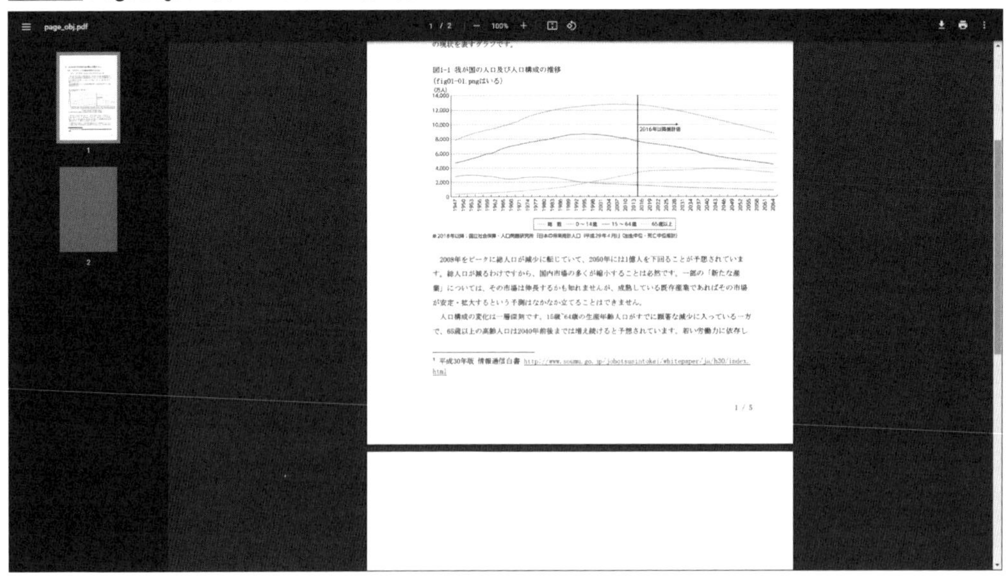

MEMO

PageObjectクラスでは、テキストを抽出するextractTextメソッドが提供されています。しかし、日本語のテキスト抽出はサポートされておらず抽出することができません。英語の原稿であれば使用できるかもしれませんが、フォントによっては読み取れないこともあるようです。

14.3.7 ページの加工と合成

PageObjectクラスの機能を用いることで、ページの加工や合成を行うことができますので、ここではその方法を見ていきましょう。

既存のページに、シンプルに他のページを合成するには、以下のmergePageメソッドを用います。

```
page.mergePage(page2)
```

これにより、PageObjectオブジェクトpageに、他のPageObjectオブジェクトpage2を合成します。

では、**sample14_11.py**を実行して、出力されたPDFを確認してみましょう。

sample14_11.py PDFのページの合成

```
 1  from PyPDF2 import PdfFileReader, PdfFileWriter
 2
 3  writer = PdfFileWriter()
 4  reader = PdfFileReader(r'14\pdf\学び始める前の準備をしよう.pdf')
 5
 6  page1 = reader.getPage(0)
 7  page2 = reader.getPage(1)
 8  page1.mergePage(page2)
 9  writer.addPage(page1)
10
11  with open(r'14\page_obj_2.pdf', 'wb') as f:
12      writer.write(f)
```

出力されたPDFファイル「14\page_obj_2.pdf」を見ると、確かにPDFのページが合成されていることを確認できます（**図14-10**）。

図14-10 ページを合成したPDF

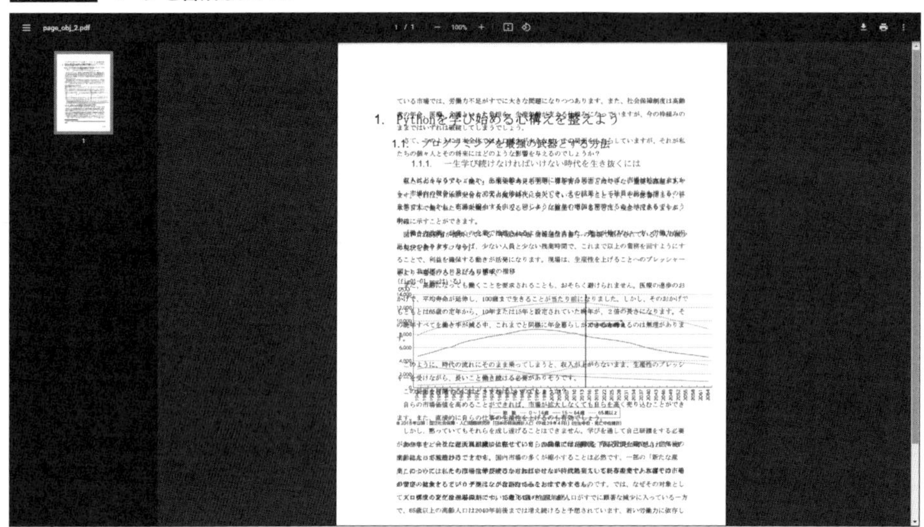

しかし、「14\page_obj_2.pdf」はたいへん読みづらく、文書としては使えるものではありませんね。そうだとすると、mergePageメソッドはいったいどのようなケースで活用するのがよいのでしょうか？

そこで、本章のテーマである「2 in 1」を思い出してください。A3サイズの空白のページを用意して、そこにA4サイズのページを2つ並べて「合成」することで、「2 in 1」を実現することができるのです。

では、その例としてsample14_12.pyをご覧ください。

sample14_12.py A3サイズのページへの合成

```
1  from PyPDF2 import PdfFileReader, PdfFileWriter
2  from PyPDF2.pdf import PageObject
3
4  writer = PdfFileWriter()
5  reader = PdfFileReader(r'14\pdf\学び始める前の準備をしよう.pdf')
6
7  page1 = reader.getPage(0)
8  width = page1.mediaBox.getWidth()
9  height = page1.mediaBox.getHeight()
10 new_page = PageObject.createBlankPage(width=width*2, height=height)
11
12 new_page.mergePage(page1)
13 writer.addPage(new_page)
14
15 with open(r'14\a3.pdf', 'wb') as f:
16     writer.write(f)
```

元のPDFファイル「14\pdf\学び始める前の準備をしよう.pdf」はA4サイズですから、その幅を

2倍とすれば、A3サイズ横のサイズになります。createBlankPageメソッドでA3サイズの空白ページを作成し、そこに元のPDFのページを合成するのです。

結果として、**図14-11**に示すPDFファイル「14\a3.pdf」を作成できます。

図14-11 A3サイズのページへの合成

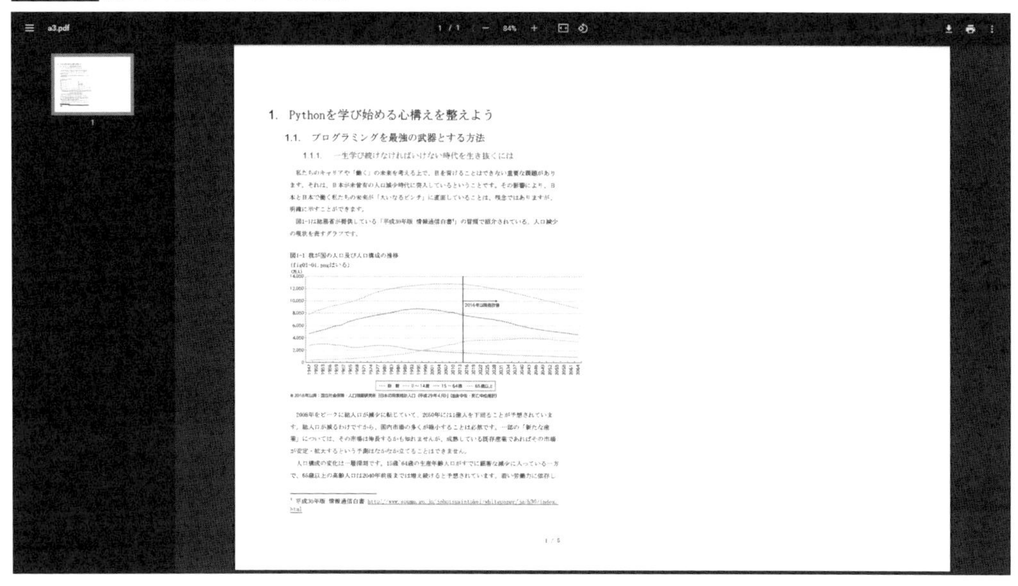

続いて、A3サイズのページの右側に次のページを合成する方法を見ていきましょう。

しかし、ここで問題があります。というのも、mergePageメソッドは左上端を合わせて合成をしてしまうので、左側のページに重ねて合成されてしまうのです。

そこで、以下のmergeRotatedScaledTranslatedPageメソッドを用います。このメソッドは、ページpage2に移動、回転、拡縮を加えつつ、ページpage上に合成をするというものです。

```
page.mergeRotatedScaledTranslatedPage(page2, rotation, scale, tx, ty,
expand=False)
```

パラメータrotationはページの反時計回りの回転角度を表す数値、パラメータscaleはページの拡縮を表す数値（1が等倍）を指定します。パラメータtxおよびtxは、合成する位置の左端のx座標および上端のy座標を指定します。ページpageに合わせて拡大するのであれば、パラメータexpandをTrueに指定します。

A3サイズの右側にページを合成する場合は、パラメータtxをA3用紙の中心のx座標を指定してあげればよいですね。では、その処理を追加して**sample14_13.py**を作り、実行をしてみましょう。

sample14_13.py 位置を指定したページの合成

```
from PyPDF2 import PdfFileReader, PdfFileWriter
from PyPDF2.pdf import PageObject

writer = PdfFileWriter()
reader = PdfFileReader(r'14\pdf\学び始める前の準備をしよう.pdf')

page1 = reader.getPage(0)
width = page1.mediaBox.getWidth()
height = page1.mediaBox.getHeight()
new_page = PageObject.createBlankPage(width=width*2, height=height)

new_page.mergePage(page1)

page2 = reader.getPage(1)
new_page.mergeRotatedScaledTranslatedPage(page2, rotation=0, scale=1, tx=width, ty=0)

writer.addPage(new_page)

with open(r'14\a3_2.pdf', 'wb') as f:
    writer.write(f)
```

位置の左端のx座標にwidthを指定することで、A3サイズの右側に合成をすることができるわけですね。実行した結果、**図14-12**に示す「14\a3_2.pdf」を得ることができます。

図14-12 位置を指定したページの合成

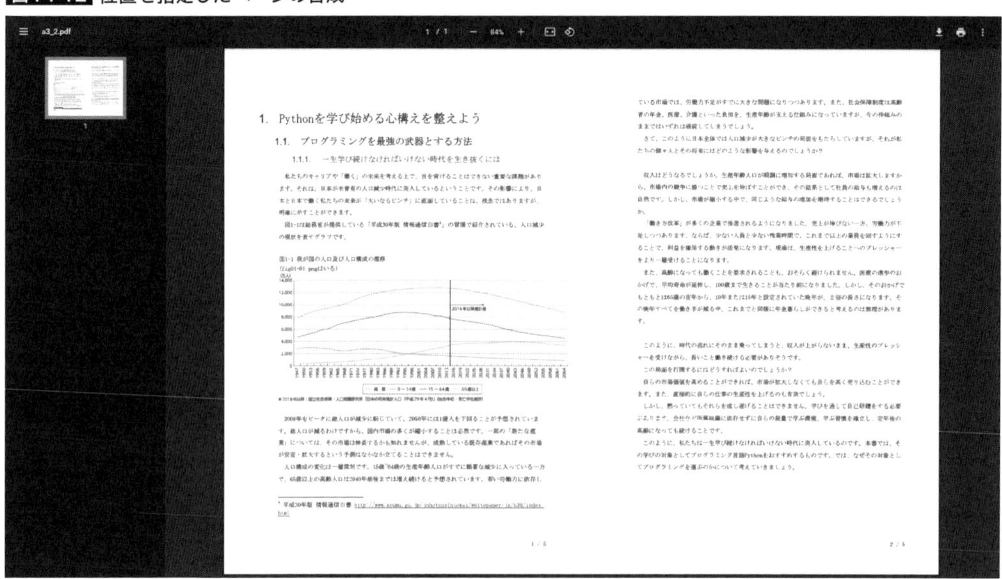

14.4 PDFを操作するツールを作る

14.4.1 PDFファイルのリストアップをするツール

ではまず、フォルダ内のPDFファイルをExcelファイルにリストアップするツールから作成していきましょう。作業の対象となるフォルダ構成は以下とします。

```
nonpro-python
└14
  └pdf
    └フロー制御について学ぼう.pdf
    └プログラムの基本を知ろう.pdf
    └学び始める前の準備をしよう.pdf
    └学ぶ環境を作ろう.pdf
```

ファイル名のほかにタイトル、作成日時そしてページ数をリストアップしたいので、PdfFileReaderとして開いて、各情報を取得する必要がありますね。まず、手始めに「14/pdf」内のPDFファイルについて、PdfFileReaderとして開くところまでの処理を作ってみましょう。

sample14_14.pyです。

sample14_14.py フォルダ内のPDFファイルをPdfFileReaderとして開く

```
1  import pathlib
2  from PyPDF2 import PdfFileReader
3  
4  my_path = pathlib.Path(r'14\pdf')
5  
6  for p in my_path.glob('*.pdf'):
7      reader = PdfFileReader(str(p))
8      numPages = reader.numPages
9      print(p, numPages)
```

■ 実行結果

```
1  14\pdf\フロー制御について学ぼう.pdf 4
2  14\pdf\プログラムの基本を知ろう.pdf 5
```

```
3  14\pdf\学び始める前の準備をしよう.pdf 5
4  14\pdf\学ぶ環境を作ろう.pdf 11
```

実行すると、フォルダに含まれるPDFファイルのファイルパスとそのページ数がターミナルに出力されます。なお、PdfFileReaderにはPathオブジェクトは渡せないので、str関数で文字列化したものを渡していることに注意してください。

リストアップする情報として、残りはタイトル、作成日時が必要です。これらは、PDFのメタデータから取得していきましょう。PdfFileReaderオブジェクト配下のDocumentInformationオブジェクトから、キー「/Title」および「/CreationDate」で取得できますね。

では、これらを取得して2次元リストするところまでを作成しましょう。**sample14_15.py**です。

sample14_15.py PDFの情報を2次元リスト化

```
1  import pathlib
2  from PyPDF2 import PdfFileReader
3  
4  my_path = pathlib.Path(r'14\pdf')
5  
6  values = []
7  for p in my_path.glob('*.pdf'):
8      reader = PdfFileReader(str(p))
9      title = reader.documentInfo['/Title']
10     create_date = reader.documentInfo['/CreationDate']
11     numPages = reader.numPages
12     values.append([str(p), title, create_date, numPages])
13 
14 print(values)
```

■ 実行結果

```
1  [['14\\pdf\\フロー制御について学ぼう.pdf', '04章: フロー制御について学ぼう', "D:2020052012
   0735+09'00'", 4], ['14\\pdf\\プログラムの基本を知ろう.pdf', '03章: Pythonプログラムの基本
   を知ろう', "D:20200520120720+09'00'", 5], ['14\\pdf\\学び始める前の準備をしよう.pdf',
   '01章: Pythonを学び始める前の準備をしよう', "D:20200522114934+09'00'", 5], ['14\\pdf\\
   学ぶ環境を作ろう.pdf', '02章: Pythonを学ぶ環境を作ろう', "D:20200520120652+09'00'", 11]]
```

ターミナルの出力で、必要な情報が2次元リストとして作成できたことを確認できます。

あとは、この2次元リストをExcelファイルに書き出します。ここは、pandasのto_excelメソッドを使いましょう。**sample14_16.py**のように処理を追加して、実行をしてみましょう。

sample14_16.py Excelファイルへの書き出し

```
1  import pathlib
2  import pandas as pd
3  from PyPDF2 import PdfFileReader
4
5  my_path = pathlib.Path(r'14\pdf')
6
7  values = []
8  for p in my_path.glob('*.pdf'):
9      reader = PdfFileReader(str(p))
10     title = reader.documentInfo['/Title']
11     create_date = reader.documentInfo['/CreationDate']
12     numPages = reader.numPages
13     values.append([str(p), title, create_date, numPages])
14
15 columns = ['ファイル名', 'タイトル', '作成日時', 'ページ数']
16 df = pd.DataFrame(values, columns=columns)
17 df.to_excel(r'14\PDFリスト.xlsx', index=False)
```

DataFrameコンストラクタのパラメータcolumnsに見出しを表すリストを渡し、データフレームを作成します。それを、to_excelメソッドでExcelファイルに書き出します。

実行をすると「14\PDFリスト.xlsx」が作成されます。開くと、**図14-13**のようにPDFの情報がリストアップされていることを確認できます。

図14-13 PDFファイルのリスト

ファイル名	タイトル	作成日時	ページ数
14\pdf\フロー制御について学ぼう.pdf	04章：フロー制御について学ぼう	D:20200520120735+09'00'	4
14\pdf\プログラムの基本を知ろう.pdf	03章：Pythonプログラムの基本を知ろう	D:20200520120720+09'00'	5
14\pdf\学び始める前の準備をしよう.pdf	01章：Pythonを学び始める前の準備をしよう	D:20200520120633+09'00'	5
14\pdf\学ぶ環境を作ろう.pdf	02章：Pythonを学ぶ環境を作ろう	D:20200520120652+09'00'	11

これで、PDFファイルのリストアップをするツールは完成です。

14.4.2 PDFファイルを2 in 1化するツール

続いて、PDFファイルを2 in 1化するツールを作成していきましょう。

前準備として、前述のPDFファイルのリストアップをするツールで出力した「14\PDFリスト.xlsx」について、14.1.3で説明したように、2 in 1でまとめていく順序どおりに並び替えをしておきましょう。

B列のタイトル名を昇順で並び替えればよいですね。保存をして、Excelファイルを閉じましょう。

では、このExcelファイルを用いて、PDFファイルをPdfFileReaderオブジェクトとして開き、そのページ数、幅、高さを求める部分を作っていきましょう。**sample14_17.py**をご覧ください。

sample14_17.py ExcelファイルのリストからPdfFileReaderオブジェクトを開く

```
1  import pandas as pd
2  from PyPDF2 import PdfFileReader
3
4  df = pd.read_excel(r'14\PDFリスト.xlsx')
5  for record in df.values:
6
7      reader = PdfFileReader(record[0])
8      numPages = reader.numPages
9      box = reader.getPage(0).mediaBox
10     width, height = box.getWidth(), box.getHeight()
11     print(record[1], numPages, width, height)
```

■ 実行結果

```
1  01章: Pythonを学び始める前の準備をしよう 5 595.4 841.6
2  02章: Pythonを学ぶ環境を作ろう 11 595.4 841.6
3  03章: Pythonプログラムの基本を知ろう 5 595.4 841.6
4  04章: フロー制御について学ぼう 4 595.4 841.6
```

Excelファイルからのデータ取得にはpandasのread_excelメソッドを用いました。データフレームに対してfor文でループをし、レコードのファイルパスからPdfFileReaderオブジェクトを開きます。

さらに、そのページ数と、幅および高さを取得し、タイトルとともにターミナルに出力しました。

各PDFファイルは4ページ〜11ページで構成されています。2ページずつ単位で、A3サイズの空白ページを作成し、現在のページを左側に、次のページを右側に合成することで2 in 1を実現できます。

では、2ページずつ単位でループを行い、A3サイズの空白ページを作成する部分の処理を追加してみましょう。**sample14_18.py**です。

sample14_18.py 2ページずつ単位のループと空白ページの作成

```
1  import pandas as pd
2  from PyPDF2 import PdfFileReader, PdfFileWriter
3  from PyPDF2.pdf import PageObject
4
5  writer = PdfFileWriter()
6
7  df = pd.read_excel(r'14\PDFリスト.xlsx')
```

```
 8  for record in df.values:
 9
10      reader = PdfFileReader(record[0])
11      numPages = reader.numPages
12      box = reader.getPage(0).mediaBox
13      width, height = box.getWidth(), box.getHeight()
14      print(record[1], numPages, width, height)
15
16      for i in range(0, numPages, 2):
17          new_page = PageObject.createBlankPage(width=width*2, height=height)
18
19          print(i)
20
21          writer.addPage(new_page)
22
23  with open(r'14\2in1.pdf', 'wb') as f:
24      writer.write(f)
```

■ 実行結果

```
 1  01章: Pythonを学び始める前の準備をしよう 5 595.4 841.6
 2  0
 3  2
 4  4
 5  02章: Pythonを学ぶ環境を作ろう 11 595.4 841.6
 6  0
 7  2
 8  4
 9  6
10  8
11  10
12  03章: Pythonプログラムの基本を知ろう 5 595.4 841.6
13  0
14  2
15  4
16  04章: フロー制御について学ぼう 4 595.4 841.6
17  0
18  2
```

作成された「14\2in1.pdf」を開くと、A3サイズの空白ページが必要な分だけ作成されています。また、ターミナルの出力から、2ページずつの単位でループをしている様子がわかりますね。

では、このA3サイズの空白ページの左右に、ページを合成していく処理を追加しましょう。sample14_19.pyをご覧ください。

sample14_19.py A3ページの左右にページを合成する

```
import pandas as pd
from PyPDF2 import PdfFileReader, PdfFileWriter
from PyPDF2.pdf import PageObject

writer = PdfFileWriter()

df = pd.read_excel(r'14\PDFリスト.xlsx')
for record in df.values:

    reader = PdfFileReader(record[0])
    numPages = reader.numPages
    box = reader.getPage(0).mediaBox
    width, height = box.getWidth(), box.getHeight()
    print(record[1], numPages, width, height)

    for i in range(0, numPages, 2):
        new_page = PageObject.createBlankPage(width=width*2, height=height)

        page1 = reader.getPage(i)
        new_page.mergePage(page1)

        if i <= reader.numPages - 2:
            page2 = reader.getPage(i + 1)
            new_page.mergeRotatedScaledTranslatedPage(
                page2, rotation=0, scale=1, tx=width, ty=0
            )

        writer.addPage(new_page)

with open(r'14\2in1.pdf', 'wb') as f:
    writer.write(f)
```

左側には現在のページをmergePageメソッドで、右側には現在のページの次のページをmergeRotatedScaledTranslatedPageメソッドで位置指定して合成します。この際、「i <= reader.numPages - 2」を条件式としたif文で、次のページが存在するときだけ、右側ページ合成の処理を行うという分岐を作っていることを確認してください。

実行して「14\2in1.pdf」を開くと、**図14-14**のように2 in 1化されたPDFが作成されていることを確認できます。

図14-14 2 in 1化したPDFファイル

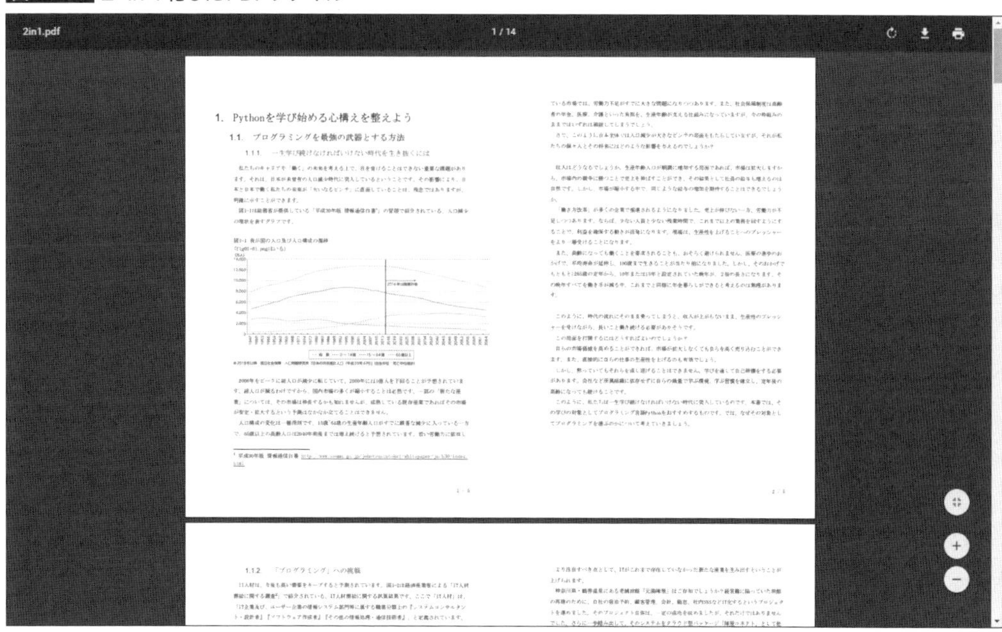

14章では、PyPDF2によるPDFの操作について学びました。また、ファイルオブジェクトとその仕組みについても解説をしました。

PyPDF2を用いることで、情報の取得、結合、分割、合成といった操作が可能です。決してPDFに対して万能であるわけではありませんが、これらの機能と他のライブラリを組み合わせることで、実務へのアイデアはたくさん生まれてくるはずです。ぜひ活用をしてみてください。

15章ではZIPファイルの圧縮・展開について学んでいきましょう。

Column 2

指定ファイルや
フォルダを開く

subprocessモジュールのPopenコンストラクタでは、ファイルを開くこともできます。column2_1.pyのようにパラメータargsに開くアプリケーションのファイルパスと、対象のファイルパスをシーケンスで渡します。

column2_1.py 指定のExceファイルを開く

```
1  import subprocess
2  
3  excel = r'C:\Program Files\Microsoft Office\root\Office16\EXCEL.EXE' #Excelの
   ファイルパス
4  xlsx = r'C:\Users\ntaka\nonpro-python\column\Book1.xlsx' #対象のファイルパス
5  subprocess.Popen((excel, xlsx))
```

既定のアプリケーションで開くには、Popenコンストラクタのパラメータshellを Trueにして、Windowsシェルのstartコマンドを実行します。column2_2.pyをご覧ください。

column2_2.py 既定のアプリケーションでファイルを開く

```
1  import subprocess
2  
3  xlsx = r'C:\Users\ntaka\nonpro-python\column\Book1.xlsx' #対象のファイルパス
4  subprocess.Popen(('start', '', xlsx), shell = True)
```

startコマンドの第2引数は開くウィンドウのタイトルを指定するものなので、空文字を入れておきます。

フォルダを開く場合は、Windowsシェルのexplorerコマンドを使用できます。column2_3.pyをご覧ください。

column2_3.py 指定のフォルダを開く

```
1  import subprocess
2  
3  folder = r'C:\Users\ntaka\nonpro-python\column' #フォルダパス
4  subprocess.Popen(('explorer', folder), shell = True)
```

Chapter

15

ZIPファイルを展開・圧縮するツールを作ろう

15.1

ZIPファイルを展開・圧縮するツールの概要

日々の業務では多数のファイルをやり取りする際に、それらを圧縮したファイルを使用することも多いでしょう。ファイルを圧縮することで、複数のファイルをまとめて取り扱うことができますし、ファイル容量を小さくして節約できます。

1つ以上のファイルを圧縮して1つのファイルにまとめること、または、そのまとめたものを「アーカイブ（archive）」といいます。また、アーカイブに含まれるファイルの1つひとつを「アーカイブメンバー」または単に「メンバー」といいます。

アーカイブにはいくつかの手法があります。そのもっともよく使われるフォーマットのひとつが「ZIP」で、そのアーカイブファイルの拡張子は「.zip」になります。アーカイブフォーマットには、他に「TAR」（拡張子「.tar」）や、「GZIP」（拡張子「.gz」）などがあります。

ところで、ファイルやディレクトリの整理を伴うファイルの展開や圧縮の作業は、意外と面倒なものです。アーカイブファイルを受け取り、展開し、何らかの作業をするという定期的な作業があるのであれば、その作業をPythonで自動化するとよいでしょう。

この章では、「shutil（シュティル|シャティル）」を用いて、それらファイルやディレクトリの操作、アーカイブファイルの展開や圧縮の方法について学んでいきましょう。

今回目標とするツールは、ZIPファイルを展開し、そのディレクトリ構成をファイル種別で整理し直して、ZIPファイルに再圧縮するというものです。

最初に受け取るZIPファイル「15/data_win.zip」は、Windows標準の機能により圧縮されたZIPファイルで、以下のような構成になっています。

```
data_win.zip
└data
  └20210310店舗A.xlsx
  └20210310店舗B.xlsx
  └data1.csv
  └data2.csv
  └data3.csv
  └photo1.jpg
  └photo2.jpg
  └photo3.jpg
  └watermark.png
```

これを、以下のようなディレクトリ構成に整理し直して、「archive.zip」に圧縮し直すというものです。

```
organized
└csv
  └data1.csv
  └data2.csv
  └data3.csv
└jpg
  └photo1.jpg
  └photo2.jpg
  └photo3.jpg
└png
  └watermark.png
└xlsx
  └20210310店舗A.xlsx
  └20210310店舗B.xlsx
```

では、このツールのコードをsample15_final.pyとして掲載しておきます。

sample15_final.py ZIPファイルを仕分けするツール

```
1  import shutil
2  from pathlib import Path
3
4  def copy_with_organizing(from_path, to_path):
5      to_path.mkdir()
6      for p in from_path.glob('**/*'):
7          suffix = p.suffix[1:] #.を削除
```

```
8          dir = to_path / suffix
9
10         if p.is_file():
11             dir.mkdir(exist_ok=True)
12             shutil.copy2(p, dir)
13
14 extracted = Path(r'15\extracted')
15 shutil.unpack_archive(r'15\data_win.zip', extracted)
16
17 [shutil.move(p, str(p).encode('cp437').decode('cp932'))
18     for p in extracted.glob('**/*')
19 ]
20
21 organized = Path(r'15\organized')
22 copy_with_organizing(extracted, organized)
23
24 shutil.make_archive(r'15\archive', 'zip', organized)
```

15.2 高水準のファイル操作を行う：shutil

15.2.1 shutilモジュールとインポート

「shutil[注1)]」（シュティル｜シャティル）はPythonの組み込みモジュールで、高水準のファイル操作を行う機能を提供するものです。簡単なファイルやディレクトリの操作であれば、pathlibや他の組み込みモジュールでも行うことができますが、shutilを用いることでコピー、移動、削除、圧縮、展開といった高度な操作をシンプルな関数群を用いて実行できます。なお、「shutil」という名称は「shell utility」を短縮したものとされています。

shutilモジュールは、以下のようにインポートして使用します。

```
import shutil
```

shutilモジュールで提供されている主な関数を、**表15-1**にまとめていますのでご覧ください。

表15-1 shutilモジュールの主な関数

関数	説明
shutil.copy(src, dst)	ファイルsrcをファイルまたはディレクトリdstにコピーする ・str: ファイルを表すパスまたはPathオブジェクト ・dst: コピー先のファイルまたはディレクトリを表すパスまたはPathオブジェクト
shutil.copy2(src, dst)	ファイルsrcをファイルまたはディレクトリdstにメタデータを保持してコピーする ・str: ファイルを表すパスまたはPathオブジェクト ・dst: コピー先のファイルまたはディレクトリを表すパスまたはPathオブジェクト
shutil.copytree(src, dst)	ディレクトリsrcのツリー全体をディレクトリdstへコピーする ・str: ディレクトリを表すパスまたはPathオブジェクト ・dst: コピー先のディレクトリを表すパスまたはPathオブジェクト
shutil.rmtree(path)	ディレクトリpathのツリー全体を削除する ・str: ディレクトリを表すパスまたはPathオブジェクト ・dst: コピー先のディレクトリを表すパスまたはPathオブジェクト

注1)　公式サイト：https://docs.python.org/ja/3/library/shutil.html

shutil.move(src, dst)	ファイルまたはディレクトリsrcを、ファイルまたはディレクトリdstに移動（または名称変更）する ・str: ファイルまたはディレクトリを表すパスまたはPathオブジェクト ・dst: 移動（または名称変更）後のファイルまたはディレクトリを表すパスまたはPathオブジェクト
shutil.make_archive(base_name, format, root_dir)	ディレクトリを圧縮してアーカイブファイルを作成する ・base_name: 作成するファイルを表すパスまたはPathオブジェクト ・format: 使用するアーカイブフォーマットを文字列で指定する（zip、tar、gztar、bztar、xztarのいずれか） ・root_dir: アーカイブの対象となるディレクトリを表すパスまたはPathオブジェクト
shutil.unpack_archive(filename, extract_dir)	アーカイブファイルを展開する ・filename: 展開するファイルのパスまたはPathオブジェクト ・extract_dir: アーカイブを展開する先のディレクトリを表すパスまたはPathオブジェクト

ご覧のとおり、shutilモジュールでは、コピー、移動（または名称の変更）、アーカイブなどの操作を関数で直接的に行うことができます。ファイルオープンや、インスタンスの生成などが不要なので、コード量を抑えることができるのです。

15.2.2 ファイルのコピーと移動

ファイルをコピーするには、copy関数またはcopy2関数を用いることができます。それぞれ書式は以下のとおりです。

```
shutil.copy(src, dst)
```

```
shutil.copy2(src, dst)
```

パラメータsrcで指定したファイルを、パラメータdstで指定したファイルとして、またはディレクトリの配下にコピーします。いずれのパラメータもパスを表す文字列、またはPathオブジェクトで指定できます。なお、コピー先のディレクトリが存在しないときは例外「FileNotFoundError」が発生します。

copy関数とcopy2関数の違いは、ファイルの作成日時などのメタデータもコピーに含めるかどうかです。ただし、すべてのメタデータがコピーされるわけではありません。作成日時などをコピーしたいのであればcopy2関数を用いて、そうでなければ、どちらを使用しても大差はないでしょう。

コピーに関連した別の関数としてcopytreeという関数があります。これは、ディレクトリツリーをコピーするものです。

「ディレクトリツリー（directory tree）」とは、あるディレクトリがあったときに、その配下に存在するディレクトリ構成全体をいいます。ちょうど、その構成イメージを逆さまにすると、「木」のようなフォルムになるからです。

copytree関数の書式は以下のとおりです。

```
shutil.copytree(src, dst)
```

パラメータstrで指定したディレクトリを、パラメータdstで指定したディレクトリにコピーします。これらのパラメータにはパスを表す文字列のほか、Pathオブジェクトも指定できます。

では、ファイルまたはディレクトリをコピーする例を見てみましょう。以下のようなディレクトリ構成になっているとしましょう。

```
nonpro-python
└15
  └data
    └20210310店舗A.xlsx
    └data1.csv
    └data2.csv
    └…
```

この状態で、sample15_01.pyを実行してみましょう。

sample15_01.py ファイル・ディレクトリのコピー

```
1  import shutil
2  from pathlib import Path
3  
4  shutil.copy2(r'15\data\data1.csv', r'15')
5  shutil.copy2(Path(r'15\data\data2.csv'), Path(r'15'))
6  shutil.copytree(r'15\data', r'15\data2')
```

実行すると、ディレクトリ「15」の配下に「data1.csv」「data2.csv」が、また「data」配下のディレクトリツリーが「data2」としてコピーされることを確認できます。つまり、以下のようなフォルダ構成になります。

```
nonpro-python
└15
  └data1.csv
  └data2.csv
  └data
    └20210310店舗A.xlsx
    └data1.csv
    └data2.csv
    └...
  └data2
    └20210310店舗A.xlsx
    └data1.csv
    └data2.csv
    └...
```

ファイルまたはディレクトリを移動または名称変更するのであれば、以下書式のmove関数を使用します。

```
shutil.move(src, dst)
```

パラメータsrcがファイルを表すのであれば、パラメータdstに指定したファイルとして、または指定したディレクトリの配下に移動します。このとき、パラメータdstに異なるファイル名を指定すると名称変更を行います。

パラメータsrcがディレクトリを表すのであれば、パラメータdstで指定したディレクトリまたはその配下に移動します。

では、sample15_01.pyの実行後のディレクトリ構成に対して、**sample05_02.py**を試してみましょう。

sample15_02.py ファイル・ディレクトリの移動と名称変更

```
1  import shutil
2  from pathlib import Path
3
4  shutil.move(r'15\data2\20210310店舗A.xlsx', r'15')
5  shutil.move(Path(r'15\data1.csv'), Path(r'15\data1_renamed.csv'))
6  shutil.move(r'15\data2', r'15\data')
```

実行すると、ディレクトリ構成に以下のような変更が行われますので、確認をしてみましょう。

- ディレクトリ「15\data2」配下の「20210310店舗A.xlsx」がディレクトリ「15」配下に移動
- ディレクトリ「15」配下の「data1.csv」が「data1_renamed.csv」に名称変更
- ディレクトリ「15\data2」配下のツリーがディレクトリ「15\data」配下に移動

最終的なディレクトリ構成は以下のようになります。

```
nonpro-python
└15
  └20210310店舗A.xlsx
  └data1_renamed.csv
  └data2.csv
  └data
    └20210310店舗A.xlsx
    └data1.csv
    └data2.csv
    └...
    └data2
      └data1.csv
      └data2.csv
      └...
```

15.2.3 ファイルの圧縮と展開

shutilモジュールでは、アーカイブファイルの圧縮や展開を行う関数も提供されていますので、その使い方も見ていきましょう。

ディレクトリをアーカイブ圧縮するには、以下のmake_archive関数を使います。

```
shutil.make_archive(base_name, format, root_dir)
```

パラメータroot_dirには圧縮の対象となるディレクトリを指定します。パスを表す文字列のほか、Pathオブジェクトを指定することもできます。

パラメータbase_nameには、アーカイブファイルを表すパスの文字列、またはPathオブジェクトを指定します。なお、拡張子はアーカイブフォーマットに応じて自動で付与されますので、パラメータbase_nameに含める必要はありません。

パラメータformatには、アーカイブフォーマットを表す文字列で、zip、tar、gztar、bztar、xztarのいずれかを選択します。

一方で、アーカイブファイルを展開するには、以下のunpack_archive関数を使用します。

```
shutil.unpack_archive(filename, extract_dir)
```

パラメータfilenameで指定したアーカイブファイルを、パラメータextract_dirで指定したディレクトリに展開します。これらのパラメータにはパスを表す文字列およびPathオブジェクトを指定します。

ここで、アーカイブフォーマットは、パラメータfilenameの拡張子から自動で認識し選択されますので、とくに指定する必要はありません。

では、ファイルの圧縮と展開についての例を見てみましょう。**sample15_03.py**です。

sample15_03.py ファイルの圧縮と展開

```
1  import shutil
2  from pathlib import Path
3
4  shutil.make_archive(r'15\new_archive', 'zip', r'15\data')
5  shutil.unpack_archive(Path(r'15\new_archive.zip'), Path(r'15\new_extracted'))
```

実行すると「15\data」が「new_archive.zip」というファイルにZIPアーカイブされます。また、そのアーカイブファイルが「15\new_extracted」というディレクトリに展開されることを確認できます。

MEMO

ZIPアーカイブの操作については、Pythonの組み込みの「zipfile」モジュールも使用できます。しかし、シンプルにZIP圧縮、展開するだけであれば、shutilモジュールの関数を用いたほうがコード量は少なくて済みます。

なお、shutilモジュールのZIPアーカイブの操作は、内部的にはzipfileモジュールの機能によるものです。

15.2.4 展開したファイル名が文字化けする場合

さて、15.1で紹介したとおり、本章で対象とするアーカイブファイルは、Windows標準の機能で作成されたZIPファイル「data_win.zip」です。

sample15_04.pyに示すとおり、unpack_archive関数で展開ができるはずです。実行してみましょう。

sample15_04.py Windowsで圧縮されたZIPアーカイブの展開

```
1  import shutil
2
3  shutil.unpack_archive(r'15\data_win.zip', r'15\extracted')
```

実行後、ディレクトリ「15\extracted」を確認すると、**図15-1**のように展開されます。しかし、一部のファイル名で文字化けが発生してしまっています。

図15-1 ZIPアーカイブ展開時のファイル名の文字化け

名前	更新日時	種類	サイズ
20210310ôXò■A.xlsx	2021/04/04 23:57	Microsoft Excel ワ...	9 KB
20210310ôXò■B.xlsx	2021/04/04 23:57	Microsoft Excel ワ...	10 KB
data1.csv	2021/04/04 23:57	Microsoft Excel CS...	2 KB
data2.csv	2021/04/04 23:57	Microsoft Excel CS...	2 KB
data3.csv	2021/04/04 23:57	Microsoft Excel CS...	2 KB
photo1.jpg	2021/04/04 23:57	JPG ファイル	2,528 KB
photo2.JPG	2021/04/04 23:57	JPG ファイル	11,629 KB
photo3.jpg	2021/04/04 23:57	JPG ファイル	6,834 KB
watermark.png	2021/04/04 23:57	PNG ファイル	15 KB

9 個の項目

❶ ファイル名の日本語部分が文字化けしてしまう

半角の英数字つまり1バイト文字は問題ありませんが、漢字で表現されていた2バイト文字の部分が正しく再現されていません。この問題には、文字コードが関係しています。

unpack_archive関数によるZIPアーカイブ展開において、対象のZIPファイルがutf-8と判定できるかどうかで、ファイル名のデコードに使用される文字コードが決まります[注2]。utf-8と判定できた場合はutf-8が用いられますが、そうでない場合はすべて「cp437」が使用されるというルールになっています。

ですから、utf-8を使用して圧縮したZIPアーカイブを展開するときには、何ら問題は起きません。前節のsample15_03.pyでは、文字化けは発生していませんでしたが、これは圧縮時の文字コードがutf-8だったからです。

一方で、Windowsの標準機能を用いた圧縮の際には、ファイル名のエンコードにはcp932が用いられます。ZIPアーカイブの展開をする際、utf-8ではないと判定されるわけですが、この場合はデコードにはcp932ではなく、cp437が使用されてしまうのです。

つまり、Windows標準機能により圧縮したZIPアーカイブの展開をPythonで行うのであれば、どうしても文字化けが発生してしまうということになります。

この問題に対応するため、展開したファイル名の文字列をいったんcp437でエンコードしてバイト列に戻し、それを正しい文字コードであるcp932でデコードし直すという方法をとります。

文字列をエンコードするには、str型のencodeメソッドを、バイト列をデコードするにはbytes型のdecodeメソッドを使います。それぞれ書式は以下のとおりです。

注2) unpack_archive関数によるZIPアーカイブの展開には、zipfileモジュールの機能が使用されています。ですから、このルールはzipfileモジュールのルールに依拠しています。

```
str.encode(encoding="utf-8")
```

```
bytes.decode(encoding="utf-8")
```

では、sample15_04.pyを修正して、文字化けの問題に対処してみましょう。sample15_05.pyをご覧ください。

sample15_05.py ZIPアーカイブ展開時の文字化けの対処

```
1  import shutil
2  from pathlib import Path
3
4  extracted = Path(r'15\extracted')
5  shutil.unpack_archive(r'15\data_win.zip', extracted)
6
7  for p in extracted.glob('**/*.xlsx'):
8      print(p, str(p).encode('cp437').decode('cp932'))
```

■ 実行結果

```
1  15\extracted\data\20210310ôXò▄A.xlsx 15\extracted\data\20210310店舗A.xlsx
2  15\extracted\data\20210310ôXò▄B.xlsx 15\extracted\data\20210310店舗B.xlsx
```

デコードし直すことで正しいファイル名が出力されていることが確認できます。

shutilメソッドのmove関数を使って、この正しいファイル名に名称変更をすれば、この問題は解決できますね。

MEMO

sample15_05.pyについて、展開先フォルダ「extracted」のパスに、日本語の2バイト文字を使ったフォルダ名が含まれていると、パスに対してencodeメソッド実行時に「UnicodeEncodeError」が発生します。これは、フォルダのパス名が「cp437」でデコードされたものでないにもかかわらず、それによりエンコードしようとすることによります。

ZIP圧縮に関連するフォルダ/ファイルには、できるかぎり2バイト文字を使わないようにするのがよいでしょう。

MEMO

Mac環境では、sample15_05.pyのように展開したファイル名を修正するという方法で対処をすることができませんので、展開前のZIPアーカイブの状態のままファイル名修正を施す必要があります。その場合、zipfileモジュールを使用する必要があります。

15.3

ZIPファイルを展開・圧縮するツールを作る

15.3.1 Windows標準機能で圧縮されたZIPファイルを展開する

では、実際にZIPファイルを展開・圧縮するツールを作成していきましょう。

まず、ディレクトリ「15」に置いてある、Windows標準機能で圧縮された以下のZIPファイル「data_win.zip」を展開します。

```
data_win.zip
└data
  └20210310店舗A.xlsx
  └20210310店舗B.xlsx
  └data1.csv
  └data2.csv
  └data3.csv
  └photo1.jpg
  └photo2.jpg
  └photo3.jpg
  └watermark.png
```

Windows標準機能で圧縮されたZIPファイルを展開するのは、sample15_05.pyをアレンジすればよいですね。ファイル名の出力部分を、ファイル名称の変更処理にすればよいのです。例として、**sample15_06.py**をご覧ください。

sample15_06.py Windows標準機能で圧縮されたZIPファイルを展開する

```
1  import shutil
2  from pathlib import Path
3  
4  extracted = Path(r'15\extracted')
5  shutil.unpack_archive(r'15\data_win.zip', extracted)
6  
7  [shutil.move(p, str(p).encode('cp437').decode('cp932'))
8      for p in extracted.glob('**/*')
9  ]
```

ディレクトリextractedに展開されたファイルについて、そのファイル名をcp932でデコードし直します。反復処理にfor文を使ってもよいですが、ここではリスト内包表記を用いて表現してみました。

実行すると、ディレクトリ「15」配下のディレクトリ「extracted」に以下のように展開されます。

```
extracted
└data
  └20210310店舗A.xlsx
  └20210310店舗B.xlsx
  └data1.csv
  └data2.csv
  └data3.csv
  └photo1.jpg
  └photo2.jpg
  └photo3.jpg
  └watermark.png
```

15.3.2 ファイルを拡張子ごとに分類してコピーする

つづいて、ファイルを拡張子ごとのディレクトリに分類しながらコピーをする処理を作成します。

ZIPアーカイブの展開時に作成されたディレクトリextractedのすべてのファイルについて、その拡張子を判定して、拡張子ごとのディレクトリにコピーをしていくという流れです。

sample15_07.pyをご覧ください。

sample15_07.py ファイルを拡張子ごとに分類してコピーをする

```
 1  import shutil
 2  from pathlib import Path
 3
 4  def copy_with_organizing(from_path, to_path):
 5      to_path.mkdir()
 6      for p in from_path.glob('**/*'):
 7          suffix = p.suffix[1:] #.を削除
 8          dir = to_path / suffix
 9
10          if p.is_file():
11              dir.mkdir(exist_ok=True)
12              shutil.copy2(p, dir)
13
14  extracted = Path(r'15\extracted')
15  organized = Path(r'15\organized')
16  copy_with_organizing(extracted, organized)
```

コピー先のディレクトリorganized、また拡張子ごとのディレクトリが存在しない場合、copy2関数が失敗してしまいますので、ディレクトリを作成する必要があります。

ここでは、以下のディレクトリの作成にPathオブジェクトのmkdirメソッドを使用します。

```
p.mkdir(parents=False, exist_ok=False)
```

これによりPathオブジェクトpが表すディレクトリを作成します。デフォルトでは、必要な中間ディレクトリが存在しない場合は例外「FileNotFoundError」が発生しますが、パラメータparentsをTrueにすれば必要な中間ディレクトリもすべて作成します。

また、Pathオブジェクトpの表すディレクトリがすでに存在している場合、例外「FileExistsError」が発生しますが、パラメータexists_okをTrueに設定することで発生しなくなります。

sample15_07.pyを実行すると、ディレクトリ「15」配下に、以下構成のディレクトリ「organized」が作成されます。

```
organized
└csv
  └data1.csv
  └data2.csv
  └data3.csv
└jpg
  └photo1.jpg
  └photo2.jpg
  └photo3.jpg
└png
  └watermark.png
└xlsx
  └20210310店舗A.xlsx
  └20210310店舗B.xlsx
```

MEMO

ディレクトリ「organized」の配下に「ini」というディレクトリが作成されるかもしれません。OSで、自動で作成される設定ファイルが存在していて、その拡張子が「.ini」となっているからです。

15.3.3 ディレクトリをZIPファイルに圧縮する

残された処理は作成されたディレクトリ「organized」を「archive.zip」にZIP圧縮する処理のみとなります。sample15_08.pyにより、それを実現できます。

sample15_08.py ディレクトリをZIPファイルに圧縮する

```
1 import shutil
2 from pathlib import Path
3
4 organized = Path(r'15\organized')
5 shutil.make_archive(r'15\archive', 'zip', organized)
```

これまで紹介したサンプルsample15_06.pyからsample15_08.pyを組み合わせて、一連の処理をsample15_09.pyへとまとめました。これで、目標とするツールの完成となります。

sample15_09.py ZIPファイルを展開・圧縮するツールのまとめ

```
1  import shutil
2  from pathlib import Path
3
4  def copy_with_organizing(from_path, to_path):
5      to_path.mkdir()
6      for p in from_path.glob('**/*'):
7          suffix = p.suffix[1:] #.を削除
8          dir = to_path / suffix
9
10         if p.is_file():
11             dir.mkdir(exist_ok=True)
12             shutil.copy2(p, dir)
13
14 extracted = Path(r'15\extracted')
15 shutil.unpack_archive(r'15\data_win.zip', extracted)
16
17 [shutil.move(p, str(p).encode('cp437').decode('cp932'))
18     for p in extracted.glob('**/*')
19 ]
20
21 organized = Path(r'15\organized')
22 copy_with_organizing(extracted, organized)
23
24 shutil.make_archive(r'15\archive', 'zip', organized)
```

15章では、shutilによるファイルやディレクトリの操作について学びました。

Pythonの組み込みモジュールではshutil、pathlibのほか、本書では詳しく触れませんでしたがzipfile、osといった複数のモジュールで、ファイルやディレクトリを操作する機能が提供されています。選択肢があるということは、どれを使うべきかを判断する必要が出てきますし、今後のアップデートでさらによい選択肢が登場するかもしれません。

ファイルやディレクトリの操作に限らず、常にどの選択肢がよいのかを考えること、また新しい情報をキャッチしておくようにしていきましょう。

16章はVS Codeとは別のPythonの実行環境である「Jupyter Notebook」についてお伝えします。

Column 3

ブラウザで Webページを開く

subprocessモジュールのPopenコンストラクタは、ブラウザでWebページを開く際にも使用できます。column3_1.pyのように、ブラウザのファイルパスと、開くURLによるシーケンスをパラメータargsに指定します。

column3_1.py 指定のフォルダを開く

```
1 import subprocess
2 
3 browser = r'C:\Program Files (x86)\Google\Chrome\Application\chrome.exe'
  #ブラウザのファイルパス
4 url = 'https://tonari-it.com'
5 subprocess.Popen((browser, url))
```

しかし、既定のブラウザで開くのであれば、組み込みモジュールwebbrowserを使うほうが便利です。以下のインポート文でインポートした上、open関数を使うことでシンプルにWebページを開けます。

```
import webbrowser
```

```
webbrowser.open(url)
```

これにより、column3_2.pyのようなシンプルなコードでWebページを開くことができます。

column3_1.py 指定のフォルダを開く

```
1 import webbrowser
2 
3 url = 'https://tonari-it.com'
4 webbrowser.open(url)
```

これまでの3回のColumnを組み合わせてpyファイルを作成することで、ダブルクリックだけでいつもの仕事を開始できるようになります。どうぞご活用ください。

Chapter 16

Jupyter Notebookで ノートブックを作ろう

16.1 ノートブックレポート更新ツールの概要

これまでPythonの開発を行うエディタとしてVS Codeを使用してきましたが、本章ではそれとは別の開発・実行ツールである「Jupyter Notebook」(ジュピターノートブック) を紹介します。

Jupyter Notebookは、段階的に実行しながらプログラミングを進めたり、その実行結果に加えてメモやグラフを追加して文書を作成したりといった、画期的なプログラミング体験を提供するツールです。

本章では、Jupyter Notebookと、それによるレポートの作成方法について学んでいきましょう。

さて、8章で店舗ごとのデータをExcelファイルに集計してレポートを作成するというツールを作成しました。本章で目指すのは、いわばその「Jupyter Notebook版」です。日々受け取るCSVファイルを元に定期的にレポートを作成するという業務を想定し、それをJupyter Notebookにより実現します。

ディレクトリ構成は以下のようになっているものとします。

```
nonpro-python
└16
  └data
    └20210301店舗A.csv
    └20210301店舗B.csv
    └...
    └20210310店舗A.csv
    └20210310店舗B.csv
```

ディレクトリ「data」に、当月分のデイリーの店舗別のデータが別々のCSVファイルとして格納されています。各ファイルの内容は、**図16-1**に示すとおりで、レコードは日時、店舗名、商品名、個数、売上で構成されています。

図16-1 CSVファイルの内容

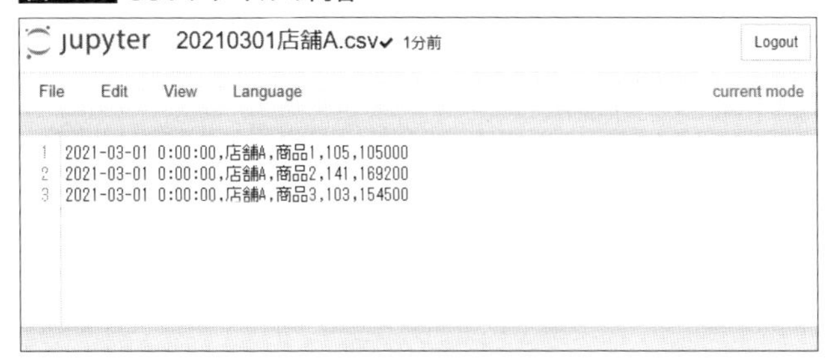

ディレクトリ「data」には、日々の店舗ごとのCSVファイルが新たに追加されていきます。これについて、毎日集計を行い、レポートを作成および報告が必要なのです。

Jupyter Notebookを用いることで、それら日々のデータの再集計と図16-2のようなレポートの作成の自動化が可能になります。

図16-2 Jupyter Notebookによるレポート

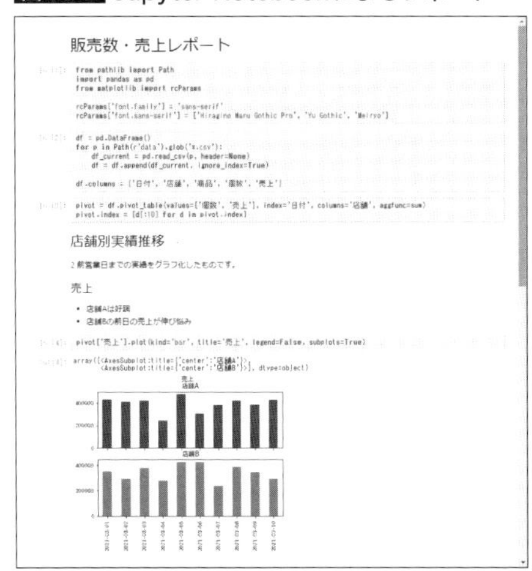

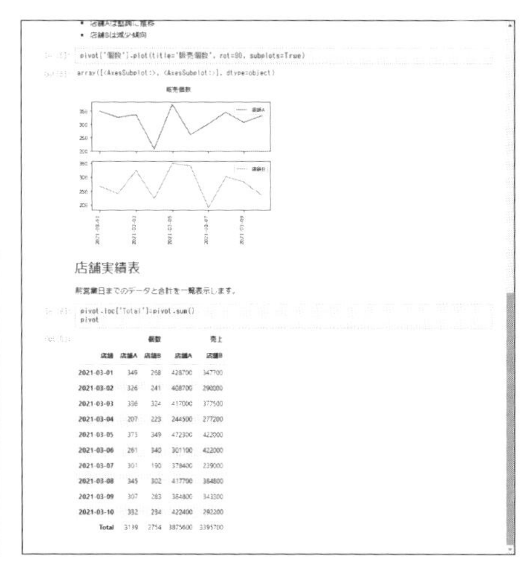

これを実現するツールについて、sample16_final.ipynbにまとめておきます。

sample16_final.ipynb ノートブックレポート更新ツール

Markdown

```
1 # 販売数・売上レポート
```

Code

```
1 from pathlib import Path
2 import pandas as pd
3 from matplotlib import rcParams
4
5 rcParams['font.family'] = 'sans-serif'
6 rcParams['font.sans-serif'] = ['Hiragino Maru Gothic Pro', 'Yu Gothic', 'Meiryo']
```

```
1  df = pd.DataFrame()
2  for p in Path(r'data').glob('*.csv'):
3      df_current = pd.read_csv(p, header=None)
4      df = df.append(df_current, ignore_index=True)
5
6  df.columns = ['日付', '店舗', '商品', '個数', '売上']
```

```
1  pivot = df.pivot_table(values=['個数', '売上'], index='日付', columns='店舗', aggfunc=sum)
2  pivot.index = [d[:10] for d in pivot.index]
```

Markdown

```
1  ## 店舗別実績推移
2  前営業日までの実績をグラフ化したものです。
```

```
1  ### 売上
2  - 店舗Aは好調
3  - 店舗Bの前日の売上が伸び悩み
```

Code

```
1  pivot['売上'].plot(kind='bar', title='売上', legend=False, subplots=True)
```

Markdown

```
1  ### 販売個数
2  - 店舗Aは堅調に推移
3  - 店舗Bは減少傾向
```

Code

```
1  pivot['個数'].plot(title='販売個数', rot=90, subplots=True)
```

Markdown

```
1  ## 店舗実績表
2  前営業日までのデータと合計を一覧表示します。
```

Code

```
1  pivot.loc['Total']= pivot.sum()
2  pivot
```

16.2 Jupyter Notebook

16.2.1 Jupyter Notebookとは

「Jupyter Notebook注1)」は、プログラムを実行・記録することができるツールで、オープンソースとして開発されているものです。読み方は「ジュピターノートブック」または「ジュパイターノートブック」です。Pythonを開発するツールとして紹介されることが多いですが、他の多くの言語をサポートしています。かつて、主な対象言語であった「Julia」「Python」「R」を組み合わせて「Jupyter」と命名されたという経緯があります。

Jupyter Notebookは機械学習やデータサイエンスなどの分野をはじめ、幅広く使用されているたいへん人気のツールで、ノンプログラマーの実務でも有効なシーンはたくさんあります。

Jupyter Notebookは、他のエディタと比較すると、以下のような特徴的な機能と操作感を持ちます。

- 「セル」単位で編集・実行
- ブラウザで動作
- 表、グラフをはじめとした出力表示機能
- MarkdownやLaTexによる入力

これらの特徴については、実際にJupyter Notebookに触れながら、詳しく紹介していきましょう。

MEMO

Jupyter Notebookの後継として「JupyterLab注2)」(ジュピターラボ)というツールがあります。執筆時点では、まだJupyter Notebookも主流ではありますが、今後はJupyterLabに移行していくということが公式にアナウンスされています。JupyterLabもAnacondaにも同梱されており、その基本的な概念や操作方法はJupyter Notebookと大きく変わりませんので、JupyterLabを使用していただいても問題はありません。JupyterLabはAnaconda Navigatorから起動できます。

注1) Jupyter Notebook公式サイト:https://jupyter.org/index.html
注2) JupyterLab公式サイト:https://jupyterlab.readthedocs.io/en/stable/

16.2.2 Jupyter Notebookの起動と画面構成

Jupyter NotebookはAnacondaに同梱されていますので、Anacondaをインストールしているのであれば、すぐに使用できます。

Jupyter Notebookを起動する場合は、Windowsメニューで「jupyter」などと検索し、表示された「Jupyter Notebook」をクリックしてください。

図16-3 Windowsメニューから Jupyter Notebookを選択

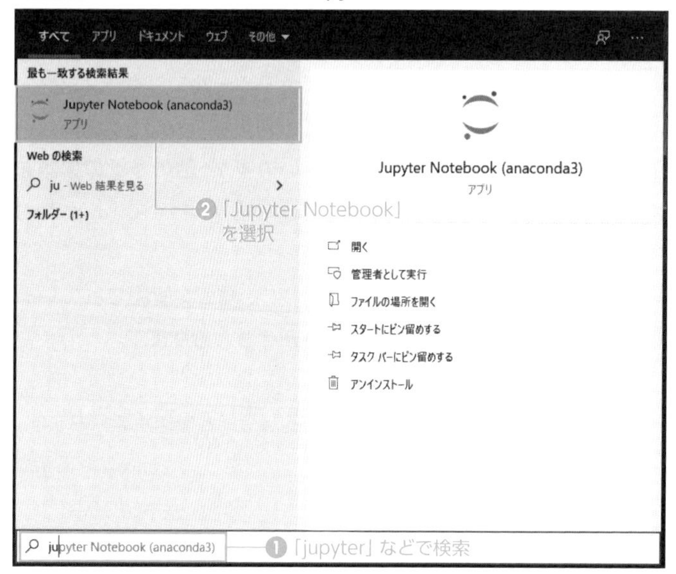

Macではターミナルでコマンド「jupyter notebook」を実行するか、Anaconda Navigatorから起動できます。

起動すると、**図16-4**のような画面がブラウザの新たなタブで開きます。この画面を「ダッシュボード」といい、ディレクトリやファイルの操作などを行うものです。

図16-4 ダッシュボード

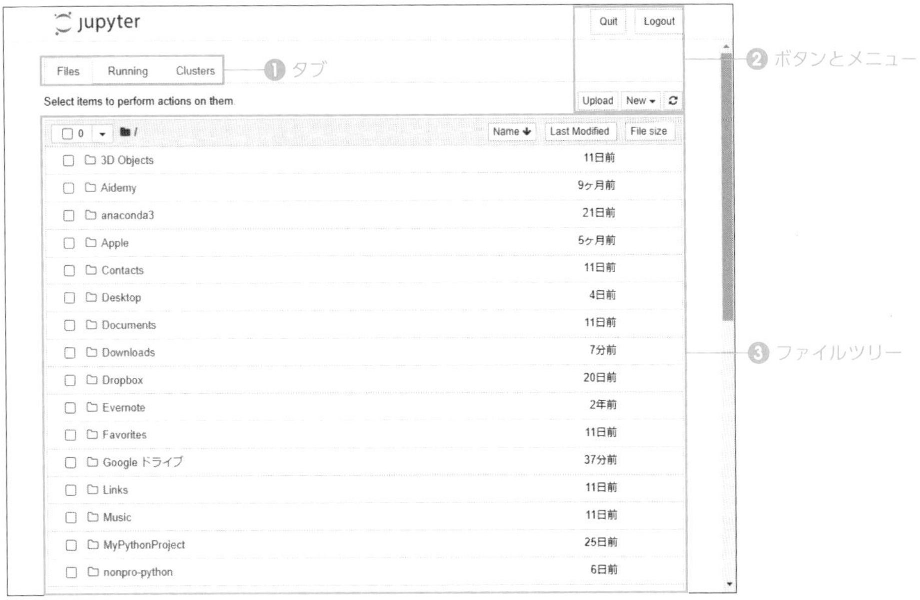

各画面の簡単な説明は以下のとおりです。具体的な操作方法は後述しますので、ここではざっと目を通しておいてください。

1. タブ
   ダッシュボードの表示を切り替えます。初期状態は「Files」でファイルツリーが表示されています。
2. ボタンとメニュー
   Jupyter Notebookの操作や、ファイルの作成・アップロードなどを行います。
3. ファイルツリー
   ディレクトリとファイル一覧が表示されており、選択して開く、コピーする、シャットダウンする、削除するなどの操作を行えます。

ダッシュボードから特定のファイル（「ノートブック」といいます）をクリックすると、**図16-5**のような画面が別のタブで開きます。この画面を「ノートブックエディタ」といい、ノートブックにPythonのコードやメモを編集したり、実行したりするものです。

図16-5 ノートブックエディタ

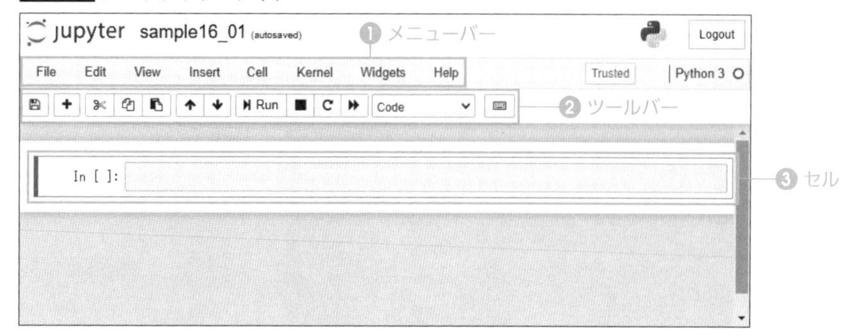

1. メニューバー
   ノートブックの編集、実行、その他に関するさまざまな操作を行うためのメニューが用意されています。
2. ツールバー
   ノートブックについての主な操作を行うためのアイコンボタンまたはプルダウンが配置されています。
3. セル
   Pythonのコードやテキストを編集する入力欄です。セル単位で操作、実行を行うことができます。

Jupyter Notebookを起動すると、もうひとつ図16-6のようなターミナルウィンドウが開いているはずです。実際の操作はブラウザで行うので、このウィンドウを直接操作することはありませんが、Jupyter Notebookの使用中は閉じないようにしましょう。実際の処理を行っている「Notebook Server」が閉じてしまい、Jupyter Notebookの操作が行えなくなります。

図16-6 ターミナルウィンドウ

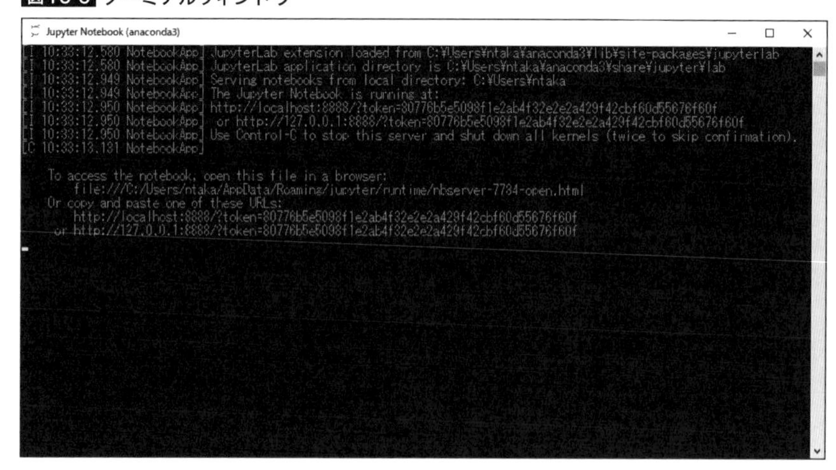

16.2.3 ディレクトリの作成

続いて、本章で使用するディレクトリをJupyter Notebookで作成しましょう。

手順どおりに進めていれば、Jupyter Notebookのダッシュボードにディレクトリ「nonpro-python」が存在してると思いますので、クリックして中に入ります（**図16-7**）。

図16-7 ディレクトリを開く

ディレクトリ「nonpro-python」内には、これまで作成した章ごとのディレクトリが存在しています。これは、これまでVS Codeで使用してきたディレクトリを、そのままJupyter Notebookでも操作できるということを表しています。目的に応じて、好みのツールを使い分けていきましょう。

では、本章用のディレクトリ「16」を作成しましょう。**図16-8**のように、右上の「New」のプルダウンメニューから「Folder」を選んでください。

図16-8 ディレクトリの作成

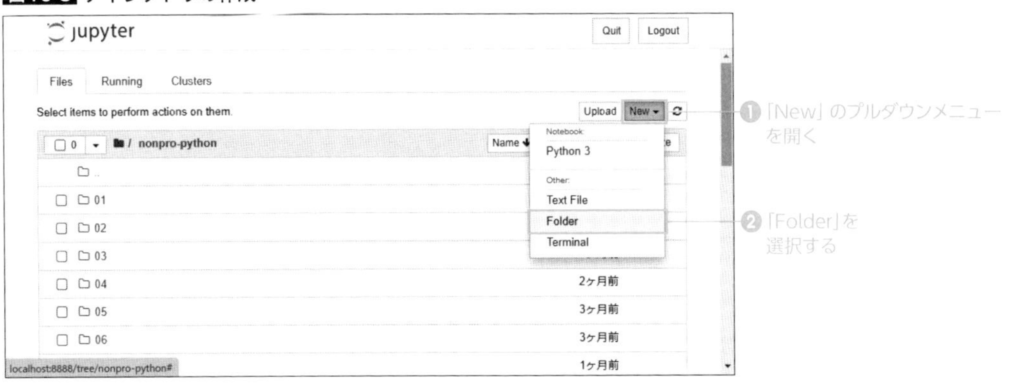

すると、現在開いているファイルツリーに「Untitled Folder」というディレクトリが作成されます。

このディレクトリ名を変更していきましょう。図16-9のように、「Untitled Folder」の左のチェックボックスにチェックを入れると、ツリーの上部に「Rename」「Mobe」およびゴミ箱(Delete Selected)のボタンで操作ができるようになります。ここでは、「Rename」をクリックします。

図16-9 ディレクトリを選択して「Rename」

「Rename directory」というダイアログが開きますので、「16」と入力して「Rename」をクリックします(図16-10)。

図16-10 ディレクトリ名の変更

これで、ディレクトリ名が「16」に変更されますので、クリックして中に入りましょう。

16.2.4 ノートブックの作成

次に、作成したディレクトリ内にPythonのコードを入力するファイルを作成していきましょう。Jupyter Notebookでは、「ノートブック(notebook)」とよばれるファイルを作成して、Pythonのコードの編集や実行を行います。ノートブックの拡張子は「.ipynb[注3]」です。

注3) Jupyter Notebookはかつて「IPython Notebook」と呼ばれていましたので、ノートブックの拡張子はその名称から定められています。

では、ディレクトリ「16」に新規のノートブックを作成します。図16-11のように、「New」のプルダウンメニューから今度は「Python 3」を選択してください。

図16-11 ノートブックの作成

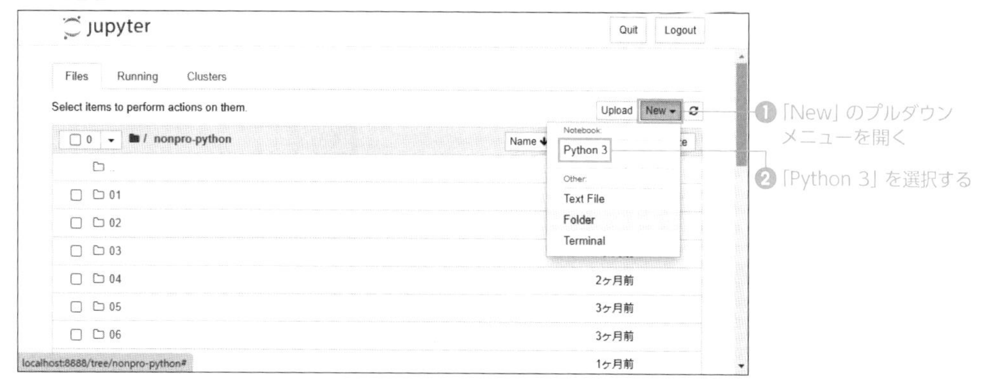

すると、図16-12のような画面が別のタブとして開きます。この画面を「ノートブックエディタ」といい、作成したノートブックの編集や実行を行う画面となります。

図16-12 作成したノートブック

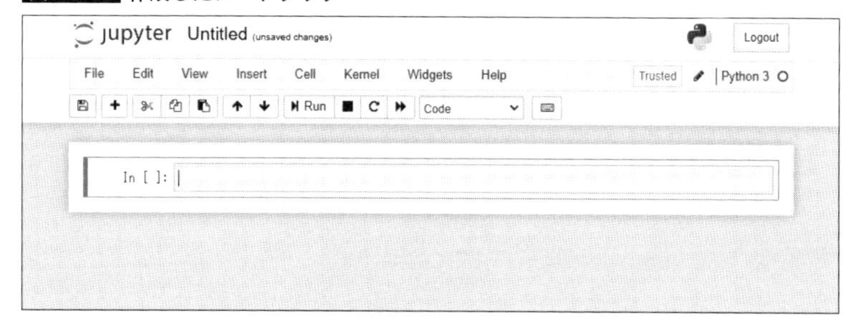

作成したノートブックはその時点では「Untitiled」という名称になっているので、変更しておきましょう。タイトル部分をクリックしてみてください（図16-13）。

図16-13 ノートブックのタイトル

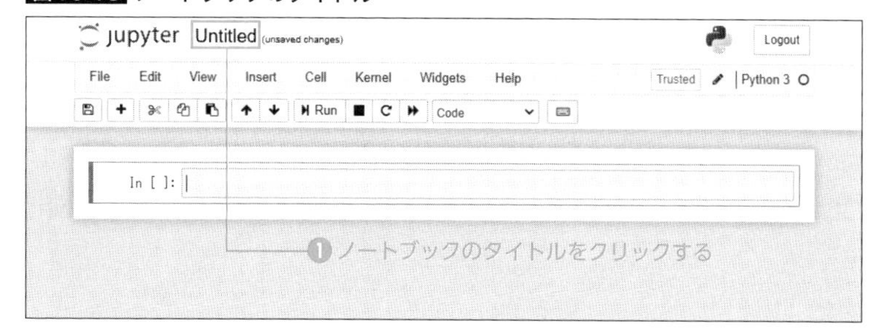

すると「Rename Notebook」というダイアログが開くので、ここではノートブック名を「sample16_01」と入力し「Rename」をクリックします（図16-14）。なお、ここで拡張子の入力は不要です。

図16-14 ノートブック名の変更

これで新規ノートブックの作成と、ノートブック名の変更ができました。ここで、ブラウザを元のタブに切り替えて、ダッシュボードのファイルツリーでも作成したノートブックを確認してみましょう。

図16-15のように、「sample16_01.ipynb」がファイルツリーに作成されているのが確認できます。拡張子も「.ipynb」となっています。

図16-15 ファイルツリー上のノートブック

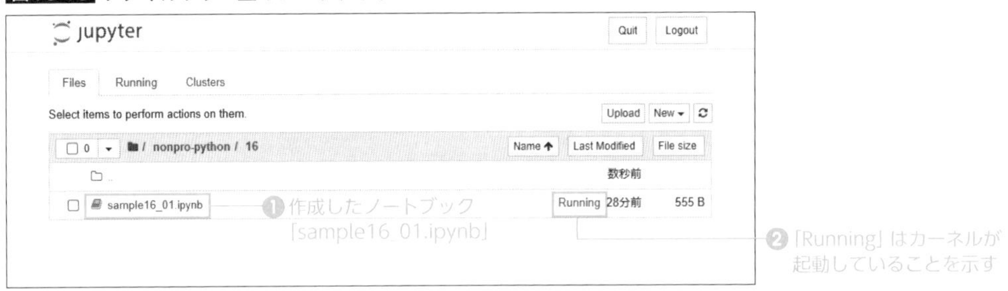

ここで、ノートブックのアイコンが緑色になっていて、かつ右側に「Running」の文字が表示されていることに注目してください。これは、このノートブックの実行を行っている「カーネル（kernel）」と呼ばれるソフトウェアが実行中であることを示します。カーネルは、ノートブックを作成したり、開いたりすると、個別のノートブックごとに起動します。ノートブックのタブを閉じただけではカーネルが起動したままですので、不要なノートブックはシャットダウンするとよいでしょう。

ノートブックをシャットダウンするには、ファイルツリーで選択して、表示された「Shutdown」をクリックします（図16-16）。

図16-16 ノートブックをシャットダウンする

すると、図16-17のようにノートブックのアイコンが灰色になります。これはこのノートブックがシャットダウンしていることを示します。

図16-17 シャットダウンしたノートブック

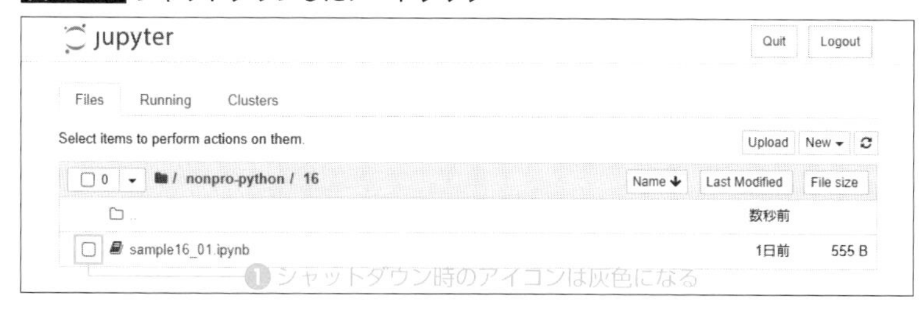

またノートブックをクリックすると、ノートブックが別のタブで開きつつ、そのカーネルも起動します。

16.2.5 セルの入力と実行

では、ノートブックにPythonのコードを入力して、実行をしてみましょう。先ほど作成した「sample16_01.ipynb」をファイルツリーからクリックして、再度ノートブックエディタで開いてください。

青い枠で囲まれている枠がありますが、これを「セル（cell）」といいます。このセルの中にPythonのコードを入力します。

図16-18 ノートブックとセル

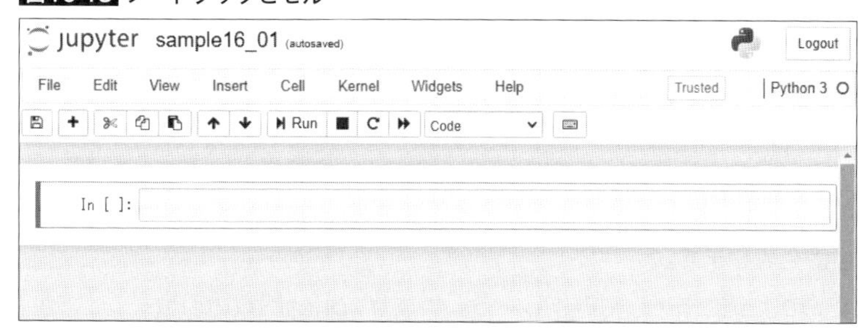

セルの入力欄をクリックすると、セルの枠が緑色に変わり、そのセルの編集ができるようになります。このセルの状態を「エディットモード」といいます。なお、セルの枠が青色の状態は「コマンドモード」といい、セルに対して移動、コピー、削除などといった操作を行うことができるモードです。

では、以下のコードをセルに入力してみましょう。

Code

```
In:  1 msg = 'Hello Python!'
     2 print(msg)
```

入力が完了すると、図16-19のようになります。このように、1つのセルの中には複数行のコードを入力できます。

図16-19 セルにコードを入力

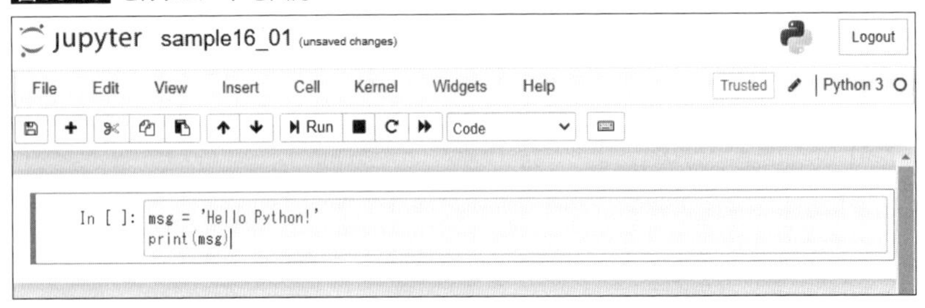

入力が完了したら、セルを実行してみましょう。セルを実行する際には、セルの選択時に [Ctrl] + [Enter] を押下します。すると、図16-20のように、セルの下に「Hello Python!」というようにprint関数による出力が表示されます。

図16-20 セルにコードを入力

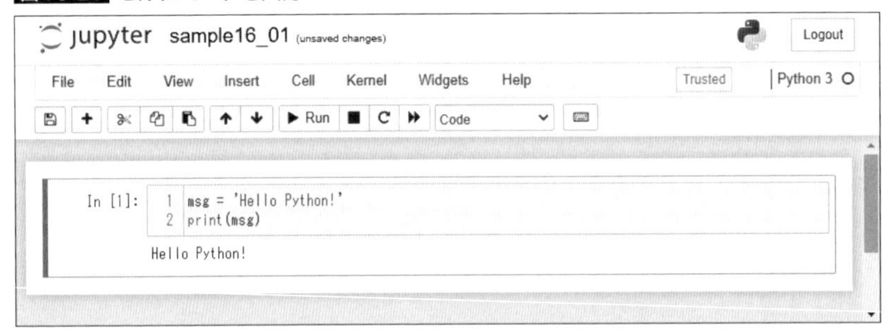

同時に、セルの左側の角かっこ内に「In [1]: 」と数字が表示されます。これは、このノートブック内でこのセルが実行された順番を表します。

では続いて、このセルを以下のように修正してみましょう。つまり、print関数の引数を「はだか」の状態でセル書き込みます。

Code

```
In:  1 msg = 'Hello Python!'
     2 msg
```

再度 [Ctrl] + [Enter] で実行すると、**図16-21**のように「'Hello Python!'」と出力が表示されます。

図16-21 セルにコードを入力

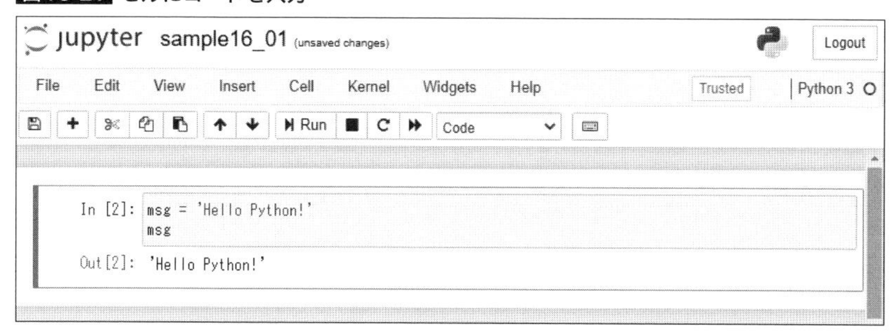

セルの実行をしたとき、セルの最後の行に式が記述されている場合、それが出力表示される仕組みになっています。つまり、変数や関数の戻り値など、何らかの式の内容を確認したいときに、わざわざprint関数を使わずともよいということになります。この表示機能は、pandasのデータフレームにも対応していて、見栄え良く表示をしてくれるので、データ処理をしているときに、たいへん役に立ちます。

また、セルの左側に「In [2]: 」および出力の左側に「Out [2]: 」と表示されたことにも注目してください。これは、このノートブックで2番目に実行されたことを表します。

さらに、**図16-21**の状態で [a] キーを入力してみてください。これは、コマンドモード時のショートカットキーで、現在のセルの上にセルを挿入するコマンドです。**図16-22**のように、新たなセルが挿入されます。

図16-22 上にセルを挿入

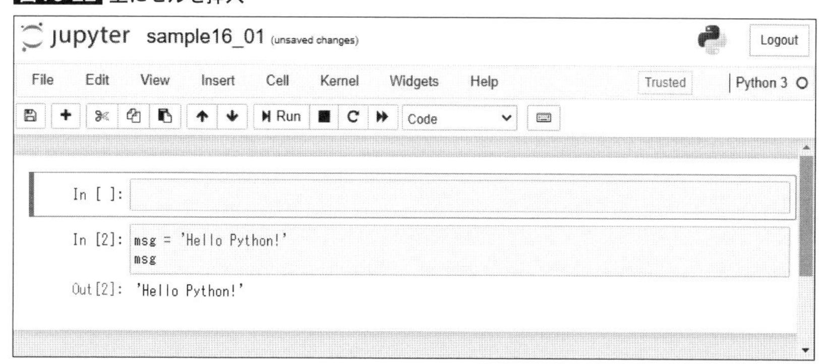

新たに挿入したセルに、以下を入力して実行してみましょう。

Code

```
msg + ' and Jupyter!'
```

実行結果は、**図16-23**のようになります。

図16-23 上のセルを実行

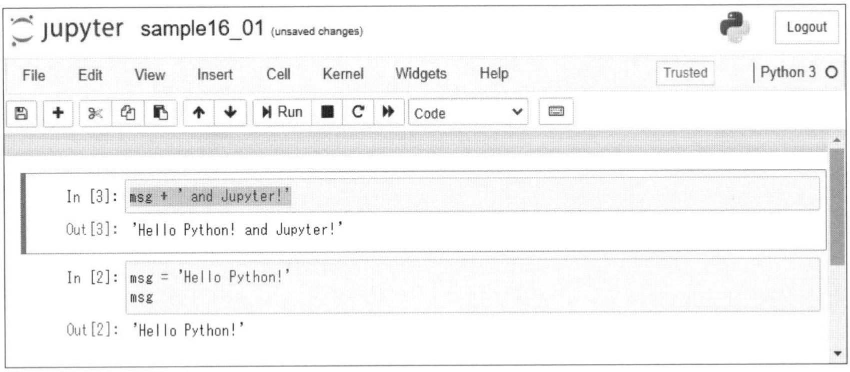

```
In [3]: msg + ' and Jupyter!'
Out[3]: 'Hello Python! and Jupyter!'

In [2]: msg = 'Hello Python!'
        msg
Out[2]: 'Hello Python!'
```

下のセルの以前の実行結果がノートブックに保持されていて、それを用いた結果が出力されたわけです。このように、Jupyter Notebookにおいては、セルが上から順番どおりに実行がされるというわけではありません。セル単位で、都度の編集や実行を行うことができますので、現在の状態を確認した後に、セルの編集や新規セルの追加を行うといった、ステップバイステップでの作業を進めていくことができます。

これは、pandasでデータの内容を確認しながら集計作業を進めたり、seleniumでブラウザの状態を見ながらスクレイピングツールを開発したりといった、試行錯誤が必要な作業にとてもマッチしています。

一方で、ある程度完成したノートブックについて、すべてのセルを上から順番に実行したいということもあります。その場合は、メニュー「Cell」→「Run All」で実行可能です。また、出力をすべてクリアしたいときには、メニュー「Cell」→「All Output」→「Clear」で行うことができます。

さらに、入出力のナンバリングをリセットしたい場合はカーネルを再起動します。メニュー「Kernel」→「Restart」からカーネルの再起動を行えます。

なお、デフォルトではノートブックは自動保存される設定になっていますので、とくにノートブックの保存をする必要はありません。編集してから保存まで少しのタイムラグがありますので、すぐにノートブックを保存したい場合は ショートカットキー [Ctrl] + [S] または [⌘] + [S] 、もしくはツールバーの保存アイコン (Save and Checkpoint) を使うこともできます。

16.2.6 ショートカットキー

Jupyter Notebookではコマンドモードとエディットモードで使用できる便利なショートカットキーが用意されています。主なショートカットキーを**表16-1**にまとめていますので、練習して使いこなせるようにするとよいでしょう。

表16-1 Jupyter Notebookの主なショートカットキー

モード	メニュー	操作	Windows	Mac
コマンドモード	切り替え	セルをエディットモードに切り替える	[Enter]	↩
		セルをcodeタイプに切り替える	[Y]	Y
		セルをmarkdownタイプに切り替える	[M]	M
	実行	セルを実行する	[Ctrl] + [Enter]	^↩
		セルを実行して、次のセルに移動する	[Shift] + [Enter]	⇧↩
		セルを実行して、次のセルを追加する	[Alt] + [Enter]	⌥↩
	操作	セルを上に追加	[A]	A
		セルを下に追加	[B]	B
		セルのコピー	[C]	C
		セルのペースト	[V]	V
		セルの削除	[D][D]	DD
	その他	ノートブックを保存する	[Ctrl] + [S]	⌘S
		行数を表示する	[L]	L
		キーボードショートカットの表示	[H]	H
エディットモード	切り替え	セルをコマンドモードに切り替える	[Esc]	Esc
	実行	セルを実行する	[Ctrl] + [Enter]	^↩
		セルを実行して、次のセルに移動する	[Shift] + [Enter]	⇧↩
		セルを実行して、次のセルを追加する	[Alt] + [Enter]	⌥↩
	編集	インデント	[Tab]	⇥
		全てを選択	[Ctrl] + [A]	⌘A
		元に戻す（アンドゥ）	[Ctrl] + [Z]	⌘Z
		やり直し（リドゥ）	[Ctrl] + [Y]	⌘Y
		行を削除	[Ctrl] + [D]	⌘D
		コメント	[Ctrl] + [/]	⌘/
		コード補完	文字入力後に[Tab]	文字入力後に⇥
		単語単位で移動	[Ctrl] + [←] または [→]	⌥←または→
		単語単位で移動選択	[Ctrl] + [Shift] + [←] または [→]	⌥⇧←または→
	その他	ドキュメントを表示する	[Shift] + [Tab]	⇧⇥
		ノートブックを保存する	[Ctrl] + [S]	⌘S

また、これ以外にもショートカットキーが用意されていますので、コマンドモードでショートカットキー[H]でヘルプを表示してチェックしてみてください。

16.3 Markdownで文書を作る

16.3.1 MarkdownとJupyter Notebook

Jupyter Notebookは「Markdown（マークダウン）」と呼ばれる記法を用いて、ノートブック内に文書を埋め込むことができます。Markdownとは、単純な記号とテキストの組み合わせで記述する文書の「書き方」です。HTMLに変換することができるので、GitHubやStack Overflow、Qiitaなど多くのサービスにおいて、ユーザーが文書を投稿する際に使用されています。

たとえば、見出しはHTMLでは「<h2>タイトル</h2>」と開始タグと終了タグを用いて表現されますが、Markdownであれば「## タイトル」とシンプルに記述できます。

では試しに、Jupyter NotebookでMarkdownを使ってみましょう。「**sample16_02**」というノートブックを作成してください。

コマンドモードにした状態で、ツールバーのプルダウンから「Markdown」を選択してください（図16-24）。

図16-24 セルのタイプをMarkdownに変更する

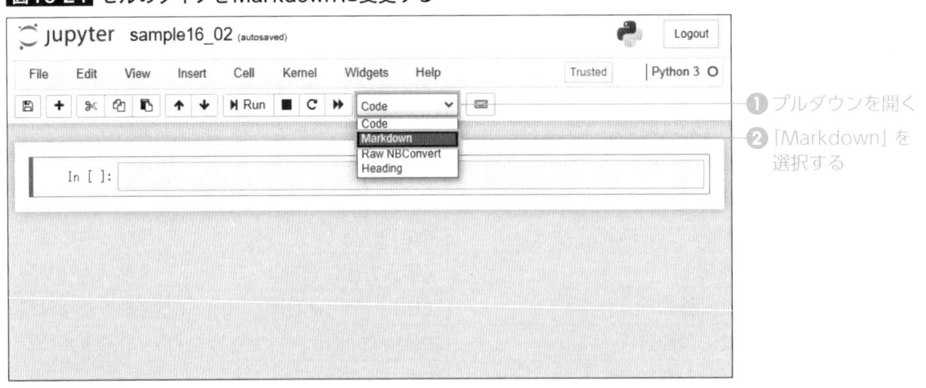

すると、図16-25のようにセルの左側から「In []:」の表示が消えます。

図16-25 Markdownタイプのセル

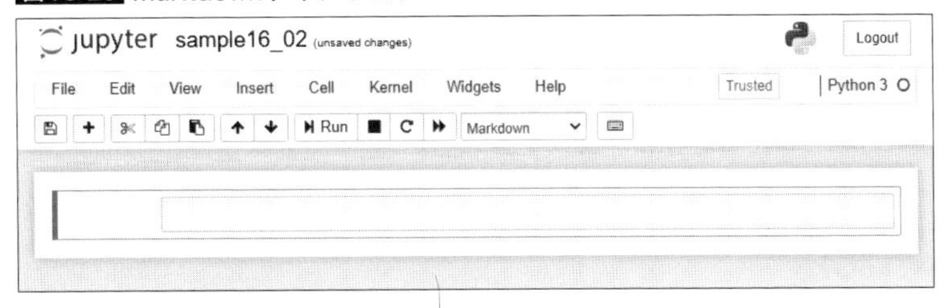

これはそのセルのタイプが「Markdown」になったことを表します。これで、Markdownの入力が可能になりましたので、以下のMarkdown注4)を入力して、[Ctrl] + [Enter] で確定してみましょう。

Markdown

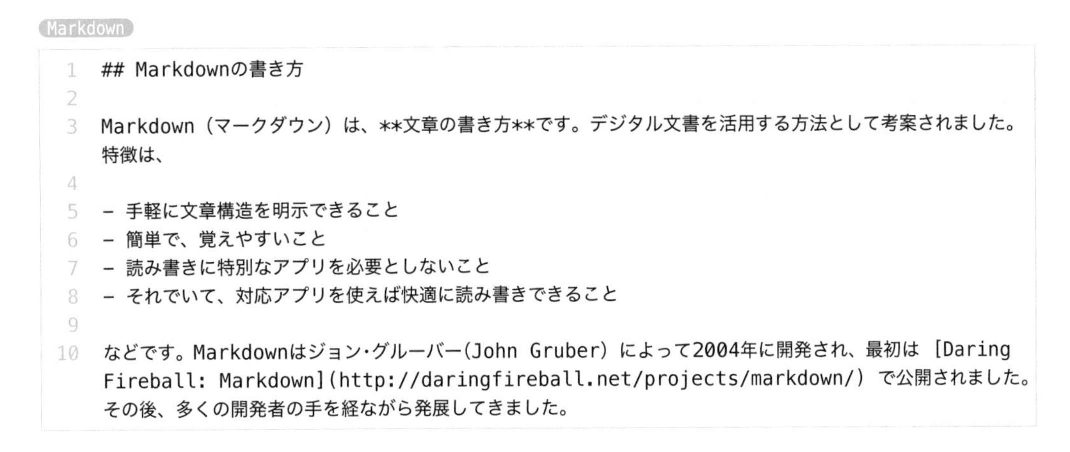

```
1  ## Markdownの書き方
2
3  Markdown（マークダウン）は、**文章の書き方**です。デジタル文書を活用する方法として考案されました。
   特徴は、
4
5  - 手軽に文章構造を明示できること
6  - 簡単で、覚えやすいこと
7  - 読み書きに特別なアプリを必要としないこと
8  - それでいて、対応アプリを使えば快適に読み書きできること
9
10 などです。Markdownはジョン・グルーバー(John Gruber) によって2004年に開発され、最初は [Daring
   Fireball: Markdown](http://daringfireball.net/projects/markdown/) で公開されました。
   その後、多くの開発者の手を経ながら発展してきました。
```

すると、図16-26のように、きれいな表示に整えられます。

図16-26 Markdownの表示

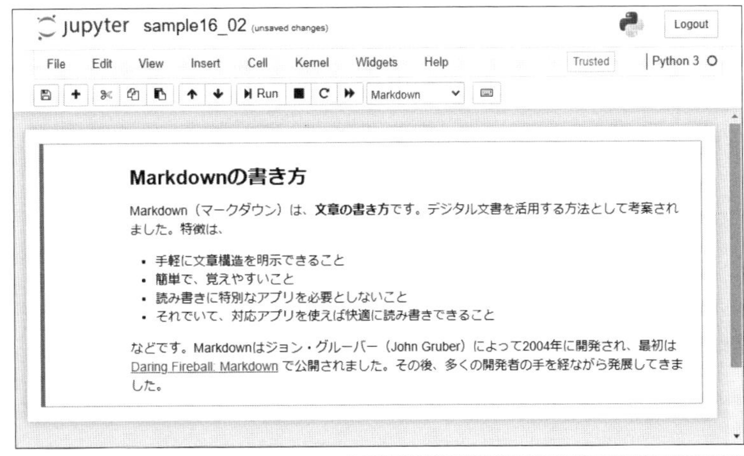

注4)　日本Markdownユーザー会の「Markdownとは」(https://www.markdown.jp/what-is-markdown/)から引用

このように、Markdownを使用することで、ノートブックの中に見栄えのよい文書を、簡単な記法で挿入することができるのです。

なお、セルのタイプの切り替えにはショートカットキーが用意されています。コマンドモードの [M] でMarkdownに、[Y] でCodeに切り替えることができますので、ぜひ覚えておきましょう。

16.3.2 Markdown記法

16.3.2.1 段落

では、Markdownの書き方を1つひとつ見ていきます。先ほどの「sample16_02」の続きにMarkdownタイプのセルを挿入して一緒に入力しながら、確認していきましょう。

まず、段落です。Markdownでは、空行を挿入することで段落を分けます。

Markdown

```
これはひとつめの段落です。

空行をはさんだこちらの段落はふたつめの段落になります。
```

ノートブックでの表示は図16-27のようになります。

図16-27 段落

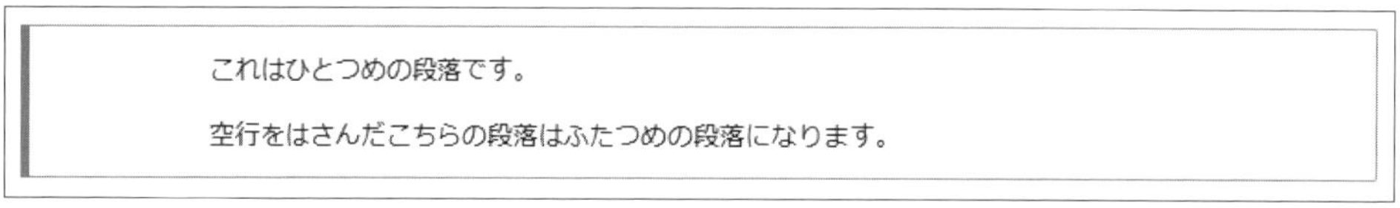

これはひとつめの段落です。

空行をはさんだこちらの段落はふたつめの段落になります。

見栄えとして大きな変化はありませんが、段落は文書内のまとまりを作る重要な役割を果たしています。空行を開けると別のまとまりになるということを意識しておくとよいでしょう。

16.3.2.2 見出し

文書において、見出しはとても重要です。見出しの構成が、文書の構造をつかさどるからです。

Markdownでは、ハッシュ記号 (#) を1つから6つ記述し、その後にテキストを記述します。1がもっとも大きい見出しで、数が小さくなるにつれて小さい見出しとなります。

Markdown

```
# 見出し1
## 見出し2
### 見出し3
#### 見出し4
##### 見出し5
###### 見出し6
```

図16-28がノートブックでの表示になります。

図16-28 見出し

見出し1は、文書全体のタイトルなどを表すことが多いです。たとえば、書籍でいえば、書籍タイトルが見出し1、章が見出し2、節が見出し3、……というように間を飛ばさず、順番かつ入れ子にして使用するのが基本です。

16.3.2.3 強調／斜体／引用／インラインコード

あるテキスト部分を強調するには、その部分をアスタリスク記号2つ（**）で囲みます。アスタリスク記号1つ（*）で囲むと斜体になりますが、これは日本語などの2バイト文字には無効です。

引用を表現するには、大なり記号（>）と半角スペースに続いてテキストを入力します。文書にインラインコードを記述する場合は、バックティック記号（`）でその部分を囲みます。

Markdown

```
アスタリスク2つではさむと、**強調**になります。

アスタリスク1つではさむと*Italic*ですが、2バイト文字には無効です。

> 大なり記号、半角スペースに続けた部分は引用になります。
>
> 複数行を引用とすることもできます。

バックダッシュ1つではさむと`Inline Code`になります。
```

上記Markdownの表示結果が図16-29になります。

図16-29 強調／斜体／引用／インラインコード

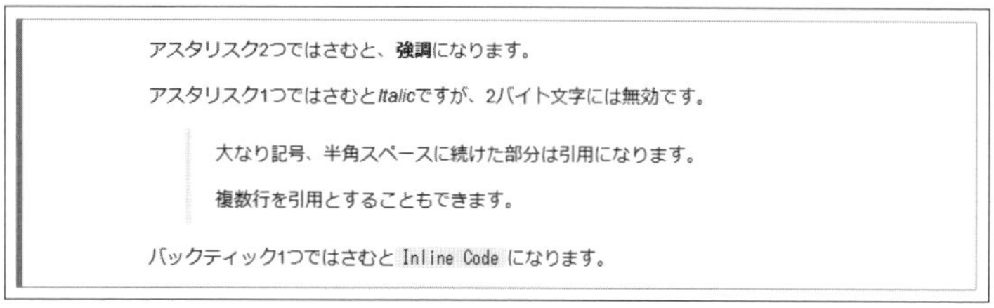

アスタリスク2つではさむと、**強調**になります。

アスタリスク1つではさむと*Italic*ですが、2バイト文字には無効です。

> 大なり記号、半角スペースに続けた部分は引用になります。
>
> 複数行を引用とすることもできます。

バックティック1つではさむと`Inline Code`になります。

16.3.2.4 リストと番号付きリスト

箇条書きには2種類が用意されています。記号で箇条書きを表現する「リスト」と、番号が付番されている「番号付きリスト」です。

リストは、ハイフン記号 (-) と半角スペースに続いてテキストを入力し、それを複数列挙することで記述します。階層を深くしたい場合には、ハイフンの前に半角スペースを2つ入れます。

番号付きリストは、半角数字と半角スペースに続いてテキストを入力します。その他の記法についてはリストと同様です。

Markdown

```
- リスト1
- リスト2
  - リスト2-1
  - リスト2-2
- リスト3

1. 番号付きリスト1
2. 番号付きリスト2
  1. 番号付きリスト2-1
  2. 番号付きリスト2-2
3. 番号付きリスト3
```

図16-30が、リストと番号付きリストの表示になります。

図16-30 リストと番号付きリスト

- リスト1
- リスト2
  - リスト2-1
  - リスト2-2
- リスト3

1. 番号付きリスト1
2. 番号付きリスト2
   A. 番号付きリスト2-1
   B. 番号付きリスト2-2
3. 番号付きリスト3

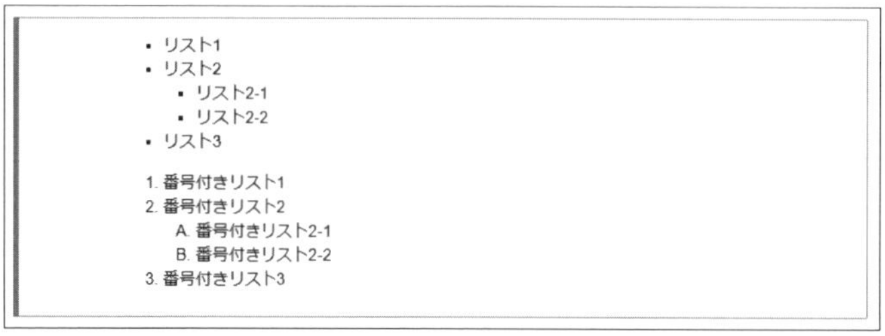

16.3.2.5 リンクと画像の挿入

文書内にリンクや画像を挿入することも可能です。

リンクを挿入するには、角括弧（[]）内にリンクテキスト、その後の丸括弧内にリンクURLを記述します。

画像を挿入するには、エクスクラメーション記号（!）に続けて角括弧（[]）に画像のテキスト、その後の丸括弧内に画像のファイルパスまたは画像のリンクURLを記述します。

Markdown

```
1 角括弧でサイト名、丸括弧でURLを記述して[いつも隣にITのお仕事](https://tonari-it.com)のように
  リンクを挿入することができます。
2
3 また、エクスクラメーションマークと角括弧に画像名、丸括弧にファイルパスで画像ファイルを挿入することがで
  きます。
4 ![猫](./photo4.JPG)
```

図16-31がその表示結果となります。

図16-31 リンクと画像の挿入

角括弧でサイト名、丸括弧でURLを記述していつも隣にITのお仕事のようにリンクを挿入することができます。

また、エクスクラメーションマークと角括弧に画像名、丸括弧にファイルパスで画像ファイルを挿入することができます。

16.3.2.6 表

Markdownで表を表現するには、以下のような記法を用います。

Markdown

```
|見出し1|見出し2|
|-|-|
|内容1-1|内容1-2|
|内容2-1|内容2-2|
```

セルはパイプ記号(|)で区切ることで、行は改行で区切ることで表現します。見出し行と、データ行の間には、ハイフン記号(-)のみのセルを列数分記述します。

上記の表示結果が図16-32となります。各部のスタイルが自動的に適用されて整えられていることがわかります。

図16-32 表

見出し1	見出し2
内容1-1	内容1-2
内容2-1	内容2-2

これらMarkdown記法を上手に活用して、見栄えのよいノートブックを作成していきましょう。

16.4 pandasによる集計とグラフ作成

16.4.1 CSVファイルをまとめる

ここからはJupyter Notebookでpandasを使って集計やグラフ作成をする方法を見ていきましょう。

本章の冒頭でお伝えしたシチュエーションを再掲します。ディレクトリ構成は以下のようになっているものとして、各CSVファイルの内容は**図16-33**に示します。

```
nonpro-python
└16
  └data
    └20210301店舗A.csv
    └20210301店舗B.csv
    └…
    └20210310店舗A.csv
    └20210310店舗B.csv
```

図16-33 CSVファイルの内容

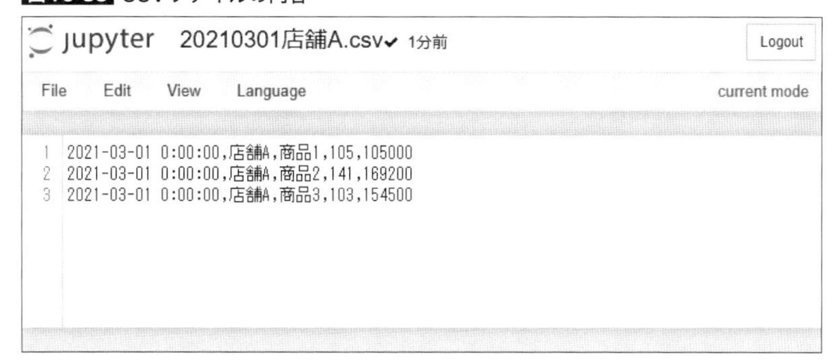

まず、すべてのCSVを読み取り、1つのデータフレームにまとめるコードを作ってみましょう。ディレクトリ「16」の配下に「**sample16_03.ipynb**」を作り、ノートブックに以下のようにセルを作成、上から順に実行してみましょう。

sample16_03.ipynb CSVファイルのデータをまとめる

Code

In:
```
from pathlib import Path
import pandas as pd
```

In:
```
df = pd.DataFrame()
for p in Path(r'data').glob('*.csv'):
    df_current = pd.read_csv(p, header=None)
    df = df.append(df_current, ignore_index=True)

df.columns = ['日付', '店舗', '商品', '個数', '売上']
df.head()
```

Out:

	日付	店舗	商品	個数	売上
0	2021-03-01 0:00:00	店舗A	商品1	105	105000
1	2021-03-01 0:00:00	店舗A	商品2	141	169200
2	2021-03-01 0:00:00	店舗A	商品3	103	154500
3	2021-03-01 0:00:00	店舗B	商品1	69	69000
4	2021-03-01 0:00:00	店舗B	商品2	66	79200

In:
```
df.tail()
```

Out:

	日付	店舗	商品	個数	売上
55	2021-03-10 0:00:00	店舗A	商品2	142	170400
56	2021-03-10 0:00:00	店舗A	商品3	124	186000
57	2021-03-10 0:00:00	店舗B	商品1	78	78000
58	2021-03-10 0:00:00	店舗B	商品2	66	79200
59	2021-03-10 0:00:00	店舗B	商品3	90	135000

ディレクトリ「data」内のすべてのCSVデータが、まとめられて1つのデータフレームを構成しました。ここまではpathlibとpandasの復習ですね。

16.4.2 ピボットテーブルと集計

ここからはJupyter Notebookでpandasを使って集計やグラフ作成をする方法を見ていきましょう。

さて、各CSVファイルをまとめたデータフレームですが、たとえば「店舗別にデイリーの個数、売上を集計したい」などという場合にどうすればよいでしょうか。

そのようなときは、pivot_tableメソッドにより「ピボットテーブル(pivot table)」を作成すると便利です。ピボットテーブルとは、Excelなどの表計算ソフトでおなじみの機能で、データを項目ごとにグルーピングをして合計、平均などの集計を行うことができます。

pandasで提供されているpivot_tableメソッドは、もととなるデータフレームをdfとすると、以下のように記述します。

```
df.pivot_table(values=None, index=None, columns=None, aggfunc='mean')
```

各パラメータの役割は以下のとおりで、カラムにはそれを表す文字列を指定します。パラメータvaluesにはカラム名のリストを指定します。

- values: 集計対象とするカラム
- index: インデックスとして使用するカラム
- columns: カラムとして使用するカラム
- aggfunc: 集計方法を表す関数（デフォルト: numpy.mean）

パラメータaggfuncには集計方法を表す関数を指定します。デフォルトでは、平均を集計するnumpyのmean関数が適用されており、pythonの組み込み関数である、sum関数、min関数、max関数も指定できます。

戻り値は、ピボットテーブル化したデータフレームです。

では、ピボットテーブルを作成してみましょう。**sample16_04.ipynb**をご覧ください。

なお、皆さんは、先ほどのノートブック「sample16_03.ipynb」またはそのコピーに修正を加えることで、このノートブックを作成していただいても構いません。

sample16_04.ipynb ピボットテーブルの作成

Code

In:
```
1 from pathlib import Path
2 import pandas as pd
```

In:
```
1 df = pd.DataFrame()
2 for p in Path(r'data').glob('*.csv'):
3     df_current = pd.read_csv(p, header=None)
4     df = df.append(df_current, ignore_index=True)
5
6 df.columns = ['日付', '店舗', '商品', '個数', '売上']
```

In:
```
1 pivot = df.pivot_table(values=['個数', '売上'], index='日付', columns='店舗',
  aggfunc=sum)
2 pivot
```

Out:

	個数		売上	
店舗	店舗A	店舗B	店舗A	店舗B
日付				
2021-03-01 0:00:00	349	268	428700	347700
2021-03-02 0:00:00	326	241	408700	290000
2021-03-03 0:00:00	336	324	417000	377500
2021-03-04 0:00:00	207	223	244500	277200
2021-03-05 0:00:00	375	349	472300	422000
2021-03-06 0:00:00	261	340	301100	422000
2021-03-07 0:00:00	301	190	378400	239000
2021-03-08 0:00:00	345	302	417700	384800
2021-03-09 0:00:00	307	283	384800	343300
2021-03-10 0:00:00	332	234	422400	292200

このように、簡単に項目別の集計を行うことができます。pivot_tableメソッドの戻り値もデータフレームですから、Jupyter Notebookの出力機能で見栄えよく可視化できます。

もし、ピボットテーブルのイメージがわかない場合は、Jupyter Notebook上でいろいろなパラメータ設定をしてデータフレームを出力してみてください。Excelなどで触れてみるのも効果的です。

16.4.3 データフレームの選択と集計

前節で作成したピボットテーブルですが、個数または売上のデータだけを取り出すにはどうすればよいでしょうか。また、最終行に合計値を集計した行を追加したい場合にはどうすればよいでしょうか。ここでは、データフレームから部分データを取り出したり、新たな行を追加したりする方法を見ていきましょう。

まず、データフレームから特定のカラムだけを取り出す方法ですが、これはとても簡単です。以下のように、データフレームdfの後の角括弧にカラム名を指定すれば、その部分データを取り出すことができます。

```
df[カラム名]
```

指定したカラム名をもとに、部分データをデータフレームまたはシリーズとして取り出します。また、複数のカラム名を要素に持つリストを指定すると、複数のカラムを持つデータフレームを取り出すことができます。

では、sample16_05.ipynbにより、部分データの取り出しについて確認してみましょう。

sample16_05.ipynb 部分データを取り出す

Code

In:
```
1 from pathlib import Path
2 import pandas as pd
```

In:
```
1 df = pd.DataFrame()
2 for p in Path(r'data').glob('*.csv'):
3     df_current = pd.read_csv(p, header=None)
4     df = df.append(df_current, ignore_index=True)
5 
6 df.columns = ['日付', '店舗', '商品', '個数', '売上']
```

In:
```
1 pivot = df.pivot_table(values=['個数', '売上'], index='日付', columns='店舗',
  aggfunc=sum)
```

In:
```
1 pivot['売上']
```

Out:

店舗	店舗A	店舗B
日付		
2021-03-01 0:00:00	428700	347700
2021-03-02 0:00:00	408700	290000
2021-03-03 0:00:00	417000	377500
2021-03-04 0:00:00	244500	277200
2021-03-05 0:00:00	472300	422000
2021-03-06 0:00:00	301100	422000
2021-03-07 0:00:00	378400	239000
2021-03-08 0:00:00	417700	384800
2021-03-09 0:00:00	384800	343300
2021-03-10 0:00:00	422400	292200

In:
```
1 pivot['売上']['店舗A']
```

Out:
```
1 日付
2 2021-03-01 0:00:00    428700
3 2021-03-02 0:00:00    408700
4 2021-03-03 0:00:00    417000
5 2021-03-04 0:00:00    244500
6 2021-03-05 0:00:00    472300
7 2021-03-06 0:00:00    301100
8 2021-03-07 0:00:00    378400
9 2021-03-08 0:00:00    417700
10 2021-03-09 0:00:00    384800
11 2021-03-10 0:00:00    422400
12 Name: 店舗A, dtype: int64
```

ピボットテーブルのカラム「売上」は店舗Aと店舗Bのカラムを持ちますので、「pivot['売上']」はデータフレームとなります。さらに加えて「pivot['売上']['店舗A']」とすることで、店舗Aの売上を取り出すことができますが、この場合はカラム数がひとつになるためシリーズとして取り出します。

では、続いて合計行の追加を見ていきましょう。行の追加というと、appendメソッドを想起しますが、存在しないインデックス行に対して、集計したシリーズを代入するという手順でも可能です。

まず、データフレームの集計ですが、合計を求めるsumメソッド、平均値を求めるmeanメソッド、最大値を求めるmaxメソッド、最小値を求めるminメソッドを使用できます。データフレームをdfとすると、書式はそれぞれ以下のとおりです。

```
df.sum(axis=None)
df.mean(axis=None)
df.max(axis=None)
df.min(axis=None)
```

パラメータaxisには、集計の方向を指定します。デフォルトでは行方向に集計をします。1または文字列「'columns'」を指定すると列方向の集計となります。なお、これらのメソッドによる戻り値はシリーズになります。

sample16_06.ipynbにより、データフレームの合計値と最大値を求めてみましょう。

sample16_06.ipynb データフレームの集計

Code

```
In:
1 from pathlib import Path
2 import pandas as pd

In:
1 df = pd.DataFrame()
2 for p in Path(r'data').glob('*.csv'):
3     df_current = pd.read_csv(p, header=None)
4     df = df.append(df_current, ignore_index=True)
5
6 df.columns = ['日付', '店舗', '商品', '個数', '売上']

In:
1 pivot = df.pivot_table(values=['個数', '売上'], index='日付', columns='店舗', 
  aggfunc=sum)

In:
1 pivot.sum()

Out:
1     店舗
2 個数  店舗A      3139
3       店舗B      2754
4 売上  店舗A   3875600
5       店舗B   3395700
6 dtype: int64

In:
1 pivot.max()

Out:
1      店舗
2 個数  店舗A      375
3       店舗B      349
4 売上  店舗A   472300
5       店舗B   422000
6 dtype: int64
```

続いて、データフレームに集計行を追加するために使用するloc属性を紹介します。loc属性を使用すると、より細かい条件によるデータフレームの行および列の集合の取得を行うことができます。書式は以下のとおりです。

```
df.loc[インデックス名, カラム名]
```

インデックス名またはカラム名には、それを表す文字列もしくはそれらによるリストを指定します[注5)]。戻り値は、指定の方法によりデータフレーム、シリーズ、値となります。

では、これらについてサンプルを用いて、その動作を確認してみましょう。sample16_07.ipynbをご覧ください。

sample16_07.ipynb loc属性によるデータフレームの選択

Code

In:
```
1 from pathlib import Path
2 import pandas as pd
```

In:
```
1 df = pd.DataFrame()
2 for p in Path(r'data').glob('*.csv'):
3     df_current = pd.read_csv(p, header=None)
4     df = df.append(df_current, ignore_index=True)
5
6 df.columns = ['日付', '店舗', '商品', '個数', '売上']
```

In:
```
1 pivot = df.pivot_table(values=['個数', '売上'], index='日付', columns='店舗',
  aggfunc=sum)
```

In:
```
1 pivot.loc['2021-03-05 0:00:00']
```

Out:
```
1       店舗
2 個数  店舗A       375
3       店舗B       349
4 売上  店舗A    472300
5       店舗B    422000
6 Name: 2021-03-05 0:00:00, dtype: int64
```

In:
```
1 pivot.loc['2021-03-05 0:00:00', '売上']
```

Out:
```
1 店舗
2 店舗A    472300
3 店舗B    422000
4 Name: 2021-03-05 0:00:00, dtype: int64
```

In:
```
1 pivot.loc[:, '売上']
```

注5) さらに、条件式を満たす要素かどうかを表す「ブール配列」を指定することも可能です。詳しくは公式ドキュメントなどをご覧ください。https://pandas.pydata.org/docs/reference/api/pandas.DataFrame.loc.html?highlight=loc

Out:

店舗	店舗A	店舗B
日付		
2021-03-01 0:00:00	428700	347700
2021-03-02 0:00:00	408700	290000
2021-03-03 0:00:00	417000	377500
2021-03-04 0:00:00	244500	277200
2021-03-05 0:00:00	472300	422000
2021-03-06 0:00:00	301100	422000
2021-03-07 0:00:00	378400	239000
2021-03-08 0:00:00	417700	384800
2021-03-09 0:00:00	384800	343300
2021-03-10 0:00:00	422400	292200

In:

```
1  pivot.loc['Total']=pivot.sum()
2  pivot
```

Out:

	個数		売上	
店舗	店舗A	店舗B	店舗A	店舗B
日付				
2021-03-01 0:00:00	349	268	428700	347700
2021-03-02 0:00:00	326	241	408700	290000
2021-03-03 0:00:00	336	324	417000	377500
2021-03-04 0:00:00	207	223	244500	277200
2021-03-05 0:00:00	375	349	472300	422000
2021-03-06 0:00:00	261	340	301100	422000
2021-03-07 0:00:00	301	190	378400	239000
2021-03-08 0:00:00	345	302	417700	384800
2021-03-09 0:00:00	307	283	384800	343300
2021-03-10 0:00:00	332	234	422400	292200
Total	3139	2754	3875600	3395700

loc属性を用いてカラムのみを条件に取り出したい場合は「pivot.loc[:, '売上']」と指定します。これは「pivot['売上']」と同等です。

また、sumメソッドによる合計値を表すシリーズを、また存在しないインデックス「Total」に代入することにより、データフレームに合計行を追加できることを確認しておきましょう。

16.4.4 グラフの作成

pandasではデータフレームやシリーズをグラフ化する機能も提供されており[注6]、Jupyter Notebookと組み合わせることで、グラフィカルなノートブックを作成できます。

注6) グラフによるビジュアル化についてのpandas公式チュートリアルがありますので、ご覧ください。 https://pandas.pydata.org/docs/user_guide/visualization.html#visualization

データフレームdfをグラフ化するには、以下のplotメソッドを用います。

```
df.plot(**kwargs)
```

表16-2にplotメソッドの引数として指定可能な主なパラメータとその役割をまとめていますので、ご覧ください。

表16-2 plotメソッドの主なパラメータ[注7)]

パラメータ	説明
kind	グラフの種類を表す文字列 ・line: 折れ線グラフ（デフォルト） ・bar: 縦棒グラフ ・barh: 横棒グラフ ・hist: ヒストグラム ・box: 箱ひげ図 ・kde: カーネル密度推定 ・area: 面グラフ ・pie: 円グラフ ・scatter: 散布図 ・hexbin: 六角形ビニング図
title	グラフのタイトルを表す文字列
grid	グリッドを表示するかどうかを表すブール値
legend	凡例を表示するかどうかを表すブール値
rot	軸ラベルの角度を表す整数
fontsize	軸ラベルのフォントサイズを表す整数
x	x軸にプロットするカラムを表す文字列
y	y軸にプロットするカラムを表す文字列
subplots	各列を別々のサブプロットとしてプロットするかどうかを表すブール値
layout	サブプロットのレイアウト（行数、列数）を表すタプル

たくさんの設定が可能ですが、まずはもっともシンプルな使い方から見ていきましょう。sample16_08.ipynbをご覧ください。

注7) plotメソッドのパラメータについてはpandasの公式ドキュメントもご参考ください。
https://pandas.pydata.org/docs/reference/api/pandas.DataFrame.plot.html?highlight=plot#pandas.DataFrame.plot

sample16_08.ipynb データフレームのグラフ化

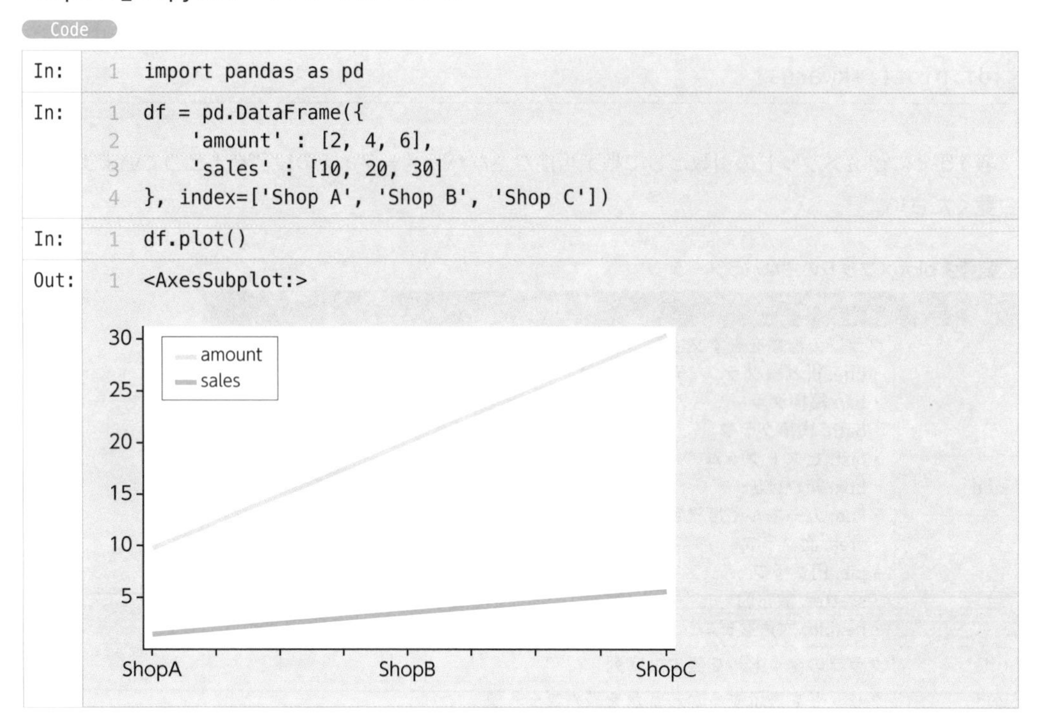


```
In:  1  import pandas as pd

In:  1  df = pd.DataFrame({
     2      'amount' : [2, 4, 6],
     3      'sales' : [10, 20, 30]
     4  }, index=['Shop A', 'Shop B', 'Shop C'])

In:  1  df.plot()

Out: 1  <AxesSubplot:>
```

plotメソッドはパラメータをまったく設定しないときには、データフレームをもとに折れ線グラフを作成します。軸の範囲や凡例の表示、フォントサイズなども自動的にある程度の設定がなされます。

しかし、このままでは少し見づらいので手を加えていきましょう。sample16_09.ipynbをご覧ください。

sample16_09.ipynb plotメソッドのパラメータ設定

Code

```
In:  1  import pandas as pd

In:  1  df = pd.DataFrame({
     2      'amount' : [2, 4, 6],
     3      'sales' : [10, 20, 30]
     4  }, index=['Shop A', 'Shop B', 'Shop C'])

In:  1  df.plot(kind='bar', legend=False, rot=0, subplots=True, layout=(1, 2))
```

```
Out: 1 array([[<AxesSubplot:title={'center':'amount'}>,
     2        <AxesSubplot:title={'center':'sales'}>]], dtype=object)
```

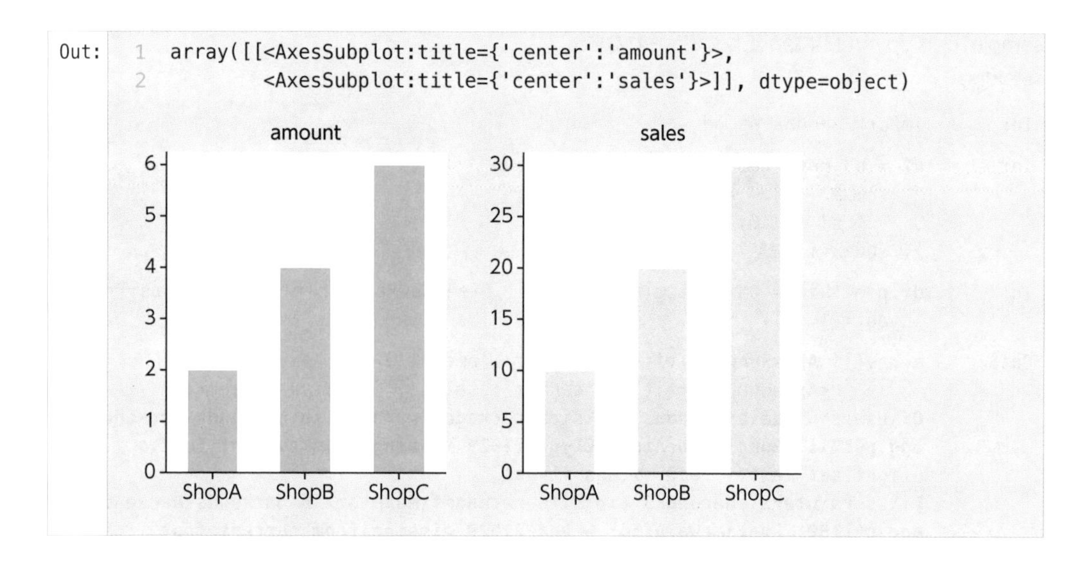

パラメータkindに「bar」を設定して棒グラフにします。また、パラメータsubplotsはTrueにすると、データフレームのカラムを個別のグラフにすることができます。その際の、グラフの並びをパラメータlayoutに「(行数, 列数)」というようにタプルで指定します。分けたことにより、凡例と同じ内容がグラフ上部に表示されますので、パラメータlegendをFalseにして凡例自体は非表示にしました。さらに、パラメータrotを0として軸ラベルの回転をなしとしています。

このように、Jupyter Notebookで表示確認をしながら、各パラメータを調整していくとよいでしょう。

16.4.5 グラフの日本語表示について

pandasによるグラフ表示ですが、カラムやインデックス、グラフのタイトルに漢字やひらがななどの2バイト文字を使用するとうまく表示されませんので対応を行う必要があります。

たとえば、前節のsample16_09.ipynbについて、2バイト文字を使用したものに変更して確認してみましょう。**sample16_10.ipynb**をご覧ください。

sample16_10.ipynb 日本語が正しく表示されない例

Code

In:
```
import pandas as pd
```

In:
```
df = pd.DataFrame({
    '個数' : [2, 4, 6],
    '売上' : [10, 20, 30]
}, index=['店舗A', '店舗B', '店舗C'])
```

In:
```
df.plot(kind='bar', title='店舗別売上', legend=False, rot=0, subplots=True, layout=(1, 2))
```

Out:
```
array([[<AxesSubplot:title={'center':'amount'}>,
        <AxesSubplot:title={'center':'sales'}>]], dtype=object)
C:\Users\ntaka\anaconda3\lib\site-packages\matplotlib\backends\backend_agg.py:211: RuntimeWarning: Glyph 21029 missing from current font.
  font.set_text(s, 0.0, flags=flags)
C:\Users\ntaka\anaconda3\lib\site-packages\matplotlib\backends\backend_agg.py:180: RuntimeWarning: Glyph 21029 missing from current font.
  font.set_text(s, 0, flags=flags)
```

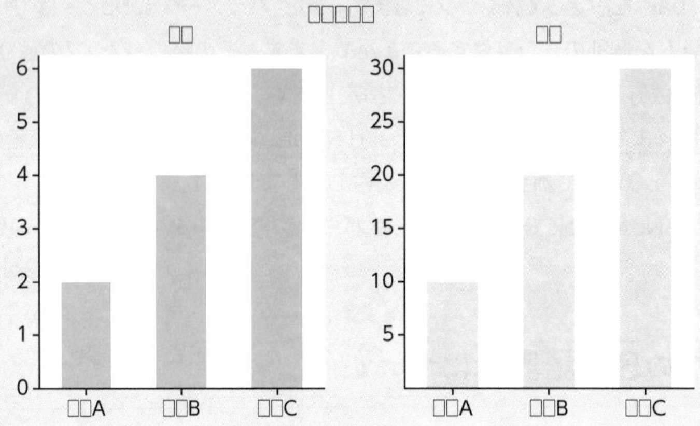

□□□□□
□□ □□
6 5 4 3 2 1 0
30 25 20 15 10 5
□□A □□B □□C □□A □□B □□C

このように、グラフ内の日本語を使用した部分がすべて「□」の表示になってしまいます。

この問題に対応するため、グラフに使用するフォントの設定を行います。グラフを表示する前に、以下の3行を追加するようにしてください。

```
from matplotlib import rcParams
rcParams['font.family'] = 'sans-serif'
rcParams['font.sans-serif'] = ['Hiragino Maru Gothic Pro', 'YuGothic', 'Meiryo']
```

これらのステートメントについて解説をしましょう。まず、pandasのグラフ表示には、裏側では

「matplotlib（マットプロットリブ）注8)」というグラフ作成を行う機能を提供するライブラリを利用しています。matplotlibはAnacondaに同梱されていますので、これまでplotメソッドが使用できていたように、別途インストールをする必要はありません。

matplotlibでは、rcParamsオブジェクトがmatplotlibで表示するグラフの枠、軸、凡例といった項目に関する各種設定のデフォルト値をつかさどっています。その設定にはフォントに関するものも含まれていて、「font.family」で総称フォントを「sans-serif」に設定し、さらにそれに紐づくフォントとして、日本語に対応している3種類のフォントを設定したということになります。複数設定をしておけば、OSやそのバージョンが異なっていても、その環境で存在しているフォントを選択してくれます。

では、sample16_10.ipynbに上記を加えて実行してみましょう。**sample16_11.ipynb**をご覧ください。

sample16_11.ipynb グラフに日本語を表示する

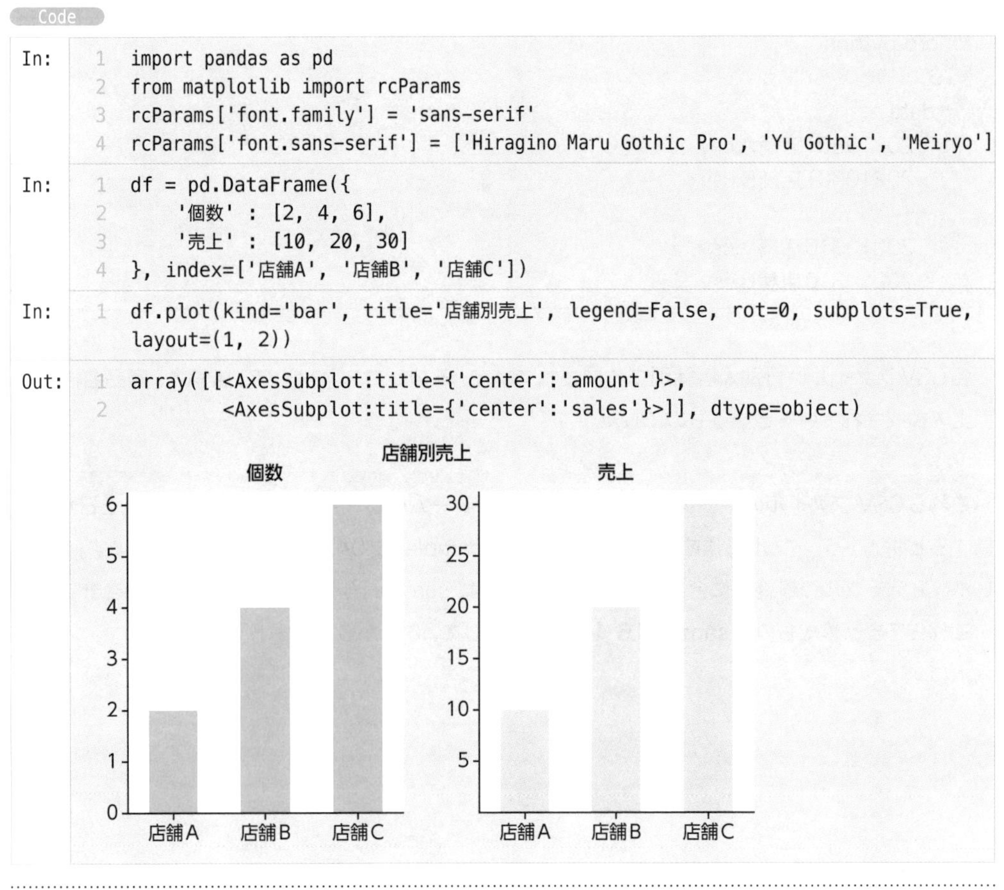

Code

In:
```
import pandas as pd
from matplotlib import rcParams
rcParams['font.family'] = 'sans-serif'
rcParams['font.sans-serif'] = ['Hiragino Maru Gothic Pro', 'Yu Gothic', 'Meiryo']
```

In:
```
df = pd.DataFrame({
    '個数' : [2, 4, 6],
    '売上' : [10, 20, 30]
}, index=['店舗A', '店舗B', '店舗C'])
```

In:
```
df.plot(kind='bar', title='店舗別売上', legend=False, rot=0, subplots=True,
layout=(1, 2))
```

Out:
```
array([[<AxesSubplot:title={'center':'amount'}>,
        <AxesSubplot:title={'center':'sales'}>]], dtype=object)
```


注8) matplotlibの公式ドキュメント：https://matplotlib.org/

16.5 ノートブックレポート更新ツールを作る

16.5.1 ピボットテーブルを作成する

では、実際にノートブックによるレポートとその更新ツールを作成していきましょう。

目指すツールは、以下の構成のディレクトリ「data」内にあるCSVファイルを集計して、ノートブック上のレポートとして更新するというものでした。

```
nonpro-python
└16
  └data
    └20210301店舗A.csv
    └20210301店舗B.csv
    └…
    └20210310店舗A.csv
    └20210310店舗B.csv
```

各CSVファイルは日別・店舗別で作成されていて、そのレコードは日時、店舗名、商品名、個数、売上で構成されているというものでした。

これらCSVファイルのデータをまとめてデータフレーム化し、店舗ごとの個数と売上を日別に集計するピボットテーブルを作成するところまでは、sample16_04.ipynbで完成しています。また、ピボットテーブルの最終行に合計行を追加する処理は、sample16_07.ipynbを参考にできます。

これらをまとめたものを**sample16_12.ipynb**として、ここからスタートします。

sample16_12.ipynb ピボットテーブルの作成と合計行の追加

Code

In:
```
from pathlib import Path
import pandas as pd
```

In:
```
df = pd.DataFrame()
for p in Path(r'data').glob('*.csv'):
    df_current = pd.read_csv(p, header=None)
    df = df.append(df_current, ignore_index=True)

df.columns = ['日付', '店舗', '商品', '個数', '売上']
```

In:
```
pivot = df.pivot_table(values=['個数', '売上'], index='日付', columns='店舗', aggfunc=sum)
pivot
```

Out:

	個数		売上	
店舗	店舗A	店舗B	店舗A	店舗B
日付				
2021-03-01 0:00:00	349	268	428700	347700
2021-03-02 0:00:00	326	241	408700	290000
2021-03-03 0:00:00	336	324	417000	377500
2021-03-04 0:00:00	207	223	244500	277200
2021-03-05 0:00:00	375	349	472300	422000
2021-03-06 0:00:00	261	340	301100	422000
2021-03-07 0:00:00	301	190	378400	239000
2021-03-08 0:00:00	345	302	417700	384800
2021-03-09 0:00:00	307	283	384800	343300
2021-03-10 0:00:00	332	234	422400	292200

In:
```
pivot.loc['Total']=pivot.sum()
pivot
```

Out:

	個数		売上	
店舗	店舗A	店舗B	店舗A	店舗B
日付				
2021-03-01 0:00:00	349	268	428700	347700
2021-03-02 0:00:00	326	241	408700	290000
2021-03-03 0:00:00	336	324	417000	377500
2021-03-04 0:00:00	207	223	244500	277200
2021-03-05 0:00:00	375	349	472300	422000
2021-03-06 0:00:00	261	340	301100	422000
2021-03-07 0:00:00	301	190	378400	239000
2021-03-08 0:00:00	345	302	417700	384800
2021-03-09 0:00:00	307	283	384800	343300
2021-03-10 0:00:00	332	234	422400	292200
Total	3139	2754	3875600	3395700

16.5.2 グラフを作成する

続いて、このピボットテーブルをもとに店舗別の売上、店舗別の販売個数をそれぞれグラフ化していきましょう。

グラフの表示の処理と、それに関連する修正を施したものが、sample16_13.ipynbになります。

sample16_13.ipynb グラフの作成

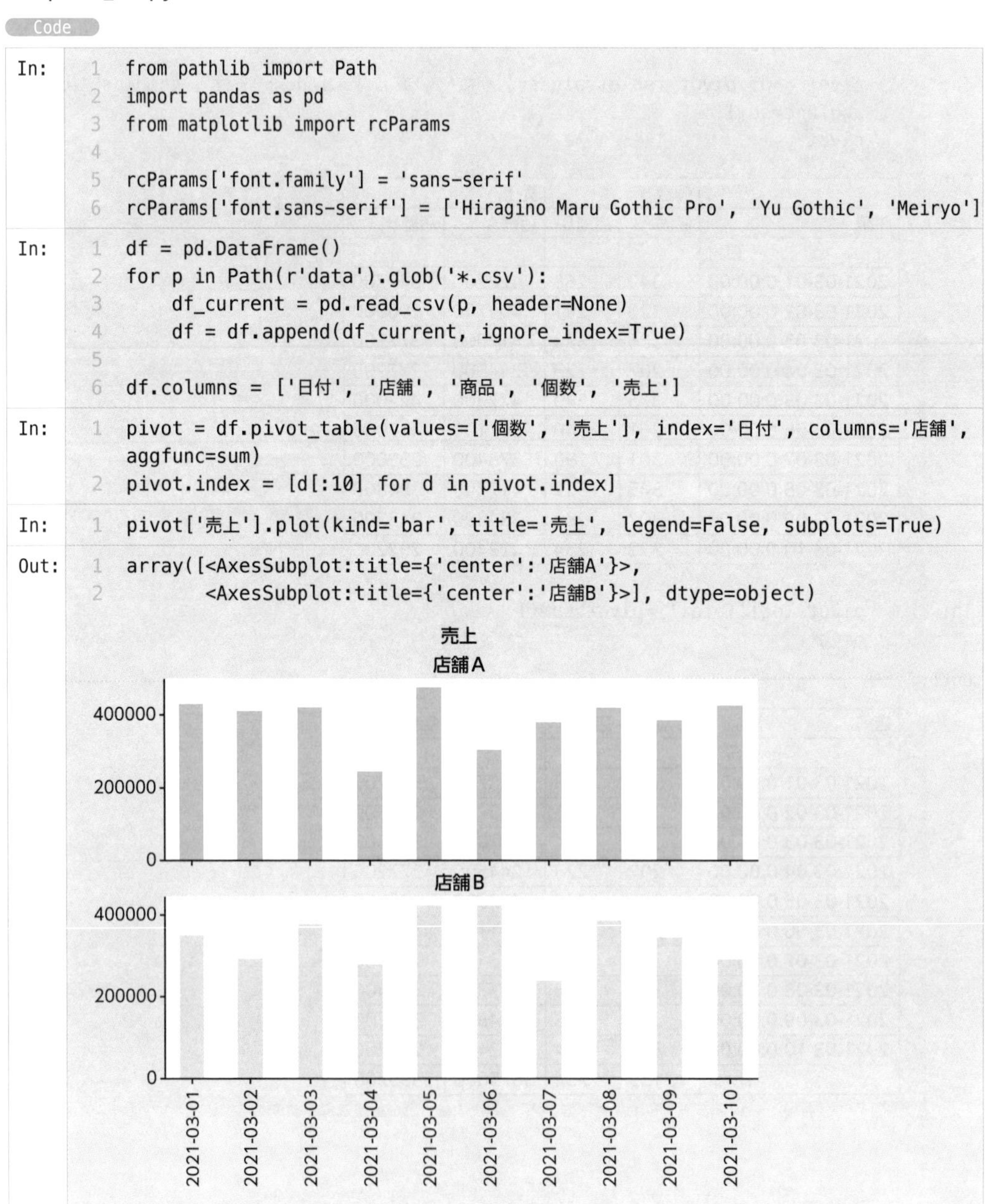

Code

```
In:
1 from pathlib import Path
2 import pandas as pd
3 from matplotlib import rcParams
4
5 rcParams['font.family'] = 'sans-serif'
6 rcParams['font.sans-serif'] = ['Hiragino Maru Gothic Pro', 'Yu Gothic', 'Meiryo']

In:
1 df = pd.DataFrame()
2 for p in Path(r'data').glob('*.csv'):
3     df_current = pd.read_csv(p, header=None)
4     df = df.append(df_current, ignore_index=True)
5
6 df.columns = ['日付', '店舗', '商品', '個数', '売上']

In:
1 pivot = df.pivot_table(values=['個数', '売上'], index='日付', columns='店舗',
  aggfunc=sum)
2 pivot.index = [d[:10] for d in pivot.index]

In:
1 pivot['売上'].plot(kind='bar', title='売上', legend=False, subplots=True)

Out:
1 array([<AxesSubplot:title={'center':'店舗A'}>,
2        <AxesSubplot:title={'center':'店舗B'}>], dtype=object)
```

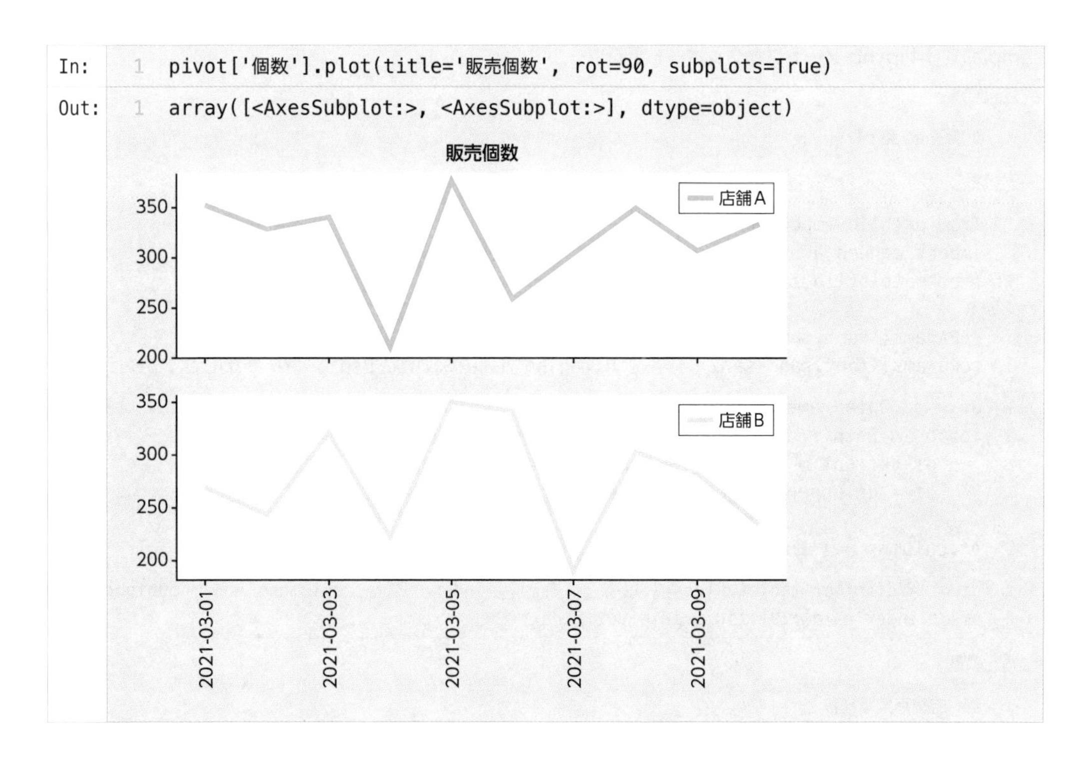

plotメソッドを使用して、ピボットテーブルの「売上」を取り出して棒グラフに、「個数」を取り出して折れ線グラフを作成しました。それに際して、グラフのタイトルや凡例に日本語を使用するので、最初のセルに、matplotlibからrcParamsオブジェクトをインポートするimport文とフォント設定を加えています。

なお、3つめのセルでピボットテーブルのインデックスを代入して振り直していますが、日時から時刻部分を取り除いて表記を短縮するためのものです。

16.5.3 レポートを完成させる

これでレポートとして表示したいグラフとピボットテーブルは作成できましたので、Markdownタイプのセルを用いて、レポートを整えていきましょう。

最終的なノートブックの状態を**sample16_14.ipynb**にまとめています。各セルを実行して、出力を確認してみてください。

sample16_14.ipynb ノートブックレポート更新ツール

Markdown

```
1  # 販売数・売上レポート
```

Code

```
1  from pathlib import Path
2  import pandas as pd
3  from matplotlib import rcParams
4
5  rcParams['font.family'] = 'sans-serif'
6  rcParams['font.sans-serif'] = ['Hiragino Maru Gothic Pro', 'Yu Gothic', 'Meiryo
```

```
1  df = pd.DataFrame()
2  for p in Path(r'data').glob('*.csv'):
3      df_current = pd.read_csv(p, header=None)
4      df = df.append(df_current, ignore_index=True)
5
6  df.columns = ['日付', '店舗', '商品', '個数', '売上']
```

```
1  pivot = df.pivot_table(values=['個数', '売上'], index='日付', columns='店舗', aggfunc=sum)
2  pivot.index = [d[:10] for d in pivot.index]
```

Markdown

```
1  ## 店舗別実績推移
2  前営業日までの実績をグラフ化したものです。
```

```
1  ### 売上
2  - 店舗Aは好調
3  - 店舗Bの前日の売上が伸び悩み
```

Code

```
1  pivot['売上'].plot(kind='bar', title='売上', legend=False, subplots=True)
```

Markdown

```
1  ### 販売個数
2  - 店舗Aは堅調に推移
3  - 店舗Bは減少傾向
```

Code

```
1  pivot['個数'].plot(title='販売個数', rot=90, subplots=True)
```

Markdown

```
1  ## 店舗実績表
2  前営業日までのデータと合計を一覧表示します。
```

Code

```
1  pivot.loc['Total']= pivot.sum()
2  pivot
```

16章では、Jupyter Notebookを使ったレポートとその更新ツールの作成について学びました。また、その活用にpandasによるデータフレームの集計やグラフの表示が有効であるということも確認できたと思います。

さて、これらを使用することで見栄えのよいレポートを作成することはできましたが、PythonとJupyter Notebookの組み合わせが、万能ではないということを覚えておいてください。ケースによっては、Excelやスプレッドシートなどの機能を用いたほうが、目的を達成する最短距離であることもあります。グラフやピボットテーブルを視覚的に変更していくには、そちらのほうが適していることが多いでしょう。

ですから、あくまでいろいろな選択肢がある中のひとつとして、Pythonという強力な武器を磨いていくというイメージで活用しつづけていただければと思います。

おわりに

本書をご覧になった皆さんのうち、一部または多くはこう思われるかもしれません。

「ノンプログラマーなのに、ここまで本格的に学習をする必要があるのか?」

オブジェクト、クラス、メソッド、モジュール、シーケンス、イミュータブル、ミュータブル、マッピング、イテラブル、ジェネレーター……などなど、Pythonの世界は知らない横文字のオンパレードです。

ノンプログラマーはプログラミングが本職ではありませんし、学習時間も限られています。ですから、難しい専門的な概念や文法、コードの意味について理解をせずとも、Webや書籍のコードをコピー&ペーストまたはその組み合わせで、やりたいことを実現するほうが効率いいという意見もあるでしょう。

しかし、そのようなノンプログラマーがつぎはぎと寄せ集めで作成したコードは、しばらく時間が経つとどうなるでしょうか。

いつの日か、何らかの理由でエラーが発生したり、業務が変更になってコードも変更する必要性が出てきたりしても、誰も対応ができません。ゆくゆくは使われなくなるでしょう。

誰かが残したコードについてプロに助けを求めても、「読み解くのがとてもたいへんだから見合わない」と断られてしまうこともありえます。それを見たプロは、ノンプログラマーがプログラミングをすべきではないと感じてしまうかもしれません。

せっかくコードを作成しても価値にはならずに、むしろ負債になりえてしまうのです。

しかし、学習で得た知識とスキルは永続的に価値を生み出します。プログラマーはもちろん、ノンプログラマーにとっても、それが真実です。

本書は、ノンプログラマーが実務向けのいくつかのツールを開発できるとともに、公式ドキュメントやプログラマー向けの書籍を読めるようになるのをゴールとしています。急な坂道ではありますが、それを登りきった皆さんは、そのゴールに到達できたはずです。エラーの解決やメンテナンスをすることができ、新しい情報を得たり、調べたりしながら、さらに新しいものを生み出し続けることができます。

Pythonの世界は、一流のプログラマーが活躍する最先端の領域と地続きです。彼らの仕事のいくつかは、GitHubをはじめオープンな場でも、そのようすを目にすることができます。同じレベルに到達するのは難しいにしても、その発展しつづける輪の中で、刺激を浴びながら一緒に学び続けることはできます。それは、とてもワクワクすることではありませんか？

さて、本書はわけあって執筆開始からとても多くの期間を要してしまいました。このチャンスを形にし、出版までたどり着かせてくださった編集部の皆さんには感謝しかありません。

また、いつも優しく楽しく支えて続けてくれている家族に、日々ともにワクワクする学習の場をつくってくださっている「ノンプロ研」の皆さんに、そして技術の発展に貢献してくださっているすべての皆さんに、あらためて感謝いたします。

索引

記号・数字

さ行

ま行

や行

ら行

著者紹介

高橋宣成（たかはし・のりあき）

株式会社プランノーツ代表取締役。1976年5月5日こどもの日に生まれる。

電気通信大学大学院電子情報学研究科修了後、サックスプレイヤーとして活動。自らが30歳になったことを機に就職。モバイルコンテンツ業界でプロデューサー、マーケターなどを経験。しかし「正社員こそ不安定」「IT業界でもITを十分に活用できていない」「生産性よりも長時間労働を評価する」などの現状を目の当たりにする。日本のビジネスマンの働き方、生産性、IT活用などに課題を感じ、2015年6月に独立、起業。

現在「ITを活用して日本の『働く』の価値を高める」をテーマに、VBA、Google Apps Script、Pythonなどのプログラム言語に関する研修、セミナー講師、執筆、メディア運営、コミュニティ運営など、ノンプログラマー向け教育活動を行う。

コミュニティ「ノンプログラマーのためのスキルアップ研究会」主宰。一般社団法人ノンプログラマー協会代表理事。自身が運営するブログ「いつも隣にITのお仕事」は、月間130万PVを超える人気を誇る。

いつも隣にITのお仕事
https://tonari-it.com/

カバーイラスト　どいせな
装丁　シノ・デザイン・オフィス
本文デザイン・DTP　株式会社マップス
編集　伊東健太郎

■お問い合わせについて

本書の内容に関するご質問は、小社ホームページにて本書のお問い合わせページから、もしくは下記の宛先までFAXまたは書面にてお送りください。お電話によるご質問、および本書に記載されている内容以外のご質問には、一切お答えできません。あらかじめご了承ください。

住所　〒162-0846 東京都新宿区市谷左内町21-13
株式会社技術評論社 書籍編集部
『Pythonプログラミング完全入門』質問係
Fax　03-3513-6181
サポートホームページ　https://book.gihyo.jp

なお、ご質問の際に記載いただいた個人情報は質問の返答以外の目的には使用いたしません。また、質問の返答後は速やかに破棄させていただきます。

Python(パイソン)プログラミング完全入門(かんぜんにゅうもん)
～ノンプログラマーのための実務効率化(じつむこうりつか)テキスト

2021年8月14日　初版　第1刷発行
2021年9月22日　初版　第2刷発行

著　者　高橋(たかはし) 宣成(のりあき)
発行者　片岡 巌
発行所　株式会社技術評論社
東京都新宿区市谷左内町21-13
電話03-3513-6150　販売促進部
03-3513-6185　雑誌編集部
印刷／製本　図書印刷株式会社

ISBN978-4-297-12183-9 C3055
Printed in Japan